多年冻土区公路建设环境保护关键技术

吴明先　单永体　胡　林
编著

上海科学技术出版社

图书在版编目(CIP)数据

多年冻土区公路建设环境保护关键技术／吴明先，单永体，胡林编著.—上海：上海科学技术出版社，2019.7

（高海拔高寒地区高速公路建设关键技术）

ISBN 978-7-5478-4351-2

Ⅰ.①多… Ⅱ.①吴… ②单… ③胡… Ⅲ.①多年冻土-冻土区-高速公路-道路工程-环境保护-研究-中国 Ⅳ.①X322.2

中国版本图书馆CIP数据核字(2019)第024550号

多年冻土区公路建设环境保护关键技术

吴明先　单永体　胡　林　编著

上海世纪出版(集团)有限公司
上 海 科 学 技 术 出 版 社 出版、发行

(上海钦州南路71号　邮政编码200235　www. sstp. cn)

浙江新华印刷技术有限公司印刷

开本　787×1092　1/16　印张　22.25　插页　4

字数　490千字

2019年7月第1版　2019年7月第1次印刷

ISBN 978-7-5478-4351-2/U・81

定价：215.00元

内容提要

本书结合共玉公路、青藏公路以及拟建青藏高速公路的建设实践，针对高寒生态脆弱区的环境特点和冻土区公路建设的特点，在全面分析现有公路环境保护技术措施和国内外研究成果的基础上，系统介绍了多年冻土区公路环境保护设计、施工新技术，并明确了技术原理、适用范围和技术要点。本书共分 11 章，概述了公路建设环境保护的概念与内涵、公路环境保护发展与进程；分析了多年冻土区公路建设的环境特征；以 G214 为例介绍了多年冻土区公路沿线生态环境评价指标体系以及生态植被空间分布与环境影响因子；阐述了冻土区公路建设生态防护与植被恢复关键技术、水土保持关键技术、环境污染防治技术、动物通道设置技术、冻土区公路环境保护施工技术以及公路全程环境保护管理技术方法体系，并附有工程实例加以论证。

本书的主要读者对象为公路环境保护行业的科研人员、设计人员、施工人员及技术管理人员等，也可供高等院校相关专业的师生参考。

高海拔高寒地区高速公路建设关键技术

学术顾问

程国栋 中国科学院院士

郑健龙 中国工程院院士

赖远明 中国科学院院士

郑皆连 中国工程院院士

杜彦良 中国工程院院士

王复明 中国工程院院士

王秉纲 浙江大学教授

王　玉 中国公路学会专家委员会委员

陈国靖 原交通部公路科学研究所所长

张鲁新 原青藏铁路专家组组长

高海拔高寒地区高速公路建设关键技术

编委会

总　序

多年冻土是高海拔高寒地区道路工程建设的“拦路虎”。自1954年青藏公路建成通车至今的60余年间，伴随着不同形式冻土工程病害的发生、发展，我国科技工作者对多年冻土物理、力学性质的认识逐渐深入，也对冻土工程的复杂性有了更系统的认知。2006年青藏铁路建成通车以来，全球气候变暖、冻土退化，也带来铁路路基沉陷、开裂等工程病害。几十年来国家重大冻土工程建设经验充分证明，冻土工程领域科学与技术进步将是一个螺旋式发展的长期过程。

我国科技工作者在多年冻土区道路工程建设技术探索的道路上一直没有停歇。20世纪70—90年代末，围绕着青藏公路的历次整治改建，摸索形成的冻土工程研究方法与测试技术，逐步奠定了我国冻土工程研究的基础，并创建了我国公路冻土工程病害机理分析、病害整治技术与理论体系。21世纪初，通过青藏铁路的工程实践和系统集成，冻土工程研究中进一步融入了“冷却路基”的理论探索与技术设计，取得了一大批具有国际先进水平的研究成果。2011年，国家为尽快启动玉树地震后的交通重建工作，决定建设青海省共和至玉树高速公路，再次掀起冻土工程研究的高潮。

相对青藏铁路、二级青藏公路而言，在多年冻土地基上建设大尺度、高标准、重荷载的高速公路面临着工程尺度效应、大断面厚重路面结构的封闭储热效应及黑色路面强吸热效应等问题，可能导致更大的工程风险。冻土区高速公路建设必须进行理论创新与技术突破。

令人欣喜的是，“高海拔高寒地区高速公路建设关键技术”丛书让我们看到我国冻土工程科研工作者挑战高海拔高寒地区高速公路建设关键技术的系列重要成果，其内容包含路基、路面、桥梁、隧道、环境保护、监测预警等专业方向，创立了公路冻土工程尺度效应理论及能量平衡设计方法，代表了我国乃至世界道路冻土工程研究最新成果。丛书的主编单位具有40余年多年冻土区公路工程科研与设计经验，拥有“高寒高海拔地区道路工程安全与健康国家重点实验室”这一高端研发平台。编者队伍中既有我国公路冻土工程领域的设计大师、知名专家，又有长期持续开展专项研究的青年才俊。他们深厚的技术积淀、理论功底和丰富的实践经验对保障丛书的学术和技术水平起到了重要的作用。

2013年9月，习近平总书记首次提出共同建设“丝绸之路经济带”的倡议以来，“一带一路”倡议已成为我国深化改革开放、践行中国梦、实现世界共同发展、共建人类命运共同体的国家战略，实现这些伟大战略构想的基础在交通运输。“陆上丝绸之路经济带”是实现亚欧非大陆互联互通的核心通道，由东向西跨越青藏高原、喀喇昆仑山脉、帕米尔高原、西伯利亚等高海拔高寒地区及北半球高纬度寒冷地区，涉及主要干线公路里程将达1.2万km。我相信丛书的出版将对保障穿越高海拔高寒地区的大规模道路工程建设，支撑交通行业抢抓“一带一路”发展机遇，助推我国“标准、技术走出去”发挥重要作用。

郑健龙

中国工程院院士

2019年2月10日

前　言

多年冻土在我国分布范围较广，总面积多达215万km^2，世界排名第三，分为高纬度和高海拔多年冻土，主要分布在我国大/小兴安岭、青藏高原、阿尔泰山、天山、祁连山、横断山、喜马拉雅山以及东部山地。广泛分布多年冻土的青藏高原有着“世界屋脊”及“第三极”之称，也被称为“中华水塔”，是我国的生态安全屏障，使得这一区域公路环境保护面临巨大挑战。2017年8月1日，我国首条穿越青藏高原多年冻土区的高等级公路、通往玉树地区的“生命线”公路通道——共玉公路通车运营，其中多年冻土路段长达227.7 km，占路线总长的35.8%。与此同时，青藏高速公路格尔木至拉萨段（全长约1 100 km）启动前期勘察设计工作，全线分布超过500 km的多年冻土。由于高原特殊的地理、气候以及多年冻土环境，使其建设难度超越以往高海拔高寒地区的其他道路工程。

青藏高原多年冻土地区公路建设将面对高寒缺氧、多年冻土和生态脆弱三大难题，以及由此引发的一系列自然环境、建设环境、运营环境和养护环境等问题，这将是制约该地区公路建设、运营、养护等的重要背景因素。开展青藏高原多年冻土区高速公路建设环境保护技术研究，解决制约青藏高速公路建设的环境保护难题，对于保障多年冻土区高速公路建设，保护青藏高原脆弱的生态环境，具有重要的现实意义。多年冻土的技术研究表明，青藏铁路、青藏公路路基相对较窄，青海省共玉（结古）公路、花石峡至大武公路等新建道路也达到了一定的规模和等级，但其在多年冻土路段宽分幅路基方案与高速公路宽幅标准路基存在较大差距，对于多年冻土区公路环境保护技术与实践缺乏相关系统的研究和梳理。为解决多年冻土区高速公路建设环境保护技术问题，中交第一公路勘察设计研究院有限公司长期开展不间断的科学研究与工程试验，研究成果“多年冻土地区公路修筑成套技术研究”获国家科学技术进步一等奖，“多年冻土地区公路生态环境保护与评价技术研究”获中国公路学会科学技术奖一等奖，“高速公路岩质边坡生态防护技术研究”获陕西省科学技术二等奖，“青海省共和至玉树（结古）公路建设关键技术研究”获2015年度中国公路学会科学技术奖特等奖，并于2017年5月通过国家科技支撑计划“高海拔高寒地区高速公路建设技术”项目验收。在这些勘察设计实践和科研攻关的过程中，积累了一些冻土区公路建设环境保护理论和技术。撰写本书的目的就是为了对已有的研究成果及工程经验进行系统总结，以期对青藏高原多年冻土区公路环境保护工程建设有所借鉴和帮助。

全书以青藏高原多年冻土区共玉公路、青藏公路、青藏高速工程科研设计成果为基础，结合已建工程相关的技术经验，同时参考了国内外近年冻土工程研究成果，全面阐述了多年冻土区公路环境保护的相关理论与实践技术，首次系统总结了勘察设计、施工、管理等全寿命周期的公路环境保护理念。全书内容较为丰富，注重适用性。吴明先负责全书编写的总体设计、组织和定稿工作；单永体、胡林负责全书的撰写及审校工作；郭文、尹静、陈瑞华、王琦、孙冬旭、张震参与了具体章节编写。同时，汪双杰对本书的主要章节进行了认真的修改并提出了有益的建议，在此一并表示感谢。

由于作者水平有限，书中难免存在错误和疏漏，有不当之处，敬请读者提出宝贵意见和建议。

作　者

2019年3月于西安

目　录

第1章

绪论

交通发展的超前性和重要性得到了国家和社会的认可，特别是公路交通基础设施建设的加快、公路的大规模修建，势必对社会和经济的发展起着非常重要的促进作用。但经济发展的同时，公路建设又对环境会造成严重影响。

环境是人类和生物生存的空间。对于人类来说，环境是指可以直接和间接影响人类生存、生活和发展的空间以及各种自然因素和社会因素的总体。《中华人民共和国环境保护法》中的环境是指包括大气、水、土地、矿藏、森林、草原、野生动物、野生植物、水生生物、名胜古迹、风景游览区、温泉、疗养区、自然保护区、生活居住区等影响人类生存和发展的各种天然和经过人工改造的自然因素的总体。按照环境的自然和社会属性分类，环境包括自然环境和社会环境。

环境保护是我国的一项基本国策。随着我国国民经济的蓬勃发展，公路建设步伐越来越快。近年来，我国公路总里程不断增长，汽车保有量持续增加，公路在国民经济综合运输体系中的作用越来越重要。伴随着公路的高速发展，公路污染、公路对周边环境的影响等问题也大量凸显出来。如何面对公路建设产生的环境问题，如何按照现阶段我国实际情况分析评价公路建设各阶段对环境的作用与影响，采取何种措施减少或杜绝公路环境污染、恢复路域生态损失？为此必须明确公路建设与环境保护的概念与内涵、具体要求及任务等，了解国内外相关研究现状。

1.1 公路建设环境保护概念与内涵

1.1.1 环境保护的概念、内容和要求

(1) 环境保护的概念

20世纪50年代以后，由于环境污染日趋严重，多数人认为环境保护只是对大气污染、水污染等进行治理，对固体废弃物进行处理和利用，即所谓“三废”治理及排除噪声干扰等技术性管理工作，目的是消除公害，保护人类健康。70年代起随着环境科学的问世及世界性环境会议的召开，人们逐渐从发展与环境的对立统一关系来认识环境保护的含义，认为环境保护不仅是控制污染，更重要的是合理开发利用资源，经济发展不能超出环境的容许极限。有的环境专家提出：“环境保护从某种意义上讲，是对人类总资源进行最佳利用的管理工作。”所以，环境保护不仅是治理污染的技术问题、保护人类健康的福利问题，更重要的是经济问题和政治问题。

(2) 环境保护的意义

环境是人类生存和发展的基本前提，为我们生存和发展提供了必需的资源和条件。随

着社会经济的发展，环境问题已经作为一个不可回避的重要问题提上了各国政府的议事日程。保护环境、减轻环境污染、遏制生态恶化趋势成为政府社会管理的重要任务。保护环境是我国的一项基本国策，解决全国突出的环境问题，促进经济、社会与环境协调发展和实施可持续发展战略，是政府面临的重要而又艰巨的任务。

(3) 环境保护的内容

环境保护的内容世界各国不尽相同，同一个国家在不同时期的内容也有所不同。一般环境保护的内容大致包括两个方面：一是保护和改善环境质量，保护人们身心健康，防止机体在环境污染影响下产生遗传变异和退化；二是合理开发利用资源，保护自然环境，加强生物多样性保护，以求维护生态平衡和生物资源的生产能力，恢复和扩大自然资源的再生产，保障人类社会的持续发展。

(4) 环境保护的基本任务

我国环境保护工作从20世纪70年代起步，1973年第一次全国环境保护会议确定了“全面规划、合理布局、综合利用、化害为利、依靠群众、大家动手、保护环境、造福人民”的环境保护32字方针。1983年在第二次全国环境保护会议上，制定了我国环境保护事业的大政方针：一是提出“环境保护是我国的一项基本国策”；二是确定了“经济建设、城乡建设与环境建设同步规划、同步实施、同步发展，实现经济效益、社会效益与环境效益统一”的战略方针；三是把强化环境管理作为环境保护的中心环节。1989年的第三次全国环境保护会议提出了努力开拓具有中国特色的环境保护道路的号召，促使我国环保工作迈上新台阶。

1989年我国颁布了《中华人民共和国环境保护法》，明确提出了环境保护的基本任务是“保护和改善生活环境与生态环境，防治污染和其他公害，保障人体健康，促进社会主义现代化建设和发展”。

1.1.2 公路建设环境保护的内涵、任务和内容

(1) 公路交通环境的内涵

环境保护法从法律角度给出了环境的定义，规定了环境保护的对象。由于公路所具有的可能穿越一切环境要素的特点，公路交通环境包括环境保护法所定义的所有环境要素。公路交通环境是与公路交通活动相关的影响人类生存和发展的各种天然的和经过人工改造的自然因素的总和，并以资源破坏型环境要素构成公路交通环境的主体。

(2) 公路交通环境保护任务

公路环境保护任务包括两个方面：合理地利用自然资源，防止生态破坏；防治环境污染。

具体地讲，公路环境保护的任务就是运用现代环境科学理论和方法，合理开发利用自然资源；防止对土地、森林、草原、矿产、自然遗迹、人文遗迹、自然保护区和风景名胜区等自然资源的破坏，保护自然资源，防止滥伐森林、破坏草原、破坏野生生物和水土流失等对生态的破坏，减少和消除有害物质或能量进入环境，防止废气、废水、废渣、粉尘、垃圾、噪声和振动等对环境的污染；保护和改善环境质量；保护人类的身心健康；促进公路建设与环境协调的可持续发展。

(3) 公路交通环境保护的内容

1) 环境污染

公路建设的环境污染主要包括噪声污染、水污染、大气污染和固体废物污染四个方面。

① 噪声污染。公路发展带来的最大环境污染就是交通噪声。基于公路设计是一种线性的形式，车辆在实际运行中车速得到了很好的保证，能够连续、高速地行驶，但同时也对周边的环境造成了一定程度的噪声污染。据统计，公路一般夜间噪声危害高于昼间，其主要原因是相较于小型车夜间休息状态，大型载重汽车由于承担着货运任务依旧行驶，从而造成车型比以大车为主，而这种大型载重汽车具有单车噪声高、轮胎与地面摩擦声音大等特点，使得高速公路夜间噪声污染及危害程度远远超过城市道路。夜间行驶的车辆对周边环境便产生更大的噪声危害。基于噪声的危害，可以从设计阶段、施工阶段以及营运阶段采取不同的控制方式，对周边的环境进行保护。

② 水污染。公路建设对水环境的污染主要体现在路面径流对周边水体的污染以及附属设施产生的污水对周边环境的影响。

公路路面径流是一种具有单一地表使用功能的地表径流，是一个污染潜力很大的面污染源。它是指在降雨径流的淋溶和冲刷作用下，轮胎磨损颗粒、筑路材料磨损颗粒、运输物品的泄漏、车体部件产生的颗粒物质及除冰剂、雨水本身的污染和大气降尘等污染物进入江河、湖泊水库和海洋等水体而造成的水体污染，其对地表水体影响十分严重。路面径流污染防治措施对实现公路开发建设与环境保护相结合，在建设和运营中保护水资源，实现公路可持续发展有着深远的意义。

水污染的另一方面就是服务区等附属设施的污水。主要包括生活污染区（综合楼、公共厕所、餐厅等）、地表污染区（加油站、汽修间）、一般车辆冲洗污染区以及动物类运输车辆冲洗污染区产生的粪便污水、餐饮洗涤废水、洗车废水和加油站清洗废水等。附属设施污水量不稳定，影响因素多，变化系数大。天气、季节、时段以及其他一些特殊状况等因素都会影响交通量，导致污水量较大波动。

③ 大气污染。公路交通噪声的大气污染主要由两部分组成：一是公路施工期间产生的扬尘、沥青烟等大气污染物；二是公路运营期间车辆交通排放的大气污染物。

④ 固体废物污染。公路建设产生的固体废物是指在工程项目建设过程中，对建设地点原有建筑物拆除及建筑产品在生产过程中发生的各种固体废物的总称。公路桥梁尤其是公

路的施工过程是建筑固体废物的一个重要发生源。

2）生态环境保护与恢复

公路建设项目建设期中，各个施工环节所产生的环境影响不论是环境污染还是资源破坏，都将直接或间接影响自然生态系统的平衡，即造成生态破坏。包括破坏植被，加剧水土流失；破坏原有水资源；影响原生态系统，如湿地生态系统、原始森林生态系统、自然保护区等。

公路建设生态环境保护与恢复即在公路建设各环节中通过采取一系列的措施和技术来避免或降低工程建设对周围生态环境的影响，对已破坏的生态环境进行生态恢复的过程。

3）水土流失

水土流失是在陆地表面由外营力引起的水土资源和土地生产力的损失和破坏。它是在地球表面的重力场中发生的，在太阳能的作用下水、风（空气的流动）和温度都能造成水土流失。

土壤侵蚀是指在陆地表面，水力、风、冻融和重力等外力作用下，土壤、土壤母质及其他地面组成物质被破坏、剥蚀、转运和沉积的全部过程。土壤侵蚀和水土流失的本质区别主要表现在对土壤破坏和搬迁程度不同，土壤侵蚀是绝对的，水土流失是相对的。土壤侵蚀也叫水土流失，这是各国的专家学者根据各自的国情，最初从不同的角度提出不同的见解，到目前研究的方向和发展的结果已趋于一致，所以两者可以作为同义语来使用。

我国土壤学家朱显谟对土壤侵蚀做过全面的解释，至今也为学术界所广泛接受：“在风和水的作用下，地面土壤被剥蚀、运转和沉积的整个过程。”至于苏联学者普拉索洛夫认为土壤侵蚀所涉及范围应包括其疏松母质，这是广义上去理解。其作用力也叫侵蚀力，包括风和水。在风的作用下发生的土壤侵蚀，叫风蚀。在水的作用下发生的土壤侵蚀，叫水蚀。诚然，一种作用力作用下发生的土壤侵蚀，应该说是狭义的概念。针对冻土区的特点，还有一种侵蚀类型即冻融侵蚀，是指由于土壤及其母质孔隙中或岩石裂缝中的水分在冻结时，体积膨胀，使裂隙随之加大、增多所导致整块土体或岩石发生碎裂，消融后其抗蚀稳定性大为降低，在重力作用下岩土顺坡向下方产生位移的现象。当然，有些地区侵蚀土壤的两种作用力同时或交替存在，这叫作复合侵蚀。复合侵蚀在冻土区广泛存在。总之，土壤侵蚀的含义，从最广义上讲应包括地面土壤发生位移、土体遭到机械破坏和土壤退化。凡是发生上述三种或其中一种的，都叫作水土流失或土壤侵蚀。

公路建设项目水土流失是在区域自然地理因素即水土流失类型区的支配和制约下，由于各种自然因素包括气候、地质、地形地貌、土壤植被等潜在影响，通过人为生产建设活动的诱发、引发、触发作用而产生的一种特殊的水土流失类型，它既具有水土流失的共性，也具有自身的特性。因为公路建设是线性项目，对地面的扰动特点表现为多种多样，因此施工过程中对水资源和土地资源的破坏是多方面的，公路施工过程中要开挖山体、削坡、修隧道、架桥，高处要削低、低地要填高，因此其对土地资源的破坏不仅是表层土壤，往往破坏至深层土壤，深者可达几十米，水土流失形式表现为岩石、土壤、固体废弃物的混合搬运。从这一点看，公路建设水土保持和其他一般性的人为水土流失是有区别的。

4）野生动物保护

野生动物是指在大自然环境生长繁殖且未被驯化的动物。法律所保护的野生动物是指珍贵、濒危的陆生、水生野生动物和有益的或者有重要经济、科学研究价值的陆生野生动物。野生动物的保护工作主要侧重两方面：一种是种群保护（如成立野生动物保护区等）；另一种是野生动物福利问题。

随着我国公路网的不断扩大，逐渐贯穿于野生动物保护区及分布比较密集的区域，将会使野生动物的迁徙、觅食、生境等受到一定的影响，因此生境的阻隔和破碎化不仅加速了动物数量在空间分布上的不均衡，而且将对当地动物遗传多样性造成一定影响。大量研究证明，公路建设对野生动物产生的影响包括交通事故、环境污染、生境阻隔及生态影响等。

目前，国内外在公路建设中对野生动物采取的保护措施有野生动物通道、设置围网、单向安全门、单向斜坡、植物引导带、警示牌等，而野生动物通道是最主要的缓解措施之一，特别是在英国、法国、德国、瑞士和荷兰等国家，已经有了相当长的历史。野生动物通道是为了保证野生动物能够穿越铁路、公路等建筑物而建造或保留的通道，适用于在野生动物重要生境和迁移扩散路线上新建铁路、公路等，也适用于对野生动物重要生境和迁移扩散路线上已经建好的铁路、公路等进行改造。

多年冻土地区尤其是青藏高原野生动物资源丰富，公路建设过程中路基、桥梁、隧道等主体工程，取弃土场、施工便道、施工营地、施工场地、砂石料厂、预制场等临时工程的设计施工要以不影响野生动物的生活习性为前提，最大限度地减缓工程对沿线野生动物的影响。

5）社会环境

社会环境是人类在利用和改造自然环境中创造出来的人工环境以及人类在生活和生产活动中所形成的人与人之间关系的总体。社会环境是人类活动的必然产物，是人类通过有意识的长期劳动，加工和改造了自然物质，形成了人造物质，创造了物质生产体系，积累了物质文化，产生了精神文化的综合体。它包括了经济、政治、文化、道德、意识、风俗以及人类建造的各种建筑物、构筑物、其他形态和作用的人工物品等要素。

本书所涉及的社会环境是指公路沿线范围内，人类在自然环境基础上，经过长期意识的社会劳动所创造的人工环境。公路建设对国民经济发展和人民生活改善起着重要作用，在加快物资流通和促进人们交通便利的同时，公路建设也带来如占用耕地、砍伐森林、调整水利设施、拆除建筑物、居民再安置、区划分割等社会环境问题。因此应认真做好相关的调查工作，并确定保护目标和保护方案，减少不利影响，避免重大的环境损失。

公路选线、设计、施工、运营全过程应从减少占用耕地及基本农田，协调与项目地区基础设施的布局规划，严格执行地区相关法规进行征地拆迁与安置，在通过村镇、农田路段设置横向通行构造物，针对施工期水、气、声、渣等加强环保管理，公路建设与当地自然风光、原生资源及地域文化相融合等方面进行环保管理，实现对沿线社会环境的积极保护。

1.2 公路环境保护发展与进程

我国高等级公路建设起步较晚，在20世纪90年代初期研究的主要精力集中在公路工程技术方面，对公路环保的研究和投入较少，由交通部对公路建设的环境问题立题研究的有“公路建设项目环境影响评价技术规定的研究”，编制《公路建设项目环境影响评价规范》(JTG B03—2006)、《公路环境保护设计规范》(JTG B04—2010)、“公路声屏障设计系统与示范工程”和“高等级公路建设与环境协调发展研究”。

进入21世纪以来，随着人们生活水平的提高和环境意识的觉醒，环境保护越来越引起人们的关注，一些重大的建设项目也将生态保护列为重要内容进行研究，如青藏铁路在建设前期对国家级保护动物藏羚羊的习性进行了详细的研究，在藏羚羊迁移期通过施工路段时，全线停止施工，并拆去了施工标志，保证藏羚羊安全通过。陕西省公路勘察设计院在进行GZ40国道主干线通过秦岭段的设计时，对生态保护做了较全面、充分的考虑。为了减少对山体的切削和出渣量，设计中结合沿线地形、地质情况，分段采用60 km/h和80 km/h设计车速，并采用桥隧方案替代高大切坡，全线桥隧长度占总路线长度的67%，大大减少了施工期水土流失量，同时也大大减少了对生态和景观的影响。

虽然国内目前在公路建设的生态环境保护方面已展开了一些工作，但基本是就具体项目具体问题进行研究，求得解决方法。如陕西省户县至洋县高速公路穿越秦岭山区生物多样性保护区、辽宁省丹东至庄河高速公路穿越丹顶鹤湿地自然保护区、福建省漳州至东山高速公路经过红树林保护区、海南省环岛东线高速公路经过青皮林保护区、广西南宁至友谊关公路经过白头叶猴自然保护区等，尚未形成系统、规范的保护方法和公路设计原则。且这些研究多是在环境影响评价阶段提出并进行的研究，我国公路环评一般从工可阶段开始，环保的研究往往滞后于公路工程设计，或由于研究人员或成果与工程脱离，造成研究成果不能采用，或需对工程设计进行重大修改，往往造成环保给工程让路的情况。

美国、日本、英国、法国、德国等发达国家经过30多年的研究和实践，对公路建设中的环境规划及设计已有较完整的规范与手册。如德国公路建设必须考虑长期保证自然经济效益、天然资源利用和保护，保护动植物及各种自然特性、名胜古迹和风景等，于1980年制定了新的道路设计规范《道路景观设计规范》(RAS—LG1980)。美国在1965年制定了《公路美化规定》，日本在1976年制定了《公路绿化技术基准》，苏联在1975年制定了《公路建设和景观设计规范》等。一些国家如法国、德国、荷兰、英国等对高速公路的环境设计与景观规划设计不但规定其设计原则、方法等，还根据本国国情规定有具体指标，如法国规定高速公路的环境投资占工程总投资的15%。

法国在交通环境保护方面形成了一套较为完善的体系，即由国家颁布的系列环保法。包括采石场法（1979年12月20日）、国内交通发展方向法（1982年12月30日）、关于小土地合并置换法令（1995年1月27日）等，以及交通环保法规——公路建设项目研究和批准体制通报（1987年10月27日）、公路环境保护法实施细则（1996年装备部制定）。且法国公路建设的环保内容、计划、措施和环保效果受公众、政府部门、司法三个方面的监督。

英国在公路建设时，英格兰自然协会、威尔士乡村委员会或苏格兰自然遗产组织等在自然保护方面的顾问以及其他的有关环境组织，在工程的初级阶段就进行参与，以促进形成一个更好的公路设计方案。这种参与帮助公路专家在设计的开始就采取积极的环境保护措施。

1.2.1 环境污染

目前，发达国家已经完成了对公路的大规模兴建，因此逐步将关注点转到了环境问题上，并进行了各种积极的研究工作和治理工作，公路管理部门也制定了相应的法规和条例。随着近年来可持续发展问题受到越来越多的关注，公路建设与生态环境的协调发展研究也被提升到了一个新的研究高度。

1969年，美国《国家环境政策法案》首次以法律的形式要求进行环境影响评价，自颁布之日起，法案就已经推动了环境影响评价工作的进行，影响了无数的决策，提供了最具权威的环境信息。随着美国制定专门的环境影响评价法规，许多国家也相继建立了不同的环境影响评价体系，如加拿大于1973年、澳大利亚于1974年、联邦德国于1975年、法国于1976年，继而扩展到发展中国家。1985年，欧共体环境影响评价指令通过加快，20世纪80年代后期欧洲各国环境影响评价法律体系建立。90年代初期，非洲和南美洲也制定了大量的环境影响评价法规导则。到1996年，已经有多个国家建立了环境影响评价体系。

由于注意到交通的二氧化碳和噪声污染巨大的危害性，澳大利亚专门立法要求在设计、施工等各个阶段严格控制环境污染，公路交通有关部门必须严格遵守，对环境造成污染时，执法部门将对责任公司和责任人采取罚款和监禁等惩罚措施。施工招标必须具备环境保护资格，否则将不得承包相应工程。所有项目在交工前需专家进行环境保护评价，从而提高了全民对环境保护工作的重视。

加拿大对公路环境保护也建立了比较完善的法规体系，并且通过加大执行力度来保障在公路建设中的环境保护。这表现在由政府派出专门的环境监督员来监督公路建设各个阶段的环境保护工作，并且在承包商的施工合同中明确了其环境保护的义务，违反环境保护法规的行为会受到严重的惩罚。针对环境影响评价工作缺乏全面性的问题，1990年加拿大内阁“指令要求联邦部门和机构对政策和规划建议执行综合环境评价（SEA）并提交给内阁”，1999年的指令要求在以下情况下进行SEA：在当部长或内阁赞同建议时；实施这一建议可能导致重大环境影响时。

在环境保护技术方面，美国交通部的研究机构于1979年出版的手册主要研究高速公路对湿地的生态影响。1974年4月1日生效的联邦公害保护法严格规定了交通噪声公害的极限值。1970年德国的汉斯·洛伦茨博士率先提出了在道路设计方法中考虑人与自然环境的密切关系，力求使设计出的公路既具有快速、安全行驶的优美线性以及良好的行驶环境，又包括保护景观与野生动物、防止噪声等措施。随着GPS、RS、GIS技术的发展，目前国外将这些先进技术运用到动态监测与管理营运中。例如利用遥感方法对土壤水分监测和生物群与土地利用间的相互关系的研究；进入20世纪90年代以来，美国的公路路域环境监测系统之中也借鉴了3S技术，进行了广泛的应用。

世界各国的实践表明，公路建设项目不仅要考虑经济因素和技术因素，而且还要重视公路建设项目环境影响分析，否则公路建设最终无法达到预期目的，因此环境影响评价在促进公路建设与环境协调发展方面发挥着重要的作用。自从第一部“环境影响评价”（EIA）制度颁布实施以来，世界各国都努力总结他国经验，并结合本国特点，将EIA的程序、审批和法律责任等制度化、法律化。世界道路协会为此设置了专门的技术委员会，主要就是研究公路环境影响的评价方法，为公路规划、设计及管理提供一个环境要求的准绳。

我国以环境保护法律法规为依据，针对公路建设项目环境影响评价工作，我国交通部在1987年相继颁布了一系列环境保护办法以及技术规范，其中有《交通环境保护管理办法》《公路建设项目环境影响评价规范（试行）》（JTJ 005—1996）、《公路建设项目环境影响评价规范》《交通建设项目环境保护管理办法》《公路环境保护设计规范》，极大地推动了公路建设项目环境影响评价工作的开展，为公路建设项目环境影响评价研究工作提供了法律保障。

由于中国公路环境影响评价还处在起步阶段，在环境影响评价中大多采用定性分析的方法，其中综合评价法应用较多。查健禄根据公路建设项目运营期间在城市和农村产生污染物类型和数量的不同，在公路经过的城市和农村分别建立了不同的评价指标体系，以便更好地反映不同地区的环境状况。董小林构建了公路建设项目环境影响评价指标体系，给出了详细的方法进行数据的收集、提取和处理，并借助模糊数学模型进行综合分析，最后得出量化的评价结论和直观的评价意见，供决策者参考。奚宽武借助灰色可拓空间进行数据处理，结合基于地理信息系统的图形叠置法，对公路建设和运营期的环境评价指标进行分析评价。陈雨人通过分析公路设计过程中的线路选择问题，建立了环境影响评价比较模型，对不同的线路选择造成的环境影响进行比较，模型的量化评价指标由土壤污染、噪声污染、大气污染、社会环境影响和生态环境影响五个方面组成。任现等运用层次分析法，通过对公路建设项目在施工期间对沿线环境影响的实际情况的分析，建立了基于层次分析法的综合评价模型，并进行了实例分析，为保护公路沿线环境提供了可靠的决策依据。刘海潮根据公路环境保护的需要以及目前公路环境影响评价方法的不足，建立了道路环境影响评价指标体系。程岗等通过对高速公路建设项目环境影响的分析，建立了环境影响评价指标体系，采用德尔菲法确定了指标的权重，对高速公路建设项目进行了环境影响综合评价。

目前国内对环境影响评价和竣工项目环境保护验收两个方面的研究较多，张文柯论证了GIS在环境影响评价中应用的可行性，提出应用于EIA有助于环境问题的解决。在《环境影响评价报告书编制的主要问题浅析》一文中，作者提出国内编写的报告书存在不加分析校核就直接引用设计文件中的资料、缺少替代方案、预测评价中对现状环境监测值没有叠加、风险评价概念不清等问题，需要环境影响评价工作者引起注意。国内对于公路竣工环境保护验收的研究多集中于验收调查的方法、内容和时间等方面，并发表了相关的学术论文对环境保护验收工作的进行提供了一定的指导作用。

1.2.2 生态环境保护

在公路建设中生态保护技术研究得到越来越多的关注与重视，国内外均做了大量研究。在此进程中的一些标志性年份被人们铭记：早在20世纪50年代，美国就制定了相应的法律，规定新建公路必须进行生态恢复；1979年第16届国际道路会议在维也纳召开，会上与会代表一致认为新建与改建的道路必须考虑建设过程中对道路的环境保护；1995年9月举行的第20届国际道路会议对世界上一部分国家进行公路环境影响评价的状况做了一次调查，目的是督促各国加强公路环境保护的研究。

澳大利亚和部分欧美国家通过补偿大范围铺建道路带来的生态环境影响，在道路规划设计过程中考虑生态学原则，力求减少物种丧失，保护生物多样性。在边坡防护方面，加拿大和美国在公路建设中十分重视人与自然的和谐统一，例如在公路建设中强调保护自然与历史遗迹，公路沿线建立生物通道，保持自然及生物的连续性；公路建设中明确规定了公路项目与自然区域要尽量保持距离，将交通对环境的影响控制到最低；在边坡防护的应用中，已基本取缔了喷射水泥砂浆护面和浆砌片石等破坏自然环境的工艺，取而代之的是各种柔性支护和绿化措施。法国、瑞士、德国、荷兰、日本等国在生态建设方面的研究也已开展多年。法国早在20世纪90年代中期就开始重视公路建设与生态保护的关系，在修建高速公路的同时利用取土场修建了两个生物栖息场所。德国在高速公路设计中对于敏感保护目标首先要采取措施尽量避开，在无法避开的情况下将采取措施进行异地补偿。公路边坡采用倒角处理减少边坡棱角，再采用草、灌木植物进行绿化，使周围景观尽量协调，将公路边坡景观与水土保持完美融合；日本在公路绿化上面针对不同路堤形式和路堑的坡面采取了袋筋绿化、防灾绿化及岩盘绿化等不同绿化方法去恢复公路生态环境。韩国在山区公路建设过程中有明确的法规，对公路建设过程中经过的森林或者特殊地貌隧段要避让或采取措施加以保护。

与国外很多发达国家相比，我国在公路建设环境保护技术方面的研究起步相对较晚，但是近年来也有很多成功的经验。自20世纪80年代末，我国在很多退化或脆弱的生态系统恢复和重建方面做了大量的工作，如农牧交错地区、风蚀水蚀交错地带、干旱荒漠区域、丘陵山地、干热河谷等。荒漠区、黄土区、长白山区和高山区等的公路建设环境保护措施研究也有很多，并取得了一定的成果，但多年冻土地区工程建设中的环境保护措施研究才刚刚起步。陈济丁等于2000—2002年在青藏公路开展了边坡防护试验，曾在青藏公路边坡建立人工植被。马世震等经过对青藏公路的取土场高寒草原植被的恢复进程进行研究，发现人类对青藏公路沿线高寒草原植被的破坏影响很明显，并且自然植被的恢复需要大约20年的时间。2002年青藏铁路在沱沱河、北麓河和安多等地建立了实验基地，开始进行青藏铁路沿线植被恢复的研究工作。目前针对青藏铁路冻土区无论在工程防护或是生态保护及植被恢复方面都有了较成功的经验。

综上所述，冻土区工程建设的生态环境保护研究较少，虽然在冻土区铁路修建中的环保措施已经有了一定的经验，但是针对冻土区高速公路建设还没有一套完备的生态环境保护措施。

1.2.3 水土流失

土壤侵蚀很早就受到国际社会的重视。美国的土壤科学工作者和工程师们很早就发现，许多因素如降雨的类型和总量、坡长和坡度、土壤的可侵蚀性、农作物和管理措施等，都和土壤流失量有着密切的关系，他们认识到需要把这些因子对土壤的影响定量化，以便制定实际的防治措施。1930—1942年是美国土壤侵蚀研究的黄金时期，在H. H. Bennett的带领下，在有代表性的10个侵蚀区建立了土壤侵蚀实验站，为美国土壤侵蚀的研究提供了宝贵的数据。通用土壤流失方程里的作物管理因子就是完全建立在这些试验数据基础上的；Duley和Hays（1932年）对土壤侵蚀中的坡度和坡长因子进行了研究。Smith（1941年）首次定量研究了土壤允许侵蚀量。Laws（1940年）对自然降雨进行了研究，Ellison（1947年）对雨滴作用机制进行了分析。随着数据的积累，科学家们开始建立土壤侵蚀预报方程式，土壤侵蚀预测模型最早由Zingg（1940年）提出，他认为土壤侵蚀量是坡度和坡面的水平长度的函数，但并没有把降雨因子考虑进去。Musgrave在1947年提出了降雨特性与土壤侵蚀量之间的关系式。Smith和Whitt（1947—1948年）提出了一个由坡长、坡度、作物轮作、土壤类型、土壤保持措施等因子组成的预报方程，但方程中没有独立的降雨因子。1965年Wischmeier、Smith和其他学者研制出了通用土壤流失方程（universal soil loss equation, USLE），该模型用六个因子的乘积形式量化了土壤侵蚀，这六个因子是降雨和径流侵蚀力、土壤可蚀性、坡长、坡度、作物管理以及水土保持措施。由于因子选取合理，模型以最大30 min降雨强度和降雨能量来表征降雨因子，并将作物和管理因子缩短为作物的一个生长周期，通用方程是迄今为止运用最为广泛的土壤侵蚀预测模型，但该模型所使用的数据主要来自美国落基山脉以东地区，仅适用于平缓坡地，使其推广应用受到限制。另外，由于该模型只是一个经验模型。缺乏对侵蚀过程及其机理的深入剖析。如仅考虑了降雨侵蚀力因子，未考虑与侵蚀密切相关的径流因子，坡长与降雨、坡度与降雨等有关因子交互作用也被忽略等。20世纪70年代以后，美国应用现代化的试验测试手段和计算机模拟技术，根据细沟间侵蚀及细沟侵蚀的原理及泥沙输移的动力机制，建立了修正的通用土壤流失预报方程（revised universal soil loss equation, RUSLE），修正后的方程较好地考虑了各因子之间的相互作用，作物和管理因子缩短为 15 天，应用范围得到较大拓宽，不仅应用于非扰动地，在环境评价、荒地开垦、矿区及建筑工地的土壤流失量计算中也得到广泛应用。

国外很早就注意到矿产开采、工程施工引起的水土流失问题。1967 年 Wolinan 等对工程施工和采矿的松散堆积物进行了研究。因缺少矿区、建筑工地及复垦土地的特定土壤侵蚀预报方程，1997 年在美国内务部、矿务复垦及环境办公室的支持下，研究提高了 RUSLE 在这些地区的适用性和准确性，并建立了 1.06 版 RUSLE。但总的来说，对于工程建设引起的水土流失研究得还不深入。在美国进行水蚀预报模型研究的同时，英国、荷兰和澳大利亚等国也在开发适应本国或本地区的土壤侵蚀预报模型。英国 Morgan 等人根据欧洲土壤侵蚀的研究成果，开发了用于描述和预报田间和流域的土壤侵蚀预报模型（european soil erosion model, EUROSEM）。荷兰科学家结合本国的实际和研究成果，开发了土壤侵蚀预报模型（limberg soil erosion model, LISEM）。其他国家如澳大利亚也在开发自己的土壤侵蚀预报模型。

研究土壤侵蚀机制及进行土壤侵蚀预测，目的是将预测的土壤侵蚀模数与可接受的临界值加以比较，从而确定土地利用的方式，另外还可以评价不同水土保持措施的功用。目前为止，土壤侵蚀控制方面的成果数量不多，主要有耕作保护和化学控制等方法，其目的在于减少径流冲刷，提高土壤抗冲性，得到了非常广泛的应用。

国外公路建设项目水土保持起源于土地复垦，是伴随土地复垦而不断发展的。国外土地复垦最早始于德国和美国，进入 20 世纪 70 年代，复垦技术逐步形成了一门多学科、多行业、多门联合协作的系统工程，许多企业自觉地把土地复垦纳入设计、施工和生产过程中。国外水土流失控制技术主要是：

① 确定和设计合理的边坡角度。从植物生长来看，自然安息角是最低要求。

② 防蚀工程措施。主要是指土石方工程，包括斜坡固定工程。

③ 植被恢复措施。主要目的是迅速覆盖地表，控制水土流失。

随着高速公路建设的发展，国外在公路建设方面的水土保持问题日益受到重视。高速公路建设中的侵蚀控制、陡坡稳定技术、土地覆盖等问题已经成为国际侵蚀控制学会主要探讨的问题之一，高速公路及其筑路建设中的水土保持技术和设计的研究已经成为水土保持研究的新的发展方向。

我国是世界上水土流失最严重的国家之一，据中华人民共和国成立初期不完全统计，全国水土流失面积达 153 万 km^2，约占全国总面积的 1/6。从 20 世纪 20 年代末，我国开始了系统的土壤侵蚀研究，先后在四川内江、甘肃天水、陕西长安、福建河田等地建立了土壤侵蚀研究试验区，积累了一些研究资料和研究经验。从 50 年代到 90 年代初，我国在土壤侵蚀规律及预测预报的研究中取得了较大进展和显著成效。

1981—1982 年王万忠根据延安、绥德、子洲等地的降雨径流观测资料，分析了五种降雨特性参数（包括降雨量、降雨历时、降雨强度、降雨次数、瞬时雨率）与土壤流失量的关系，得出各种降雨参数与土壤流失量的相关程度以瞬时雨率为最好，降雨历时最差的结论。江忠善（1983年）、刘素媛等（1988年）、黄炎和等、周伏建（1995年）等对降雨动能进行了研究，建立了适用于我国的单位降雨动能公式一般为指数函数形式或幂函数形式。1996年王万忠等人通过研究全国九个代表站的资料，提出了次降雨量的降雨侵蚀力R值的简易算法公式，并通过对全国12个站点313个站年资料的统计分析，建立了我国估算年降雨侵蚀力R值的公式。同时一些研究者也对工程施工引发土壤流失量进行预测。薛嵎等通过对国道112线丰宁段公路水土流失的情况调查，认为公路施工造成的水土流失变化强烈，土壤侵蚀量急剧增加，影响时段内每年新增侵蚀总量为原土壤侵蚀总量的1.97倍。其中弃土场废弃岩土侵蚀量占总侵蚀量的42.1%，路基边坡侵蚀量占总侵蚀量的30.2%，为公路建设项目水土流失的防治重点。杨剑峰等对公路建设项目新增土壤流失预测时段确定的有关问题进行了探讨，指出根据开发建设项目的实际情况和区域水土流失特点，确定符合实际的预测时段，能提高预测结果的准确度，有利于防护措施的优化配置。

我国公路水土保持起源于公路边坡防护。中华人民共和国成立后，公路交通管理部门建立健全了养路机构，各地对所辖路段的路基、路面采取了一系列防护措施，如边坡防护林、护路林、排水渠、护坡工程、过水涵洞等，在滑坡、坍塌防治方面取得了一些成功的经验。但改革开放后，随着经济的迅猛发展，国家大型公路建设项目纷纷上马，新的水土流失愈演愈烈。愈发严重的水土流失、土地沙漠化等一系列环境问题引起了有关部门的高度重视。1991年颁布了《中华人民共和国水土保持法》，1993年又出台了《中华人民共和国水土保持法实施办法》，之后各省相继颁布相应的地方法规，从中央到地方健全了水土保持监督机构，公路水土保持工作进入了崭新的阶段。1995年5月30日水利部发布了《开发建设项目水土保持方案编报审批管理规定》，同年6月又发布了《编制开发建设项目水土保持方案资格证书管理办法》，进一步规范和推动了建设项目水土保持工作。公路建设项目水土保持方案的编制对于公路设计者来说是一项新的任务，与公路建设相适应的水土保持技术和方法的研究是公路设计者新的工作方向。

在实践方面，和国外相比国内在水土保持方面研究起步较晚，直到20世纪90年代，随着高等级公路的发展以及人们对公路环境问题认识的提高，才开始进行系统的防护研究。1996年云南省昆明至曲靖高速公路全线路堑、路堤、中央分隔带和立交区等进行了全面防护和绿化，并首次采用瑞士湿法喷播技术进行大规模的植被种植，为我国公路绿化技术的提高做出了有益的尝试（陈济丁，1998年）。1996年10月交通部在昆明举办的“全国交通环保培训班”，为公路绿化尤其是喷播技术的宣传和推广起到了积极的推动作用。近几年我国公路防护技术有了长足的进步，各种新技术已经在公路绿化中得到了广泛应用。

在理论研究方面，中国科学院南京土壤研究所王库，中国科学院成都生物研究所吴彦，中国科学院地理研究所吴淑安，中国科学院水利部西北水土保持研究所李勇、吴钦孝、朱显谟等人通过模拟降雨试验对根系对土壤侵蚀的防护效应进行了研究。解明曙在综合国内外现有研究成果的基础，对植物根系固坡的力学机制进行了深入的理论研究；云南省地理研究所周跃根据土壤学、生态学和植物生理学的有关原理，在国内引入了坡面生态工程

(slope eco-engineering, SEE) 的概念。这些研究成果在高速公路的生态防护的设计、施工与管理上起了有益的指导作用。

目前，高速公路边坡工程在我国没有成功的经验和定型的模式，更无技术规范可循，也没有专门的设计单位和施工队伍，多依赖于园林部门和高等农林院校，但往往由于高速公路的特殊性，在诸多方面造成了浪费和不合理现象。一方面表现在施工过程中采用传统的边坡防护治理措施，大量使用工程防护，生态防护只是其中的点缀作用，忽视了植物防护的生态功能；另一方面表现在以往片面强调了植物的景观功能，而对边坡的稳定性考虑不足，往往有防护过后失稳的情况发生。此外，国内的研究人员过多集中水土保持学的研究，忽略了坡面植物根系的工程力学行为及与植物防护与工程防护相结合防护的研究，因而防护理论远远落后于防护技术应用的发展。

1.2.4 野生动物保护

国内关于公路野生动物保护的研究较少，而国外关于公路建设项目对野生动物的影响及其保护措施研究则非常完备，可以作为借鉴。

Shelley M. Alexander观察了加拿大Banff国家公园TCH公路两侧狼、美洲狮、猞猁等动物的迁徙行为，证实公路造成的景观碎裂化在很大程度上影响动物的生存能力，改变动物种群、减少生物多样性，并使一些生活史上有缺陷的动物面临灭绝的危险（Shelley等，2000年）。Craig Loehle系统地讨论了铁路、公路和输油管线等一系列工程建设造成景观破碎化对野生动物的影响（Craig Loehle，1999年）：首先，动物由于不能迁移到其他更宜居住的地区而有随机灭绝的危险；其次，某一个栖息地斑块可能太小，达不到一个种群存活所必需的领域范围，而且此斑块内也不包含种群生存所需的所用资源；再者，由于栖息地斑块之间的隔离，造成种群内部的近亲繁殖，不利于种群的进化，加速了某些物种的灭绝；最后，线性工程阻碍了动物的周期性迁徙，比如为了取食和繁殖的迁徙。英国专家在设计一段地处英国威尔士长30 km的A55 Leandgai–Hollyhead公路时，动物成了关注的焦点。他们专门确定了可能出现的被保护物种，其后对獾、蝙蝠、水田鼠、水獭和两栖动物等进行专家考察。根据野生动植物和乡村法案，所有正在筑巢的鸟都受到保护，所以在植物被清除前，所有可能被鸟类用于筑巢的地方都要由生态工作者人工检查。哪里出现鸟巢，哪里工作就要停止，并监视事态的发展直至筑巢结束。公路开始施工时，还专门划拨了15个地区用于新建和管理野生动植物栖息地，受公路建设影响的动物均被迁徙至新的栖息地（周正鸣，2001年）。瑞士的N7公路在弗劳恩菲尔德附近，为确保鹿、野猪等大型动物、两栖动物移动的安全，将山毛榉、云杉林中断处用建拱涵连接起来，在拱涵的上部建野生动物通道（陈爱侠，2002年）。

国内20世纪90年代之前在公路建设时对野生动物造成的负面影响不够重视，然而事实证明青藏公路的施工运营对野生动物的生活、迁徙、繁殖造成严重的影响，这使得国内学者逐渐重视公路建设项目动物保护措施的研究。90年代以来有不少学者先后对青藏高原野生动物资源做了深入的研究，并根据不同野生动物的生活习性优化了青藏公路沿线野生动物通道方案（参考青藏铁路施工期青藏公路整治改建工程环境评价报告书、青藏铁路环境影响评价报告书）。国内其他地区许多的公路建设项目也开始考虑公路建设、运营对野生动物的影响，以及设置相应的野生动物保护设施。如思小高速公路是国道213线兰州—成都—昆明—磨憨公路中的一段，在修建该公路时，通过调查野生动物的活动路线和活动规律，在三岔河野象谷修建了高架桥通道，在野生动物经常出没的山岭山坡处，以隧道的方式通过，给动物保持自然的通道，并尽量对动物通道施工产生的废物进行绿色掩饰，以求和周围的自然环境融合，有利于野生动物的通过（宋夫才等，2005年）。类似的研究还出现在穿越六盘山森林草甸区的同沿（同心至沿川）高速公路（李云科，2005年）、铜黄（铜陵至黄山汤口）高速公路（项卫东等，2003年）等。

综观国内外对于公路建设项目尤其是多年冻土地区公路建设项目野生动物所受影响及其保护对策的研究，主要存在以下不足之处：

① 在多年冻土地区公路建设项目对野生动物的影响分析上，主要着眼于公路建设项目运营期间对野生动物的影响，而相对忽视了设计期和施工期公路建设项目对于野生动物所造成的影响。

② 在多年冻土地区公路建设项目野生动物保护对策的研究上，同样是主要着眼于公路建设项目在运营期间对野生动物的影响，而较少考虑设计期的选线以及公路工程施工上可以对多年冻土地区野生动物实施怎样的保护。

③ 就多年冻土地区野生动物保护本身的研究而言，主要是关注动物通道的设计，而在公路工程如施工便道、取土场等造成的诸如植被破坏、生境碎裂化等因素方面的考虑就显得不足，而由于多年冻土地区生态系统的独特性和脆弱性等特点，这些因素对于多年冻土地区野生动物的影响也是相当大的。

可见，在青藏高原多年冻土地区公路建设项目对野生动物的影响分析及野生动物保护对策研究方面，应当主要从以下方面着手进行：

① 全面研究公路建设项目在设计期、施工期和运营期对多年冻土地区野生动物的影响以及相应的野生动物保护对策。

② 综合考虑公路建设项目对多年冻土地区诸生态环境要素的影响，在野生动物保护对策的研究上应当结合公路建设项目的特征，突出这一特殊生态系统的特点。

1.2.5 社会环境保护

近20年来，随着人类对环境（自然环境、社会环境影响）统一性和整体性认识的提高，对建设项目社会环境影响评价工作重要性的认识也相应提高。但是在经济发展和环境质量规划管理中，发展中国家往往把经济发展放在最主要的位置上，这有可能重犯工业化发达国家犯过的代价高昂的错误。目前较多的发展中国家已对环境保护具有清醒的认识，在经济发展中积极采取预防而不是补救措施来维护和保护环境质量。我国在环境保护方面也做了许多积极扎实的工作。

发达国家在其经济建设和发展过程中积累了丰富的经验和深刻的教训。这些经验和教训产生的重要观点之一是，经济增长和环境（自然的和社会的）质量两者只能统一，把环境质量恶化看作是发展经济必然付出的代价的认识是错误的。目前发达国家在进行项目建设论证时，把经济发展需要和环境保护放在同等重要的位置上。在环境影响评价中，把自然环境影响评价和社会环境影响评价放在同等重要的位置上。

社会环境影响正式被提出来是在20世纪80年代，此前只是一些零星片段内容包含在工程计划或环境影响评价始终。

20世纪60年代以前，各国对建设项目评价不论是财务评价还是国民经济评价，其实质都属于经济学范畴，都还是停留在以建设项目的经济效益标准来评判项目的可行性水平上。但经过几十年来的大量建设项目的实践，人们开始逐渐认识到大量的项目资金投入并不能使国家或地区的社会状况有明显好转，恰恰相反，反而导致了像环境污染、资源枯竭以及地区贫困加剧等严重的社会问题的出现。仔细分析这里面的原因发现，不是由于项目的经济效益不好所致，而是由于建设项目本身与社会的发展环节不相适应所造成。沉痛的教训之后，带给人们的是对过去项目决策理论和方法的反思。经过长时期的思考，人们意识到，已有的建设项目评价理论已经不能解决如社会分配不公以及环境等社会问题，为了实现建设项目能够促进社会全面发展的目标，必须要探求新的建设项目决策理论和方法。

美国在1969年的《国家环境政策法》中有很多都涉及社会及经济因素。美国环境质量委员会非常重视建设项目的间接影响（主要是指社会环境影响）的研究，因为建设项目引起的土地利用的变化、人口的增加以及就业趋势的转变等间接后果，常常是建设项目引起的环境影响的实质问题。1978年，美国学者J. Simonds在《大地景观：环境规划指南》一书中涉及了许多与社会环境影响评价的内容。1986年，美国俄克拉何马大学的A. W. 坎特教授正式出版了第一本论述社会环境影响评价的专著《社会环境影响评价》。此后屡次国际环境影响评价会议上都有一些有关社会环境影响的内容发表。

1990年，加拿大温哥华环境影响评价国际会议（IAIA）的中心议题就是社会环境影响评价。加拿大的环境预测研究会（CEARC）致力于环境评价的改进工作，将社会环境影响评价列为优先研究领域。其他国家如苏联、法国、澳大利亚等，对交通运输项目的社会环境影响分析也都很重视，尤其对公路交通的污染和安全更为关注，做了深入的研究和大量的调查工作，取得了一定的成果和定量数据。

社会环境影响评价在我国开展较晚，我国对投资项目评价没有进行过全面的、系统的理论研究，社会环境影响评价也未曾有过，只是过去在开展国民经济评价中，有些部门的国民经济评价包括了社会效益评价内容，在实践中，工业、农业、水利、公路、水运各部门，各地对部分项目，主要是对一些工业项目或交通项目做过一些社会效益评价。近十年来，随着交通运输的飞速发展，高速公路项目的大力兴建，才逐渐注意交通运输的社会功能。但在评价中，仍着重于可行性及经济影响，主要是计算运输费用的节约和缩短时间带来的经济效益，对于项目对社会环境和自然环境的影响，对促进地区经济的发展，虽然认为重要，但由于难以定量或难以用货币表示，一般仍采用定性描述。目前，项目的社会环境影响效果缺乏分析与评价，仍停留在为经济评价“陪衬”的阶段。有时在经济效益不好时，利用社会环境影响与效益，夸大社会效果，为经济效益做补充，用所谓“经济效益差，社会效益补”作为上项目的充分理由，作为项目立项的充分理由。国家计委投资研究所与建设部标准定额研究所自1989年开始对投资项目社会评价的理论及方法进行系统研究。经财政部和亚洲开发银行协定，在中国开展“社会评价能力建设——3441”技术援助项目，中国社会科学院社会学研究所作为中方执行机构对该项目进行管理。此技术援助从2000年11月开始至2002年5月结束。“中国投资项目社会评价研讨会”是此项目中的中期内容，2002年4月在北京举行。这是在我国举行的第一个高层次的“投资项目社会评价”研讨会，会议主要是总结交流中国进行投资项目社会评价的经验，探讨投资项目社会评价的理论与方法，讨论中国今后进一步开展投资项目社会评价工作和能力建设的战略与措施。

我国公路建设发展迅速，建设的程序也逐渐和国际做法接轨。目前在我国建设项目的环境影响评价中，偏重于自然环境影响评价，同时大气、水体、噪声、生态等方面的评价内容和方法也较成熟，而对公路建设项目进行社会环境影响评价还是一项新的工作。现在在我国公路建设项目环境影响评价中已经开展了社会环境影响评价这方面的工作。虽然起步晚，方法不成熟，但却有一个共识，这就是应加强社会环境影响分析和评价工作，加强公路建设项目社会环境影响评价的研究工作，逐步从单纯或重点进行自然环境污染评价向进行自然环境和社会环境影响综合评价的方向转变。

1.3 国内外研究概况

1.3.1 植被恢复技术

国外高寒地区主要分布于北美的加拿大、美国阿拉斯加地区，北欧的挪威、冰岛、瑞典和芬兰，俄罗斯北部，大洋洲的新西兰和澳大利亚山地等。以多年冻土分布的高寒地区生态恢复研究主要集中于北美和欧洲。如Gould等对加拿大极地地区的植被、生物量和净第一生产力进行了研究，并绘制了植被图；Forbes曾在高纬度极地地区进行了小规模植被恢复试验；Sarah等曾在极地苔原开展树木移栽和播种试验，并对树木栽植的限制因子进行了分析；Bliss总结了极地地区通过播种进行再植的情况；Greipsson等在冰岛荒地利用飞机播种进行了大规模的生态恢复试验；Walker对阿拉斯加北部人为干扰和生态恢复情况进行了总结，认为多数受扰动区域可以在几十年内发展成为一个功能型生态系统，但要恢复到原生生态系统则非常困难；Cargill等总结了应用演替理论开展苔原恢复的情况。国外的高寒地区因少有大规模的铁路、公路建设活动，鲜有可供参考的植被恢复成功案例。

我国在多年冻土地区植被保护与恢复方面开展了一些研究集中于青藏公路、青藏铁路草皮移植和播种试验。陈济丁等研究认为，青藏高原多年冻土地区，公路沿线可以逐步“自然恢复”，但恢复过程十分缓慢。通过人工播种，可以加速植被恢复。人工植被一旦建立，它能够适应当地恶劣的自然条件，可以维持相对的稳定，并逐渐发生“自然演替”。但自然演替的观测需要较长时间，植被恢复的效果还需要进行跟踪观测和科学评估。目前可用于青藏高原多年冻土地区植被恢复的种源很少，仅有垂穗披碱草、老芒麦等少数种类；高寒条件下植物生长期很短，有的路段甚至不足两个月，植被恢复技术有待于进一步研究开发。同时从草皮移植来看，移植后的成活情况、移植过程中的埋压破坏等均缺少系统科学的评估。

1.3.2 水土保持技术

青藏高原区公路水土保持技术研究主要集中在公路对生态环境的影响及其恢复、青藏高原多年冻土区水土流失区域分异特征和多年冻土区公路边坡水土流失规律等方面。在多年冻土地区植被恢复试验研究方面，马世震等对青藏公路取土场高寒草原植被的恢复进程进行了研究，认为青藏公路沿线高寒草原植被的人为破坏影响是明显的，植被的自然恢复需要20年左右的时间；程国栋等指出，多年冻土地区坡面种草既能改善路基的热状况，又能防止坡面的风蚀和水蚀，然而受高寒、干旱、多风等因素限制，植物生长期很短，植被一旦被破坏，恢复十分困难；陈济丁等2000—2002年采用普通喷播技术在青藏公路边坡两道河、头二九等地开展了植被防护的试验研究，证明了当海拔低于5 040 m时可以种植植被，2002年青藏铁路在沱沱河、北麓河和安多等地建立了实验基地，开始进行青藏铁路沿线植被恢复的研究工作。对多年冻土地区土地荒漠化的研究，以前主要侧重于自然因素的作用，这是因为多年冻土地区有沙漠化的气候条件、冻土条件和物质条件。近些年来随着高原冻土地区人类活动的加剧，人为因素也被纳入冻土地区荒漠化的研究范围。

在青藏高原多年冻土地区公路边坡水土流失基本规律研究方面，陈济丁等提出了青藏高原多年冻土地区公路边坡水土流失防治技术，青藏高原的地理环境特点决定了青藏高原水土流失具有侵蚀类型多样、区域分异明显、人为作用较弱等特征。

综上所述，青藏高原公路建设水土保持技术及冻土保护方面已有一些科学研究，针对青藏高原多年冻土区公路水土保持技术方面，缺乏对取弃土场防护、临时工程水土保持措施在高寒生态脆弱区的适应性分析和关键技术开发。

1.3.3 水环境保护技术

国外有关公路对沿线水环境影响以及公路尤其是高等级公路水环境保护技术研究主要集中在以下四个方面：第一是公路建设对天然水系的阻隔、切割方面的研究，研究表明公路对地表水流、地下水流自然流动产生干扰，对水中物质迁移转运过程以及由此带来的生态群落结构也会产生干扰；第二为路面径流的污染来源、污染成分、含量及影响因素的研究，研究表明，路面径流污染最重要的来源是车辆的运行，路面径流污染中Pb、Zn的含量很高，其他还包括悬浮固体、COD、氮磷营养物、重金属、多环芳香烃和氯化物等；路面径流污染物的浓度与路面类型、降雨时的交通量、降雨强度等的相关性很强；第三为路面径流污染物从路面到受纳水体的迁移过程模型，研究表明晴天时污染物的累积量是时间的指数函数，径流过程中表层沉积物的冲刷速率与污染物量成正比；第四为路面径流的污染处理措施研究，主要包括植被控制、渗滤系统、滞留池和沉淀池等。

国内公路水环境研究与国外发达国家相比起步较晚，目前主要集中在四个方面：

① 公路对水系影响的研究主要以定性研究为主，代表性研究是对三江源区水系水网结构的影响研究。

② 公路路面径流水质特性及污染规律的研究。

③ 公路路面径流处理措施的研究，多以理论研究为主，缺乏实践，常见的处理措施包括潜流人工湿地、氧化塘、调节池等。

④ 公路危化品泄露的影响及处置技术研究，如采用沉淀池–植被的径流净化技术、植被控制与滞留池、人工湿地相结合的净化技术、多功能桥面径流串联处理装置等。

综上所述，国内对路面径流的来源、特性研究已较成熟，但路面径流控制措施的应用研究较少，且多集中于我国南方多雨地区。青藏高原公路对水系影响定量研究处于空白，青藏公路未实施径流收集处置措施，加之青藏高原具有水环境敏感、水体等级高和低温、频繁冻融的特点，针对现有技术在高寒高海拔地区是否适用、低温频繁冻融条件下路面径流净化技术、危化品泄漏应急处置技术研究尚存空白。

1.3.4 动物通道技术

公路对动物的影响及保护研究主要集中于欧美和澳大利亚等发达地区，研究内容涉及公路导致动物致死受伤、公路占用和影响动物栖息地、公路网络导致动物种群的隔离等。青藏公路和青藏铁路分割了可可西里国家级自然保护区和三江源国家级自然保护区。针对青藏公路和青藏铁路对野生动物的影响及保护，我国开展了一些研究。主要内容涉及公路铁路对藏羚羊迁徙的影响、活动范围的影响、栖息地的影响、动物通道的效果观测等。杨奇森等研究表明，青藏公路和青藏铁路最大的环境影响为对野生动物的影响，尤其是对季节性穿越交通线路的藏羚羊造成的影响。综上所述，尽管国际上已经开展了野生动物利用动物通道的监测、公路运营对野生动物活动的影响、动物通道的设置等研究，但在青藏高原，针对公路设置动物通道的关键技术研究较少。

第2章

多年冻土区公路建设环境特征

多年冻土是一种对温度变化极为敏感的地质体，易破坏、难恢复，并将引发一系列地质病害与工程病害。青藏公路、东北地区部分公路、新疆地区部分公路在施工过程中，由于冻土保护措施不足引起的多年冻土融化、导致的冻土路基沉降一直持续，长期以来很难得到有效的控制。因此在多年冻土地区进行工程建设，首先要遵循的就是“保护冻土”原则。青藏高速公路修筑活动不可避免地穿越多年冻土地区开展工程施工，甚至大型筑路机械设备的运输、安装等过程都可能会对冻土稳定造成较大影响。因此明确多年冻土区分布、了解多年冻土区生态环境、分析多年冻土区公路建设环境影响、提出冻土区公路环境保护与水土保持理念是多年冻土区高速公路建设必须解决的问题。

2.1 冻土区现状

冻土是指土壤温度保持0℃以下并出现冻结现象、具有表土呈现多边形土或石环等冻融蠕动等形态特征的土壤或岩层。冻土层在地质学指的是0℃以下并含有冰的各种岩石和土壤；在自然地理学指的是由于气温低、生长季节短而无法长出树木的环境，所以又称冻原或苔原。

持续三年以上冻结不融的土层被称为多年冻土。多年冻土一般分为上下两层，上层为活动层，冬冻夏融；下层是永冻层，终年（多年）不融。活动层有两种状态，即夏季融化后称为季融层，冬季冻结后则为季冻层。若某一年冬季气温较高，地温也随之较高，冻结深度小于夏季融化厚度时，在季冻层的下面就会出现一个未冻结的融区。相反，若某一年冬季较上年冷，而夏季又较上年凉，那么夏季融化深度可能小于冬季的冻结厚度，便在季融层的下面保留一层没融化的隔年冻结层。所以各年因温度变化的差别在活动层和永冻层之间出现隔年融化和隔年冻结层。

2.1.1 冻土区分布特征

多年冻土在我国分布范围较广，冻土总面积世界排名第三，总面积多达215万km^2，主要分布在青藏高原、东北大小兴安岭、天山和阿尔泰山（表2-1）。其中东北大小兴安岭为高纬度多年冻土，其余都为高海拔多年冻土。青藏高原多年冻土区在世界中低纬度地带中属海拔最高、面积最大的多年冻土区。

表2-1 我国各地区多年冻土分布面积

地　　区	多年冻土面积（$\times 10^4$ km^2）
大小兴安岭	38 ～ 39
青藏高原	150.0

（续表）

地　　区	多年冻土面积（$\times 10^4$ km^2）
阿尔泰山（中国境内）	1.10
天　山	6.30
祁连山	9.50
横断山	0.7 ～ 0.8
喜马拉雅山（中国境内）	8.5
东部诸山地（长白山、黄冈、梁山、五台山、太白山）	0.7
总　计	215

（1）东北多年冻土区分布特征

东北多年冻土区是我国最北部、欧亚大陆多年冻土区的南缘地带，气候寒冷，同时也是我国主要发育的多年冻土地区之一，面积约39万km^2，位于北纬46°30'与北纬53°30'之间，是我国最寒冷的寒温带气候和中温带气候的北部。太阳总辐射和分布大致与纬度平行，降水从沿海向内陆递减；在多年冻土南界以南，在一些高山，受海拔高度的影响，具有呈垂直变化特征的高寒气候，为多年冻土的形成和发育创造了条件。

东北多年冻土分布的特征主要表现在（表2–2）：

① 受纬度影响较大，自北而南，随年平均气温升高（－ 5 ～ 0℃），年平均气温差减小（40 ～ 50℃），多年冻土所占面积的百分比（简称连续性，或以小数表示称连续系数）由80%减至 5%以下，由大片分布至岛状和稀疏岛状甚至零星分布；年平均地温升高，由北部－ 4℃到南部的－ 1 ～ 0℃，而融土的温度由1℃至3 ～ 4℃；多年冻土的厚度由上百米减至几米。

② 海拔高度影响的叠加使东北多年冻土分布更具特色。一是表现在大兴安岭地区的多年冻土比小兴安岭地区更为发育，大片、大片–岛状分布的多年冻土集中在大兴安岭，而在小兴安岭只有岛状和稀疏岛状冻土分布；冻土层的温度由西向东升高；东北多年冻土区的自然地理南界在西部可到北纬46°30'，东部只到北纬47°30'。二是我国东北冻土的年平均温度甚至还与西伯利亚多年冻土北区的一部分相当。这主要是由于海拔高度对我国东北多年冻土的发育，尤其是对大片多年冻土的出现起了重要的作用。三是东北多年冻土区的自然地理南界呈W形，正是在纬度地带性制约下，同时又受到东西方向上两高（大兴安岭和小兴安岭）夹一低（松嫩平原）的地形影响所致，在南界以南，只在一些高山（如长白山、黄岗梁山等）上才有多年冻土出现。

③ 低洼处冻土条件更为严酷。在我国东北大片多年冻土区，山间洼地和河谷阶地有苔藓生长和泥炭层的沼泽化地段，冻土温度更低（－ 4 ～－ 3℃），地下冰最发育，冻土厚度也最大（100 m及其以上）。这一现象发生与土的岩性和含水量有关。但冬季逆温层的存在

实为决定因素，而且在地形切割深的地区尤为突出。

④ 东北岛状、稀疏岛状和零星分布冻土区南北宽达200 ～ 400 km，其面积比大片和大片–岛状冻土两个区的面积大得多。这一广阔地带实际上是多年冻土与季节冻土互相过渡的地带，是对地表热交换条件变化反应敏感的地带，也是生产实践中常遇到冻胀、融沉等不良冻土工程地质现象的地带。

表 2–2 东北地区多年冻土分布特征

多年冻土区	年平均气温（℃）	年平均地温（℃）	多年冻土所占面积（%）	多年冻土厚度(m)
大片分布（或断续分布）	<－5	－4 ～ 0	70 ～ 80	50 ～ 100
大片–岛状分布	－5 ～－3	－1.5 ～ 2	30 ～ 70	20 ～ 50
岛状和稀疏岛状及零星分布	－3 ～ 0	－1 ～ 4	5 ～ 30<5	5 ～ 20

(2) 高山多年冻土分布特征

高山多年冻土主要分布在西部内陆如阿尔泰山、天山、祁连山等山系一定的海拔高度以上位置，岛状冻土出现的最低海拔高度的连线即为多年冻土分布下界。由下界随海拔高度上升，冻土分布的连续性增大，由岛状至大片连续分布过渡，冻土温度随之降低，厚度随之增大，具有明显的垂直分布性。各山系气候、地理、地质条件不同，多年冻土分布的下界亦不相同。

阿尔泰山横亘于中、俄、蒙三国边境。我国阿尔泰山属该山脉的中段和西段，山脊从东南向西北升高，海拔高度一般1 000 ～ 3 500 m，最高峰友谊峰4 374 m。山麓地带冬季负温期5 ～ 6个月，中、高山地带长达7 ～ 8个月。绝对最低气温可达－50℃。由于受北冰洋气团的影响，降水丰富，并随高度升高降水量增大，低山区300 ～ 400 mm，中山带500 ～ 600 mm，高山带800 ～ 900 mm。冬季降雪时，低、中、高山带积雪厚度超过2 m，稳定积雪期一般6 ～ 7个月。阿尔泰山多年冻土区位于高纬度欧亚大陆多年冻土南界附近，因受海拔高度的影响，南界一直伸延到北纬46°以南，属高纬度山地多年冻土，分布面积约1.1×10^4 km^2。其下界海拔2 200 m，2 200 ～ 2 800 m是岛状多年冻土带，年平均气温为－6.7 ～－5.4℃。2 800 m以上是大片连续多年冻土带，年平均气温－9.4 ～ 11.5℃，多年冻土厚度由数米增至400 m。

在我国境内，天山自西向东延伸1 700 km，跨越21个经度（东经74° ～ 95°）；南北宽100 ～ 400 km，跨越1 ～ 5个纬度（约在北纬40° ～ 45°），主要的山脊线一般都在海拔4 000 m以上，最高峰为西部的托木尔峰（7 443.8 m）。气温随高度的增大而剧烈下降，在海拔3 000 m左右，年平均气温约为－2.0℃；而在海拔4 000 ～ 4 500 m的山脊，年平均气温可达－12 ～－8℃；3 000 m以上负温季节长达7 ～ 8个月。雪线附近，年降水量达500 ～ 700 mm，甚至1 000 mm以上，以固态降水为主，年降水量的70%～ 90%都集中在

4—9月。多年冻土分布总面积为6.3×10^4 km²。高度是冻土分布的主导因素，下界最低海拔，阴坡为2 700 m，阳坡为3 100 m，天山坡向对冻土分布的影响比青藏高原和祁连山显著。据初步统计，阴坡多年冻土下界一般比阳坡低300～400 m，纬度增加1°，多年冻土下界下降171.2 m；经度增加1°，多年冻土下界下降10.6 m。在多年冻土下界附近，冻土温度较高（－0.2～－0.1℃），冻土厚度不足20 m，具有很大的不稳定性。在一定海拔以上，出现年平均地温低于－2℃的厚达100 m或更大的稳定型多年冻土。

祁连山位处青藏高原北缘，西南部为柴达木盆地。祁连山多年冻土分布下界南侧大致为3 700～3 900 m，北侧为3 500～3 650 m，北侧下界较南侧低206～250 m，东段下界较西段低150～200 m，多年冻土分布面积9.5×10^4 km²，多年冻土温度－0.1～2.3℃，多年冻土厚度由数米至140 m。

(3) 高原多年冻土分布特征

青藏高原多年冻土可明显地分出三个条带：昆仑山北坡至唐古拉山南麓（即藏北高原大部分）多年冻土在平原上呈连续分布；扎加藏布江河谷两侧呈大片连续分布；雅鲁藏布江河谷往南至喜马拉雅山呈零星分布。青藏高原是耸立于中低纬度的巨大隆起，其海拔高(平均4 000 m以上)、气候严寒的特点决定着高原冻土的存在和广泛分布。青藏高原多年冻土区是世界中、低纬度地带海拔最高、面积最大的冻土区。青藏高原地势总的趋势是西北高、东南低；气候特点是西北部寒冷干旱、东南部温暖湿润；自然地带分异是“以羌塘高原北部和昆仑山为中心，向周围地区倾斜散开”。这里是多年冻土最发育的地区，基本呈连续或大片分布，温度低，地下冰厚。青藏高原南北跨越12个纬度，东西横亘近30个经度，纬度地带性和经向水平分异同时影响到冻土分布特征和区域差异。

在纬度、海拔、地形地貌、坡向及其他地理因素的影响下，青藏高原多年冻土厚度分布极不均匀。随着海拔高度的升高，多年冻土厚度相应增大，一般来说平均海拔每升高100 m，冻土厚度大致增加20 m。依目前实测资料得知，在青藏高原海拔4 500～4 900 m的范围内，最大冻土层厚度为128.1 m（估计5 000 m以上地区的冻土层厚度将会更大）。青藏高原多年冻土厚度在不同程度上受纬度、坡向及其他地理因素的影响，坡向对局部地区的冻土厚度有很大的影响和控制作用，同时坡向对冻土的作用随纬度的升高而增强。

由于青藏高原山地、盆地、谷地、高平原相间的地貌格局及各地理区域地质、地理条件组合不同，使后期多年冻土的发生、发展形成明显的地域差别。在同一气候波动下，山地因其海拔高于盆地、谷地、高平原而具有温度更低的气候环境，再加上地势高耸有利于热量散失，以及基岩裸露具有较大导热率等原因，因此形成的多年冻土温度较低、厚度较大；高平原、盆地、谷地由于地势较低，气温相对较高，加上形成时间较晚，以及地表水、地下水影响等，故而高平原、盆地、谷地形成了温度高、厚度薄的多年冻土层。

2.1.2 冻土区现状

(1) 青藏高原冻土区现状

青藏高原多年冻土区是我国面积最大的多年冻土区，然而近30年的时间里，青藏高原多年冻土一直呈现区域性退化的趋势，具体表现为：① 多年冻土退化为季节性冻土；② 多年冻土总面积减小，同时季节性冻土面积增加；③ 季节冻结深度减少，同时融化深度增加；④ 地温升高；⑤ 多年冻土分布下界升高。其中在青海高原中、东部的季节冻土向片状连续多年冻土过渡区退化显著，1981—2000年间有3.1×10^4 km^2（约4.3%）的冻土销声匿迹，同时季节冻土面积增加3.1×10^4 km^2。巴颜喀拉山南坡清水河地区的岛状冻土分布南界向北萎缩了5 km，黄河、清水河沿星星海南岸、黑河沿岸、花石峡等岛状冻土和不连续多年冻土出现了冻土层不衔接和融化的情况，甚至有些多年冻土慢慢消失。1991—2000年巴颜喀拉山南坡多年冻土下界上升90 m，北坡下界上升100 m，1995—2010年布青山南坡分布下界上升80 m，北坡下界上升50 m。

伴随着多年冻土的退化，多年冻土区水文、土壤及生态环境等诸多方面也发生了变化。冻土区的地下水水位降低；土壤温度逐步升高，有机质含量下降，土壤水分含量降低；植被类型则由沼泽化草甸变为典型和草原化草甸，最终演化成沙化草地；植物的群落则从湿生、中湿生慢慢转变为中生、中旱生甚至旱生，草本植物高度变低，植物覆盖度降低，高寒沼泽、湿地和河湖萎缩，土地进一步荒漠化和沙漠化使地表覆盖条件改变。

(2) 东北冻土区现状

受区域气候快速变暖的影响，位于亚欧大陆南界附近的我国东北地区的冻土退化强烈而且日益受到人为活动的影响。自末次冰期以来，在中国境内的冻土南界在1.0℃年均气温等值线附近变动。与末次冰期极盛期相比，南界已经北移了约100 ～ 150 km。19世纪以前，东北地区的人为活动很少，直到20世纪前，自然环境基本未受到扰动。20世纪30 ～ 40年代，受战争破坏，自然环境遭受空前浩劫，原始森林被破坏殆尽；20世纪50 ～ 90年代，小兴安岭森林覆盖率急速下降，结果由于植被和有机物让覆盖层破坏，处于极限平衡状态的残留欧亚大陆多年冻土加速退化。

受冻土发育特征和气候变化的强烈区域差异的影响，多年冻土在南界和岛状多年冻土区以及受人为活动影响大的地区退化较快。

2.1.3 冻土退化原因

近年来，有很多因全球气候变暖和人类社会工程活动加强导致冻土退化的例子被广泛报道。分析多年冻土退化原因主要有两个方面的因素：气候因素和人类社会活动。

(1) 气温升高

多年冻土是大气和地面之间热交换作用的结果，气候因素是影响多年冻土动态变化最主要的因素。青海省有关气象台站的气温资料统计和中铁西北科学研究院风火山40年气象观测资料也表明，从20世纪60年代开始，青藏高原冻土区的气温总体在上升，气温的变化特点表现为寒季变暖明显，升温幅度大，暖季升温幅度不明显。温度的提升使得水热条件在局部地区发生改变，引起融化期变长、冻结期变短；多年冻土地热增加，导致热平衡形式发生转变，从放热到吸热，季节性冻结深度变浅，季节性融化深度变深；年平均地表温度变高，冻土厚度减薄，冻融灾害增多。已经有研究证实，在气候变暖条件下，青藏高原温度升高比同纬度丘陵和平原区更为明显。青藏高原从20世纪70年代后期到90年代，年平均温度增加0.2 ～ 0.4℃。该地区有一半以上的多年冻土变为高温冻土（年平均地面温度大于－1℃）。气候变暖使地表温度上升，改变了地表辐射平衡，使融结速度加快，地表积累热量增多，地表年平均温度由负温变为正温，因此促使了冻土的退化。

(2) 人类活动的影响

冻土环境生态系统极其脆弱，只要受到破坏，恢复过程极为缓慢，在很多情况下甚至不可恢复。但是伴随着经济的发展，青藏高原不断被深入开发，人类工程活动也进入到冻土区，在青藏高原冻土区上修建了青藏铁路、公路及输油管道等。这些工程建设都免不了要铲除植被、清除雪盖、修筑工程覆盖物等，这不仅改变了冻土的地质条件，而且也引起地表能量的积聚和增加，为多年冻土及地下冰的融化提供热量，进而使冻土区地温升高，加剧冻土退化速度。1983—2005年青藏公路沿线多年冻土上限大概下降了39 cm，并且大约每年还继续下降7.5 cm。青海西藏高原多年冻土的北界西大滩在30年的时间里上升了25 m，南界则用了20年上升了50 ～ 80 m。

多年冻土退化导致江河源区的水文条件发生变化，湖泊的地下水水位降低，沼泽湿地和高原湿地进一步萎缩，江河源区下垫面条件的变化则导致地表比辐射率升高，反射率降低，吸收热量增加，而蒸发和融化消耗的热量却在减少，所以地面辐射平衡增加。地表储水能力削弱导致地表含水量降低、地表干燥，使蒸发和融化消耗的热量变少，在很大程度上造成地表热量的增多，因此也加剧了多年冻土的退化。据统计，黄河源区1976年原有沼泽湿地面积8 264 km^2，1990年减少到8 005 km^2，2000年时沼泽面积仅剩5 743 km^2。

此外，植被的破坏也是使冻土退化的重要原因。除了在工程活动当中避免不了会对植被造成影响之外，过度的开垦和放牧也是影响植被退化的重要因素。农业和畜牧业是青藏高原地区的基础产业，人口迅速增长造成人均农牧业资源大大减少，由于自然和地理环境条件的约束，适合耕种的面积有限，而且大部分适合农耕的土地已经被开垦，而后备耕地数量小，为了解决这样的问题，便开始盲目地毁草、毁林，毁草拓荒导致严重的草原沙化和土地盐渍化问题。人口数量增多导致牲畜增多，牲畜平均可以利用草场面积大大减少，因此草场严重超载，牲畜啃食草根对草场造成几乎毁灭性的破坏，大面积草场丧失了生产能力，开始走向沙漠化。一方面，失去植被覆盖的冻土犹如失去一个很好的降温层，导致地温的升高，进而加剧冻土的退化；另一方面，也有研究表明，较干的沙比热小、导热快，有很强的吸热和放热性。高原上的沙层既可以升高浅层地温，又可以降低浅层地温，具有双重作用，当有沙丘和厚沙层覆盖时则可使浅层地温升高，而当覆盖沙层较薄时具有降低浅层地温的作用。因此沙漠化土地也有可能会加剧冻土退化。

反过来，冻土的冻融作用也可以通过改变土壤环境反作用于植被的生长。在多年冻土区和季节性冻土区经常有冻融现象发生，主要因为土壤温度变化而导致冻结、解冻的反复过程。冻融过程会造成植物细胞死亡和有机质的释放，从而使有机质的矿化和消化速度加快，增加土壤中的可利用养分浓度。但同时，土壤在冻结后，由于未冻水含量以及土壤微生物与酶活性的降低却严重影响了植物根系对养分的吸收。当冻土解冻时，大量的养分也随之流失。不仅如此，在冻融过程中，植物因为缺乏光合作用所必需的矿物质元素和光合酶活性降低，从而间接影响了其光合能力。因此冻土的冻融作用对植物综合影响均可降低其生产力，进一步造成植被覆盖度降低。

总之，冻土退化造成生态环境的改变，生态环境的恶化将继续加剧冻土的退化，这是一个恶性循环的过程。因此面临冻土区脆弱的生态环境，不仅要尽量避免对其破坏，而且应采取各种措施对其进行保护。

2.2 多年冻土区生态环境概况

2.2.1 气候特征

(1) 青藏高原气候特征

青藏高原平均海拔4 000 m以上，耸立于对流层的中部，与同高度的自由大气相比，这里气候最温暖、湿度最大、风速最小；但就地面而言，与同纬度的周边地区相比，这里气候最冷、最干、风速最大。这是巨大高原的动力和热力作用的结果。

总体气候特点表现为辐射强烈、日照多、气温低、积温少，气温随高度和纬度的升高而降低。据推算，海拔高度每上升100 m，年均温降低0.57℃，纬度每升高1°，年均温降低0.63℃，日较差大；干湿分明，多夜雨；冬季干冷漫长，大风多；夏季温凉多雨，冰雹多；四季不明。大部分地区的最暖月均温在15℃以下，1月和7月平均气温都比同纬度东部平原低15 ～ 20℃。按气候分类，除东南缘河谷地区外，整个西藏全年无夏。年总辐射量值高达5 850 ～ 7 950 MJ/m^2，比同纬度东部平原高0.5 ～ 1倍。

(2) 大、小兴安岭气候特征

大兴安岭地区是我国最寒冷的地区，年平均温度－2.8℃，气候为显著大陆性，最冷月份（1月）平均温度为－38～－28℃，年降水量为360～500 mm，80%集中于温暖季节（6—8月）；小兴安岭－老爷岭地区年平均温度2.2℃，最冷月份（1月）平均温度为－28～22℃，年降水量为500～800 mm，并且多集中于温暖季节（6—8月），属于海洋型温带季风气候的特征，大于10℃的年积温1 600～2 400℃；松嫩平原地区最冷月份（1月）平均温度为18～20℃，年降水量为500～600 mm，并且多集中在7月和8月，大于10℃的年积温2 400～2 800℃，具有大陆性气候特征；三江平原地区大于10℃的积温2 400～2 500℃，年降水量为500～600 mm。

2.2.2 土壤状况

(1) 青藏高原土壤特性

青藏高原土壤类型主要有高山草甸土、高山草原土、高山寒漠土、山地草甸土、灰褐土、盐土和风沙土。

① 高山草甸土。是青海高寒地区分布最广的土壤类型，常以细砂粒和粗粉粒为主，黏粒较少，表现出受母质影响特别深刻的特征。母质以冰碛物及冰水沉积物为主。高山草甸土因地处高寒，在低温控制下，生物与化学风化过程的强度小，且随海拔升高或气候干寒程度增加而更趋于变弱，矿物风化速率低，物质释放少、迁移弱，土壤普遍表现为薄层性、粗骨性，土层发育不明显，相对年龄亦较年轻。土壤有机质、全量养分丰富，生产潜力大，但因地势高寒，土壤微生物种类少，数量低、活动弱，养分的释放率低，周转慢。

② 高山草原土。母质以洪积冲积物、湖积物、冰水沉积物及残积坡积物等为主，质地轻粗，含砾多，有机物补给量减少，分解增强，有机质积累量降低，土层浅薄，肥力低下。是青海主要的土壤类型，面积仅次于高山草甸土。

③ 高山寒漠土。分布于高海拔地区，脱离冰川影响最晚，成土年龄最短。高山寒漠土发育弱、土层薄，土体厚度10～30 cm，剖面分化不明显，质地较黏的表层可出现冻融结壳，腐殖质层发育较弱，底部常为多年冻土，土被不连续。由于处于冰缘气候的严酷环境中，土壤风化发育程度低，有效养分含量不足，植被极为稀疏，种类成分单调，农牧业利用价值不高，但可作为高原高山地区特有药材的采挖基地。由于环境条件严酷、生态系统脆弱，利用强度需严加控制，避免利用强度过大而破坏。

④ 山地草甸土。土壤剖面发育比较完整，不受地下水影响，主要因冻融导致土体内常形成片状结构，有机质积累量大，腐殖质层深厚，厚的可达1 m以上，但在地形凸出部位，土层薄的仅10 cm多。阴坡灌丛土体潮湿，成土处于低温、湿润气候条件下，淋溶作用弱，矿物风化不彻底。

⑤ 灰褐土。属山地森林土壤，成土母质主要有黄土和黄土性母质，以及由紫泥岩、红砂岩等多种岩石风化的坡积–残积物，它是有机质积累、弱黏化、碳酸钙及其他矿物质的半

淋溶和淀积过程。土壤有机质等养分含量较高。

⑥ 栗钙土。土壤母质多样，主要是第四纪黄土和第三纪红土物质以及各种岩石风化物，冲、洪积物和风沙淀积物质，土壤淋溶较弱，钙化作用较强，土壤养分含量较低。

⑦ 盐土。剖面分异不明显，无明显发生层次，受地下水位高和干湿交替作用影响，表层常具盐霜或盐壳。土壤有机质层不明显，颜色浅，多呈青灰或灰白色，土壤有机质含量较低，土质疏松。

⑧ 风沙土。是青海省最贫瘠的土壤之一，成土时间短不稳定，剖面发育很弱，有机质等养分含量很低，在剖面内分布分散，碳酸钙在剖面中分布均匀，淋溶淀积过程不明显，土层质地粗、结构差。

(2) 大、小兴安岭土壤特性

大、小兴安岭主要以暗棕壤和棕色针叶林土为主，东部山区以暗棕壤为主，白浆土和草甸土也有一定分布，三江平原地区分布最多的是暗棕壤和白浆土，草甸土和沼泽土也有分布，松嫩平原以草甸土和黑土最多，其次为黑钙土和暗棕壤，还有大片盐碱土分布。

① 暗棕壤。土壤含水量比较高，代换能力较强，有机质和全氨、全钾含量较高，全磷含量较少，土壤pH值为4.7 ～ 5.6，属于酸性反应，一般为沙壤土，质地粗松易受冲刷，母质以花岗岩为主。

② 黑土。质地较黏重，蓄水保水能力强，有机质、全氮、全磷、全钾含量都较高，母质以黏土、亚黏土为主，机械组成比较黏细。

③ 白浆土。质地较黏重，多为黏壤土，蓄水能力差，有机质和全氮含量中等，速效磷含量偏低，母质层质地较黏重。

2.2.3 江河源区

多年冻土区分布着众多的冰川、雪山、河流、湖泊、湿地，具有重要的水源涵养功能。其中藏北高原内陆水系丰富，湖泊星罗棋布，总面积达3万km^2。三江源区是青海南部的高原主体，昆仑山及其支脉可可西里山、巴颜喀拉山、阿尼玛卿山、唐古拉山等众多雪山的冰雪融化后，汇流成哺育中华民族的长江、黄河和澜沧江等大江大河，形成了中国最重要的水源地，因此这里被称为“中华水塔”。三江源特殊的地理位置、区域性涵养水源的重要功能以及对整个流域生态环境的直接影响，使其成为生态建设的战略要地，同时也是我国生态系统最为特殊和脆弱的地区之一。

江河源区的部分地区仍保持原始景观，由于热量不足，土层发育年轻，土壤贫瘠，抗侵蚀能力弱，植物生长缓慢，自然生产能力低下，生态系统处于年轻的发育阶段，表现出极大的不稳定性和强烈变化特征。水文、水系变化和土地利用状况、植被覆盖度变化都将影响到青藏高原的热力作用，进而影响季风的进度和性质，在一定程度上制约着大气环境和大小尺度的气流交换。由于全球气候变化和人为干扰，20世纪80年代以后，气候向偏暖、干旱方向发展，造成冰川后退、湖泊萎缩、河流径流量下降，土壤侵蚀、草原退化和土地沙漠化问题日趋严重。退化草地的毒杂草大量滋生，鼠害肆虐，载畜能力大幅降低。由于植被减少、冰川退缩、湖泊干涸、湿地缩小导致水源涵养功能下降，使江河源区生态环境更加脆弱敏感，加之自然生态系统的自我调节和修复能力弱，生态环境迅速恶化。目前，江河源区生态环境形势严峻，其本身生态安全及对我国大陆和其他地区生态安全的影响已经受到前所未有的重视。

三江源地区是中国面积最大的江河源区和海拔最高的天然湿地，三江源自然保护区具有独特而典型的高寒生态系统，是中亚高原高寒环境和世界高寒草原的典型代表。三江源地区自然资源丰富，地形地貌复杂，自然环境类型多样，具有多种植被类型，为动植物资源的分布提供了极其独特的环境条件，使三江源地区成为世界海拔最高，生物多样性最丰富、最集中的地区。据统计，三江源自然保护区内共有兽类83种、鸟类197种、两栖动物8种和爬行动物7种。

① 河流湿地。三江源区河流主要分为外流河和内流河两大类，有大小河流180多条，河流面积0.16 km^2。外流河主要是通天河、黄河、澜沧江（上游称扎曲）三大水系，支流有雅砻江、当曲、卡日曲、孜曲、结曲等大小河川并列组成。流域总面积为237 957 km^2，多年平均总流量为1 022.3 m^3/s，年总径流量324.17亿m^3，理论水电蕴藏量为542.7万kW。

长江发源于唐古拉山北麓格拉丹冬雪山，三江源区内长1 217 km，占干流全长6 300 km的19%。除沱沱河外，区内主要支流还有楚玛尔河、布曲、当曲、聂恰曲等，年平均径流量为177亿m^3；黄河发源于巴颜喀拉山北麓各姿各雅雪山，省内全长1 959 km，占干流全长5 464 km的36%，主要支流有多曲、热曲等，年平均径流量232亿m^3，占整个黄河流域水资源总量的49%，占三江源区总径流量的42%；澜沧江发源于果宗木查雪山，三江源区内长448 km，占干流全长4 600 km的10%，占国境内干流全长2 130 km的21%，年平均径流量107亿m^3，占境内整个流域水资源总量的15%，占三江源区总径流量的22%。

② 湖泊湿地。三江源区是一个多湖泊地区，主要分布在内陆河流域和长江、黄河的源头段，大小湖泊1 800余个，湖水面积在0.5 km^{2}以上的天然湖泊有188个，总面积0.51万km^2。其中，矿化度1～3 g/L以下的淡水湖和微咸水湖148个，总面积2 623 km^2。盐湖共计28个，总面积1 480 km^2，矿化度大于35 g/L。列入中国重要湿地名录的有扎陵湖、鄂陵湖、玛多湖、黄河源区岗纳格玛错、依然错、多尔改错等。其中扎陵湖、鄂陵湖是黄河干流上最大的两个淡水湖，具有巨大的调节水量功能。

③ 沼泽湿地。本区环境严酷，自然沼泽类型独特，在黄河源、长江的沱沱河、楚玛尔河、当曲河三源头、澜沧江河源都有大片沼泽发育，成为中国最大的天然沼泽分布区，总面积达6.66万km^2。沼泽基本类型为藏北嵩草沼泽，而且大多数为泥炭沼泽，仅有小部分属于无泥炭沼泽。

长江源区有沼泽面积约1.43万km^2，占江源区面积的13.9%。沼泽大多集中于江源区潮湿的东部和南部，而干旱的西部和北部分布甚少。从地势方面看，沼泽主要分布在河滨湖周一带的低洼地区，尤以河流中上游分布为多，当曲水系中上游和通天河上段以南各支流的中上游一带沼泽连片广布。以当曲流域沼泽发育最广，沱沱河次之，楚马尔河则较少，显示长江源区的沼泽东部远多于西部地区。在唐古拉山北侧，沼泽最高发育到海拔5 350 m，达到青海高原的上限，是世界上海拔最高的沼泽。黄河河源区沼泽发育受到半干旱特征限制，主要分布于河源约古嵩到曲、两湖周围及星宿海地区。澜沧江源区大小沼泽总面积为325 km^2，占江源区土地总面积的3.1%。主要集中在干流扎那曲段和支流扎阿曲、阿曲（阿涌）上游。其中，较大的沼泽群有扎阿曲、扎尕曲间沼泽，阿曲、干流扎那曲段流域内沼泽。

2.2.4 植被类型

(1) 青藏高原植被类型

青藏地区植被类型主要有山地荒漠、山地灌丛、高山草原、高寒草甸和高寒荒漠几类，生长季大约从5月初持续到10月中旬。

高寒草原为草原群落的一种植被类型。分布于长江源、黄河源，由耐寒耐旱多年生草本植物和小半灌木组成，以紫花针茅、沙生针茅、羊茅、青藏苔草、西藏嵩草为主。它一般在海拔4 000 m以上。环境为寒冷而潮湿，日照强烈，紫外线作用增强，空气稀薄，土壤温度高于空气温度，昼夜温差极大，年平均温度不到1℃，植物生长季短，年降水量约400 mm，相对湿度70%以上。植物多低矮丛生，叶面积缩小，根系较浅，植株形成密丛。我国高寒草原主要分布在青藏高原中部和南部，帕米尔高原及天山、昆仑山和祁连山等亚洲中部高山。植被类型有以营养繁殖为主的多年生草本、垫状小灌木或垫状植物。如针茅属紫花针茅、座花针茅，以及克氏羊茅、假羊茅，还有莎草科硬叶苔草，小半灌木有藏籽蒿、藏南蒿、垫状蒿等。垫状植物有垫状驼绒藜、垫状点地梅、垫状棘豆、垫状蚤缀等。

高山草甸又称为高寒草甸，分布于果洛、玉树、那曲一带，在寒冷的环境条件下，发育在高原和高山的一种草地类型。其植被组成主要是以多年生草本植物矮嵩草、小嵩草、线叶嵩草、短轴嵩草等多种嵩草为主，常伴生中生的多年生杂类草。植物种类繁多，莎草科、禾本科以及杂类草都很丰富。密丛性短根茎嵩草属，为重要的组成植物。群落结构简单，层次不明显，生长密集，植株低矮，有时形成平坦的植毡。草类如嵩草、羊茅、发草、剪股颖、珠芽蓼、马先蒿、堇菜、毛茛属、黄芪属、问荆等，小灌木如柳丛、变色锦鸡儿、藏北锦鸡儿、矮生金露梅、匍匐水柏枝仙女木、乌饭树等，下层常有密实的藓类，形成植被的茎层。

山地灌丛则主要分布在高原东部的中低山和河谷地区，以杜鹃、窄叶鲜卑花、金露梅、香柏、高山柏和乌饭叶矮柳灌丛为主。

青海共和至玉树公路走廊多年冻土区沿线植被以高寒草原、高寒草甸和高原沼泽草地类型为主。由于地势高峻、气候严寒，常年受寒风袭击，高大森林、乔木在这里已无踪迹，灌木也难正常生长，偶有金露梅、沙棘等灌丛分布，株高也不到10 cm。这里草本植被发育生长的特性与其他地区草原植被相比较，具有以下特征。

1）植被组分简单，群落外貌单调

无论是高寒草原还是高寒草甸群落，每平方米均有植物8～15种，比其他同类草地种类要少。植物组成中以禾本科、莎草科植物为优势种。伴生种较少，使得草地景观单一。

2）植物生长低矮，生产量低

在多年冻土地区严寒、大风的气候条件下，植物返青迟，一般在6月中旬开始萌芽，9月初地上部分开始枯萎，生长期短，一般整个生长期不足100天。植被生长十分低矮，草群层次不明显，基本上是一层。绝大多数草地类型植株平均高度只有5～15 cm。有的高山嵩草平均高度只有2～5 cm。由于生长低矮，生产量都较低，一般每公顷产鲜重都在1 050 kg左右，低的只有300 kg。

3）植物适应能力强，根系发达

在长期生存选择过程中，这里的植物对高寒干旱的严酷生态环境都有很强的适应能力。如草甸生态系统植物同样具有发达的根系。以早熟禾为例，地上部分一般有7～12 cm高，较为稀疏，而地下部分一般长12～14 cm，且十分密集。一般来说，多年冻土地区植被地下生物量往往是地上生物量的数倍，甚至达到数十倍之多，这充分表明高寒地区植物适应高寒生态环境的一个重要标志。

4）植被的退化

由于高寒、干旱以及特殊的地理环境，植被生存环境极为脆弱，部分地段及风口地段、西向坡、迎风面出现黑土滩、沙化和植被退化特征，且较为严重。

植被退化趋势明显。植物个体群落组配和草地质量发生了变化；草地植物变为矮小稀疏和差劣。生物多样性下降、盖度变小，第一性生产力减少。草原面积退化率不断上升，到20世纪90年代，高寒草原和高寒草甸年平均退化率为4.6%～7.6%。

高寒草原生态系统，十多年来群落结构和组分趋于简单化，生物量及群落中优势种的比重明显下降，伴生种内中旱生植物如梭罗草、胎生早熟禾、青藏苔草、粗壮苔草等禾草和耐干旱的莎草科植物种类明显增加。这些植物耐寒性能强，根系特别发达，草层总盖度变化不明显。

高寒沼泽湿地生态系统，植物群落的高度、盖度和鲜草产量等变化并不明显。优势种仍然是以密丛短根植物藏嵩草为主，但样方内植物种类数量有所增加。群落中潜入了一些中旱生禾草及杂类草，如胎生早熟禾、梭罗草、紫堇、圆穗蓼和蒲公英等，使得群落中伴生种类增加，优势种嵩草属植物在群落中的比重有所下降。

（2）大、小兴安岭植被类型

大兴安岭地区地带性植被为寒温带针叶林，以兴安落叶松为单优势种，混生有樟子松、白桦、蒙古栎、黑桦、紫椴、水曲柳、黄菠萝等。

大兴安岭北部在植被区划上基本属于寒温带、明亮针叶林带，地处连续多年冻土地带，是东西伯利亚山地南泰加林向南的延伸部分，在区系植物地理上属于达乌里区系，植物种类多为西伯利亚和达乌里区系所共有，拥有植物1 200余种。

大兴安岭植物垂直分布不明显。以白卡尔山和英吉里山为例，一般在海拔1 200～1 400 m的石质山顶，呈现高山带寒原性状，多地衣、藓类植物，除有成片的偃松外，还有岩高兰、刺尔草等高等植物。1 200 m以下为落叶松针叶林带。约300～500 m间为落叶阔叶林带，西部白桦、山杨为主；东南部以白桦、蒙古柞、里桦为主。大约在300 m以下为森林草原带。

按照生物地理群落学的观点，兴安落叶松可划分为许多林型，主要有落叶松–杜鹃林、落叶松–草类林、落叶松–杜香林、落叶松–蒙古柞林、落叶松–杜香–水藓林、落叶松–溪旁林、落叶松–绿苔–水藓林和落叶松–偃松林等。

大兴安岭南段大部分属于温带落叶阔叶林带，地处岛状融区多年冻土地区。这一地区的植物种类和植被类型基本与北部相同，由于受人为活动和自然条件的影响，兴安落叶松林的成分大大减少，而蒙古柞、黑桦、白桦的成分相应增加，东南坡以蒙古柞、黑桦占优势，西坡的外缘分布有白桦、山杨林。兴安落叶松退居于大兴安岭山地轴部和海拔比较高的山体，分布面积而论，西坡多于东南坡。北部的落叶松林由南北分界线沿轴部向南延伸至毕拉河和扎敦河流，由北向南大致呈一楔形，由此向南于主岭上断断续续，至乌奴耳和绰尔河流向南又开始逐渐增多，其分布宽度逐渐加大，直到阿尔山天池上，由北向南又呈一倒楔形。

兴安落叶松林在本区的主要林型有落吉松–杜鹃林、落叶松–草类林、落吉松–蒙古柞林、落叶松–杜香林、落叶松–杜香–水藓林和落叶松–溪旁林。大兴安岭东南坡多落叶松–杜鹃林、落叶松–蒙古柞林和落叶松–草类林，而西坡除落叶松–杜鹃林、落叶松–草类林外，主要是落叶松–杜香林、落叶松–杜香–水藓林和落叶松–溪旁林，排水不良的地段尚分布有落叶松–绿苔–水藓林。

小兴安岭–老爷岭地区地带性植被为红松阔叶混交林，主要植物有红松、臭松、红皮云杉、水曲柳、核桃楸、黄菠萝、山葡萄、北五味子、狗枣子、猕猴桃等。

小兴安岭植被东区系植物地理上属长白区系，拥有植物2 000余种，其中有一半是东南亚特有种，在未经破坏的森林中，林冠上下木与活地被物都很密，有常绿的半寄生植物，还有藤本植物。

小兴安岭南以松花江为界，北至呼玛与大兴安岭相连。本区亦可分为两段，大致以北纬49°为界，北部为阔叶林区，南部为红松、阔叶混交林占优势的林区。

小兴安岭北段在植被分布上是由小兴安岭红松阔叶林逐渐过渡到大兴安岭植被区的地段。大致由红松阔叶林过渡到蒙古柞林或黑桦–柞树林，而后转入蒙古柞–樟子松林、蒙古柞–兴安落叶松林和兴安落叶松林。

小兴安岭南段以红松洞叶林占优势，红松树高可达35 m，直径1 m余，在林中占有上层林，幼年喜阴，多生于阔叶林下，长成原转为阳性树种。

2.2.5 动植物资源

我国的多年冻土区有着独特的自然条件和丰富的自然资源，造就了丰富多彩的动植物区系，被世界自然基金会（WWF）列为全球生物多样性保护最优先的地区，也被列为中国生物多样性保护行动计划优先保护的区域。青藏高原按照我国动物地理区划，属“青海藏南亚区”，动物分布型属“高地型”。区域内珍稀特有种物种较多，种群数量大。区系分为寒温带动物区系和高原高寒动物区系，以青藏类为主，并有少量中亚型以及广布种成分，其中国家一级保护动物有藏羚、野牦牛、藏野驴、雪豹、金钱豹、白唇鹿、黑颈鹤、金雕、玉带海雕、胡兀鹫等16种，国家二级保护动物有盘羊、藏原羚等53种。哺乳类动物约16种，其中11种为青藏高原特有种；鸟类约30种，其中7种为青藏高原特有种。属国家一级保护动物的主要有藏羚羊、藏野驴、野牦牛、白唇鹿、雪豹、藏雪鸡、黑颈鹤等，属国家二级保护动物的有岩羊、盘羊、黄羊、猞猁、棕熊、斑头雁等。其中有很多鸟类、兽类、鱼类在定名时就处于濒危状态。植被适应干旱气候和严重缺水的生境条件，其他植物种类组成单一，群落结构简单，群落稳定性极差，破坏后很难恢复。

冻土区的生态环境不仅构成当地社会经济发展的自然基础，影响着当地社会发展和居民的生活质量，而且也影响着毗邻地区乃至更广范围生态环境的变化。所以在青藏高原上进行公路建设时做好环境保护工作具有特别重要的意义。沿线海拔高，空气稀薄，气候寒冷、干旱，动植物种类少、生长期短、生物量低、生物链简单，生态系统中物质循环和能量的转换过程缓慢，致使本区生态环境十分脆弱。长期低温和短促的生长季节使寒冷地区的植被一旦被破坏，恢复十分困难，而且会加速冻土融化，引起土地沙化和水土流失。沿线分布的珍稀野生动物，特别是青藏高原的特有种必须重点保护。

2.2.6 旅游资源

高寒冻土区特别是西藏地区这片无污染的“净土”，备受全世界的关注，区域内的自然景观和人文景观成为世界性的旅游爱好者最向往的热土，自然风光和厚重的文化底蕴是发展旅游业得天独厚的优越条件。高寒冻土区无论是自然旅游资源还是人文旅游资源都很具特色，有着丰富的立体景观以及高山、草原、林海、江河、冰川、河谷、湖泊、珍稀动植物资源等。例如地球上最年轻、最高的喜马拉雅山脉、世界最高峰珠穆朗玛峰、平均深度世界第一的雅鲁藏布大峡谷，藏东昌都地区怒江、澜沧江、金沙江三江并流的奇异景观，数十万平方千米各类野生动物成群的藏北无人区，还有分布在高原南北的湖泊等。高寒冻土区特有的大尺度景观以原始状态的特点给人强烈的吸引力，不仅如此，青藏高原卡若、曲贡、藏北等旧石器、新石器时代文化遗存的发现以及卡约文化、辛店文化和诺木洪文化等，都表明我国古羌族与华夏族的形成几乎在同一个时期，他们在相互融合中共同创造了灿烂辉煌的华夏文明。青藏高原藏民族文化如文部古象雄文化遗址、古格王国遗址、布达拉宫等众多的历史文化遗址遗迹、宗教文化建筑、绘画雕塑、节日庆典以及服饰、餐饮、民俗等共同构成了青藏高原地区丰富的人文旅游资源。

但是从总体上讲，高寒冻土区旅游业仍处于发展的初级阶段，发展水准还较低，相关的配套产业还不健全，旅游资源开发不足，以及受到地理位置较远、交通不便、气候条件恶劣等因素影响，高寒冻土区旅游业的发展还有很长的路要走。

2.3 多年冻土区公路建设环境影响分析

2.3.1 环境影响特征

(1) 公路建设对环境污染的影响分析

1) 对声环境的影响分析

公路建设的噪声主要来自车辆、机械及爆破。公路主体路基上由于车流量、车速等原因可以造成横向300 m范围的噪声污染带。噪声水平及影响范围随施工阶段不同而存在差异。但施工期噪声影响随着施工的结束而消失，且属无残留污染，因此其影响是暂时的。

2) 对水环境的影响分析

公路的建设会导致所在地区水文条件发生变化，地上、地下水流与数量也会发生变化，进而影响路域范围内甚至较远地区，并会产生水污染和地下水位的变化。主要包括四点：改变地表径流、改变地下径流、影响水质及影响湿地。

在公路的三种形式中，路基对水流的影响是最大的，对洪水的有效排泄、高水位水流的侵蚀和水体自然流动三种过程造成影响，同时还可能把地表浅层水流分割成为独立的水体。在缺少路基涵洞的情况下，公路路基像一堵挡水墙，造成公路一侧积水，导致水流被迫沿着路域边沟流动增加边沟的水量，或者致使水体沿公路表面流动造成路面积水。

当采用混凝土挡土墙、浆砌石挡土墙和水泥混凝土抗滑桩等边坡加固措施时，由于材料的渗透性一般低于边坡岩土的渗透性，会阻碍边坡地下水的渗出，减弱地下水与地表水的联系。公路的修建会干扰水流的本来形式，一方面是切断原本的路径导致公路一侧积水，另一方面则迫使水流以公路为导管沿公路的走向流动。

3) 对大气环境的影响分析

公路建设对大气的污染主要是施工扬尘以及施工机械和运输车辆排放的尾气。施工扬尘污染主要来自以下几个方面：路基开挖、土地平整及路基填筑等施工过程，会造成粉尘、扬尘、沥青烟和总悬浮物（TPS）等大气污染。在风的作用下到处飞扬，影响到附近的植物生长，同时如果落入周围的水中，会影响到水质，影响水生生物；水泥、砂石、混凝土等建筑材料如运输、装卸、仓库储存方式不当，可能造成泄漏，产生扬尘和大气污染；灰土拌和、混凝土拌和加工会产生扬尘和粉尘；施工所需散体建筑材料数量较大，施工将增加车流量，加之建筑砂石、土、水泥等泄漏会增加路面起尘量。

4）固体废物影响分析

公路建设如果对固体废物不加以处置和利用，就必须放在一个地方堆存，这就必须占用一定数量的土地，由于堆存的数量越大，占用的土地就会越多。由于堆存了大量的固体废物，土地失去了原有的功能。同时固体废物的随意堆放和丢弃还将会影响自然景观和环境卫生，对人们的健康构成潜在威胁。由于固体废物长期在露天堆放，经过风化、雨雪溶淋、地表径流的侵蚀等，其中的一部分有害物质会随着渗滤液渗入地下，使周围土壤和地下水受到污染。若是有毒有害固体废物，还会影响当地微生物和动植物的正常繁衍和生长，对当地的生态平衡构成威胁。固体废物可随天然降水和地表径流进入河流湖泊，或随风飘迁落入水体，从而将有毒有害物质带入水体，杀死水中生物，污染人类饮用水水源，危害人体健康。同时固体废物的随意丢弃还可能造成河道淤积、堵塞。若固体废物直接排入水体，造成的水体污染将更严重。堆放的固体废物中含有大量的粉尘等其他细小颗粒物，这些粉尘和细小颗粒物不仅含有对人体有害的成分，而且固体废物中还含有大量致病菌。在风的作用下，固体废物中的有害物质和致病菌就会四处飞扬，污染空气，进而危害人的健康。

(2) 公路建设对生态环境的影响分析

多年冻土地区尤其是青藏高原，由于特殊的自然地域单元、地理位置、地质结构、气候特征决定了其具有独特的生态价值。首先，高原冻土是重要的生物资源宝库，动植物种类繁多，生物多样性丰富，具有极大的经济、研究和医药价值；其次，高原多年冻土区是一个巨大的固体水库，是五大水系的发源地，在陆地水文循环过程中起着特殊的作用，对区域气候乃至全球大气循环过程有着重大影响；第三，多年冻土地区气候寒冷，生长期短，生物量低，生态环境非常脆弱，一旦遭到破坏，很难恢复。公路建设对生态环境的影响主要有以下几点。

1）占用土地，破坏植被

多年冻土区植被环境是极其脆弱的寒区生态环境，易受外界因素干扰，一旦遭受严重破坏，长期不能恢复，同时对其他生态环境产生较大影响。如青藏公路建设，大量开挖引起地表植被破坏，30年尚未完全恢复，仅有部分地段开始生长少量植被，同时改变了地表下垫面条件，引起地表沙漠化现象增加；同时在施工过程中，修筑的大型临时设施、临时房屋、开凿隧道、取土填筑路堤、机械碾压和填压、施工人员践踏等都会使地表植被遭到破坏，引起当地土地沙化，同时也会间接影响食草动物群落的稳定。

公路建设活动破坏了一些地区的原生生境，破坏生物栖息生境，降低生物多样性。如作为物种源的大型植被破碎为一些小型的残遗斑块，影响作为跳板的林地斑块的功能发挥，造成生物迁徙受到阻隔。乡土植物群落一旦受到破坏，植被急剧发生向下的演替过程。这些都直接影响了内部物种的数量和质量，造成野生物种如鸟类栖息数量和种类的减少，生物多样性降低。

2）对冻土的影响

多年冻土热稳定性差，对外界温度变化十分敏感，尤其是在高温、高含冰量多年冻土地段，微弱的工程热扰动就可能会引起冻土发生极大变化。工程建设活动和环境植被的破坏将改变多年冻土的热量平衡状态，其最直接的效应就是季节融化深度加深和次年回冻深度减薄，致使多年冻土上限逐渐下降，导致路基不均匀下沉，破坏其上的建筑物。

另外，为冻土区公路工程施工及防治季节性冻土、沼泽路面翻浆等地质灾害而采取的工程措施也将破坏原有的地表结构，改变天然状态下的水分循环过程，甚至使冻土类型、冻结层深度等发生变化。原有的地表结构破坏使天然状态下水分循环发生改变，可能使冻土层破坏，最终导致区内草场退化、土地沙化、水土流失严重、生态环境变劣，形成生态环境的恶性循环。

3）对湿地的破坏

青藏地区多湖泊河流，由河流冲积形成的河谷带状冲积平原和山前冰水−冲洪积扇平原地形较多，在这些山间平原上多发育有河流湿地。公路建设不合理可能会改变地表径流方向，造成湿地来水量减少，导致湿地萎缩；公路路基将会侵占部分湿地植被，破坏沿线土壤结构和公路两侧水力联系。

（3）公路建设对水土保持影响分析

水土流失是在陆地表面由外营力引起的水土资源和土地生产力的损失和破坏。它是在地球表面的重力场中发生的，在太阳能的作用下水、风（空气的流动）和温度都能造成水土流失。

公路建设会破坏地表的土壤结构和地表植被，形成各种重塑坡面，形成各种潜在的水土流失，高速公路建设引起的水土流失主要由人为活动造成。公路工程产生的水土流失是由于人类在公路建设过程中大量砍伐地表植被、大面积开挖土石方使公路沿线生态环境遭到破坏而带来的后果，水土流失危害集中在公路沿线，主要包括路基开挖裸露面、取土场、采石场、弃渣场等区域。一般公路建设引起水土流失绝大部分由取土弃土弃渣和路基及边坡引起，其中以取土弃土弃渣引起的流失量为最大，其次为路基及边坡，弃土弃渣造成的水土流失量一般占工程总流失量的50%以上，甚至占到施工过程中总流失量的85%以上，因此取土弃土弃渣的水土保持是公路建设设计规划的一项重要内容。公路工程的特点就是线路较长，它所产生的水土流失主要集中在一条线上，凡是公路经过的区域都会带来水土流失。

冻土区产生的水土流失一是形成人工斜坡的坡面侵蚀，以水力侵蚀为主；二是施工不当扰动地表植被和土壤，使土壤抗侵蚀性降低加剧高原上的风力侵蚀；三是设计不合理或施工方法不当，影响地表热交换，引发热融滑塌、热熔沉陷等冻融侵蚀。这些因素产生的水土流失若不加以控制，自然环境敏感脆弱又原始独特，一旦遭到破坏，恢复是极其困难的。因此，公路建设中搞好生态环境保护和水土流失防治是十分重要和关键的。

(4) 公路建设对野生动物影响分析

青藏高原是世界山地生物物种一个重要的起源和分化中心，高原内部属古北界区系，东南部属东洋界区系。动物则为高地森林草原–草甸草原–寒漠动物类群。青藏公路、铁路通过的区域主要是草甸草原–寒漠动物类群。动物中的藏羚是高原上唯一的特化属，牦牛则是第四纪冰期中冰缘环境下发展起来的种类。青藏铁路通过的地区为世界上自然条件最严酷的地区之一。在这里生存的物种多是在长期适应这种生态环境下的特有种和少数高山种类，如野牦牛浓而长的体毛和藏羚柔而密的绒，造就了其抵御严寒的本领。藏羚粗大而上翘的鼻孔增大空气吸入量，适应了严重缺氧的环境，毛色与环境的一致能躲避敌害。这里的动物以种类少、特有种多、种群数量大为主要特点。严酷的自然条件使这里成为世界上生态最脆弱的地区，在这里从事大型施工或增加其他人工设施都如同在平衡的杠杆的一端增加砝码或改变支点，它们均会在基本平衡的生存竞争中打破均衡，造成不可逆转的局面。

(5) 公路建设对社会环境影响分析

公路建设对环境的影响由人类活动、工程活动引起，贯穿于施工期及运营期。施工期以工程活动影响为主，运营期以人类活动影响为主。由于青藏高原海拔高、空气稀薄，气候寒冷、干燥，动植物种类少、生长期短、生物量低、食物链简单，生态系统中物质循环和能量的转换过程缓慢，致使本区生态环境十分脆弱。长期低温和短促的生长季节使寒冷地区的植被一旦被破坏，恢复十分缓慢，而且会加速冻土融化，引起土壤沙化和水土流失。因此公路建设对环境的影响归根结底还是对土壤环境的影响及由此引发的其他问题。

公路建设对土壤环境的影响是由于施工开挖使土墩裸露，以及项目建成后，地表植被化改变了地面径流条件造成的。

公路施工期引起土壤环境变化的主要因素有：山体开挖造成地表裸露，填筑路堤增加裸面，取、弃土场产生裸面，施工过程中损坏原有地表植被及水保条件，干扰不良地质增加其不稳定性。其中引起地表植被破坏的工程环节有施工便道、施工机械碾压及施工人员践踏等。

公路营运期引起的土壤环境变化主要表现在营运初期，当路基边坡和取、弃土场的裸露面及破坏了地表植被的施工临时用地等，在生态还未恢复到建设项目施工前的水平时，仍然存在一定程度的土壤环境影响。但相比施工阶段，其程度要轻得多。但运营期人类活动的影响会产生新的环境问题，例如污水排放、车辆尾气排放、垃圾废弃及交通行人的影响等。

2.3.2 环境影响的形式与危害

(1) 环境污染的影响

1) 噪声污染

噪声的危害主要表现为：损伤听力，噪声可造成暂时性或持久性的听力损伤；干扰睡眠，噪声会影响人的睡眠质量和数量；干扰交谈、工作和思考；对人体生理影响，噪声对人的心理和儿童的智力发育会产生不良影响。噪声对心理的影响主要表现在令人烦恼、易激动，甚至失去理智；对动物的影响表现在强噪声会使鸟类羽毛脱落、不产卵，甚至内出血最终死亡。如图2–1所示为交通噪声污染。

图2–1 交通噪声污染

2）水污染

公路建设对周围的水体产生一定的污染，主要体现在路面径流污染物，主要包括车辆通行、雨水本身的污染以及大气降尘。污染来源有固体物质、重金属、氯化物、油和脂、毒性有机物等，会随着降雨进入水体，形成点源污染或面源污染。如图2–2所示为湿地和保护区均被污染。

图2–2 湿地和保护区均被污染

3）大气污染

公路施工中的粉尘污染，如果控制不当，产生扬尘现象，不仅是对污染区域空气造成污染，还影响到污染区域人的工作、生活。同时可沉降粉尘在自然沉降的作用下会影响农作物及植物的开花、授粉；积累到植物叶片上会阻碍植物进行光合作用；降落到地表会影响土壤表层的环境，使土壤受到污染，土壤污染后，又随着植物被人类采摘、收获或被动物吃掉，从而影响到生态环境和人类健康。有的可沉降粉尘含酸或碱性物质，积累到一定程度甚至会造成土壤贫瘠、碱化，生态环境被破坏，植物死亡，导致食物链中的环节被阻断，从而造成自然环境和生态环境不可恢复逆转的影响，进一步影响到人类生存的自然、社会环境。如图 2–3 所示为施工扬尘污染。

图 2–3　施工扬尘污染

4）固体废物污染

公路建设在施工期将产生大量的固体废物，这些固体废物不经过处理或处理不当，将造成一系列的环境问题。如侵占土地、破坏地貌和植被、影响景观和环境卫生、污染土壤和地下水、污染大气等。如图 2–4 所示为生活垃圾和施工垃圾污染。

图 2–4　生活垃圾和施工垃圾污染

（2）对生态环境的影响

公路建设对冻土区生态环境的影响与危害形式主要表现为：

① 冻土破坏后会造成积水洼地、融冻泥流、地面沉降等严重的冻融灾害，如图 2–5 ～图 2–8 所示。

图2-5 冻土破坏后积水洼地

图2-6 冻融泥流灾害

图2-7 冻土退化、消融

图2-8 冻融作用引起路基沉陷

② 工程扰动破坏植被，加速草原沙漠化，干扰寒区生态环境平衡。如果遇到长时间的大风甚至使整个沙丘移动覆盖周围土地导致更严重的损失，如图2-9和图2-10所示。

图2-9 取土场后期

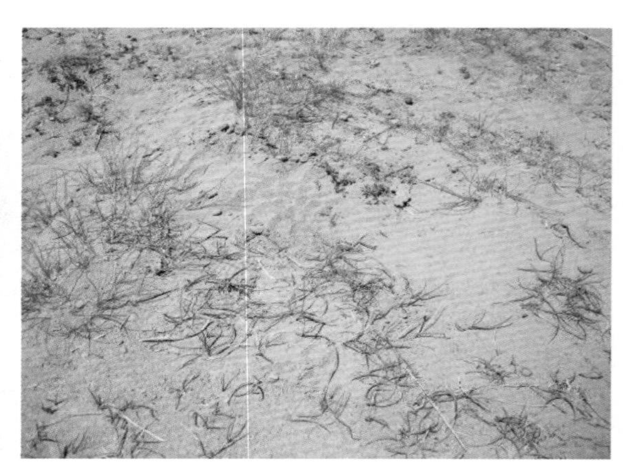

图2-10 土地沙漠化

③ 冻土退化还会引起沿线植被的消失与退化，加速沿线沙漠化和沿线湿地生态系统的消退等，而这些生态问题均会加速公路沿线冻土退化程度造成恶性循环，如图2–11和图2–12所示。

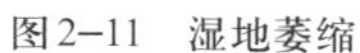

图2–11 湿地萎缩

图2–12 湿地破坏

(3) **对野生动物的影响**

多年冻土区公路建设项目施工期对野生动物的影响主要表现为：占地对野生动物食物来源与栖息环境的破坏；施工噪声、施工车辆、施工人员对野生动物的惊吓；施工过程排放的污染物质加剧野生动物栖息生境的退化；桥梁涉水施工对河流水质、鱼类洄游的影响等。施工影响属于短期的临时影响，短期影响过后施工影响大多会逐渐消失，野生动物会恢复原有的活动范围。公路运营期对野生动物的影响主要包括自然生境破碎、生境阻隔、干扰高原特有放牧通道、交通事故以及环境污染等几个方面，为有效减缓公路建设对两侧野生动物的影响，应在公路运营期采取并落实相应的野生动物保护措施。图2–13为陈学平、杨欣分别在共玉公路、青藏公路实地拍摄的青藏高原野生动物交通事故现场图。

(a) 共玉公路（藏野驴）

(b) 青藏公路（藏羚羊）

图2–13 实拍交通事故对青藏高原野生动物的影响

(4) 对水土保持的影响

1) 水土流失使水环境恶化

我们知道，地表水、土壤水和部分地下水这三大水系都是土壤为载体的，有良好的土壤资源才能保障有良好的水资源，若发生水土流失，水土流失区域的土层会变薄，严重的会导致土壤结构发生变化，长期下去势必使土壤的涵养水源功能变差。水土流失过程中还会使得大量农药、化肥及其他污染物进入水环境中，导致水质严重恶化。同时土壤侵蚀的过程会携带大量土壤泥沙进入江河水系，造成对下游的危害，河流泥沙含量过高，水土流失引起的泥沙下泄等会间接造成对水利工程设施的调洪蓄水、灌溉、发电等功能的影响，最终会给国民经济带来巨大损失。

2) 水土流失使土地资源减少

水土流失最为明显的危害就是将土地上的表层土壤逐渐剥蚀和冲蚀，这样土层慢慢变薄，农业耕作时农作物的产量质量下降，侵蚀严重的土地已经沙化、荒漠化，即可利用的土地资源正在急剧减少。耕地数量和质量双重下滑，部分耕地不适宜耕作，会使原来整齐的耕地变得支离破碎，因此耕地数量大量减少，形成恶性循环。更应该指出的是，水土流失不但会逐渐侵蚀表层土壤，在侵蚀土壤的同时还会带走土壤中含有的大量营养物质，比如氮、磷、钾和有机质等，从而使耕地质量下降，可见水土流失会使土壤肥力下降，最终导致耕地生产力下降。同时由于水土流失导致的是表土层流失，而表土层是土地资源中含养分最丰富、肥力最高的，这就使得土地肥力降低，从而使得土地资源的人口承载下降，如图2–14所示为土壤扰动后未做临时防护引起水土流失。

3) 水土流失使生物资源毁坏

严重的水土流失会使适宜野生物种栖息的地方越来越少，如果水土流失继续加剧而得不到控制，最终会导致物种濒危或灭绝，造成系统中生物多样性减少、群落结构简单化、生物生产力降低、土壤有机质含量减少等。

4) 水土流失使区域气候恶化

由于植物净化大气主要是通过叶片的作用实现的，因此水土流失将会引起植物对大气

图2–14　土壤扰动后未做临时防护引起水土流失

污染的净化作用和土壤植物系统对土壤污染的净化作用能力变差，即环境自净功能减弱。同时水土流失引起草场退化、植被覆盖率下降，生态系统防风固沙能力减弱，风沙灾害天气增多。

(5) 对社会环境的影响

公路建设对社会环境的不利影响主要表现为：路线对人群交往和沿线生产生活造成阻隔，给公路两侧居民过往通行带来不便，对其正常生活、生产活动及相互联系产生一定影响；工程征及拆迁使沿线人均耕地和草地减少，对当地居民的生活产生不同程度的影响；公路建设与沿线已有的交通设施、水利排灌设施、通信设施及电力设施等发生相互干扰，无法避免时将产生相互影响，给沿线居民生活工作造成影响；施工车辆往来造成的扬尘污染、施工噪声和交通噪声，施工过程中产生的废水、废渣等均会降低路线附近居民的生活质量；工程临时占地进行作业施工时，会给周围植被带来不同程度的破坏，造成植被数量减少；项目区域内分布着一定数量的寺院，工程建设不会对这些寺院产生直接影响，但若不加强管理会对寺庙的正常活动产生间接影响。有利影响主要有：工程建设有利于提高公路交通服务水平，对沿线城镇的经济发展起到促进作用，同时也将带动沿线旅游的发展，增加沿线居民的经济收入；同时，项目的建设将提高道路等级，改善道路通行能力，对巩固国防建设、维护民族团结和社会稳定具有重要的战略意义。

2.4 冻土区公路环境保护与水土保持理念

2.4.1 环境保护理念

(1) 环保先行，环保贯穿公路建设与运营全阶段

多年冻土与动植物群落经过长期演化而逐渐形成一种相对平衡的状态，但这种状态是极不稳定的，任何自然因素、人为因素的变化都会对冻土环境乃至整个生态环境产生影响。大量研究证明，在全球升温的背景下，由于冻土退化而导致高原多年冻土区生态环境进一步恶化。公路建设属于较短时间较高强度的人为活动，路基填筑、桥涵施工、取土弃土、排水防护无一不在扰动高原及脆弱的自然环境。从环境保护的角度看，多年冻土特别是高含冰量冻土对地表的扰动十分敏感，地表一些不大的改变，如植被和天然地表变化都会引起多年冻土重大的不可逆变化，并由此导致建筑工程的重大病害；低温条件和较短的生长季节也造成冻土区植被一旦被破坏就极难恢复或恢复缓慢的后果。因此多年冻土区公路建设应从设计阶段开始就体现环保先行的原则，公路的建设期至运营期整个公路全寿命阶段将环保理念贯穿始终，对保护冻土环境与生态环境有着重大的历史意义，特别是植被保护是保证工程安全稳定的首要选择。

不破坏就是最大程度的保护。环保优先，环保贯穿公路建设与运营全阶段，就是在设计阶段优先避让冻土环境敏感地带，或采取主动措施保护冻土，公路建设中以少占地、少扰动、多防护、早恢复的原则，运营期坚持定期养护、及时修复、减少人为破坏等措施，保护冻土环境和生态环境在公路建设中受到不可逆转的破坏。

（2）按照环保法及环评报告落实各项措施

根据《中华人民共和国环境保护法》中的相关规定，要求对建设项目实行环境影响评价制度和环境保护"三同时"制度。所谓"三同时"制度是"建设项目中防治污染的措施，必须与主体工程同时设计、同时施工、同时投产使用。防治污染的设施必须经原审批环境影响报告书的环境保护部门验收合格后，该建设项目方可投入生产或者使用"。建设项目环境保护"三同时"制度是建设项目环境影响评价制度实施和环境影响评价文件各项环境保护措施落实的保证。两种制度相辅相成，成为有效防止高速公路建设过程中新污染和破坏的两大"法宝"。

冻土区的生态环境脆弱，一旦受到破坏则难以恢复。应按照项目建设的环境影响评价报告书及批复意见中对项目区的保护措施严格执行，落实在公路建设中的设计阶段、施工阶段以及运营阶段。

（3）最大限度减少环境污染

公路环境保护的工作任务艰巨，基本上没有可以借鉴的成熟模式，因此随着国家颁布的环境保护法律、资源法律，环境保护法规、规章和标准的实施，有了较完整和齐全的环境保护法规体系，也有了较齐全的环境标准体系。环境意识更是随着国家的重视和宣传在不断地深入人心。鉴于此基本条件的成熟和具备，增强公路环境保护理念也成为进一步改善公路环境、保护公路环境的一项基本措施。

鉴于公路工程线长面广，公路在施工期与运营期对沿线自然环境、生态环境、水土流失等均会产生不同程度的负面影响，设计中应妥善处理好公路主体工程与环保之间的关系，尽可能从路线方案、工程方案、施工组织等方面综合考虑，预防工程建设对环境的伤害或减轻伤害程度，最大限度地从工程的各个阶段、不同方面减少公路建设对环境的污染，而不过多依赖环境保护具体弥补措施。当公路工程可能对局部环境造成较大影响时，应进行主体工程方案与采取环保措施间的多方案比选；对施工便道、取弃土场、预制场、拌和站等为主的选择应尽可能考虑设置在植被较差、冻土融区或少冰冻土位置，以防止加速冻土融化和植被退化。

（4）采取主动防护措施防治环境污染

由于冻土的特殊性，高原多年冻土区公路环境保护与一般地区有很大的区别，即不但要考虑一般地区的生态保护、水土保持等问题，还应考虑冻土环境的保护问题，而且冻土环境与生态环境相互依托、相互作用、相互制约、协调演化。多年冻土的存在可为植物生长提供充足的水分及独特的生态环境。若多年冻土退化，使季节融化深度增大或下伏多年冻土层消失，近地表土层低温升高，地下水位降低，土壤含水量减少，植物种属衰减，最终会导致土地沙漠化；反之，土地沙漠化使土的导热系数大为增加，势必加剧冻土退化。公路环境保护设计应针对高原多年冻土和生态两个不同的特点环境采取主动防护措施，如植被生态防护、施工中注重临时措施的防护以及施工管理，运营期定期维护等人为主动采用防护措施，防治公路建设对环境产生污染。

2.4.2 水土保持理念

(1) 根据法律法规及规范文件要求控制设计

水土保持工作是一项综合性、社会性很强的公益性事业。近年来，各级政府和有关部门对水土保持工作都很重视，并将水土保持工作列入重要议事日程。省、市、县三级政府分别成立了水土保持工作领导小组或委员会，由分管的领导同志任组长（主任），有关部门的领导为成员，并相应设立了工作机构，负责协调有关部门的工作，定期召开会议研究水土保持工作中的重大问题，落实各级政府及有关部门的目标责任制。

多年冻土区自然条件恶劣，生态环境脆弱，水土流失治理难度大，且全区水土流失面积中有的面积为目前难以治理的冻融侵蚀，至今国内外尚未有治理的成功经验和模式，长期以来水土保持工作一直没有得到有效的开展。基于这样的基础，应根据水保法以及相关规范文件，针对冻土区生态环境的实际现状，严格控制设计、施工中对公路沿线地区的扰动和破坏，加强水土保持预防监督工作，针对不同路段的草场退化、沙化等水土流失现状进行针对有效性的控制，保护沿线地区因施工扰动使得生态环境产生进一步的恶化。

(2) 落实已批复的水土保持方案中的各项措施

水土保持方案是以冻土区的基本情况作为基础，根据项目的地理位置来确定水土流失的侵蚀模数和防治标准，根据项目占地和工程性质来确定水土流失量和需要布设的措施、防治责任范围以及补偿费用，是根据项目的组成来定土石方量、防治措施的工程量与投资量并布设监测点位，保证最大限度减小水土流失量，减少占地、布设合理防治措施的技术文件，重在结合实际，做到切实能为项目的建设提供理论依据与技术支持。因此，冻土区的公路建设应严格落实水土保持方案中已批复的措施，切实做到保护冻土区的生态环境，有效保护水土流失，保护冻土区公路的安全运行和附近居民的生命财产安全。

(3) 控制土石方总量，强化弃方综合利用

冻土区公路建设过程中产生的土石方对水土保持的影响非常大，平衡公路土石方的方法主要把握三个原则：一是环境影响最小原则，分段研究对环境的负面影响，使对环境的破坏程度降到最小；二是可操作性原则，根据实地勘察，使每段土石方量具有合理性和可操作性；三是成本最低原则，在满足前两者的条件下，尽可能减少成本预算。通过以上三个原则，应严格控制公路建设中产生的土石方量，并根据实际条件，对隧道弃渣等有大量弃方的路段，可将弃渣用作路堤填料、混凝土工砌筑、碎石加工、隧道衬砌和明洞及仰拱回填等多个方面进行综合利用，降低由于弃渣堆砌过多产生的水土流失量，有效保护冻土区的生态环境。

(4) 保护表土及表层草皮资源

表土层是指接近地面的土层，一般厚度在15～30 cm，植物根系密集，有机质含量较高，生物活性强，含有较多的腐殖质，肥力较高。根据相关研究结果证实，形成1 cm厚的表土需要100～400年，冻土区表土及表层草皮的形成需要的时间更长。自然表土能够提高土壤发育初期的质量，而且可以促进土壤形成过程、植物生长以及畜牧业利用。针对冻土区的公路建设，表土可以作为路基边坡植被恢复的种植土、临时占地恢复的回填土，对于部分植被生长良好、根系发达能够形成表层草皮的路段，可以将草皮用于路基边坡防护草皮，临时占地恢复草皮，不仅可以有效保护表土以及草皮资源，同时可以减少工程投资，实现保护生态环境与工程建设的双赢。

(5) 做好临时工程的水土保持工作

临时工程是指除公路主体工程占地之外，用于满足工程建设所临时征用的占地，主要包括取弃土场、施工场地、施工便道、施工生产生活区等临时用地区域。临时工程在施工中不可避免地会对原地表进行开挖回填或占压扰动，公路建设属于线性工程，特别是针对冻土区，线路所经区域多为无人区，人迹罕至，无已建道路可利用，施工过程需要全线新建，挖填交错，施工活动将严重破坏地表植被，打破原本已经很脆弱的生态平衡，产生水土流失。因此鉴于工程建设扰动范围大，自然环境原始、独特的实际情况，需要从设计阶段开始加强施工过程中减少开挖扰动范围，避开大风大雨时段，施工结束后尽快覆盖施工裸露区的植被，减少水土流失，做好临时工程的水土保持工作。

第3章 多年冻土区公路生态环境评价指标体系

我国的道路交通事业自中华人民共和国成立以来得到了快速的发展，随着公路里程的不断加长，等级不断提高，通达深度不断向山区延伸，这种影响的日益加剧，势必涉及我国的生态安全以及整个中华民族的可持续发展。所以只有科学评价道路对生态环境的影响，将道路的建设、管理与保护生态环境密切结合起来，才能使道路与区域环境实现可持续协调发展。

研究道路环境影响评价，首先要解决的就是指标或指标体系的问题，而道路环境评价指标体系的构建是进行道路环境影响评价的关键。道路环境评价指标体系研究的目的是要提供一个科学的、可供操作的评价手段，以便能对道路环境所处状态进行整体性描述，但是目前尚没有统一、公认的定量指标体系。针对上述情况，本章以青海共玉公路走廊为例，研究多年冻土区公路生态环境评价指标体系。

3.1 多年冻土公路沿线生态环境评价指标体系

3.1.1 评价指标的分类

指标是对客观现象的某种特征进行度量，指标的重要特征和功能在于通过彼此相互比较，反映客观事物状况和特征的不均衡性，为管理和决策提供依据。

评价指标体系分为描述性指标体系和评价性指标体系。描述性指标体系主要是反映系统的实际状况或条件，如资源或环境条件等，它按照一定的体系汇集社会经济各项统计中能描述评价目的及各子系统运行状态的各项指标。评价性指标体系的指标具有高度综合性和创新性，从而可以达到综合评价的目的，准确地洞察和把握可持续发展的状态、脉络和趋势。

3.1.2 评价指标选定原则

(1) 系统性原则

指标必须能够全面反映青海共玉公路走廊沿线环境保护评价指标体系相关的各个方面，能够客观和真实地反映系统发展的状态及其系统间的相互协调，同时又要避免指标之间的重叠性，使评价目标和评价指标联系成为一个整体。

(2) 相关性原则

青海共玉公路走廊沿线环境保护评价指标体系中无论反映哪一方向水平和状态的指标都有着密切的内在联系，要对公路环境保护进行准确评价，必须对指标体系中的任何指标都建立起与其他指标之间的内在联系。

(3) 可操作性原则

要充分考虑指标数据及量化的难易程度，既保证全面反映公路环境保护系统的各种内涵，又要有利于推广，要尽量利用现有统计资料及有关规范标准。

(4) 科学性原则

指标体系一定要建立在科学基础之上，指标的选择、指标权重系数的确定、数据的选取、计算与合成必须以公认的科学理论为依据。具体指标能够科学、准确地反映公路环境保护评价指标体系的实现程度。

(5) 超前性原则

公路环境保护评价是有中远期意义的措施，因此指标选择要充分考虑系统的动态变化特点，能综合反映公路建设和营运的现状特点和发展趋势，便于进行预测和管理，在等级评判中也应适当将指标量化值设置偏高，以适应保护区公路可持续发展未来的需要。

3.1.3 评价指标的无量纲化

在对指标体系进行综合评价的过程中，由于各个指标的意义彼此不同，表现形式也不一样，有的是绝对数指标，有的是相对数指标，有的还是平均数指标；对评价对象系统的作用取向也不一致，有的属于正指标，有的属于逆指标，还有的属于适度指标，各个指标之间不具有可比性。此外，当各指标间的水平相差很大时，如果直接用原始指标值进行分析，就会突出数值较大的指标在综合分析中的作用，相对削弱数值水平较低指标的作用，从而使各指标以不等权参加运算分析，也就是各个指标具有不可公度性的特点，如果不进行无量纲化处理，就无法进行综合，也就失去了综合评价的真正意义和价值。因此需要统一指标量纲和缩小指标间的数量级差，科学地进行无量纲处理便成为综合评价过程的关键。

无量纲处理也就是对评价指标数值的标准化、正规化处理。它是通过一定的数学变化来消除指标量纲影响的方法，即把性质、量纲各异的指标转化为可以进行综合的一个相对数量化值。无量纲化处理的方法很多，归纳起来主要有以下几类：直线型无量纲化方法、折线型无量纲化方法、曲线型无量纲化方法。直线型无量纲化方法是指在指标实际值转化成不受影响的指标值时，假定两者呈直线关系，指标实际值的变化引起标准化后数值一个相应的比例变化。本章采用直线型无量纲化方法。

将公路建设项目生态环境影响综合评价指标分为越大越好型和越小越好型。这两种类型评价指标的无量纲化标准函数如下所示。

① 越大越好型主要用来评价一定范围内数值越大越好的指标，基本形式为

$$E_i = \begin{cases} 0, & x_{ij} \leqslant x_{ia} \\ \dfrac{x_{ij} - x_{ia}}{x_{ib} - x_{ia}}, & x_{ia} \leqslant x_{ij} \leqslant x_{ib} \\ 1, & x_{ij} \geqslant x_{ib} \end{cases} \tag{3-1}$$

式中 x_{ia}、x_{ib}——评价指标x_{ij}设定的阈值。

② 越小越好型主要用来评价一定范围内数值越小越好的指标，基本形式为

$$E_i = \begin{cases} 0, & x_{ij} \geqslant x_{ib} \\ \dfrac{x_{ib} - x_{ij}}{x_{ib} - x_{ia}}, & x_{ia} \leqslant x_{ij} \leqslant x_{ib} \\ 1, & x_{ij} \leqslant x_{ia} \end{cases} \tag{3-2}$$

式中 x_{ia}、x_{ib}——评价指标x_{ij}设定的阈值。

3.1.4 评价指标的确定

生态环境影响评价因子由项目所在的区域环境特征决定，青海共玉公路走廊地处青藏高原腹地，穿越国家级自然保护区——三江源保护区，沿线经过星星海保护区、扎陵湖–鄂陵湖保护区和通天河保护区，这些保护区决定了该段区域的脆弱性，而气候、土壤、生物是衡量生态环境的基础指标，这些指标影响该地区的生态环境承载力。另外，公路建设会占用土地，建设过程不可避免地开挖回填土方、破坏植被、野生动物活动范围的阻隔等都会随着公路的建设产生一定的影响。

因此选取环境基础指标、环境压力指标和环境敏感性指标对青海共玉公路走廊的生态环境进行评价，如图3–1所示。其中，环境基础指标包括气候因子、土壤因子和生物因子；环境压力指标包括建设期施工和营运期对环境的影响；环境敏感性指标包括生物多样性敏感性和水环境敏感性。

3.1.5 评价指标的测算方法

由于青海共玉公路走廊沿线穿越地段气候、土壤及植被类型不同，可将沿线分为四个类型区进行对比分析。其中，K144 + 300 ～ K280 + 000为一般路段；K280 + 000 ～ K661 + 000为冻土路段；K661 + 000 ～ K720 + 000为河谷路段；K720 + 000 ～ 玉树为峡谷路段。

将上述选取的环境基础指标、环境压力指标和环境敏感性指标分为定性指标和定量指标，其中，定量指标可以通过计算得出，定性指标无法直接量化的，可通过间接方法如专家打分法等加以量化。

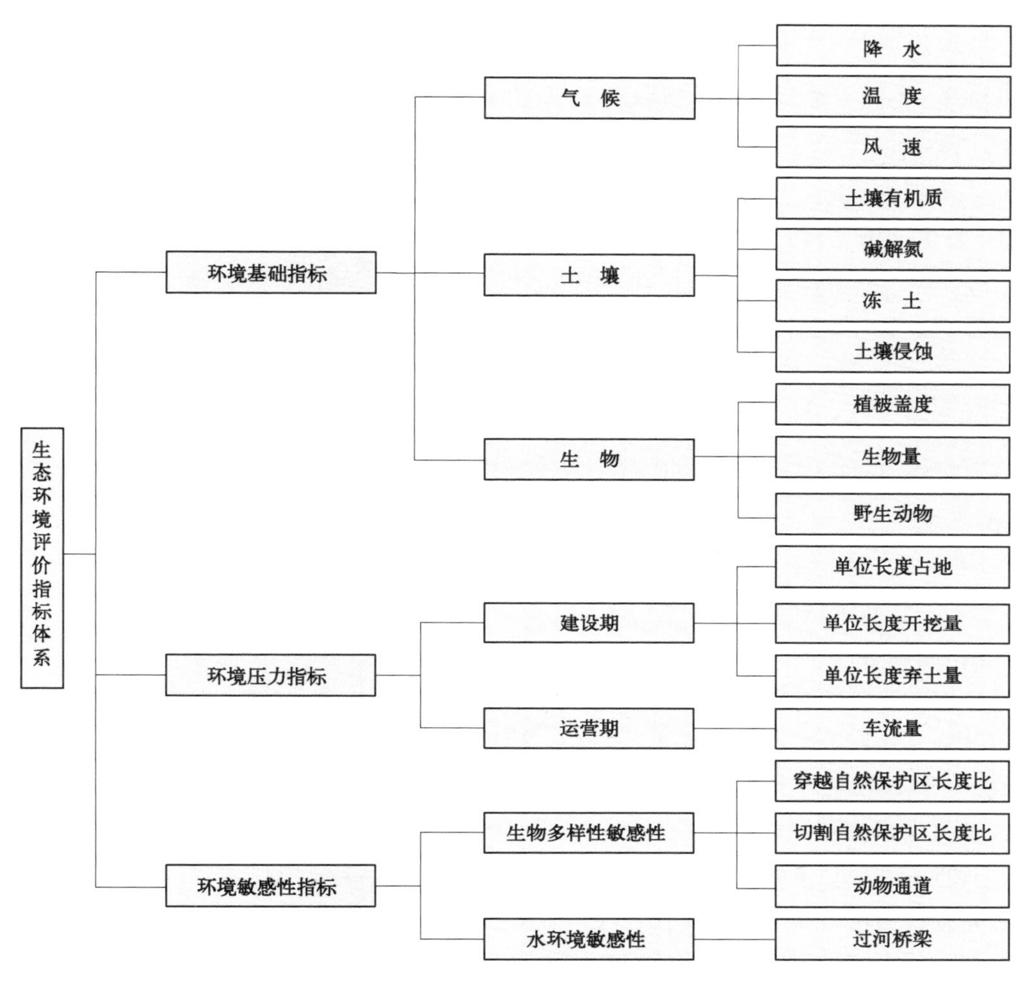

图3–1 多年冻土区公路沿线生态环境评价指标体系

3.1.5.1 定性指标的量化方法

在多年青海共玉公路走廊沿线生态环境评价指标体系中土壤侵蚀和野生动物为定性指标。对定性指标的量化问题，本章根据专家打分法，对不同等级进行打分。

(1) 土壤侵蚀

根据青海省人民政府关于划分水土流失重点防治区的公告，项目所在共和县、兴海县沿线区域处于水土流失重点治理区，玛多县、称多县、玉树市处于水土流失重点预防保护区。项目所在地区水土流失容许值为1 000 t/(km^2·年)。

青海共玉公路走廊位于三江源地区的中东部地区，海拔在2 000 ～ 5 000 m，属于高原山地类型，土壤有高山寒漠土、高山草甸土、高山草原土、沼泽土、风沙土等。吴万贞等人对三江源地区的土壤侵蚀研究表明，沿线土壤侵蚀以冻融、水蚀和风蚀为主，强度以微度–轻度侵蚀为主。根据侵蚀强度，将土壤侵蚀分为五个等级，见表3–1。

表 3–1　土壤侵蚀定性分类表

侵蚀强度	微　度	轻　度	中　度	强　烈	剧　烈
级　别	1	2	3	4	5

(2) 野生动物

沿线穿越星星海保护区、扎陵湖–鄂陵湖保护区和通天河保护区，通过保护区段的地方野生动物要高于一般路段，因此根据野生动物的分布多少进行分类，见表3–2。

表 3–2　野生动物定性分类表

分布多少	无	较　少	丰　富	比较丰富
级　别	0	1	2	3

3.1.5.2　定量指标的测定方法

(1) 植物调查

为详细了解公路沿线植被状况，同时为对星星海保护分区、扎陵湖–鄂陵湖保护分区和通天河保护分区评价范围的生态系统结构、稳定性、物种多样性、抗干扰能力及其变化趋势做出评价，在收集评价范围内植物资源资料分析的基础上，该次评价进行了样方调查。

1) 样方布设原则

① 样地的选择应能够反映沿线生态系统类型的地带性特点，样方在样地内设置。

② 选择样方时既要考虑具有代表性生态系统类型中的种群，又要有随机性。

③ 样方沿公路两侧布设，能够充分体现公路沿线生态系统类型。

④ 如遇河流、建筑物等障碍，选择周围邻近地段植被类型相同、环境状况基本一致，具有与原定点相同代表性的地点进行采样。

⑤ 样方形状一般为正方形，根据地形情况也可长方形布设。对于乔木群落样方面积为10 m × 10 m；灌木群落样方面积为5 m × 5 m；草本群落样方面积为1 m × 1 m。

2) 沿线代表性样方布设情况

该工程依次经过青海东北部温性草原亚区中的黄河湟水谷地森林草原小区、鄂陵湖–大河坝高寒草原小区、青南高原中部高寒灌丛草甸小区和青南高原西北部高寒草甸小区。该工程经过海拔高程范围为2 500 ～ 5 000 m，现场调查结果显示沿线植被主要为针茅群系、芨芨草群系、小蒿草群系等。群落分布基本符合本亚区的山地植被的垂直和水平分布特征，故分别选择具有针对性、代表性的植物群落进行样方调查。沿线共布设40处样方，其中，芨芨草群系样方3处，小蒿草草原化草甸群系样方2处，小蒿草草原化草甸样方2处，小蒿草–垫状植被群系样方5处，紫花针茅群系样方2处，针茅草原群系样方4处，小蒿草草甸群系样方4处，小蒿草–针茅草原化草甸群系4处，金露梅灌丛群系样方4处，老芒麦群系2

处，毛枝居山柳灌丛群系样方1处，高山绣线菊灌丛群系样方1处，沙棘灌丛群系样方1处，毛枝居山柳–百里香杜鹃灌丛群系样方2处，毛莲蒿群系样方1处，人工三维网植草恢复老芒麦群系样方2处。具体样方情况见表3–3。

表3–3 沿线调查样方情况表

桩 号	经 纬 度	高程（m）	优 势 物 种	距公路红线距离（m）
K161 + 800	36°10.129'，100°30.547'	2 920	芨芨草群系	右侧20
K203 + 850	35°57.786'，100°7.906'	3 179	芨芨草群系	左侧10
K214 + 350	35°55.21'，100°2.387'	3 238	芨芨草群系	左侧10
K228 + 200	35°51.076'，99°55.16'	3 596	金露梅灌丛群系	左侧50
K240 + 850	35°48.301'，99°51.089'	3 630	针茅–小蒿草草原化草甸	左侧20
K268 + 900	35°48.639'，99°38.337'	3 710	小蒿草草原化草甸	右侧20
K302 + 200	35°34.12'，99°31.372'	4 107	小蒿草–垫状植被	右侧30
K320 + 800	35°26.591'，99°28.902'	4 098	针茅草原群系	左侧200
K325 + 100	35°26.584'，99°28.86'	4 083	金露梅灌丛群系	右侧15
K366 + 150	35°21.567'，99°10.34'	4 170	小蒿草–垫状植被	左侧80
K381 + 250	35°18.382'，99°1.492'	4 184	小蒿草草原化草甸	左侧100
K425 + 500	35°3.892'，98°41.742'	4 508	紫花针茅群系	左侧120
K439 + 100	35°0.136'，98°35.591'	4 327	紫花针茅群系	左侧10
K444 + 500	34°57.827'，98°33.413'	4 295	老芒麦群系	左侧20
K464 + 750	34°50.087'，98°24.828'	4 221	小蒿草草甸群系	右侧20
K467 + 800	34°49.923'，98°22.809'	4 217	三维网植草恢复一年，老芒麦	人工恢复三维网植草护坡
K471 + 250	34°49.79'，98°20.659'	4 210	三维网植草恢复一年，老芒麦	人工恢复三维网植草护坡
K471 + 900	34°49.882'，98°20.265'	4 220	针茅草草原群系	左侧100
K477 + 300	34°51.324'，98°17.208'	4 219	小蒿草–针茅草原化草甸	左侧60
K483 + 750	34°53.326'，98°13.762'	4 231	小蒿草–针茅草原化草甸	右侧100
K484 + 900	34°53.327'，98°12.992'	4 225	垫状植被群系	左侧50
K492 + 400	34°52.398'，98°9.065'	4 237	小蒿草草甸群系	右侧50
K493	34°52.029'，98°9.003'	4 245	垫状植被群系	右侧10
K550 + 396	34°26.228'，97°56.65'	4 406	小蒿草草甸群系	左侧20
K541 + 650	34°30.549'，97°58.966'	4 322	针茅草原群系	左侧30

（续表）

桩　号	经 纬 度	高程（m）	优 势 物 种	距公路红线距离（m）
K589 + 700	34°10.273'，97°45.49'	4 646	小蒿草草甸群系	左侧30
K609 + 340	34°4.363'，97°36.454'	4 665	小蒿草–针茅草草甸	左侧10
K653 + 300	33°52.378'，97°13.556'	4 492	针茅草群系	右侧50
K680 + 000	33°41.12'，97°11.471'	4 389	金露梅灌丛群系	右侧100
K690 + 100	33°36.208'，97°12.274'	4 374	小蒿草草甸群系	右侧10
K712 + 500	33°26.366'，97°17.099'	4 269	垫状植被	右侧10
K730 + 400	33°19.741'，97°24.897'	4 236	小蒿草草甸群系	右侧20
K740 + 150	33°15.402'，97°27.56'	4 340	毛枝居山柳灌丛群系	右侧50
K756 + 700	33°11.308'，97°24.101'	3 930	毛枝居山柳–百里香灌丛群系	左侧30
K756 + 685	33°11.212'，97°24.051'	3 903	金露梅灌丛群系	左侧10
K756 + 680	33°11.322'，97°24.097'	3 911	高山绣线菊灌丛群系	左侧20
K771 + 140	33°06.063'，97°17.945'	3 788	沙棘灌丛群系	右侧50
K771 + 145	33°06.072'，97°17.951'	3 752	毛莲蒿群系	右侧50
K772 + 300	33°05.603'，97°17.655'	3 710	毛枝居山柳群系	右侧30
K523 + 200	34°41.07'，98°4.568'	4 303	老芒麦群系	右侧15

（2）土壤调查

该次调查采用主观取样法，即根据主观判断，人为选择能代表本地群落特征的“典型”样地进行调查。这种方法的优点是简便迅速、省时省力，很适合于大范围的路线调查。选择样地的大小以400 m^{2}左右为宜，实际宽度则根据公路的实际地形确定。

在已选定的样地内，清理地表砾石、枯草等，随机选取6 ～ 8个样点（混合样品的取点至少是5个），每个样点三次重复，取样深度约0 ～ 10 cm。采样过程中，采样器（铲子或筒形取样器）应垂直于地面，入土至10 cm。每个混合样品取1 kg左右为宜，如果采样点较多而使混合土样太多时，可用四分法淘汰，直到样重约1 kg为止。尽量使所选样点具有典型性、代表性和一致性（地形、坡度、坡位、坡向等环境条件尽可能一致）。

对项目沿线土壤进行调查取样后，根据《土壤全氮测定法（半微量开氏法）》（GB 7173—1987）、《土壤全磷测定法》（GB 9837—1988）、《土壤全钾测定法》（GB 9836—1988）、《土壤检测　第6部分：土壤有机质的测定》（NY/T 1121.6—2006）、《森林土壤水解性氮的测定》（GB 7849—1987）、《石灰性土壤有效磷测定方法》（GB 12297—1990）、《土壤速效钾和缓效钾含量的测定》（NY/T 889—2004）、《土壤中pH值的测定》（NY/T 1377—2007）的相关标准，对土壤的有机质、碱解氮进行测定。其中土壤的有机质采用$K_2Cr_2O_7$–

H_2SO_4外加热法；速效氮采用L KCl提取，流动分析仪测定法。参照全国土壤普查养分分级标准进行比对分析，见表3–4。

表3–4 全国第二次土壤普查养分分级标准

级 别	有机质（g/kg）	碱解氮（mg/kg）
1很丰富	>40	>150
2丰富	30～40	120～150
3中等	20～30	90～120
4缺乏	10～20	60～90
5很缺乏	6～10	30～60
6极缺乏	<6	<30

（3）环境基础指标

气候因子诸如降水、温度、风速等指标可以通过查阅当地气象资料获得；土壤因子中，土壤有机质、碱解氮通过采集样品分析测定，冻土用天然上限来表示；生物因子中植被盖度根据估算法，生物量通过收获植被地上和地下鲜重之和得出。

（4）环境压力指标

分为建设期和运行期：建设期指标包括单位公路长度占地、单位长度开挖量、单位长度弃土量；运行期为车流量。这些指标都可以根据相应数据计算得出。

（5）环境敏感性指标

包括生物多样性敏感性和水环境敏感性。生物多样性有路线穿越自然保护区长度占该段总长度的比例、切割自然保护区面积占保护区总面积比。动物通道指单位路段长度内野生动物通道的数量或长度比例。过河桥梁指过河桥梁长度占该段公路总长度的比例，该指标反应公路建设对水环境的影响。上述指标都可通过分析测定或计算得出。

3.1.6 评价指标权重的确定方法

权重是对比、衡量被评价事物总体中各个因素相对重要程度的量值。对于公路建设项目生态环境影响评价的目标来说，各个指标对于评价对象的作用并不是同等重要的。所以选定评价指标后，常常对不同评价指标赋予不同的权，然后来进行综合，权大的指标被认为比较重要，权小的指标认为对环境影响不重要。权重要能够客观反映指标本身的本质属性，又要能够反映决策者的主观评价，是主客观综合度量的结果。权重确定主要采取以下几种方法：专家估测法（常用的方法主要有专家会议法、德尔菲法等）、排队比较法以及判断矩阵法。

经邀请有关专家会商，按照压力–状态–响应（PSR）确定了青海共玉公路走廊沿线生态环境影响评价指标体系，并采用德尔菲法确定了因子权重，详述如下：环境基础指标，也可以被称为是环境承载力指标，反映了沿线生态环境的本底状态和对外部干扰的抵抗能力；环境压力指标反映人类活动即公路建设和运营对生态环境造成的压力；环境敏感性指标反映自然生态系统对人类活动干扰响应的敏感程度。

(1) 环境指标权重

由于走廊沿线生态环境脆弱，而且易破坏、难恢复，该地区人口较少，而在目前和可以预见的将来，道路运输量不会太大，也就是环境压力不会太大，因此环境基础指标与环境敏感性指标的权重相对较高，而环境压力指标权重可以稍小一些。走廊带有我国重要的自然保护区和水资源涵养区，在国家生态安全中战略地位重要，所以环境敏感性指标比环境基础指标更加重要一些。生态环境指标的判断矩阵见表3–5。

表3–5 生态环境指标的判断矩阵

	环境基础	环境压力	环境敏感性
环境基础	1	3	1/2
环境压力	1/3	1	1/3
环境敏感性	2	3	1

(2) 环境基础指标

环境基础指标中又包括气候、土壤和生物三方面，由于公路建设主要影响的是土壤和地表生物，所以土壤与生物指标的重要性要相对高一些。穿越重要的江河源自然保护区，意义重大，生物方面的指标更加重要一些。环境基础指标的判断矩阵见表3–6。

表3–6 环境基础指标的判断矩阵

	气　候	土　壤	生　物
气　候	1	1/2	1/2
土　壤	2	1	1/2
生　物	2	2	1

1) 气候因子

通过半干旱和亚湿润高原地区，气候寒冷，水（降水）热（热）都是影响生态恢复的主要因素。相对而言，公路沿线温度波动变化相对更为剧烈，对生境的决定作用强于降水，而风速主要是通过影响蒸散发和土壤侵蚀间接影响生境，起到较弱的决定作用。气候因子判断矩阵见表3–7。

表 3–7 气候因子判断矩阵

	降　水	温　度	风　速
降　水	1	1/2	2
温　度	2	1	3
风　速	1/2	1/3	1

2) 土壤因子

土壤有机质是土壤肥力的基础，对土壤结构、抗蚀性、渗透性、持水性等均具有重要的影响；冻土是青海共玉公路走廊沿线一种重要和独特的自然现象，冻土存在与否、冻土层深度等对路基的稳定性都有较重要的影响，因此也应有较高的权重；土壤氮素含量是土壤肥力的直接体现，但受到了土壤有机质的决定，其对生境的决定作用相对较弱；公路沿线以冻融侵蚀为主，水力和风力侵蚀相对较弱，因此土壤侵蚀强度对生境的直接作用也相对较弱。土壤因子判断矩阵见表3–8。

表 3–8 土壤因子判断矩阵

	土壤有机质	土 壤 氮	冻　土	土壤侵蚀
土壤有机质	1	2	1	2
土壤氮	1/2	1	1/2	2
冻　土	1	2	1	2
土壤侵蚀	1/2	1/2	1/2	1

3) 生物因子

生态系统生产力与生物多样性是反映生态系统结构和功能的重要指标，在全国范围内青藏高原属于低生产力地区，但特有物种较多，因此生物多样性指标（物种数）相对重要；生物量和覆盖度两个指标之间具有相关性，分别在三维空间和二维平面上反映了生态系统的结构与功能，相比较而言，生物量所能反映的功能较多，而覆盖度更能充分反应与水文循环、土壤侵蚀有关的功能，从水与生态系统安全的角度全面考虑，两者同等重要。生物因子判断矩阵见表3–9。

表 3–9 生物因子判断矩阵

	植被盖度	生 物 量	野生动植物
植被盖度	1	1	1/2

（续表）

	植被盖度	生 物 量	野生动植物
生物量	1	1	1/2
野生动植物	2	2	1

（3）环境压力指标

公路建设带来的环境压力可以分为建设施工期环境压力和运行期环境压力。建设施工期环境压力主要是施工活动对地表植被、土壤和岩土层的扰动与破坏。运行期环境压力主要与车流量有关，由于该地区人口稀少，该段车流量不会太大，因此运行期环境压力处于相对次要的地位。环境压力指标判断矩阵见表3–10。

表 3–10 环境压力指标判断矩阵

	建设期环境影响	运行期环境影响
建设期环境影响	1	3
运行期环境影响	1/3	1

单位路段占地是从二维尺度反映施工活动对路域环境的影响，单位路段开挖与弃土则在三维尺度反映这种影响，由于弃土量与人为水土流失量密切相关，相对更为重要。建设期因子判断矩阵见表3–11。

表 3–11 建设期因子判断矩阵

	占 地	开 挖 量	弃 土 量
占 地	1	1	1/2
开挖量	1	1	1/2
弃土量	2	2	1

（4）环境敏感性指标

环境敏感性指标中主要包括了两方面的指标：生物多样性与水环境敏感性。青海共玉公路走廊沿线自然特点、环境压力与环境承载力的关系，生物多样性相对重要一些。环境敏感性指标判断矩阵见表3–12。

表 3–12 环境敏感性指标判断矩阵

	生物多样性的敏感性	水环境敏感性
生物多样性的敏感性	1	2

（续表）

	生物多样性的敏感性	水环境敏感性
水环境敏感性	1/2	1

穿越自然保护区长度和切割保护区面积比例从一维和二维角度反映了线性公路工程对自然保护区的干扰，二维尺度指标的意义更重大一些，动物通道是人为补偿措施，但作用总是有限的。生物多样性敏感性因子判断矩阵见表3–13。

表3–13 生物多样性敏感性因子判断矩阵

	穿越自然保护区长度比	切割自然保护区面积比	动物通道
穿越自然保护区长度比	1	1/2	2
切割自然保护区面积比	2	1	3
动物通道	1/2	1/3	1

(5) 综合权重因子

根据上述权重，综合得出评价指标的综合权重因子，见表3–14。

表3–14 评价指标体系综合权重因子

指标层次			分层权重			综合权重因子
B	C	D	A→B	B→C	C→D	
环境基础	气候	降水	0.369 9	0.190 5	0.308 8	0.021 8
		温度			0.529 4	0.037 3
		风速			0.161 8	0.011 4
	土壤	土壤有机质		0.333 3	0.324 3	0.040 0
		土壤氮			0.216 2	0.026 7
		冻土			0.324 3	0.040 0
		土壤侵蚀			0.135 1	0.016 7
	生物	植被盖度		0.476 2	0.250 0	0.044 0
		生物量			0.250 0	0.044 0
		野生动植物			0.500 0	0.088 1
环境压力	建设期	占地	0.137 0	0.750 0	0.250 0	0.025 7
		开挖量			0.250 0	0.025 7

（续表）

指标层次			分层权重			综合权重因子
B	C	D	A → B	B → C	C → D	
环境压力	建设期	弃土量	0.137 0	0.750 0	0.500 0	0.051 4
	运行期	车流量		0.250 0	1.000 0	0.034 2
环境敏感性	生物多样性	穿越自然保护区长度比	0.493 2	0.666 7	0.241 9	0.079 5
		切割自然保护区面积比			0.580 6	0.190 9
		动物通道			0.177 4	0.058 3
	水环境	过河桥梁		0.333 3	1.000 0	0.164 4

3.1.7 评价指标的归一化处理

上述18个评价指标单位、量纲各不相同，因此各个指标的观测值不能直接相加，而必须首先通过归一化函数将其无量纲化。本章采用直线型无量纲化。

首先确定评价指标的阈值（x_{ia}，x_{ib}），现对上述评价指标的阈值确定如下。

（1）环境基础指标

青海共玉公路走廊地处青藏高原腹地，处于高寒草原和高寒荒漠过渡带，降水指标上标选取森林植被的下限值800 mm，上限取草原植被的下限400 mm；温度和风速取全年平均最高值和最低值为指标阈值；土壤有机质和碱解氮根据全国第二次土壤普查养分分级标准进行划分，下限值取0；冻土根据天然上限进行划分，王根绪等人的研究显示，当冻土上限深度增加到3.5 m以上时，高寒草甸植被出现退化趋势，因此冻土天然上限的阈值为0 ～ 3.5；土壤侵蚀为定性指标，根据吴万贞等人对青藏高原地区土壤侵蚀强度划分，将其阈值定在最小0和最大6之间；植被盖度阈值上限为1，下限为0；生物量下限为0，上限定为项目区最大生物量70 kg/m^2；野生动物属于定性指标，下限取0，上限取比较丰富3。评价指标体系阈值见表3–15。

表3–15 评价指标体系阈值

评价指标		归一化函数类型	评价指标阈值		
			单位	上限	下限
环境基础指标	降水	偏大型	mm	800	200
	温度	偏大型	℃	11	－10

（续表）

评价指标		归一化函数类型	评价指标阈值		
			单位	上限	下限
环境基础指标	风速	偏小型	m/s	30	0
	土壤有机质	偏大型	g/kg	40	0
	土壤碱解氮	偏大型	mg/kg	150	0
	冻土上限	偏小型	m	3.5	0
	土壤侵蚀	偏小型		6	0
	植被盖度	偏大型	%	1	0
	生物量	偏大型	kg/m^2	70	0
	野生动物	偏大型		3	0
环境压力指标	单位长度占地	偏小型	m^2/km	24 500	0
	单位长度开挖量	偏小型	m^3/km	35 328.16	0.00
	单位长度弃土量	偏小型	m^3/km	8 832.18	0.00
	车流量	偏小型	pcu/d	16 449	0
环境敏感性指标	穿越自然保护区长度比	偏小型	%	100	0
	切割自然保护区面积比	偏小型	%	100	0
	单位长度内动物通道长度比	偏大型	%	100	0
	单位长度内过河桥梁比	偏小型	%	100	0

（2）环境压力指标

单位长度占地指标根据《公路建设项目用地指标》（建标〔2011〕124号）进行确定；单位长度开挖量和单位长度弃土量上限选取青海共玉公路走廊全线挖填方最高路段；车流量根据环评预测2027年车流量上限取25 800 pcu/d；环境压力指标隶属函数为越小越好型，因此下限阈值取0。

（3）环境敏感性指标

穿越保护区长度和切割自然保护区下限取最不利因素100%，上限取0；单位长度内动物通道的长度比例属于越大越好型函数，最大限度地满足动物通行要求，阈值在0～1；过河桥梁隶属于越小越好型函数，跨河桥梁越短，对河流的影响就越小，阈值在0～100。

3.2 多年冻土区公路沿线生态环境综合评价方法

3.2.1 多年冻土区公路建设项目生态环境影响综合评价步骤

综合评价步骤主要包括以下几个部分：评价指标的确定；根据评价指标，确定权重因子；评价指标的归一化处理；综合评价。

结果分析如下：

综合评价值小于0.4，对应该公路建设项目对生态环境影响严重，可能对公路沿线敏感性指标如植被、自然保护区等造成严重影响，对当地各种资源保护严重不当；多年冻土区沿线生态环境受到较大破坏，生态系统结构变化较大，功能低下，受外界干扰后恢复困难，生态问题较大。公路建设对自然环境干扰大，建议公路建设项目改变线路或重新设计施工方案。

综合评价值在0.4～0.7，对应该公路建设项目对生态环境有一定影响，对公路沿线敏感性指标如植被、自然保护区等有一定影响，对当地各种资源保护力度不够；多年冻土区沿线生态环境受到一些破坏，可能生态系统结构有变化，但功能尚可，受干扰后易恶化，可以通过生态补偿等措施弥补所造成的影响。公路建设对自然环境干扰较小，但针对一些敏感性指标需采取一定特殊环保措施可以将影响降低至生态环境承载力范围以内。

综合评价值在0.7～1，对应该公路建设项目对环境影响很小，对公路沿线敏感性指标如植被、自然保护区等影响较小，公路建设能有效保护当地各种自然资源；多年冻土区沿线生态环境受到较小的影响，生态系统结构保护较好，受干扰破坏较小，生态功能较强，生态环境问题不显著。公路建设对生态环境干扰较小，暂时可不采取特殊环保补偿措施。

3.2.2 多年冻土区公路沿线生态环境综合评价结果分析

根据沿线生态环境概况，将项目区全线划分为四个段落：从起点位置K144＋300～K280＋000为一般路段；K280＋000～K661＋000为冻土路段；K661＋000～K720＋000为河谷路段；K720＋000至终点玉树为峡谷路段。基于以上确定的指标体系，对该四个段落的综合评价指标体系计算结果见表3–16。

表3–16 沿线生态环境指标体系综合评价值

评价指标		一般路段	冻土路段	河谷路段	峡谷路段
环境基础指标	降水	0.004 4	0.008 5	0.006 8	0.007 8
	温度	0.019 7	0.009 2	0.014 7	0.038 7

（续表）

评 价 指 标		一般路段	冻土路段	河谷路段	峡谷路段
环境基础指标	风速	0.010 5	0.010 3	0.010 4	0.011 0
	土壤有机质	0.040 0	0.040 0	0.040 0	0.040 0
	土壤碱解氮	0.026 7	0.026 7	0.026 7	0.026 7
	冻土上限	0.040 0	0.017 1	0.040 0	0.040 0
	土壤侵蚀	0.002 8	0.005 6	0.002 8	0.002 8
	植被盖度	0.030 1	0.031 1	0.040 7	0.038 8
	生物量	0.004 0	0.006 0	0.006 6	0.008 4
	野生动物	0.029 4	0.088 1	0.058 7	0.029 4
	合计	0.207 4	0.242 5	0.247 4	0.243 4
环境压力指标	单位长度占地	0.012 1	0.014 7	0.014 6	0.002 3
	单位长度开挖量	0.020 3	0.021 7	0.024 3	0.000 0
	单位长度弃土量	0.038 2	0.032 9	0.048 2	0.000 0
	车流量	0.027 3	0.029 4	0.030 0	0.029 7
	合计	0.097 9	0.098 7	0.117 2	0.032 1
环境敏感性指标	穿越自然保护区长度比	0.079 5	0.024 4	0.079 5	0.079 5
	切割自然保护区面积比	0.190 9	0.178 1	0.190 9	0.190 9
	单位长度内动物通道长度比	0.000 1	0.000 3	0.000 3	0.000 1
	单位长度内过河桥梁比	0.164 3	0.164 4	0.164 3	0.164 0
	合计	0.434 8	0.367 2	0.435 1	0.434 6
	综合评分	0.740 1	0.708 4	0.799 7	0.710 1

从表中可以看出，从综合评分来看，划分的四个路段的综合评分值都在0.7 ～ 0.8的范围内，说明多年冻土区公路建设对沿途生态环境有一定影响，但影响较小，生态环境的功能尚未受到较大影响，主要原因可能是青海共玉公路走廊带主要经过的是高寒地带，人烟稀少，人类活动频率低，对生态环境的影响相对微弱。

（1）环境基础指标评价分析

环境基础指标中，主要包括降水、温度、风速等气候因子，碱解氮、土壤有机质、冻土和土壤侵蚀等土壤因子，植被盖度、生物量、野生动物等生物因子。四个路段的分值大小分别为河谷路段＞峡谷路段＞冻土路段＞一般路段，该指标主要反映环境背景值，即环境本身的状态。从表中可以看出，河谷路段的环境基础指标在全线中处于中等偏上的位置，说明该路段的自然气候条件较好，相应的环境承载力要优于别的路段。分值最小的一般路段与河谷差别较大。一般路段的降水明显偏少，这就决定了该路段土壤状况和植被生长情况，根据现场调查来看，一般路段以风沙土为主，植被盖度较低，有大片裸露地，生物量偏低，野生动物活动较少，因此一般路段的自然环境较差，即环境基础指标偏低。其余两段冻土段和峡谷路段居中，说明这两个路段的环境背景值比较接近，自然环境条件相似。

(2) 环境压力指标评价分析

环境压力指标即人为活动对环境的影响，主要有车流量、单位长度占地、单位长度开挖量、单位长度弃土量等指标。四个路段的分值大小为河谷路段>冻土路段>一般路段>峡谷路段。单位长度占地中冻土路段最高，说明项目建设在冻土路段的占地较多，对该路段的影响越大；单位长度开挖量和单位长度弃土量中河谷路段的分值最高，说明公路建设在此处的土方量扰动最大，人为活动对自然环境的破坏越大；车流量中河谷路段的分值最高，人为活动在此处较为频繁。因此在外部环境压力过程中，河谷路段所受人为活动影响最大。

(3) 环境敏感性指标评价分析

环境敏感性指标主要包括四个方面：穿越自然保护区长度比、切割自然保护区面积比、单位长度内动物通道长度比和单位长度内过河桥梁比。四个路段的分值大小为河谷路段>一般路段>峡谷路段>冻土路段。保护区主要位于冻土路段，因此穿越自然保护区长度比、切割自然保护区面积比在冻土段的影响最大，其余路段均没有影响或影响较小。冻土段和河谷段的单位长度内动物通道长度比分值较高，说明该路段的动物通道较多，对野生动物的影响较小。单位长度内过河桥梁在冻土段的分值最高，即公路穿越该路段时过河的桥梁较多，对水体的影响较小。可以看出，环境敏感性指标中对冻土段的影响最大，即穿越自然保护区的路段越长，对该地方的影响越大，相应的环境承载力越低。

(4) 综合评价分析

综合评价，四个路段分值最高的路段为河谷段，评分值接近0.8，生态环境影响最小，分值最小的为冻土段，评分值接近0.7，即处在无明显环境影响的边缘区间，若后期保护不当，会对该地区生态环境产生一定的不利影响。因此冻土段是该路段最敏感的区域，在公路建设和运营过程中应加强环境保护的力度。公路沿线途径星星海湿地保护区缓冲区约40 km，实验区约20 km，扎陵湖—鄂陵湖湿地保护区实验区约80 km，通天河疏林灌木保护区实验区约100 km，经过保护区的长度占该段的69%，自然保护区的生态敏感性较普通路段更为明显，生态承载力更弱一些，而该路段的主要部分都是经过自然保护区，因此对保护区的影响最大，公路建设中的保护力度稍微不足就可能对保护区产生一定影响，针对三江源保护区的敏感性，多年冻土区公路建设穿越自然保护区需加强保护，在满足公路建设要求的同时把对保护区的影响降至最低。

3.3 多年冻土区公路建设对生态环境的保护措施

3.3.1 一般要求

对多年冻土区公路建设生态环境的保护措施可从环境压力指标和环境敏感性指标入手，只有外界的压力因素变化才能对基础指标产生影响。

(1) 环境压力因素

在满足公路建设的同时，尽可能减少公路占地，减少公路的挖填方量，减少对当地自然植被的破坏。施工中应加强临时措施保护，自然植被、地表土统一堆放，并进行遮盖、临时拦挡、临时排水等措施，防止在施工中的地表植被、土壤养分的大量流失。取弃土场应远离自然保护区，选址应注意容易恢复的路段，施工完成后及时恢复原地貌，防止施工过程中造成大量的水土流失。

(2) 环境敏感性因素

穿越自然保护区的路段应坚持“越少越好，能避让尽量避让”的原则，将切割自然保护的面积降至最低，动物通道根据野生动物的活动范围，尽可能多布设，减少公路建设对动物活动的阻隔影响，跨河桥梁宜选取河床宽度最短区段，尽可能避开上游路段，减少公路建设对河流的影响。

3.3.2 路线工程

路线坚持环保选线，最大限度地保护生态环境。

① 坚持环保选线、优化线形。

② 线位尽量利用老路布设，减少污染带，减少生态与景观的破坏。

③ 项目沿线水体地处三江源保护区，水环境保护要求很高，路线布设时尽量将涉水、临河路段减少到最短，减少水环境污染。

④ 路线尽量减少挖方段落或增加缓坡设计。

3.3.3 路基路面工程

① 低缓边坡路基设计有利于植被恢复和动物通过，因此在保护高原冻土以及不影响路

基工程稳定性的同时，应采用路基的低缓坡技术。路基工程对主要生态系统还会造成一定的线形切割，引起生态系统的工程减弱，尤其对于沼泽化草甸及沼泽生态系统类型影响较大，应在此段路基工程中设置足够数量的涵洞以换填渗水土等。

② 路基施工前应该将有植被生长的表层腐殖质土剥离，并在公路两侧裸露地集中堆积，控制堆放高度，周围采用袋装土临时拦挡，并做好遮盖保护工作。等施工结束后将表层土回填路基边坡，并撒播草籽，为植被恢复提供适宜的土壤条件，以保护沿线生态。

③ 对于小龄和胸径较小的树木尽量及时移栽，在工程结束后用于料场的植被恢复或作为本工程沿线的绿化；严禁随意扩大占地范围，保护沿线植被，禁止随意砍伐林木。

④ 公路边沟至公路界碑之间区域属于征而不占，应尽量保护沿线灌丛植被。

⑤ 在路堑段路基拓宽过程中应注意控制在上边坡的开挖面，在满足工程需要的前提下减少山体开挖面，避免大挖大填，从而减轻工程建设对周围环境的破坏。

⑥ 上下边坡应做好挡护工程，防止边坡坍塌造成植被破坏面增大和滋生新的地质灾害。

⑦ 在有耕地区段，施工过程中应对施工行为进行严格管理，严格控制施工范围，减少对两侧耕地的占用；对于必须占用地段，路基施工前要先将表层耕作土剥离，就近使用其他低产农田的土壤改良；严禁在耕地内设置施工场地等临时占地；严禁占压耕地对公路进行绿化。

⑧ 路基水进行散排，路面水应视具体情况进行散排或净排。对于临河、涉水路段及部分线形指标较低、易发生事故路段，将路面水收集到蒸发池后处理后排放，路肩设置排水沟将路面水汇入蒸发池。

⑨ 沿线经常有牦牛、羊等动物穿过，为体现人性化设计，结合项目区实际调查情况，部分路段在羊、牛等动物经常通过位置或距离村庄较近位置将路基边坡放缓放长，便于动物通过，并设置警示牌。

3.3.4 桥涵工程

① 桥涵设计中充分考虑牧民及牦牛等牲畜出行问题，以合理间距设置牧道。

② 施工前应及时移植桥梁两端施工范围内的小龄苗木，降低对灌木林的破坏影响。

③ 桥梁桥墩施工避开丰水期，严禁将挖出的泥渣及废弃物弃入河道或河滩，弃渣应及时堆放到指定地点，施工过程中应注意施工现场的清理，避免废物料进入水体，对河流水生生态造成影响。

3.3.5 隧道工程

隧道工程的生态环境保护主要针对隧道口植被的保护，应严格控制隧道口破坏面积，禁止随意扩大施工范围，保护隧道口周围林木植被；对隧道入口和出口剥离的表层土壤和草皮，集中堆积在隧道口区域，并做好遮盖和排水措施，待施工结束后回填路基边坡或附近料场，为植被恢复保留土壤条件，以保护沿线生态。

3.3.6 取弃土场

项目区生态环境非常脆弱，取弃土场水土保持设计需尽量将地表植被的损失量减少到最低限度，最大限度地恢复植被、治理水土流失。主要采取以下措施：

① 取土场取土严禁采用浅挖宽取的方式取土，应集中取土；取土场应在划定临时用地范围，不得随意扩大，减少取土区域生态环境影响范围。

② 取弃土场设置了排水沟、急流槽等具有水保功能的设施，环境保护设计篇中进行生态防护设计。

③ 工程防护措施。主要与河谷取土场有关，应对河道不稳定边坡采取相应的工程防护措施，保证河岸边坡稳定，间接保护河道生态环境及生态系统。

④ 植被恢复措施。剥离并回填草皮措施：取弃土场取土弃土前应将表层草被和表土一起剥离 30 ～ 50 cm（视腐殖土具体厚度确定）后切成方块异地“假植”，妥善保存并养护以保证成活，后期将剥离的草皮回填取土坑，覆盖和恢复植被。植草措施：对回填草皮效果不好的取弃土场采用自然恢复和人工恢复相结合的措施，取弃土场裸露部位撒播老芒麦和披碱草进行绿化，恢复植被、防治水土流失、改善景观。

3.3.7 施工便道

施工便道在施工期受到车辆机械的反复碾压，致使便道植被枯死、土壤结构破坏，施工结束后形成条带状的裸露地表景观。因此应采取相应的水土保持措施加快高寒草原和高寒草甸区植被恢复进程，主要水保措施为：

① 便道整治。施工便道使用前多数在路面铺设料石土方，在施工期结束后，应将铺设的料石土方先行去除，恢复原有的基础地面；对塌陷部位进行适当平整，从而为土壤改良及草种补播奠定基础。

② 土壤改良。在牧草萌动季节，对施工便道表层土壤松耙处理，有条件的地方可增施有机肥料，使土壤结构得到一定的改良。

③ 补播草种。根据群落演替规律，采用披碱草、老芒麦等牧草种子进行补播等处理。

④ 禁牧封育。在工程施工结束后，通过上述植被恢复措施，并进行禁牧封育，促进施工便道植被的恢复。

在施工过程中，施工便道随车辆运行碾压将产生扬尘污染环境，从环保角度应考虑施工便道的降尘措施，从而减少施工便道产生的大量尘土埋压便道两侧的天然植被，减少人为活动对地表植被的影响。

3.3.8 砂石料场

① 工程防护措施。对于河谷地带的砂石料场，应注意河道保护以及不稳定边坡的工程防护措施，保证河岸边破稳定，间接保护河道生态环境及其生态系统。

② 植被恢复措施。鉴于砂石料场的设点位置以及相应的生态系统类型，建议在采取工程防护以及景观恢复的基础上，植被恢复以自然恢复过程为主。季节性洪水在植被的变化过程中起着重要的作用，在工程施工结束后，通过河道整治促进植被自然恢复。

3.3.9 冻土环境保护

① 设置坡面径流排导和路侧排水工程，减少坡面和路侧水渗流对多年冻土的影响。

② 公路经过地下水丰富路段时加强侧向排水，并进行防渗处理，减少侧向水中储热对多年冻土的干扰。

③ 公路两侧存在地表洼地和积水时应进行回填整平，并形成向外的横坡，横坡坡度应不小于2%，减少或避免地面径流流向路基。

④ 在雨季进行路基挖方施工时，宜采取保护措施，加强临时排水，减少降雨对多年冻土的干扰。

3.3.10 水资源的保护

多年冻土区水源保护区对我国水资源保护有着非常重要的意义。在运营期，一旦装载有化学危险品的车辆从跨河桥梁经过时发生交通事故，极有可能造成化学危险品泄漏流入河内，对河流水质造成严重污染，严重威胁河流下游生态环境和工农业生产安全，严重时甚至威胁人民生命财产安全。

为防止化学危险品车辆发生事故时化学品直接污染河流水质，水环境保护设计中需对跨河重要桥梁设置应急预案，对桥面汇水采取净排措施进行水环境保护。通过在桥梁设置集中排水管道，桥下合理位置设置蒸发池，并通过排水管道与蒸发池连接，可有效防止化学危险品车辆发生事故时直接污染河流。

第4章

多年冻土区公路沿线生态植被空间分布与环境影响因子

多年冻土区公路工程的建设会对区域植被产生影响与破坏，不同植被类型受到的影响程度不同，同时，不同路段植被质量不同，公路建设造成破坏损失的生物量也不相同。本章以青海共玉公路走廊为例，研究多年冻土区公路环境现状及植被恢复空间分布，并对多年冻土区公路植被与环境因子影响进行分析。

4.1 多年冻土区公路环境现状及植被恢复空间分布

4.1.1 公路走廊带土地利用现状分析

以青海共玉公路走廊为研究对象，对该公路中心线两侧3 km内缓冲带进行缓冲分析，把公路分布图与遥感进行叠加分析，得到区域植被现状图。

4.1.1.1 区域内卫星遥感数据收集与处理

(1) 数据收集

在研究区内通过对中、中高分辨率卫星遥感数据开展大气纠正、几何纠正、正射纠正等处理，为土地覆盖分类和植被恢复提供数据源。本研究收集的遥感数据包括（表4–1）：

① 中分辨率卫星影像。中分辨率遥感卫星数据是以2010年HJ–1卫星CCD数据为主。

② 中高分辨率卫星影像。中高分辨率数据以SPOT–5 2.5 m全色和10 m多光谱数据为主。

表4–1 遥感数据列表

分辨率 / 卫星	时相（年 / 月）	覆盖范围（行政区划 / 经纬度 / 矢量）	面积统计（景数 /km^2）	产品类型
中分辨率数据（10 ~ 30 m）HJ–1	2010年4—10月	青海、四川、西藏	HJ–1约8景	30 m多光谱
中高分辨率数据（1 ~ 10 m）SPOT–4、SPOT–5	2010年4—10月	青海、四川、西藏	30景	2.5 m全色 10 m多光谱

(2) 数据检查

在对遥感数据进行土地覆盖信息提取及其生态参量估算时要对影像的时相、云量、波段、噪声、变形、条带、像元大小等进行检查。选择调查年份6—9月的数据，用于土地覆盖的遥感数据可选用调查年份1、11、12月的数据，在受人为干扰影响比较小的不易发生变化的区域，时相可适当放宽；对用于估算生态参量的遥感数据要求选择6—9月的生长季遥感数据。单景影像平均云量小于10%，但受人为干扰影响比较小的不易发生变化的区域可适当放宽；同时受人为干扰影响比较大易发生态变化的区域要求尽量没有云覆盖。单景影像噪声面积小于10%。

(3) 遥感数据处理

1) 中分辨率卫星遥感数据处理

卫星遥感数据处理包括大气校正、正射校正和几何校正等，为规范中分辨率卫星遥感数据投影信息，将中分辨率卫星遥感数据的地理投影参考定义为：

① 大地基准。2000国家大地坐标系。

② 投影方式。全国采用Albers投影，中央经线110°，原点纬度10°，标准纬线北纬25°、北纬47°；区域采用高斯–克里格投影。

③ 高程基准。1985国家高程基准。

大气校正应以基于辐射传输模型的校正方法为主；正射校正使用理函数模型（rational function model）进行校正；在对影像进行大气校正与正射校正后，需对影像进行几何校正，校正模型采用多项式纠正法进行校正。

2) 中高分辨率遥感数据处理

中高分辨率遥感数据处理以SPOT5和ALOS数据为主。对这类数据（含全色波段和多光谱波段）的处理，首先进行大气校正与几何校正，之后进行正射影像、融合影像同时进行生产。大气纠正采用FLAASH模型校正；正射校正模型采用物理传感器模型，或有理函数模型进行校正。

4.1.1.2 遥感数据土地覆盖分类信息提取

(1) 遥感土地覆盖分类体系

采用土地覆盖分类体系一级为7类，二级为30类（表4–2）。

表4–2 土地覆盖一、二级分类系统

序号	一级分类	代码	二级分类	指标
1	林地	101	常绿阔叶林	自然或半自然植被，$H = 3 \sim 30$ m，$C > 20\%$，不落叶，阔叶
		102	落叶阔叶林	自然或半自然植被，$H = 3 \sim 30$ m，$C > 20\%$，落叶，阔叶
		103	常绿针叶林	自然或半自然植被，$H = 3 \sim 30$ m，$C > 20\%$，不落叶，针叶
		104	落叶针叶林	自然或半自然植被，$H = 3 \sim 30$ m，$C > 20\%$，落叶，针叶
		105	针阔混交林	自然或半自然植被，$H = 3 \sim 30$ m，$C > 20\%$，$25\% < F < 75\%$
		106	常绿阔叶灌木林	自然或半自然植被，$H = 0.3 \sim 5$ m，$C > 20\%$，不落叶，阔叶
		107	落叶阔叶灌木林	自然或半自然植被，$H = 0.3 \sim 5$ m，$C > 20\%$，落叶，阔叶
		108	常绿针叶灌木林	自然或半自然植被，$H = 0.3 \sim 5$ m，$C > 20\%$，不落叶，针叶
		109	乔木园地	人工植被，$H = 3 \sim 30$ m，$C > 20\%$

（续表）

序号	一级分类	代码	二级分类	指　　标
1	林地	110	灌木园地	人工植被，$H=0.3\sim5$ m，$C>20\%$
		111	乔木绿地	人工植被，人工表面周围，$H=3\sim30$ m，$C>20\%$
		112	灌木绿地	人工植被，人工表面周围，$H=0.3\sim5$ m，$C>20\%$
2	草地	21	草甸	自然或半自然植被，$K>1.5$，土壤水饱和，$H=0.03\sim3$ m，$C>20\%$
		22	草原	自然或半自然植被，$K=0.9\sim1.5$，$H=0.03\sim3$ m，$C>20\%$
		23	草丛	自然或半自然植被，$K>1.5$，$H=0.03\sim3$ m，$C>20\%$
		24	草本绿地	人工植被，人工表面周围，$H=0.03\sim3$ m，$C>20\%$
3	湿地	31	森林沼泽	自然或半自然植被，$T>2$或湿土，$H=3\sim30$ m，$C>20\%$
		32	灌丛沼泽	自然或半自然植被，$T>2$或湿土，$H=0.3\sim5$ m，$C>20\%$
		33	草本沼泽	自然或半自然植被，$T>2$或湿土，$H=0.03\sim3$ m，$C>20\%$
		34	湖泊	自然水面，静止
		35	水库/坑塘	人工水面，静止
		36	河流	自然水面，流动
		37	运河/水渠	人工水面，流动
4	耕地	41	水田	人工植被，土地扰动，水生作物，收割过程
		42	旱地	人工植被，土地扰动，旱生作物，收割过程
5	人工表面	51	居住地	人工硬表面，居住建筑
		52	工业用地	人工硬表面，生产建筑
		53	交通用地	人工硬表面，线状特征
		54	采矿场	人工挖掘表面
6	其他	61	稀疏林	自然或半自然植被，$H=3\sim30$ m，$C=4\%\sim20\%$
		62	稀疏灌木林	自然或半自然植被，$H=0.3\sim5$ m，$C=4\%\sim20\%$
		63	稀疏草地	自然或半自然植被，$H=0.03\sim3$ m，$C=4\%\sim20\%$
		64	苔藓/地衣	自然，微生物覆盖
		65	裸岩	自然，坚硬表面
		66	裸土	自然，松散表面，壤质
		67	沙漠/沙地	自然，松散表面，沙质
		68	盐碱地	自然，松散表面，高盐分
		69	冰川/永久积雪	自然，水的固态

注：C—覆盖度/郁闭度（%）；F—针阔比率（%）；H—植被高度（m）；T—水一年覆盖时间（月）；K—湿润指数。

(2) 遥感土地覆盖分类技术方法

采用决策树分析方法，通过采用人工与自动相结合的方式，对于影像光谱划分机理清楚的类型采用人工建树方法，对于类型的光谱变化比较大、规律不清楚的类型采用自动方法（最邻近方法）。

决策树建立采用两种方法：层次分类方法和区域类型的最邻近方法。决策树建立分为两个阶段进行：第一阶段为通用参数层次，第二阶段为特定参数层次。根据土地覆盖类型的特征与光谱规律，通用参数层次划分四个层次与五个分枝节点：水面与非水面、植被与非植被、线性与非线性、耕地与非耕地、落叶与非落叶。土地覆盖决策树建立基本框架如图 4–1 所示。

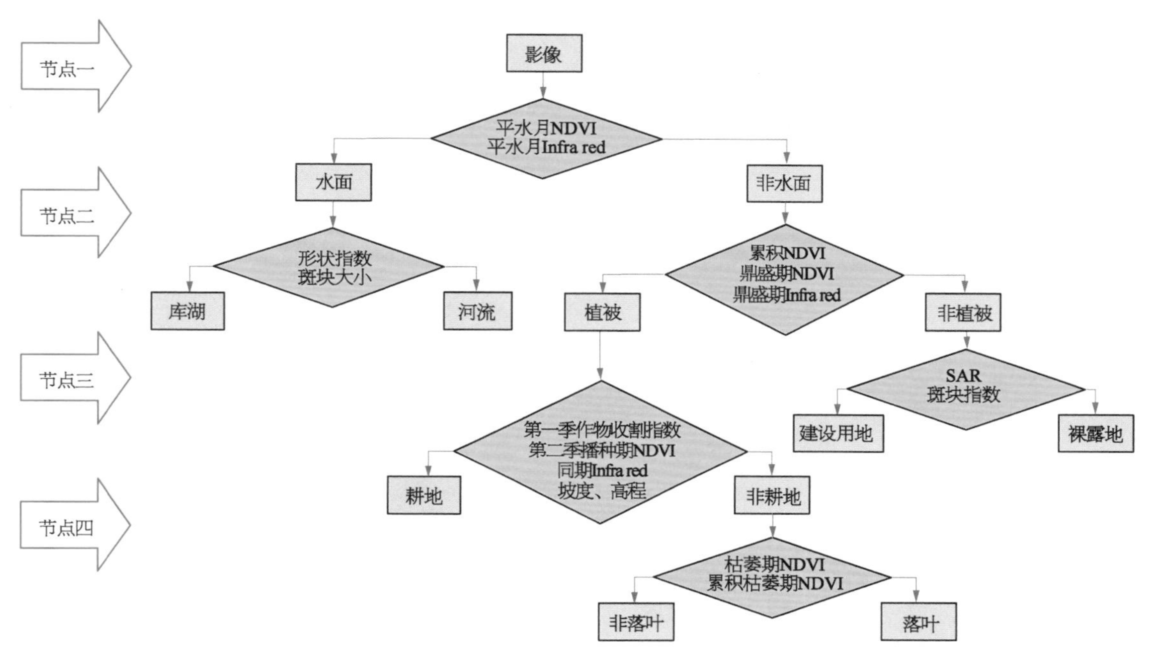

图 4–1　土地覆盖决策树建立基本框架

(3) 分类后处理方法

1) 接边处理

分区块土地覆盖提取后，每个区块需要进行空间接边工作，接边主要工作利用面向对象技术，根据边界变化的大小在不同的尺度下进行编辑，编辑好后叠加到土地覆盖结果图中。数据导出后进行数据融合处理，再对少数不吻合数据进行修改。

2) 制图综合

制图综合包括图斑碎片整理和边界平滑。

图斑碎片整理是指处理在图斑文件中一些面积非常小的图块，这些图块没有达到制图精度要求的最小面积。

边界平滑是指由于影像分类造成的锯齿形边界，通过去除多余的多边形节点，达到图斑更加自然。

(4) 土地覆盖验证

土地覆盖验证方法采用分层随机抽样方法，研究区土地覆盖的总体精度大于85%，单类别的最低精度大于75%。

4.1.1.3 区域植被现状图

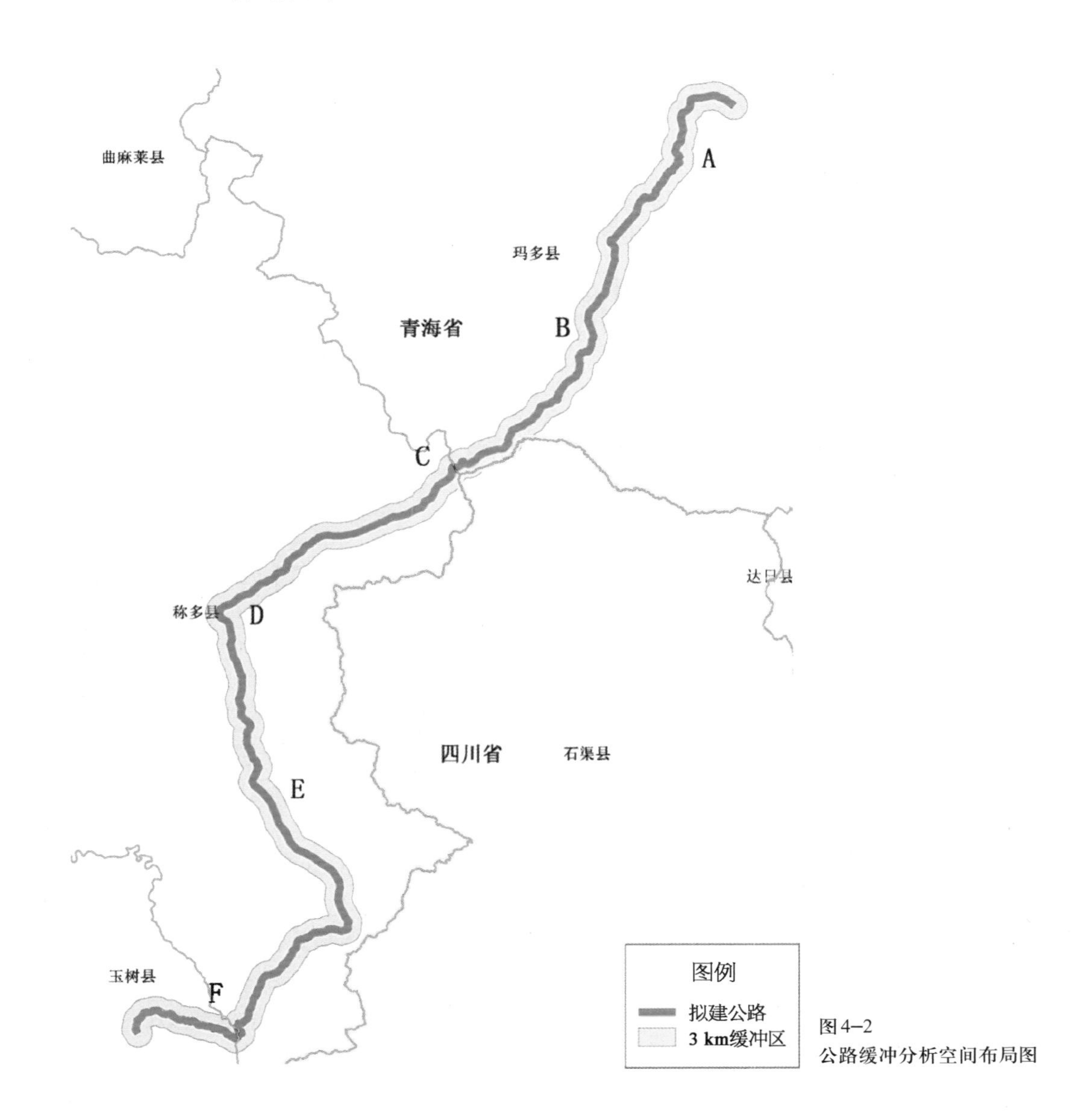

图4–2
公路缓冲分析空间布局图

如图4–2所示，在一级生态系统中，青海共玉公路走廊所在区域主要以草地生态系统和湿地生态系统为主，所占比例分别为68.28%和20.48%；其次是裸土地和灌丛生态系统，所占比例为4.47%和4.9%；其余生态系统类型较低。如图4–3、表4–3所示为公路缓冲区一级生态系统空间分布图和统计表。

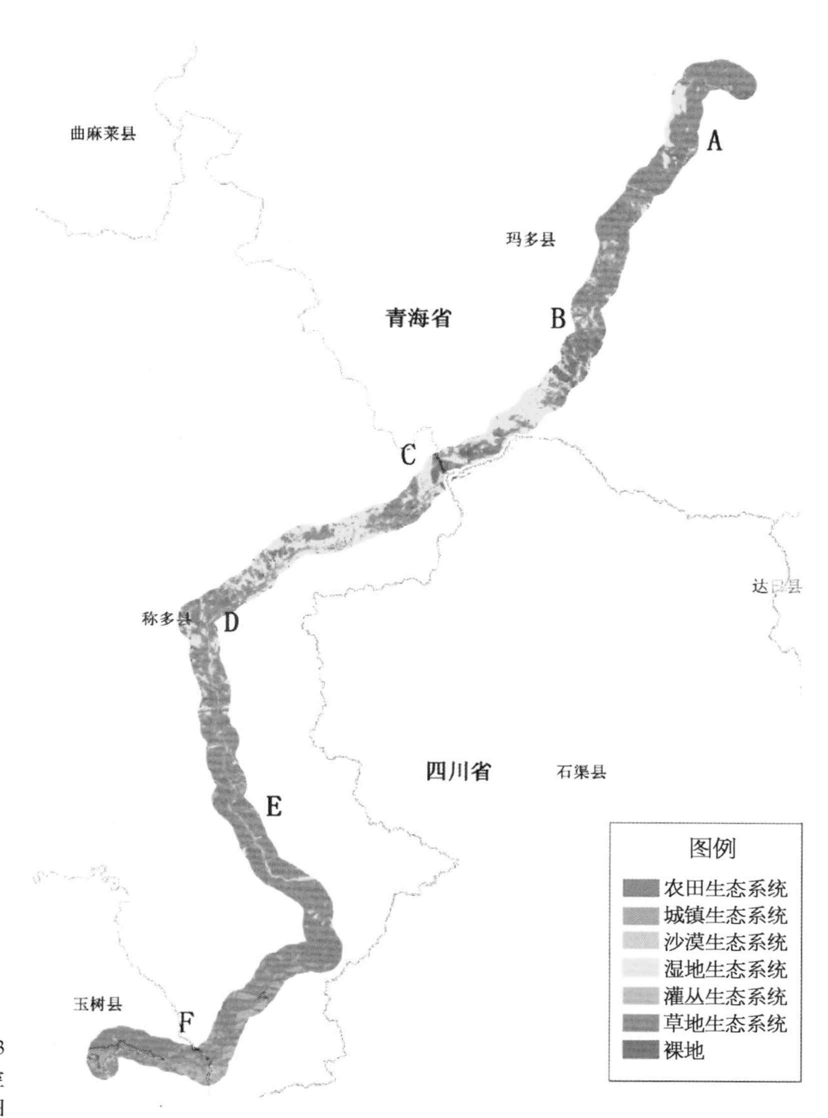

图 4-3
公路缓冲区一级生态系统空间分布图

表 4-3 公路缓冲区一级生态系统统计表

土地覆盖类型	斑 块 数	面积（km^2）	百分比（%）
草地生态系统	1 509 438	1 358.49	68.28
裸　　土	108 305	97.47	4.90
湿地生态系统	452 852	407.57	20.48
城镇生态系统	25 844	23.26	1.17
沙漠生态系统	1 089	0.98	0.05

（续表）

土地覆盖类型	斑 块 数	面积（km^2）	百分比（%）
灌丛生态系统	98 796	88.92	4.47
农田生态系统	14 349	12.91	0.65
合 计	2 210 673	1 989.61	100

如图4–4所示，在二级生态系统中，所在区域主要以草地、草原、沼泽和稀疏灌丛为主，所占比例分别为35.72%、20.91%、16.99%和11.65%；其次是裸地和稀疏草地，所占比例为4.9%和4.06%；其余生态系统类型较低。表4–4为公路缓冲区二级生态系统统计表。

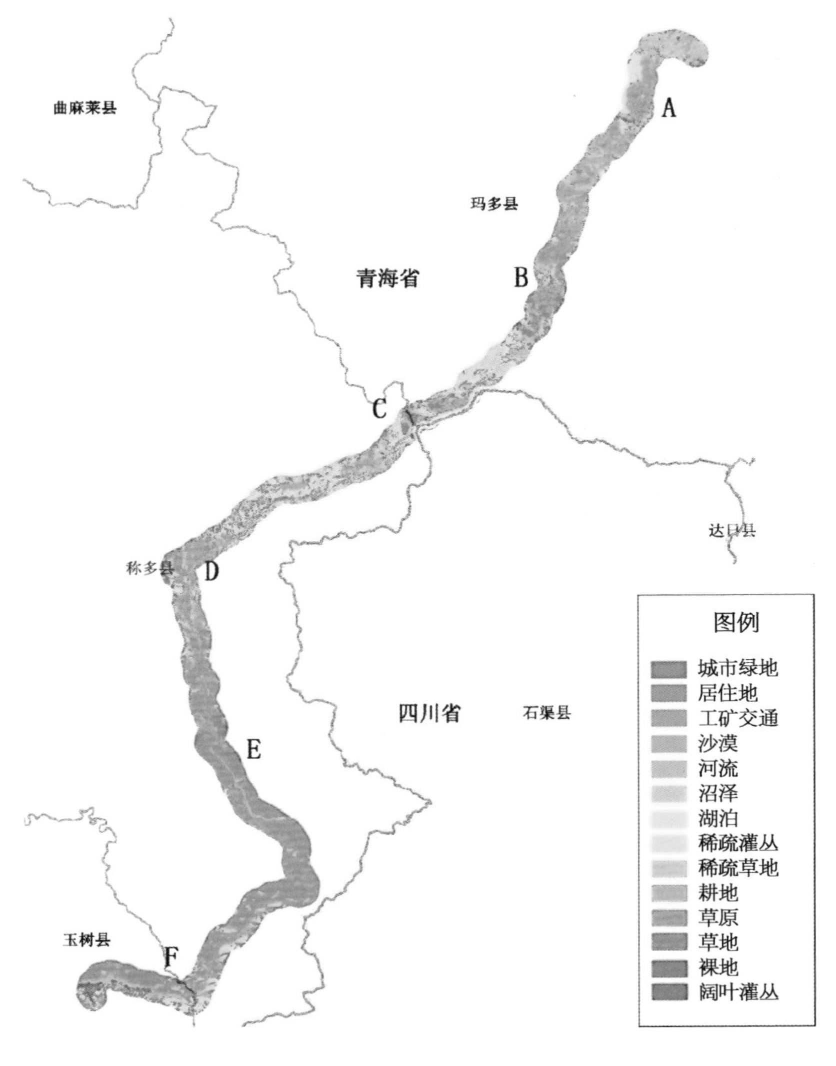

图4–4
公路缓冲区二级生态系统空间分布图

表 4–4 公路缓冲区二级生态系统统计表

土地覆盖类型	斑 块 数	面积（km^2）	百分比（%）
稀疏灌丛	257 574	231.82	11.65
裸 地	108 305	97.47	4.90
草 原	462 298	416.07	20.91
湖 泊	42 321	38.09	1.91
居住地	13 683	12.31	0.62
草 地	789 566	710.61	35.72
沼 泽	375 627	338.06	16.99
河 流	34 904	31.41	1.58
工矿交通	11 794	10.61	0.53
沙 漠	1 089	0.98	0.05
稀疏草地	89 773	80.80	4.06
阔叶灌丛	9 023	8.12	0.41
耕 地	14 349	12.91	0.65
城市绿地	367	0.33	0.02
合 计	2 210 673	1 989.61	100

如图4–5所示，在三级生态系统中，青海共玉公路走廊所在区域主要以草甸、草原、草本沼泽和稀疏草地为主，所占比例分别为35.72%、20.91%、16.99%和11.65%；其次是稀疏灌木林和裸土，所占比例为4.061%和3.495%；其余生态系统类型较低。表4–5为公路缓冲区三级生态系统统计表。

表 4–5 公路缓冲区三级生态系统统计表

土地覆盖类型	斑 块 数	面积（km^2）	百分比（%）
稀疏草地	257 574	231.816 6	11.651
裸 岩	30 924	27.831 6	1.399
草 原	462 298	416.068 2	20.912
湖 泊	42 308	38.077 2	1.914
居住地	13 683	12.314 7	0.619
草 甸	789 566	710.609 4	35.716
盐碱地	922	0.829 8	0.042
草本沼泽	375 627	338.064 3	16.992
河 流	34 904	31.413 6	1.579
交通用地	10 482	9.433 8	0.474

（续表）

土地覆盖类型	斑 块 数	面积（km^2）	百分比（%）
沙 漠	1 089	0.980 1	0.049
裸 土	76 459	68.813 1	3.459
稀疏灌木林	89 773	80.795 7	4.061
落叶阔叶灌木林	9 023	8.120 7	0.408
旱 地	14 349	12.914 1	0.649
工业用地	1 312	1.180 8	0.059
水 库	13	0.011 7	0.001
草本绿地	367	0.330 3	0.017
合 计	2 210 673	1 989.605 7	100

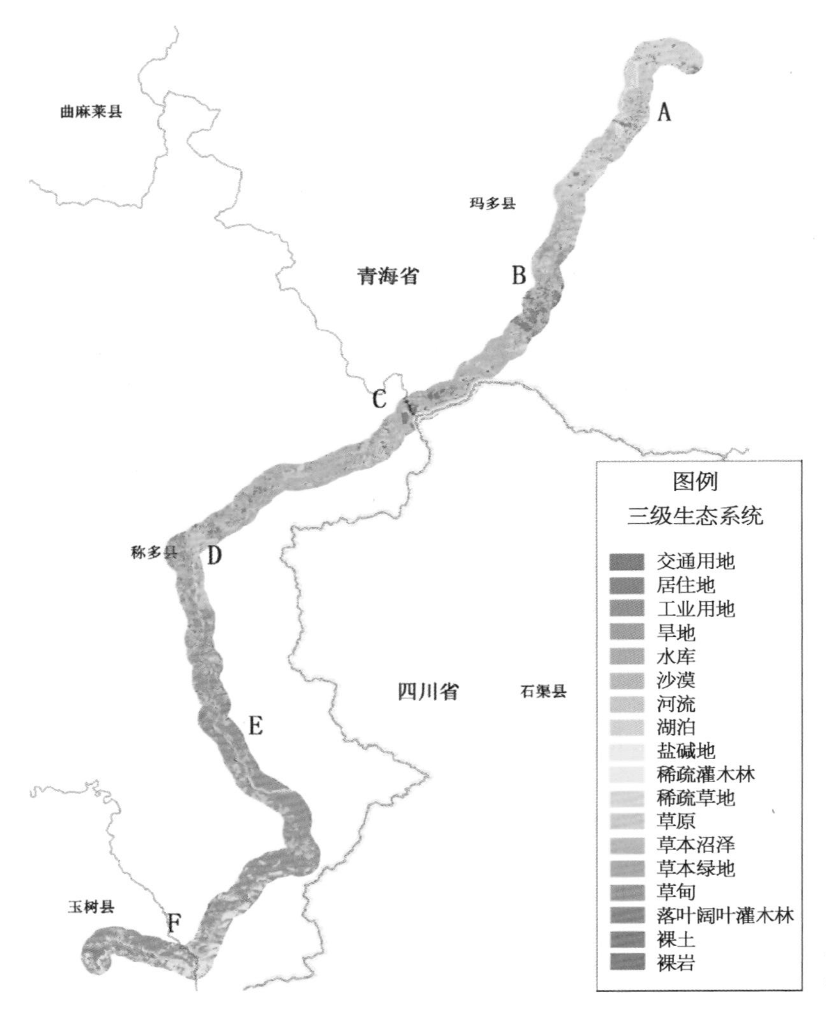

图4-5 公路缓冲区三级生态系统空间分布图

4.1.2 公路植被恢复空间分布

利用GIS空间分析技术，对震后灾区青海共和至结古（玉树）段公路走廊带进行遥感数据的收集和处理，利用已提取土地分类信息，对公路3 km内缓冲带进行缓冲分析，把公路分布图与遥感解译图像数据进行叠加分析，得到区域三级土地利用分类现状图及植被分布现状图。在此基础上，通过实地调查验证，采用样方法对遥感解译图像数据进行实地调查，利用区域公路沿线植被恢复群落演替和优势种数据开展空间插值分析，与区域植被现状图进行叠加分析，得到震后多年冻土区公路植被恢复空间分布图。

(1) 沿线样地植被恢复群落及环境因子样方调查方法

2013年7月对青海共玉公路走廊植被恢复进行了实地样方调查，调查内容包括沿线地理位置调查和植被调查。沿线调查了公路路基桩号、地理位置、海拔高度等。植被调查的主要范围是对植被的生长量（地上、地下）、植株高度、植被盖度、植被根系状况以及种类等指标。植被调查主要采用实地沿线样方调查方法。其中样方布设原则有以下几点：

① 样地的选择应能够反映沿线生态系统类型的地带性特点，样方在样地内设置。

② 选择样方时既要考虑具有代表性生态系统类型中的种群，又要有随机性。

③ 样方沿公路两侧布设，能够充分体现公路沿线生态系统类型。

④ 如遇河流、建筑物等障碍，选择周围邻近地段植被类型相同、环境状况基本一致，具有与原定点相同代表性的地点进行采样。

⑤ 样方形状一般为正方形，根据地形情况也可长方形布设。对于乔木群落样方面积为10 m × 10 m；灌木群落样方面积为5 m × 5 m；草本群落样方面积为1 m × 1 m。

在进行调查植被群落时，应用机械布点的样地布局方法和典型抽样方法进行常规生态学调查。选取沿线不同地段进行采集调查，总共选取了20个样地采集区。具体采集方法为：在每个采集点内，草本层采集1 m × 1 m的样方，灌木层采集4 m × 4 m的样方，乔木层采集5 m × 5 m的样方，然后按照草木、灌木、乔木层，分别测量样方内最高最低的植株高度，以及植物的地上高度和地下根系长度、植被总盖度、植被的种类、优势种和分布状况，同时记录每个样方的海拔、经纬度。然后在样方内选取10 cm × 10 cm的土方带回实验室分别进行地上和地下生物量的测定，总共布置了40个采集点。样方采集如图4–6所示。

(2) 沿线样地植被恢复群落及环境因子样方测定方法

海拔和经纬度用相应测量仪器测定，各个样方内的植被覆盖度采用目测法并且以百分比估计，生长类型主要有藤本、草本、灌木、乔木；地上以及地下生物量的测量方法采用在样方内采集0.1 m × 0.1 m的土方然后带回实验室，剪切地表植被使用电子天平进行称重，并且记录植物鲜重。样方内植物高度用卷尺测量每种植物的高度，包括地上植物高度和地下植物根系的高度测量，同时记录现场各植物种类、数量、密度。根系的状况主要在

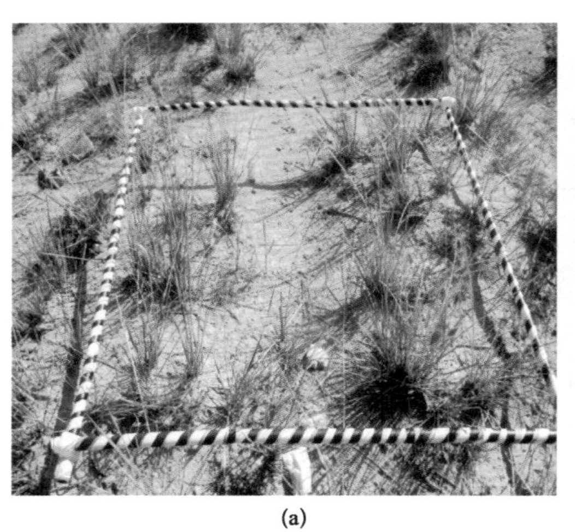
(a)

(b)

图4–6　样方采集

现场测量完成并记录数据，根系长度也在现场用卷尺测量。采集土方测量方法：带回的每个土方测量其表面植物高度，然后剪掉表面植物，用水冲洗土方直至只剩根系，然后晾干根系用电子天平称其干重并记录。具体测量过程如图4–7～图4–12所示。植物分布类型主要包括散状、团状、片状。土壤的碱解氮、速效磷、速效钾、有机质含量和pH值，采用常规分析方法，参照《土壤全氮测定法（半微量开氏法）》《土壤全磷测定法》《土壤全钾测定法》《土壤检测　第6部分：土壤有机质的测定》《森林土壤水解性氮的测定》《石灰性土壤有效磷测定方法》《土壤速效钾和缓效钾含量的测定》《土壤中pH值的测定》相关标准，其中土壤的有机质采用$K_2Cr_2O_7$–H_2SO_4外加热法；速效氮采用L KCl提取，流动分析仪测定法；速效磷采用$NaHCO_3$提取，钼锑抗比色法；速效钾采用NH_4OAc浸提，火焰光度法。

图4–7　测量地上植物高度图

图4–8　土方采集

图4-9 土方根系称重

图4-10 土方根系称重

图4-11 植物高度测量

图4-12 植物根系长度测量

(3) 沿线植被群落及环境因子调查统计

公路沿线调查样地统计见表4–6。

表4–6 公路沿线调查样地统计表

编号	桩 号	经纬度	高程（m）	优势物种	盖度	备 注
001	K550 + 396	34°26.228' 97°56.65'	4 406	小蒿草草甸群系	0.93	左侧20 m

（续表）

编号	桩　号	经纬度	高程（m）	优势物种	盖度		备　　注
002	K541 + 650	34°30.549' 97°58.966'	4 322	针茅草原 群系	0.96		 左侧30 m
003	K589 + 700	34°10.273' 97°45.49'	4 646	小蒿草草甸 群系	0.98		 左侧30 m
004	K609 + 340	34°4.363' 97°36.454'	4 665	小蒿草–针 茅草草甸	0.98		 左侧10 m
005	K653 + 300	33°52.378' 97°13.556'	4 492	针茅草群系	0.99		 右侧50 m
006	K680 + 000	33°41.12' 97°11.471'	4 389	金露梅灌丛 群系	0.8		 右侧100 m
007	K690 + 100	33°36.208' 97°12.274'	4 374	小蒿草草甸 群系	0.99		 右侧10 m

（续表）

编号	桩 号	经纬度	高程（m）	优势物种	盖度	备 注
008	K712 + 500	33°26.366' 97°17.099'	4 269	垫状植被	0.98	 右侧 10 m
009	K730 + 400	33°19.741' 97°24.897'	4 236	小蒿草草甸群系	0.85	 右侧 20 m
010	K740 + 150	33°15.402' 97°27.56'	4 340	毛枝居山柳灌丛群系	总：0.98 山：0.6	 右侧 50 m
011	K756 + 700	33°11.308' 97°24.101'	3 930	毛枝居山柳–百里香灌丛群系	0.85	 路左 30 m
012	K756 + 685	33°11.212' 97°24.051'	3 903	金露梅灌丛群系	0.87	 左侧 10 m
013	K756 + 680	33°11.322' 97°24.097'	3 911	高山绣线菊灌丛 群系	0.9	 左侧 20 m

（续表）

编号	桩　号	经纬度	高程（m）	优势物种	盖度		备　　注
014	K771 + 140	33°06.063' 97°17.945'	3 788	沙棘灌丛 群系	0.9		 右侧 50 m
015	K771 + 145	33°06.072' 97°17.951'	3 752	毛莲蒿群系	0.8		 右侧 50 m
016	K772 + 300	33°05.603' 97°17.655'	3 710	毛枝居山柳 群系	总：0.9 山：0.5		 右侧 30 m
017	K523 + 200	34°41.07' 98°4.568'	4 303	老芒麦群系	0.9		 右侧 15 m
018	K493	34°52.029' 98°9.003'	4 245	垫状植被 群系	0.43		 右侧 10 m
019	K492 + 400	34°52.398' 98°9.065'	4 237	小蒿草草甸 群系	0.7		 右侧 50 m，处于星星海保护区

（续表）

编号	桩 号	经纬度	高程（m）	优势物种	盖度	备 注
020	K484 + 900	34°53.327' 98°12.992'	4 225	垫状植被群系	0.45	 左侧 50 m
021	K483 + 750	34°53.326' 98°13.762'	4 231	小蒿草–针茅草原化草甸	0.75	 右侧 100 m
022	K477 + 300	34°51.324' 98°17.208'	4 219	小蒿草–针茅草原化草甸	0.6	 左侧 60 m
023	K471 + 900	34°49.882' 98°20.265'	4 220	针茅草草原群系	0.65	 左侧 100 m
024	K471 + 250	34°49.79' 98°20.659'	4 210	三维网植草恢复一年，老芒麦	0.3	 边坡人工植被恢复
025	K467 + 800	34°49.923' 98°22.809'	4 217	三维网植草恢复一年，老芒麦	0.2	 边坡人工植被恢复

（续表）

编号	桩　号	经纬度	高程（m）	优势物种	盖度		备　　注
026	K464 + 750	34°50.087' 98°24.828'	4 221	小蒿草草甸群系	0.3		 右侧 20 m
027	K444 + 500	34°57.827' 98°33.413'	4 295	老芒麦群系	0.75		 左侧 20 m
028	K439 + 100	35°0.136' 98°35.591'	4 327	紫花针茅群系	0.8		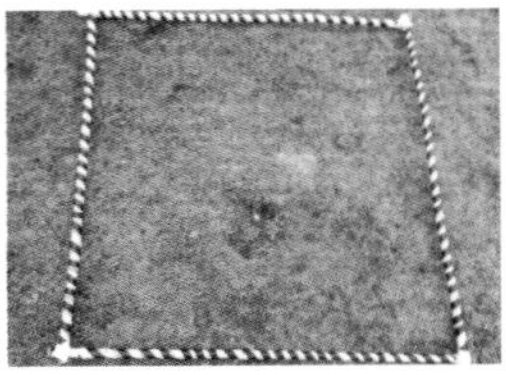 左侧 10 m
029	K425 + 500	35°3.892' 98°41.742'	4 508	紫花针茅群系	0.99		 左侧 120 m
030	K381 + 250	35°18.382' 99°1.492'	4 184	小蒿草草原化草甸	0.4		 左侧 100 m
031	K366 + 150	35°21.567' 99°10.34'	4 170	小蒿草—垫状植被	0.7		 左侧 80 m

（续表）

编号	桩 号	经纬度	高程（m）	优势物种	盖度	备 注
032	K325 + 100	35°26.584' 99°28.86'	4 083	金露梅灌丛群系	0.85	 右侧 15 m
033	K320 + 800	35°26.591' 99°28.902'	4 098	针茅草原群系	0.85	 左侧 200 m
034	K302 + 200	35°34.12' 99°31.372'	4 107	小嵩草–垫状植被	0.8	 右侧 30 m
035	K268 + 900	35°48.639' 99°38.337'	3 710	小嵩草草原化草甸	0.75	 右侧 20 m
036	K240 + 850	35°48.301' 99°51.089'	3 630	针茅–小嵩草草原化草甸	0.65	 左侧 20 m
037	K228 + 200	35°51.076' 99°55.16'	3 596	金露梅灌丛群系	总：0.95 金：0.4	 左侧 50 m

（续表）

编号	桩　号	经纬度	高程（m）	优势物种	盖度	备　　注
038	K214 + 350	35°55.21' 100°2.387'	3 238	芨芨草群系	0.95	 左侧10 m
039	K203 + 850	35°57.786' 100°7.906'	3 179	芨芨草群系	0.35	 左侧10 m
040	K161 + 800	36°10.129' 100°30.547'	2 920	芨芨草群系	0.45	 右侧20 m

4.2 多年冻土区公路植被与环境因子影响分析

4.2.1 植被指数与环境因子相关性分析

（1）植物盖度与相关因子关系分析

1）植物盖度与氮的关系

氮是植物体内维生素和能量系统的组成部分，是植物生产力的主要限制元素之一。当氮素足量时，植物能够合成生长所需的蛋白质，使细胞分裂速度加快，植物的叶面积快速生长，从而有更多的叶表面积进行光合作用，促进植物生长发育。

土壤中氮的种类包括全氮和碱解氮。全氮代表着土壤氮素的总储量和供氮潜力。碱解氮又称水解氮，包括无机态氮和结构简单能为植物直接吸收利用的有机态氮。由于土壤中大部分的氮都是有机氮，植物不能直接吸收并利用有机氮，所以此处采用能直接被植物吸收利用的碱解氮为土壤养分的指标之一。

本研究以采样点氮与植被盖度对应数据建立相关模型，见表4–7。

表 4–7 植物盖度与氮关系模型表

关　系		公　式	置信度（%）
指　数		$y = 0.413e^{1.320x}$	34.6
线　性		$y = 0.669x + 0.501$	45.1
对　数		$y = 0.162\ln(x) + 1.001$	65.5
多项式	二次	$y = -1.376x^2 + 1.816x + 0.38$	60.8
	三次	$y = 4.068x^3 - 7.008x^2 + 3.711x + 0.284$	68.7
	四次	$y = -7.33x^4 + 18.09x^3 - 15.36x^2 + 5.337x + 0.23$	70.3
幂		$y = 1.146x^{0.339}$	56.5

经指数、线性、对数、多项式、幂模型的比较，四次多项式的置信度最高。但是四次多项式次数较高，计算比较烦琐且不稳定，而对数的置信度与四次多项式接近，故采用对数模型。通过文献分析认为，在一定范围内随着氮含量的提升，植被盖度呈现正增长，如图4–13所示。

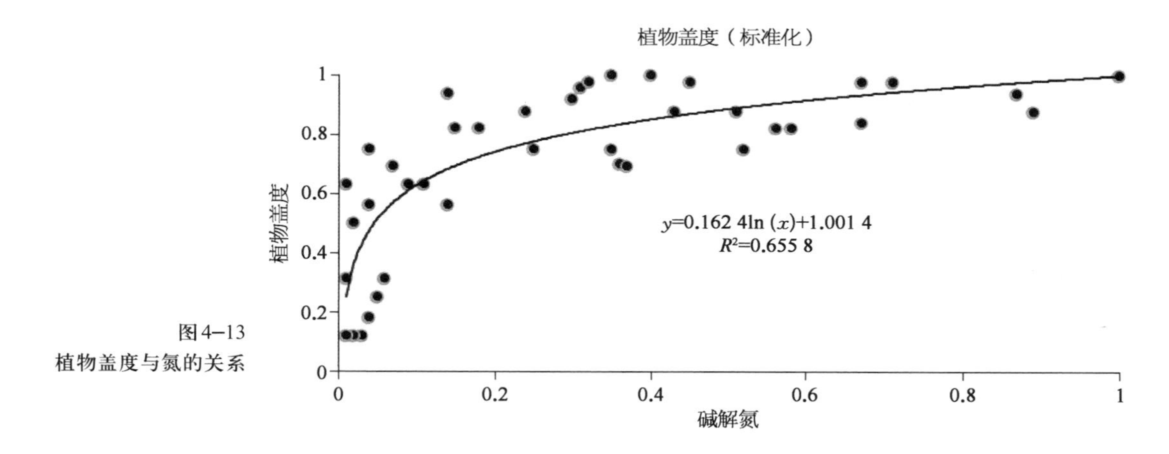

图4–13
植物盖度与氮的关系

2）植物盖度与磷的关系

磷在植物体内的含量仅次于钾和氮，也是土壤养分的重要组成部分，对植物营养有重要的作用。植物体内有很多扮演着重要角色的有机化合物均有磷的存在。在植物的光合作用、呼吸作用、能量的储存和传递、细胞的分裂和增大过程中都离不开磷，而且磷还对植物早期根系的形成和生长有促进作用，可提高植物对外界环境的适应能力，对植物熬过寒冷冬季很有帮助。土壤中的速效磷含量代表着土壤当中总磷提供给植物的指标，因此把速效磷作为土壤养分的指标之一。

本研究以采样点磷与植被盖度对应数据建立相关模型，见表4–8。

经指数、线性、对数、多项式、幂模型的比较，四次多项式的置信度最高。但是四次多项式次数较高，计算比较烦琐且不稳定，而对数的置信度与四次多项式接近，故采用对数来建模。通过文献分析认为，在一定范围内随着磷含量的提升，植被盖度呈现正增长，如图4–14所示。

表4–8 植物盖度与磷关系模型表

关系		公式	置信度（%）
指数		$y = 0.447e^{1.059x}$	20.8
线性		$y = 0.535x + 0.577$	27.4
对数		$y = 0.162\ln(x) + 1.021$	46.8
多项式	二次	$y = -1.53x^2 + 1.811x + 0.449$	40.8
	三次	$y = 4.6x^3 - 8.04x^2 + 4.151x + 0.299$	50.9
	四次	$y = -3.457x^4 + 11.33x^3 - 12.11x^2 + 4.975x + 0.263$	51.3
幂		$y = 1.206x^{0.346}$	41.3

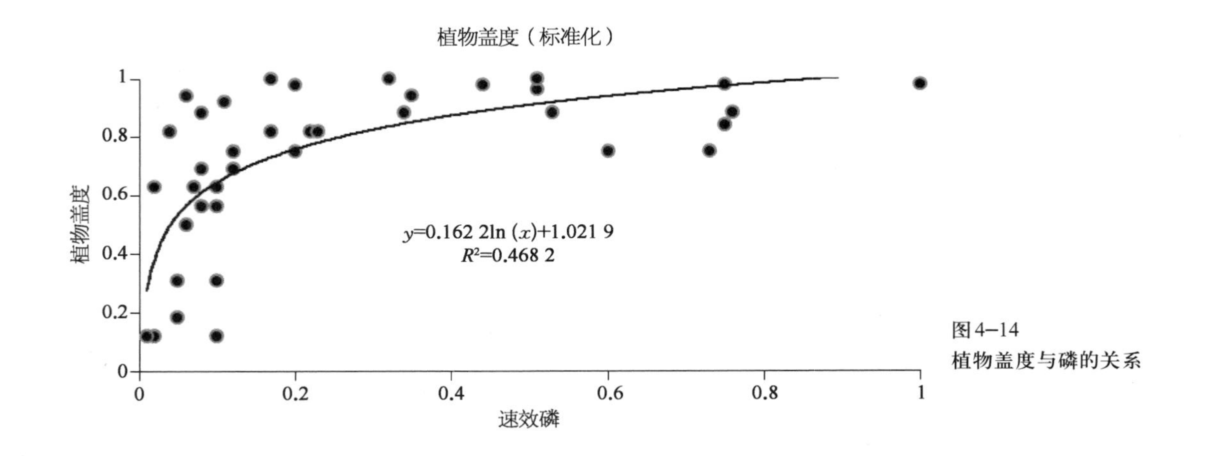

图4–14
植物盖度与磷的关系

3）植物盖度与钾的关系

钾是植物的主要营养元素，若土壤中钾元素供应不足，则会影响植物的正常生长。钾通常在植物汁液中，并以离子状态存在，主要在植物新陈代谢中发挥作用，有利于促进光合作用，并且有助于提高植物对氮的吸收。另外，钾还能帮助植物经济用水，在钾供应充足时，植物能有效利用水分，减少植物的蒸腾作用，具有抗旱、耐低温等作用。土壤中的全钾包括速效钾、缓效钾和难效钾三种类型。此处采用速效钾作为土壤养分的指标之一。

本研究以采样点钾与植被盖度对应数据建立相关模型，见表4–9。

表4–9 植物盖度与钾关系模型表

关 系		公 式	置信度（%）
指 数		$y = 0.465e^{1.127x}$	20.1
线 性		$y = 0.454x + 0.535$	19.4
对 数		$y = 0.157\ln(x) + 0.911$	32.5
多项式	二次	$y = -1.33x^2 + 1.695x + 0.334$	34.6
	三次	$y = 1.378x^2 - 3.42x^3 + 2.518x + 0.274$	35.6
	四次	$y = -2.245x^4 + 5.8x^3 - 6.158x^2 + 3.103x + 0.243$	35.7
幂		$y = 1.02x^{0.375}$	35.3

经指数、线性、对数、多项式、幂模型的比较，四次多项式的置信度最高。但是四次多项式次数较高，计算烦琐且不稳定，而幂置信度和四次多项式的置信度很接近，故采用幂模型。通过文献分析认为，在一定范围内随着钾含量的提升，植被盖度呈现正增长，如图4–15所示。

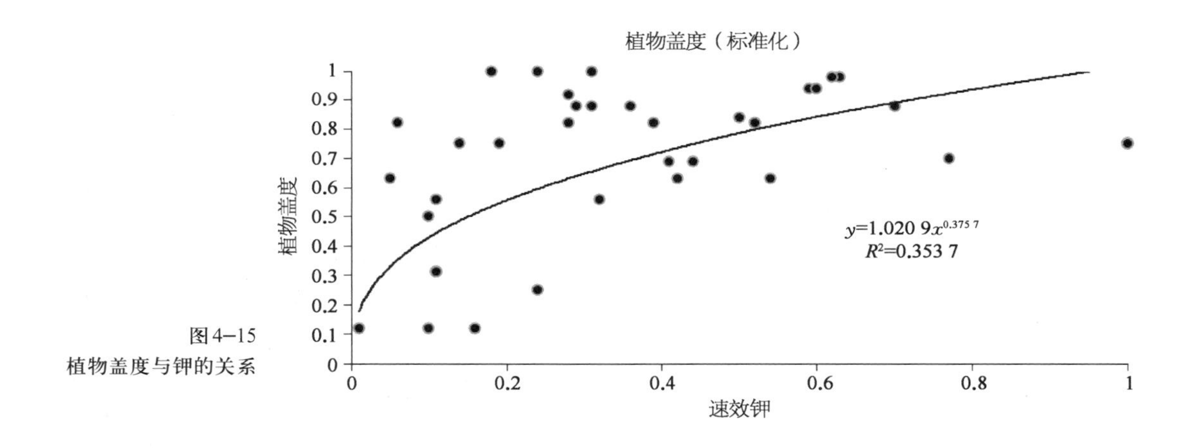

图4–15
植物盖度与钾的关系

4）植物盖度与有机质的关系

土壤有机质通常分为腐殖物质和非腐殖物质，是植物营养的主要来源之一，是氮、磷的重要营养库，可为植物提供生长所必需的养分。有机质中还有各种维生素、生长素和抗生素可促进植物生长发育，增强植物的抗性。土壤有机质还可改良土壤的物理性质和土壤结构，使土壤呈团粒状结构，从而使土壤的透水和透气性能更好。此外，有机质还可以增强土壤微生物活动，提高土壤的保肥性和缓冲性。因此虽然有机质只是土壤组成中很小的一部分，但是却是土壤肥力中非常重要的指标。

本研究以采样点有机质与植被盖度对应数据建立相关模型，见表4–10。

表 4–10 植物盖度与有机质关系模型表

关系		公式	置信度（%）
指数		$y = 0.436e^{1.401x}$	29.8
线性		$y = 0.709x + 0.532$	38.9
对数		$y = 0.169\ln(x) + 1.053$	67
多项式	二次	$y = -1.619x^2 + 2.002x + 0.403$	57.1
	三次	$y = 4.657x^3 - 7.914x^2 + 4.011x + 0.302$	67.5
	四次	$y = -11.09x^4 + 25.67x^3 - 20.07x^2 + 6.24x + 0.233$	70.8
幂		$y = 1.271x^{0.354}$	57.6

经指数、线性、对数、多项式、幂模型的比较，四次多项式的置信度最高。但是四次多项式次数较高，计算烦琐且不稳定，而对数置信度和四次多项式的置信度接近，故采用对数来建模。通过文献分析认为，在一定范围内随着有机质含量的提升，植被盖度呈现正增长，如图4–16所示。

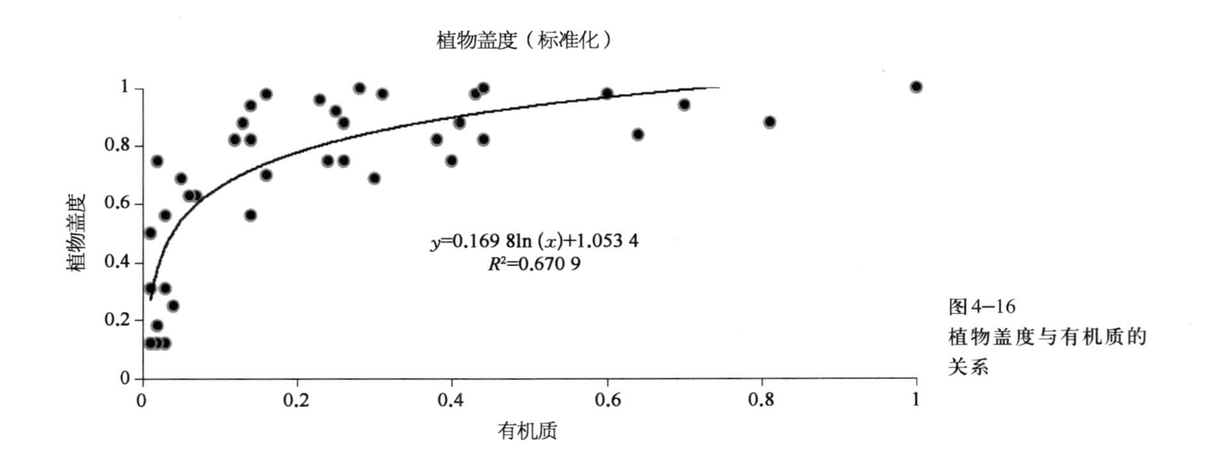

图4–16 植物盖度与有机质的关系

5）植物盖度与pH值的关系

植物生长不仅需要土壤养分，还对土壤酸碱性有一定的要求。通常情况下，大多数植物喜欢在中性土壤中生长，而且在中性土壤中多数养分才能更具有效性。土壤的过酸过碱都容易引起钾、钙、镁、锰、铜、锌、硼、铁等的缺乏，同时引发氮损失和磷的固定。因此了解植物适合生长的酸碱范围，就可以依据土壤条件因地制宜地选择优势物种进行植被恢复。

本研究以采样点pH值与植被盖度对应数据建立相关模型，见表4–11。

表 4–11 植物盖度与 pH 值关系模型表

关系		公式	置信度（%）
指数		$y = 1.705e^{-1.38x}$	32.9
线性		$y = -0.767x + 1.254$	46
对数		$y = -0.33\ln(x) + 0.58$	33.7
多项式	二次	$y = -1.933x^2 + 1.53x + 0.673$	61.8
	三次	$y = -0.591x^3 - 0.864x^2 + 0.95x + 0.762$	61.9
	四次	$y = 15.05x^4 - 36.65x^3 + 29.37x^2 - 9.335x + 1.918$	63.6
幂		$y = 0.506x^{-0.55}$	23.3

经指数、线性、对数、多项式、幂模型的比较，四次多项式的置信度最高。但是四次多项式次数较高，计算烦琐且不稳定，而二次多项式置信度和四次多项式的置信度很接近，故采用二次多项式模型。通过文献研究，再结合该范围内植物特征和采样点数据，该区域植物喜弱碱，如图 4–17 所示。

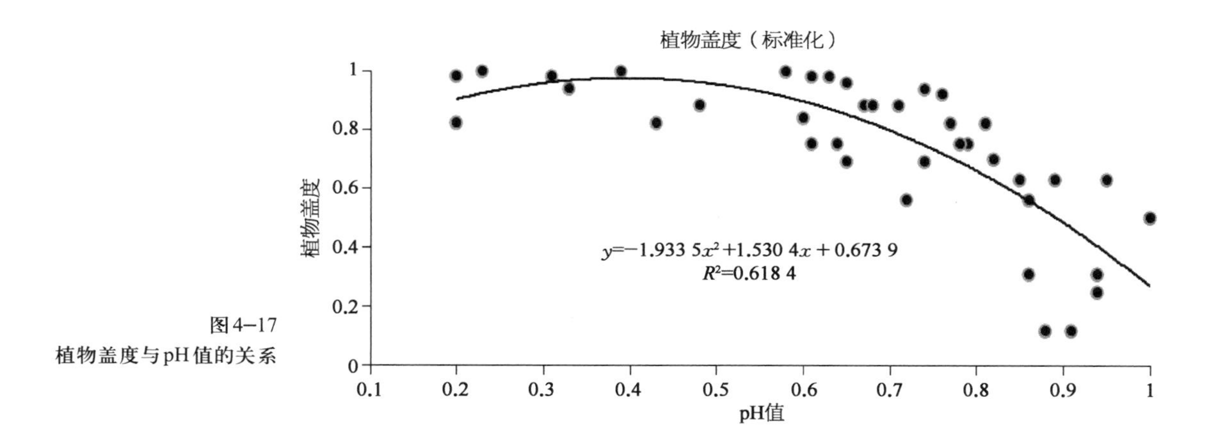

图 4–17
植物盖度与 pH 值的关系

(2) 生物量与相关因子关系分析

1) 生物量与氮的关系

氮在一定范围内对生物的数量有明显的影响。本研究以采样点氮与生物量对应数据建立相关模型，见表 4–12。

经指数、线性、对数、多项式、幂模型的比较，四次多项式的置信度最高。但是四次多项式次数较高，计算比较烦琐且不稳定，而二次多项式的置信度与四次多项式接近，故采用二次多项式来建模。通过文献研究认为，在一定范围内随着氮含量的提升生物量呈现正增长，但是当氮的含量过高时生物量会趋于减少，如图 4–18 所示。

表 4–12 生物量与氮关系模型表

关系		公式	置信度（%）
指数		$y = 0.149e^{0.011x}$	0.6
线性		$y = 0.046x + 0.217$	0.5
对数		$y = 0.047\ln(x) + 0.32$	13.4
多项式	二次	$y = -1.566x^2 + 1.394x + 0.072$	49
	三次	$y = 1.949x^3 - 4.251x^2 + 2.278x + 0.028$	53.1
	四次	$y = 4.325x^4 - 6.338x^3 + 0.682x^2 + 1.329x + 0.059$	54.5
幂		$y = 0.237x^{0.246}$	9.8

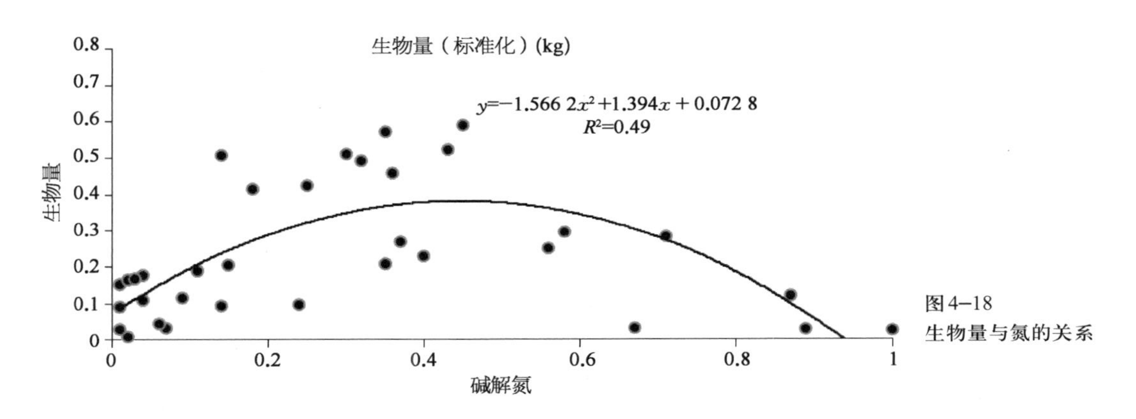

图 4–18 生物量与氮的关系

2）生物量与磷的关系

磷在一定范围内对生物的数量有明显的影响。本研究以采样点磷与生物量对应数据建立相关模型，见表 4–13。

表 4–13 生物量与磷关系模型表

关系		公式	置信度（%）
指数		$y = 0.117e^{1.558x}$	14.1
线性		$y = 0.269x + 0.183$	14.4
对数		$y = 0.082\ln(x) + 0.41$	24.7
多项式	二次	$y = -0.692x^2 + 0.909x + 0.118$	21.7
	三次	$y = 1.673x^3 - 3.029x^2 + 1.669x + 0.072$	23.9
	四次	$y = -9.902x^4 + 20.18x^3 - 13.56x^2 + 3.609x - 0.009$	28.7
幂		$y = 0.478x^{0.52}$	29.2

经指数、线性、对数、多项式、幂模型的比较，幂的置信度最高，所以采用幂模型。通过文献研究认为，在一定范围内随着磷含量的提升生物量呈现正增长，如图4–19所示。

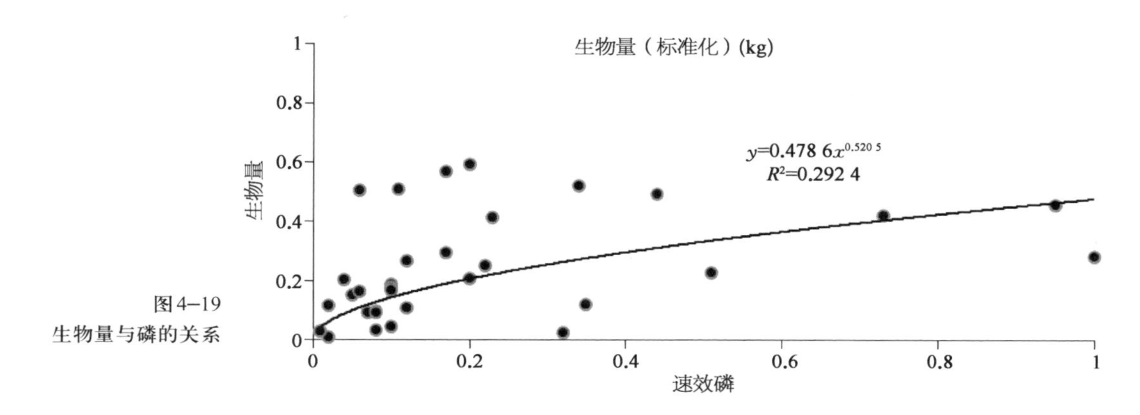

图4–19
生物量与磷的关系

3）生物量与钾的关系

钾在一定范围内对生物的数量有明显的影响。本研究以采样点钾与生物量对应数据建立相关模型，见表4–14。

表 4–14　生物量与钾关系模型表

关　系		公　式	置信度（%）
指　数		$y=0.085e^{1.275x}$	8.6
线　性		$y=0.237x+0.118$	13.7
对　数		$y=0.062\ln(x)+0.287$	15
多项式	二次	$y=-0.046x^2+0.277x+0.112$	13.8
	三次	$y=2.07x^3-3.104x^2+1.459x+0.017$	20
	四次	$y=-3.05x^4+2.67x^3-3.475x^2+1.538x+0.012$	20
幂		$y=0.256x^{0.469}$	18.9

经指数、线性、对数、多项式、幂的比较，四次多项式的置信度最高。但是，四次多项式次数较高，计算比较烦琐且不稳定，而幂的置信度与四次多项式接近，所以采用幂模型。通过文献研究认为，在一定范围内随着钾含量的提升生物量呈现正增长，如图4–20所示。

4）生物量与有机质的关系

有机质对生物的数量有明显的作用。本研究以采样点有机质与生物量对应数据建立相关模型，见表4–15。

经指数、线性、对数、多项式、幂的比较，四次多项式的置信度最高。但是四次多项

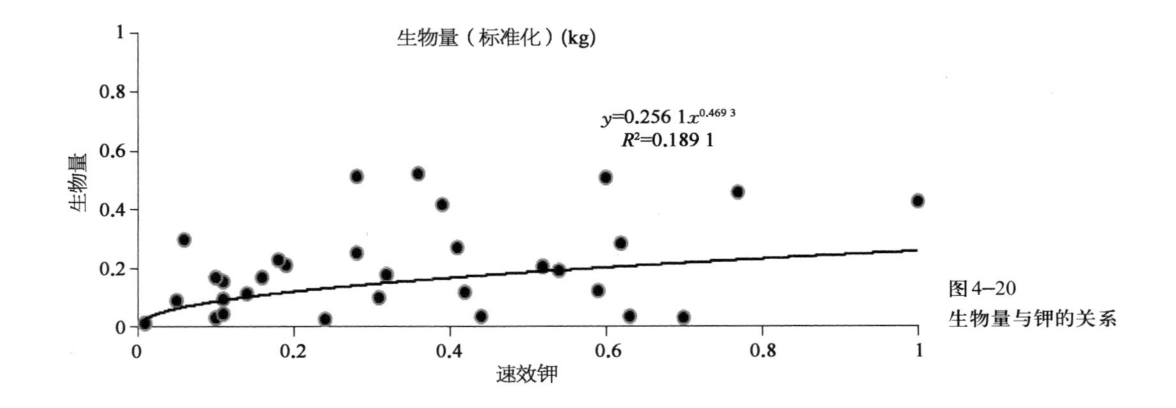

图 4–20 生物量与钾的关系

表 4–15 生物量与有机质关系模型表

关系		公式	置信度（%）
指数		$y=0.099e^{3.433x}$	27.5
线性		$y=0.544x+0.165$	22.1
对数		$y=0.089\ln(x)+0.465$	38.1
多项式	二次	$y=-3.388x^2+2.206x+0.057$	49.3
	三次	$y=7.396x^3-9.643x^2+3.497x+0.014$	52.2
幂		$y=0.633x^{0.531}$	41.5

式次数较高，计算比较烦琐且不稳定，所以采用幂模型。通过文献研究认为，随着有机质含量的提升生物量呈现正增长，如图4–21所示。

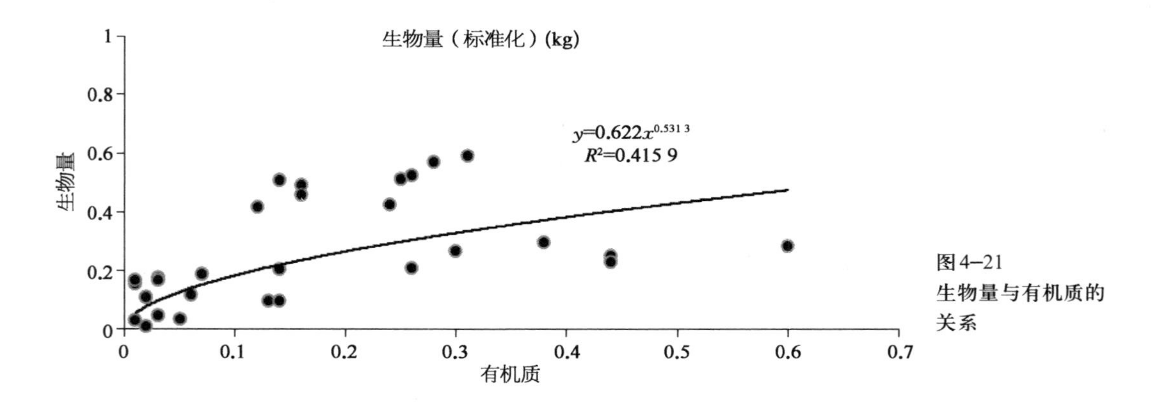

图 4–21 生物量与有机质的关系

5）生物量与pH值的关系

生物在酸碱度适中的环境中生存较好，有的生物喜弱酸或弱碱。本研究以采样点pH值与生物量对应数据建立相关模型，见表4–16。

表 4–16 生物量与 pH 值关系模型表

关系		公式	置信度（%）
指数		$y = 0.244e^{-0.72x}$	2.2
线性		$y = -0.228x + 0.384$	8
对数		$y = -0.12\ln(x) + 0.17$	9.9
多项式	二次	$y = 0.263x^2 - 0.537x + 0.46$	8.6
	三次	$y = -7.079x^3 + 13.03x^2 - 7.467x + 1.513$	24.4
	四次	$y = 12.2x^4 - 36.26x^3 + 37.41x^2 - 15.7x + 2.434$	26.6
幂		$y = 0.119x^{-0.47}$	3.8

经指数、线性、对数、多项式、幂的比较，四次多项式的置信度最高。但是四次多项式次数较高，计算比较烦琐且不稳定，二次多项式的置信度比对数的置信度低，所以采用对数模型。通过文献研究，再结合该区域的生物特征和采样点数据，该研究范围内的生物喜弱碱的环境，如图 4–22 所示。

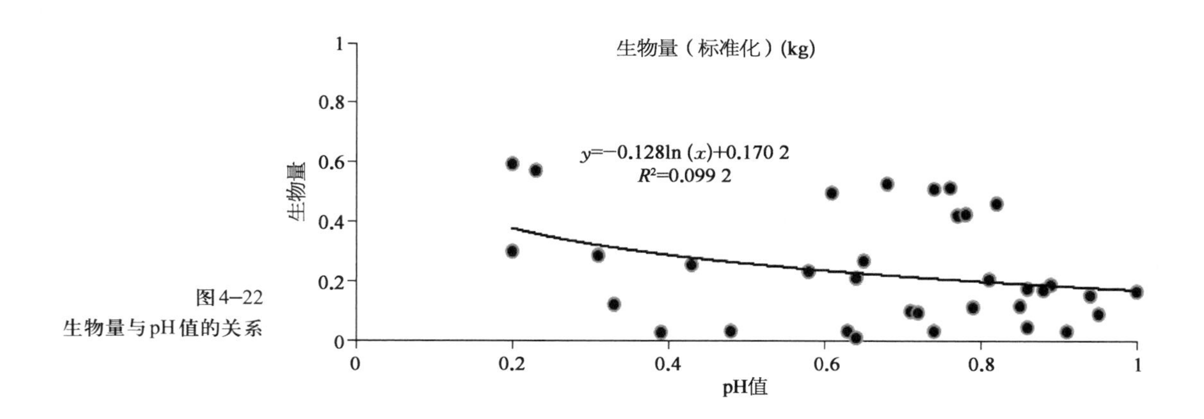

图 4–22
生物量与pH值的关系

（3）地上生物量与相关因子关系分析

1）地上生物量与氮的关系

氮在一定范围内对地上生物的数量有明显的影响。本研究以采样点氮与地上生物量对应数据建立相关模型，见表 4–17。

经指数、线性、对数、多项式、幂的比较，四次多项式的置信度最高。但是四次多项式次数较高，计算比较烦琐且不稳定，而二次多项式的置信度与四次多项式很接近，所以采用二次多项式模型。通过文献研究认为，在一定范围内随着氮含量的提升地上生物量正增长，如图 4–23 所示。

表 4–17 地上生物量与氮关系模型表

关系		公式	置信度（%）
指数		$y = 0.028e^{1.765x}$	18.2
线性		$y = 0.088x + 0.048$	21.2
对数		$y = 0.019\ln(x) + 0.112$	26.2
多项式	二次	$y = -0.218x^2 + 0.272x + 0.031$	31.7
	三次	$y = 0.121x^3 - 0.389x^2 + 0.33x + 0.028$	31.9
	四次	$y = -0.708x^4 + 1.486x^3 - 1.205x^2 + 0.488x + 0.023$	32.3
幂		$y = 0.098x^{0.367}$	20.2

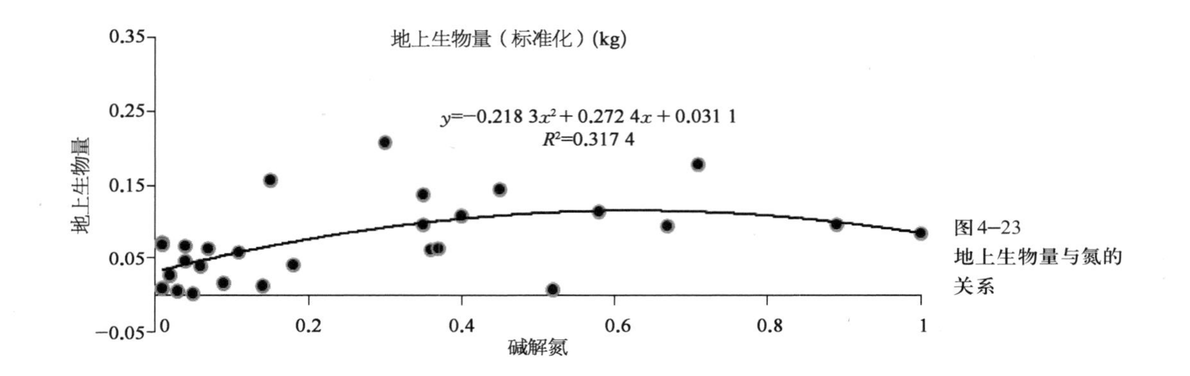

图 4–23 地上生物量与氮的关系

2）地上生物量与磷的关系

磷在一定范围内对地上生物的数量有明显的影响。本研究以采样点磷与地上生物量对应数据建立相关模型，见表4–18。

表 4–18 地上生物量与磷关系模型表

关系		公式	置信度（%）
指数		$y = 0.044e^{0.617x}$	1.8
线性		$y = 0.066x + 0.076$	4.1
对数		$y = 0.024\ln(x) + 0.138$	8.7
多项式	二次	$y = -0.423x^2 + 0.45x + 0.033$	14.5
	三次	$y = 1.204x^3 - 2.176x^2 + 1.095x - 0.01$	20.5
	四次	$y = 7.51x^4 - 13.41x^3 + 6.677x^2 - 0.665x + 0.071$	34.7
幂		$y = 0.076x^{0.202}$	3.1

经指数、线性、对数、多项式、幂的比较，四次多项式的置信度最高。但是四次多项式计算太过复杂，所以采用二次多项式模型。通过文献研究认为，在一定范围内随着磷含量的提升地上生物量正增长，当磷的含量过高时会趋于下降，如图 4–24 所示。

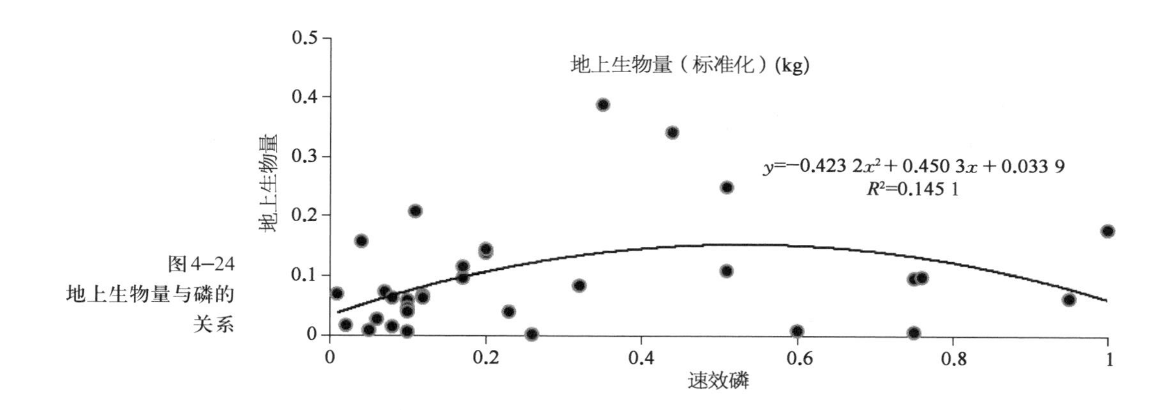

图 4–24 地上生物量与磷的关系

3）地上生物量与钾的关系

钾在一定范围内对地上生物的数量有明显的影响。本研究以采样点钾与地上生物量对应数据建立相关模型，见表 4–19。

表 4–19 地上生物量与钾关系模型表

关系		公式	置信度（%）
指数		$y = 0.041e^{0.027x}$	0.1
线性		$y = 0.01x + 0.063$	0.2
对数		$y = 0.003\ln(x) + 0.072$	0.4
多项式	二次	$y = -0.137x^2 + 0.131x + 0.046$	3.8
	三次	$y = -0.879x^3 + 1.2x^2 - 0.408x + 0.094$	12.8
	四次	$y = -1.179x^4 + 1.51x^3 - 0.357x^2 - 0.042x + 0.07$	13.6
幂		$y = 0.043x^{0.016}$	0.1

经指数、线性、对数、多项式、幂的比较，四次多项式的置信度最高。但是四次多项式次数较高，计算比较烦琐且不稳定，所以采用二次多项式模型。通过文献研究认为，在一定范围内随着钾含量的提升生物量呈正增长，如图 4–25 所示。

4）地上生物量与有机质的关系

有机质对地上生物的数量有明显的作用。本研究以采样点有机质与地上生物量对应数据建立相关模型，见表 4–20。

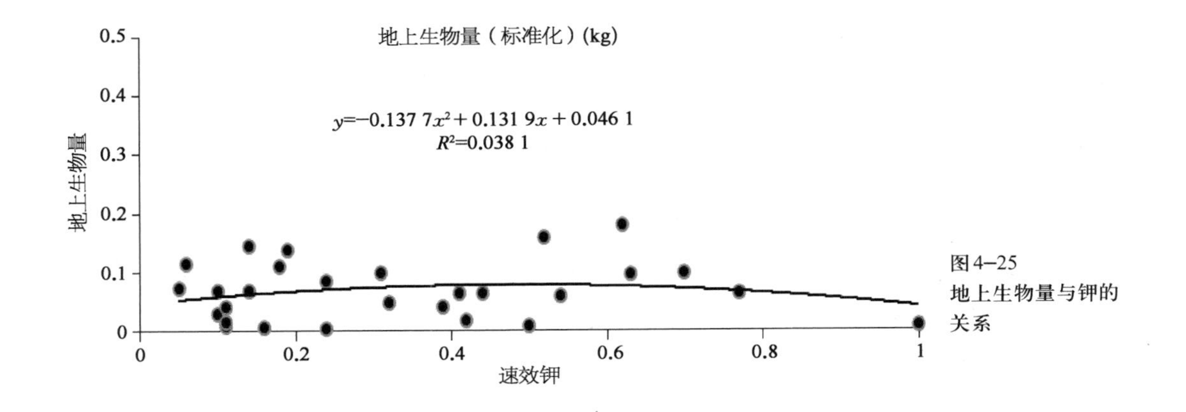

图4–25 地上生物量与钾的关系

表4–20 地上生物量与有机质关系模型表

关系		公式	置信度（%）
指数		$y = 0.33e^{1.312x}$	7.2
线性		$y = 0.071x + 0.06$	8
对数		$y = 0.02\ln(x) + 0.12$	19.9
多项式	二次	$y = -0.309x^2 + 0.362x + 0.035$	22.2
	三次	$y = 0.955x^3 - 1.62x^2 + 0.744x + 0.015$	30.3
	四次	$y = -1.326x^4 + 3.485x^3 - 3.096x^2 + 1.017x + 0.007$	31.2
幂		$y = 0.095x^{0.343}$	14.5

经指数、线性、对数、多项式、幂的比较，四次多项式的置信度最高。但是四次多项式次数较高，计算比较烦琐且不稳定，所以采用二次多项式模型。通过文献研究认为，随着有机质含量的提升地上生物量呈现正增长，如图4–26所示。

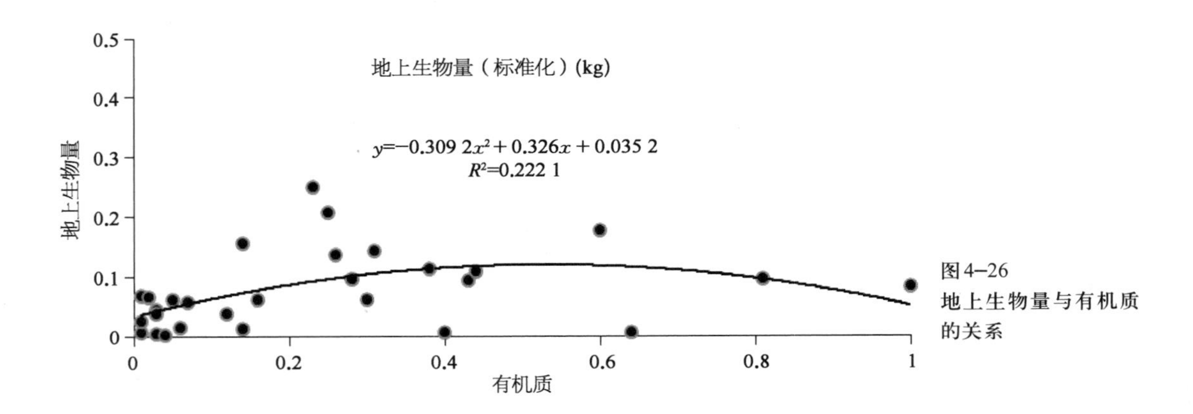

图4–26 地上生物量与有机质的关系

5）地上生物量与pH值的关系

生物在酸碱度适中的环境中生存较好，有的生物喜弱酸或弱碱。本研究以采样点pH值与地上生物量对应数据建立相关模型，见表4–21。

表 4–21 地上生物量与 pH 值关系模型表

关系		公式	置信度（%）
指数		$y=0.212e^{-2.27x}$	19.5
线性		$y=-0.117x+0.152$	25.2
对数		$y=-0.05\ln(x)+0.045$	23.5
多项式	二次	$y=-0.039x^2-0.07x+0.141$	25.3
	三次	$y=-0.528x^3+0.913x^2-0.582x+0.216$	26.3
	四次	$y=-2.751x^4+6.165x^3-4.783x^2+1.377x-0.003$	27.4
幂		$y=0.026x^{-1.1}$	18

经指数、线性、对数、多项式、幂的比较，四次多项式的置信度最高。但是四次多项式次数较高，计算比较烦琐且不稳定，而线性和二次多项式的置信度与四次多项式很接近，线性比二次多项式更为简单稳定，所以采用线性模型。通过文献研究，再结合该区域内生物的特征以及采样点数据，该研究范围内的地上生物喜弱碱，如图4–27所示。

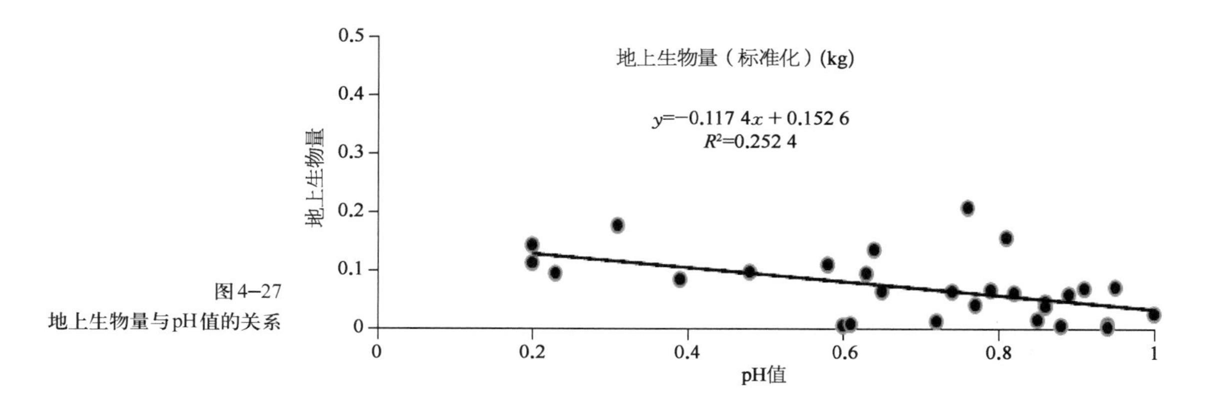

图4–27
地上生物量与pH值的关系

(4) 地下生物量与相关因子关系分析

1）地下生物量与氮的关系

氮在一定范围内对地下生物的数量有明显的影响。本研究以采样点氮与地下生物量对应数据建立相关模型，见表4–22。

表 4–22 地下生物量与氮关系模型表

关　系		公　式	置信度（%）
指　数		$y = 0.056e^{3.71x}$	28.8
线　性		$y = 0.472x + 0.103$	30.9
对　数		$y = 0.072\ln(x) + 0.359$	35.5
多项式	二次	$y = -1.444x^2 + 1.307x + 0.042$	44
	三次	$y = -2.812x^3 + 1.412x^2 + 0.602x + 0.068$	45.4
	四次	$y = 6.398x^4 - 11.33x^3 + 4.885x^2 + 0.141x + 0.079$	45.7
幂		$y = 0.451x^{0.599}$	36.9

经指数、线性、对数、多项式、幂的比较，四次多项式的置信度最高。但是四次多项式次数较高，计算比较烦琐且不稳定，而二次多项式的置信度与四次多项式很接近，所以采用二次多项式模型。通过文献研究认为，在一定范围内随着氮含量的提升地下生物量呈正增长，如图4–28所示。

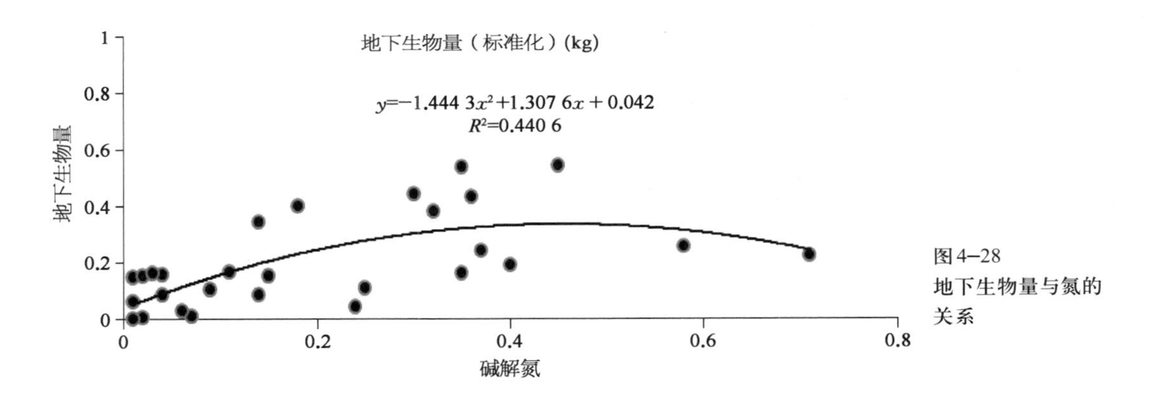

图 4–28 地下生物量与氮的关系

2）地下生物量与磷的关系

磷在一定范围内对地下生物的数量有明显的影响。本研究以采样点磷与地下生物量对应数据建立相关模型，见表4–23。

表 4–23 地下生物量与磷关系模型表

关　系	公　式	置信度（%）
指　数	$y = 0.083e^{2.149x}$	17
线　性	$y = 0.303x + 0.158$	19.3
对　数	$y = 0.097\ln(x) + 0.431$	36.4

（续表）

关系		公式	置信度（%）
多项式	二次	$y = -1.233x^2 + 1.466x + 0.05$	41.8
	三次	$y = 1.979x^3 - 4.045x^2 + 2.391x - 0.003$	44.2
	四次	$y = -6.698x^4 + 13.48x^3 - 9.717x^2 + 3.24x - 0.034$	45.3
幂		$y = 0.746x^{0.907}$	43.8

经指数、线性、对数、多项式、幂模型的比较，四次多项式的置信度最高。但是四次多项式次数较高，计算比较烦琐且不稳定，而幂的置信度与四次多项式很接近，所以采用幂模型。通过文献研究认为，在一定范围内随着磷含量的提升地下生物量呈正增长，如图4–29所示。

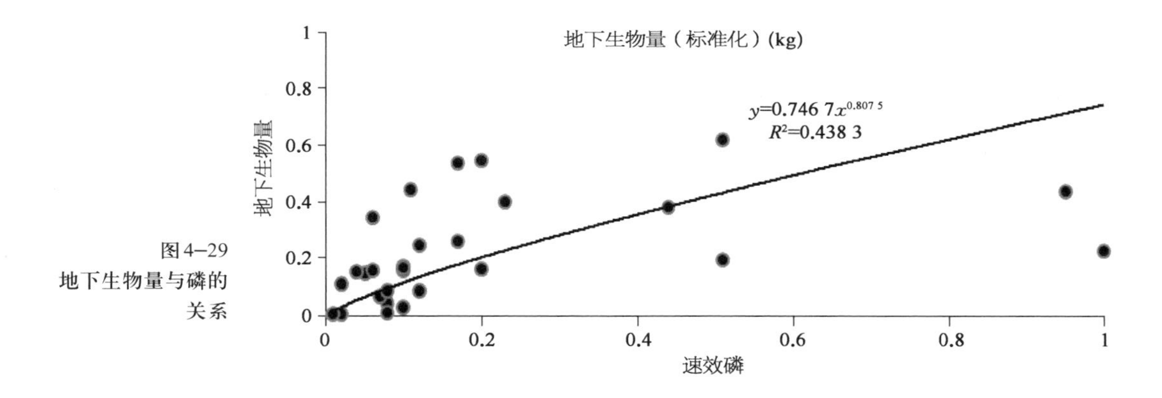

图 4–29 地下生物量与磷的关系

3）地下生物量与钾的关系

钾在一定范围内对地下生物的数量有明显的影响。本研究以采样点钾与地下生物量对应数据建立相关模型，见表4–24。

表 4–24 **地下生物量与钾关系模型表**

关系		公式	置信度（%）
指数		$y = 0.064e^{1.67x}$	10.5
线性		$y = 0.165x + 0.124$	9.6
对数		$y = 0.051\ln(x) + 0.255$	15.6
多项式	二次	$y = 0.455x^2 + 0.561x + 0.071$	15.9
	三次	$y = -0.343x^3 + 0.053x^2 + 0.368x + 0.086$	16.1

（续表）

关系		公式	置信度（%）
多项式	四次	$y=-10.93x^4+20.8x^3-12.73x^2+3.033x-0.05$	29.6
幂		$y=0.28x^{0.609}$	23.7

经指数、线性、对数、多项式、幂的比较，四次多项式的置信度最高。但是四次多项式次数较高，计算比较烦琐且不稳定，而幂的置信度与四次多项式很接近，所以采用幂模型。通过文献研究认为，在一定范围内随着钾含量的提升地下生物量呈正增长，如图4–30所示。

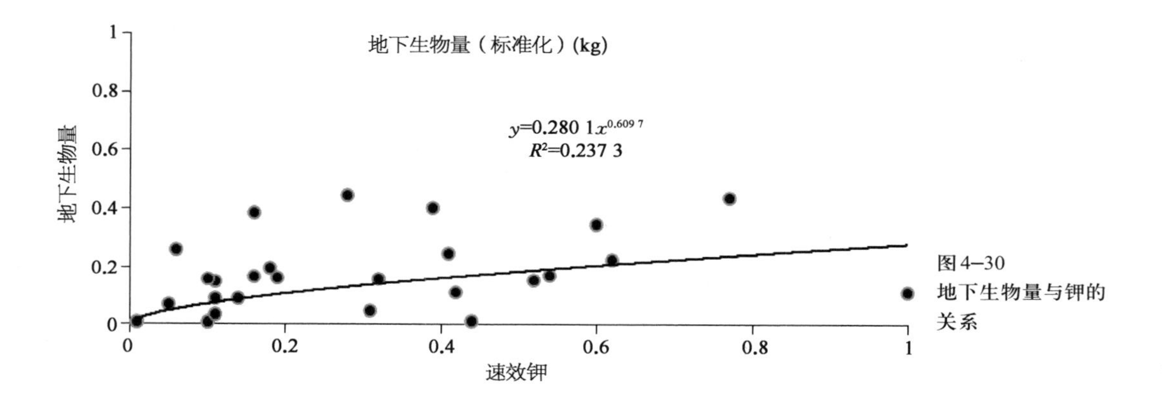

图4–30 地下生物量与钾的关系

4）地下生物量与有机质的关系

有机质对地下生物的数量有明显的影响。本研究以采样点有机质与地下生物量对应数据建立相关模型，见表4–25。

表4–25 地下生物量与有机质关系模型表

关系		公式	置信度（%）
指数		$y=0.064e^{4.33x}$	23.5
线性		$y=0.514x+0.136$	19
对数		$y=0.078\ln(x)+0.407$	30.7
多项式	二次	$y=-2.864x^2+1.91x+0.045$	40
	三次	$y=3.868x^3-6.141x^2+2.573x+0.023$	40.8
	四次	$y=71.32x^4-76.97x^3+21.84x^2-0.574x+0.088$	45.5
幂		$y=0.6x^{0.641}$	35.6

经指数、线性、对数、多项式、幂的比较，四次多项式的置信度最高。但是四次多项式次数较高，计算比较烦琐且不稳定，而四次多项式的置信度与幂的置信度很接近，所以采用幂模型。通过文献研究认为，随着有机质含量的提升地下生物量呈正增长，如图4–31所示。

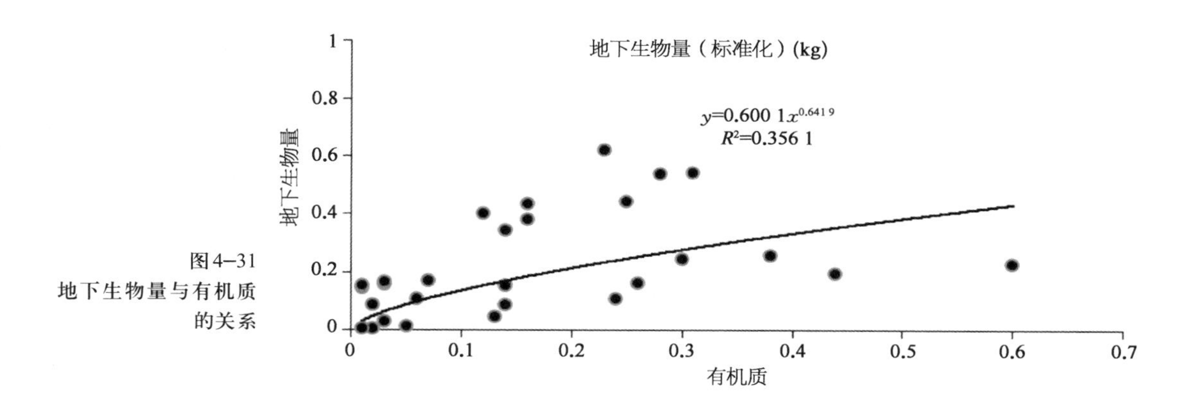

图4–31 地下生物量与有机质的关系

5）地下生物量与pH值的关系

生物在酸碱度适中的环境中生存较好，有的生物喜弱酸或弱碱。本研究以采样点pH值与地下生物量对应数据建立相关模型，见表4–26。

表 4–26 地下生物量与 pH 值关系模型表

关　系		公　式	置信度（%）
指　数		$y=0.506e^{-2x}$	11.9
线　性		$y=-0.375x+0.467$	27.7
对　数		$y=-0.18\ln(x)+0.122$	29.1
多项式	二次	$y=0.287x^2-0.706x+0.544$	28.6
	三次	$y=-2.551x^3+4.971x^2-3.26x+0.913$	30.3
	四次	$y=4.079x^4-12.69x^3+13.83x^2-6.391x+1.27$	30.6
幂		$y=0.079x^{-1.01}$	12.8

经指数、线性、对数、多项式、幂的比较，四次多项式的置信度最高。但是四次多项式次数较高，计算比较烦琐且不稳定，而对数的置信度与四次多项式很接近，所以采用对数模型。通过文献研究，再结合该区域内生物的特征以及采样点数据，该研究范围内的地下生物喜弱碱，如图4–32所示。

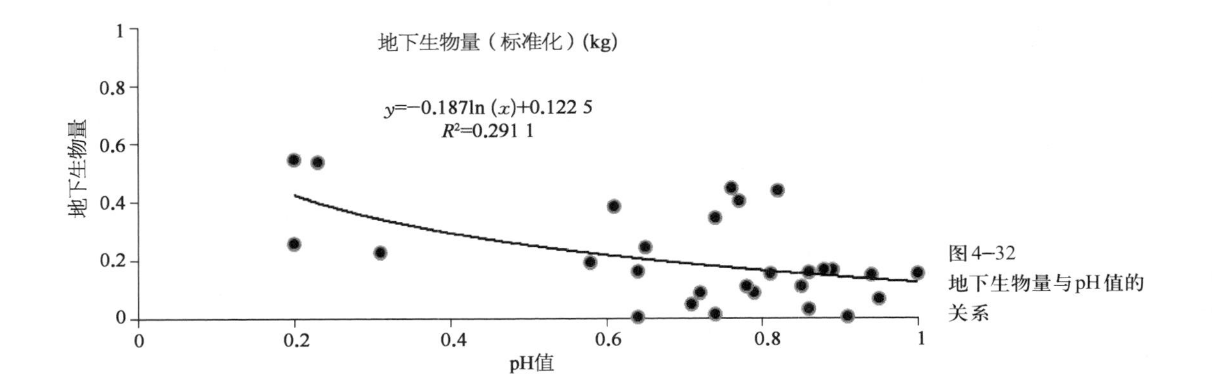

图4–32 地下生物量与pH值的关系

4.2.2 不同植被类型的土壤养分特征分析

(1) 碱解氮

分析青海共玉公路走廊沿线不同植被类型土壤碱解氮含量分布特点，经统计发现，沿线不同植被类型的土壤碱解氮分布为高寒灌丛＞高寒草甸＞高寒草原＞荒漠草原，碱解氮含量依次为407.30 mg/kg、307.11 mg/kg、184.73 mg/kg、178.76 mg/kg。荒漠草原和高寒草原的碱解氮含量相当，均较低。高寒灌丛的碱解氮含量最高，分析可能有两方面的原因：一方面，高寒草甸和高寒灌丛的植被覆盖度较荒漠草原和高寒草原高，覆盖度较高的植被其枯落物自然多；另一方面，高寒灌丛的地面枯落物比其他三种植被类型都多。枯落物量直接影响土壤的结构、微生物量、肥力和氮素的循环。图4–33是各植被类型碱解氮含量。

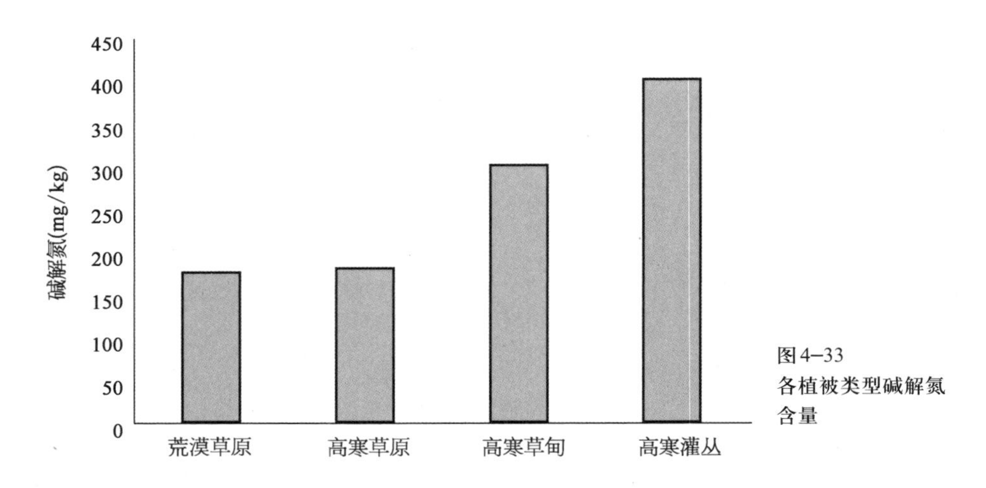

图4–33 各植被类型碱解氮含量

(2) 速效磷

分析沿线不同植被类型土壤速效磷含量分布特点，经统计发现，不同植被类型的土壤速效磷分布为高寒灌丛＞高寒草甸＞高寒草原＞荒漠草原，速效磷含量依次为10.37 mg/kg、5.41 mg/kg、4.30 mg/kg、4.21 mg/kg。高寒灌丛的速效磷含量远大于荒漠草原、高寒草原和高寒草甸，这种变化趋势与速效氮的变化趋势相似，因此分析其主要原因也是受植被盖度和枯落物的影响。图4–34为各植被类型速效磷含量。

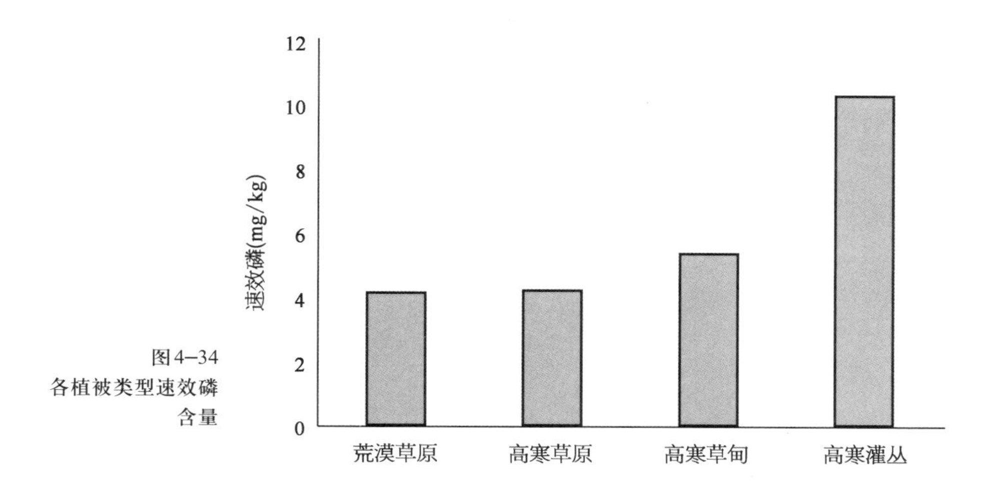

图4–34
各植被类型速效磷含量

(3) **速效钾**

分析青海共玉公路走廊沿线不同植被类型土壤速效钾含量分布特点，经统计发现，不同植被类型的土壤速效钾分布为高寒灌丛＞高寒草甸＞荒漠草原＞高寒草原，速效钾含量依次为253.00 mg/kg、174.13 mg/kg、163.09 mg/kg、144.40 mg/kg。经分析可知，速效钾的含量均较丰富，其中高寒灌丛的含量最高，达到极丰富的水平，即使高寒草原的低含量值也达到了中等水平。速效钾的分布与碱解氮和速效磷的分布有所不同，主要是因为土壤的速效钾含量除了与植被和地形有关系外，还与土壤母质有很大的关系，荒漠草原所处地段大多为栗钙土。图4–35为各植被类型速效钾含量。

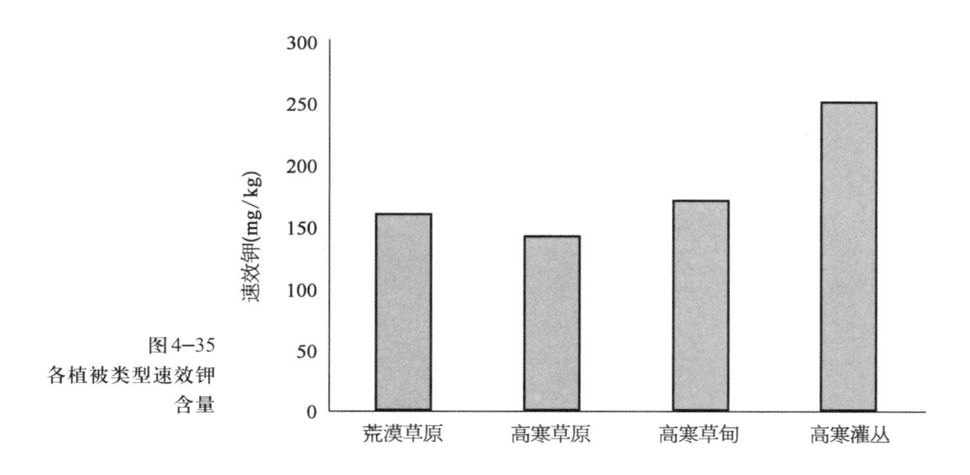

图4–35
各植被类型速效钾含量

(4) **有机质**

分析沿线不同植被类型土壤有机质含量分布特点，经统计发现，不同植被类型的土壤有机质分布为高寒灌丛＞高寒草甸＞荒漠草原＞高寒草原，有机质含量依次为102.80 g/kg、54.30 g/kg、43.49 g/kg、39.50 g/kg。高寒灌丛的土壤有机质含量最高，主要原因有两点：

① 受枯落物影响，高寒灌丛的土壤有机质含量最高。

② 受土壤酸碱度的影响。有研究表明，酸性土壤更有利于土壤有机质的积累。高寒灌丛的pH值最低，因此其土壤有机物含量最高。

图4–36为各植被类型有机质含量。

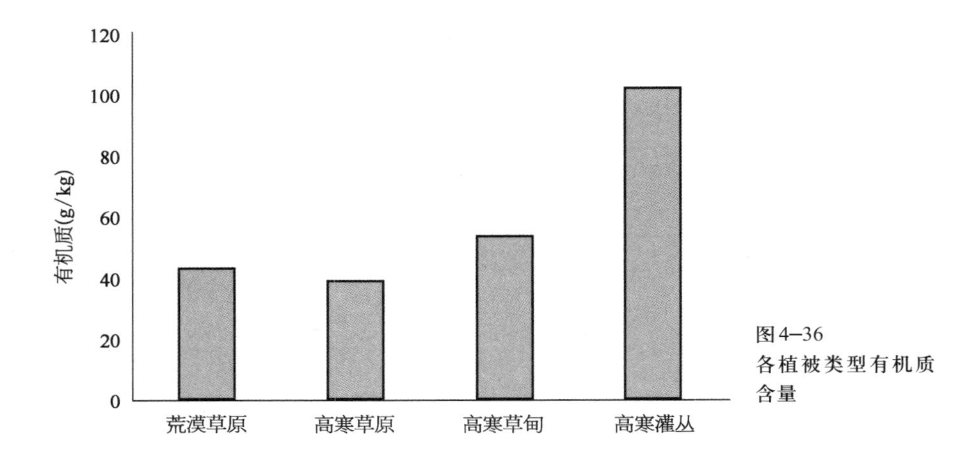

图4–36 各植被类型有机质含量

(5) pH值

分析沿线不同植被类型酸碱度分布特点，经统计发现，沿线不同植被类型的土壤pH值分布为高寒草原＞荒漠草原＞高寒草甸＞高寒灌丛，这个分布规律正好与有机质的分布规律相反，再一次验证了酸性土壤有利于有机质的积累的观点。图4–37为各植被类型酸碱度比较。

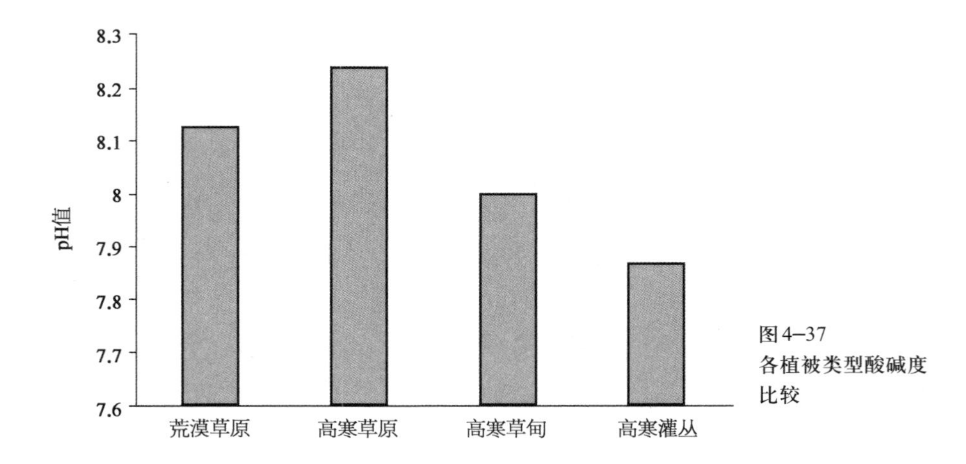

图4–37 各植被类型酸碱度比较

4.2.3 土壤和植被特征分析

从土壤肥力、物种多样性、植物与土壤互作关系三方面分析了青海段路域土壤与植被的分异规律和相关关系。

（1）土壤肥力

对调查的40个样地（表4–27）进行统计得出，速效氮含量最高的是样方5，达765 mg/kg；最低的是样方24，仅37 mg/kg。速效磷含量最高的为样方10，达18.4 mg/kg；最低的为样方30，为1.9 mg/kg。速效钾含量最高的为样方34，达405 mg/kg，最低的为样方24，为67 mg/kg。有机质含量最高的为样方5，达233.65 mg/kg；最低的为样方24，仅6.26 g/kg。pH值变化较小，在6.75（样方10）与8.7（样方22）之间变化，中位数为8.08。统计结果见表4–28。

表 4–27 调查样地养分数据

样地编号	速效氮（mg/kg）	速效磷（mg/kg）	速效钾（mg/kg）	有机质（g/kg）	pH 值
1	258	3.5	162	64.6	8.24
2	266	10.3	123	60.54	8.03
3	277	9.1	123	44.15	7.94
4	525	14.2	283	105.31	7.99
5	765	7.1	151	233.65	7.52
6	292	5.1	134	66.35	8.01
7	292	4.5	173	71.72	7.2
8	367	5	117	77.49	7.15
9	465	4.6	90	92.82	7.15
10	558	18.4	278	142.82	6.75
11	446	5.3	162	107.54	7.6
12	525	14.3	239	152.38	7.92
13	690	14.5	306	192.14	7.7
14	412	10.6	167	99.81	8.06
15	420	11.7	405	97.77	7.94
16	352	7.4	189	67.46	8.09
17	213	3	173	35.98	8.15

（续表）

样地编号	速效氮（mg/kg）	速效磷（mg/kg）	速效钾（mg/kg）	有机质（g/kg）	pH 值
18	300	17.6	328	43.72	8.36
19	123	3.4	250	23.94	8.5
20	48	2.6	106	9.62	8.6
21	45	2.9	84	6.28	8.61
22	56	2.7	101	9.04	8.7
23	67	3.4	178	13.65	8.43
24	37	3.3	67	6.26	8.48
25	52	2	73	11.41	8.01
26	48	1.9	101	10.76	8.54
27	90	3.1	217	18.26	8.21
28	67	3.7	117	10.83	8.3
29	330	10.2	128	107.67	7.9
30	78	1.6	151	16.5	8.6
31	105	2.1	211	21.07	8.41
32	153	2.4	245	38.98	8.34
33	172	5.5	200	34.17	8.26
34	225	14	405	62.7	8.28
35	307	3.7	206	75.18	8.03
36	142	3	106	38.68	8.17
37	671	7.5	267	165.91	7.41
38	146	2.7	272	38.86	8.21
39	71	2.5	234	12.48	8.05
40	86	3.4	106	13.16	8.44

表4–28 主要土壤肥力指标及其统计值

指 标	速效氮（mg/kg）	速效磷（mg/kg）	速效钾（mg/kg）	有机质（g/kg）	pH值
均值*AV*	263.55	6.35	185.70	62.54	8.06
均方差*MS*	199.97	4.73	85.53	55.40	0.45
MS/*AV*	0.76	0.75	0.46	0.89	0.06
中位数	219	3.7	164	41.35	8.08
极小值	37	1.6	67	6.26	6.75
极大值	765	18.4	405	233.65	8.7

以上数据表明，路域土壤呈弱碱性，根据全国第二次土壤普查养分分级标准，速效氮、速效钾以及有机质含量的平均值与中位数均达到了极丰富的水平，速效磷含量相对偏低，但也达到丰富的水平。较高的肥力水平除为植被恢复提供了良好的肥力条件外，也意味着一旦植被遭破坏，土壤受到水蚀、风蚀，易造成非点源污染、温室气体（CO_2、氮氧化物）释放等环境问题。因此在公路建设中应加强植被保护，避免因植被破坏引起的土壤退化和环境污染。

除pH值以外，路域土壤的化学性质变异性较大，虽然土壤肥力水平随距西宁距离的增加和海拔的上升整体趋于增加（图4–38和图4–39），但与海拔以及位置的关系均不显著，在海拔3 500 m以下，土壤肥力水平较低，4 500 m以上也有所回落，但在3 500～4 500 m，数据剧烈波动。此外，研究区路域土壤肥力大体为偏态分布，土壤肥力的中位数小于平均值，少数样点远超过平均水平。

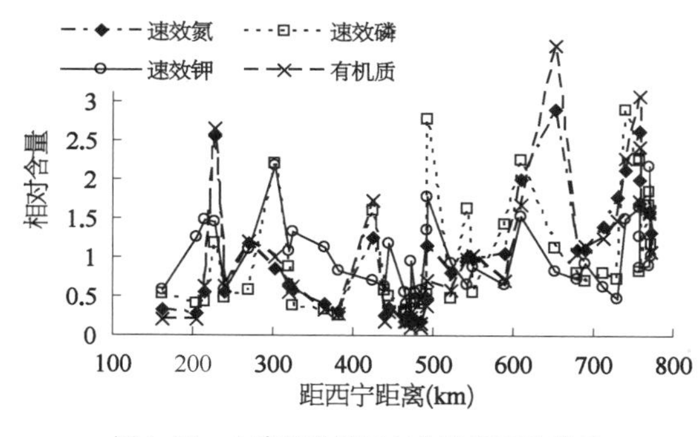

图4–38 土壤养分特征与公路里程的关系

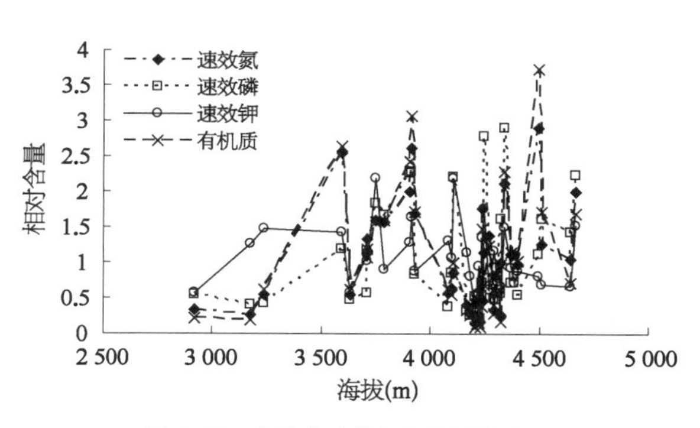

图4–39 土壤养分特征与海拔的关系

相关分析表明，速效氮和速效磷、有机质含量之间，速效磷与速效钾、有机质含量之间均有极显著的正相关性，速效钾与速效氮、有机质之间有一定的相关关系。pH值与速效氮、有机质含量之间有较显著的负相关关系。这符合一般的土壤化学规律，土壤有机质、速效氮、速效磷的形成和积累都与植被的作用有关，从而具有较显著的相关关系。速效氮主要来自土壤矿物的分解和植被的富集作用，植被只是影响速效钾含量的一个方面；而速效磷除来源于植物积累，也与矿物分解有关，所以速效钾含量与速效磷含量之间有较高的相关性，见表4–29。

表4–29 主要土壤指标间的相关性

养分特征	速效氮	速效磷	速效钾	有机质
速效磷	0.66②			
速效钾	0.38①	0.60②		
有机质	0.97②	0.61②	0.35①	
pH值	− 0.74②	− 0.41②	− 0.13	− 0.70①

注：① 表示相关性显著。
② 表示相关性极显著。

(2) 植物多样性、覆盖度、生物量

在40个调查样方中覆盖度、物种数与生物量的平均值分别为0.75 g/m²、4.70 g/m²和8.84 g/m²。其中，覆盖度最高的为样方5、样方7和样方29，均为0.99；最低的为样方25，仅为0.2。物种数最多的为样方11，为10种；最少的为样方24和25，均为1种。生物量最高的是样方29，达70.4 g/m²；最低的为样方25，仅0.234 g/m²。由此可见植被生物量数据具有很强的离散性与分异性，尤其以生物量数据的离散性更为显著。同时覆盖度与生物量数据大体呈现偏态分布，较多数据位于平均水平以下，有少量数据远高出平均值。如覆盖度在0.95以上的有金露梅灌丛（样地37）、毛枝居山柳灌丛（样地10）、针茅草甸（样地2、4、5）、紫花针茅（样地29）、小蒿草草甸（样地3、4、7）、芨芨草群系（样地38）、垫状植物群系（样地8）等10处；样地11（毛枝居山柳–百里香灌丛）、样地14（沙棘灌丛）两块样地生物量是平均值的3倍左右，而样地5（紫花针茅草甸）和样地29（针茅草甸）的生物量更是平均值的5倍和8倍之多。

相关分析表明，覆盖度与物种数、生物量之间均有一定的相关关系，物种数与生物量之间没有相关关系。具体统计数据见表4–30～表4–32。

表4–30 调查样地植被数据

样地编号	覆盖度	物种数	生物量（g/m²）
1	0.93	5	11.801
2	0.96	6	16.156 4
3	0.98	4	11.377 8
4	0.98	5	0.811 6

（续表）

样地编号	覆 盖 度	物 种 数	生物量（g/m²）
5	0.99	6	42.411 6
6	0.8	7	4.824
7	0.99	5	13.186 8
8	0.98	5	13.671
9	0.85	5	6.885
10	0.98	6	6.588
11	0.85	10	23.841
12	0.87	7	0.065
13	0.9	8	0.715
14	0.9	9	23.1
15	0.8	8	0.071
16	0.9	6	12.096
17	0.9	3	11.259
18	0.43	3	4.411
19	0.7	3	3.906
20	0.45	4	1.701
21	0.75	4	4.185
22	0.6	4	3.942
23	0.65	3	4.212
24	0.3	1	0.297
25	0.2	1	0.234
26	0.3	2	0.864
27	0.75	3	2.566
28	0.8	4	5.04
29	0.99	2	70.389
30	0.4	4	1.188
31	0.7	4	2.709
32	0.85	4	4.744
33	0.85	2	9.639

（续表）

样地编号	覆盖度	物种数	生物量（g/m²）
34	0.8	6	5.4
35	0.75	6	6.211
36	0.65	5	2.223
37	0.95	8	7.2
38	0.95	4	11.714
39	0.35	2	0.963
40	0.45	4	1.08

表 4–31　主要植被指标及其统计值

指　　标	覆盖度	物种数	生物量（g/m²）
均值 *AV*	0.75	4.70	8.84
均方差 *MS*	0.23	2.13	13.03
MS/*AV*	0.30	0.45	1.47
中位数	0.82	4	0.234
极小值	0.2	1	4.78
极大值	0.99	10	70.4

表 4–32　主要植被指标间的相关性

指　　标	物种数	生物量
覆盖度	0.55①	0.46①
生物量	0.09	

注：① 表示相关性极显著。

如图 4–40 和图 4–41 所示，植被指标具有显著的空间离散性，虽然覆盖度、物种数和生物量随公路里程的增加和海拔的上升整体趋于增加，但均剧烈波动，相关性均不显著，尤其是生物量指标呈跳跃式分布。

综合上述分析，共玉公路段沿线土壤和植被分布具有一定空间分异性，但由于人类活动的干扰，土壤与植被数据表现出较强的离散性和突变性，生物量指标表现得尤为明显。

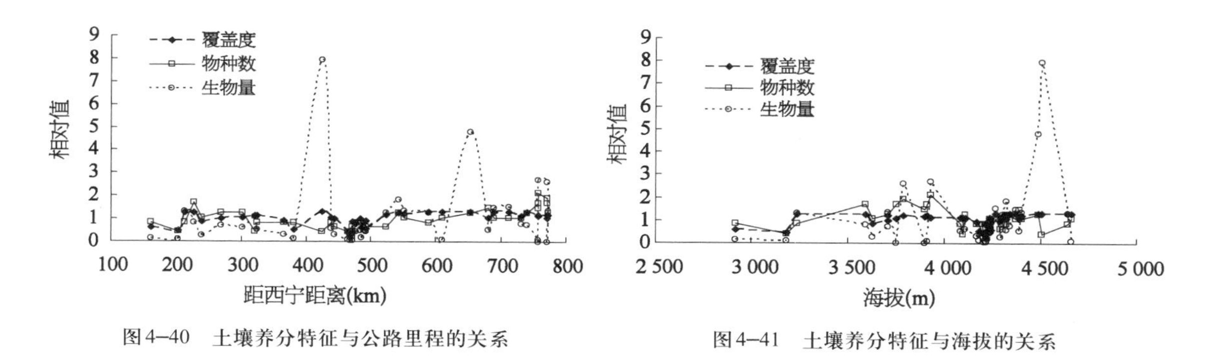

图4–40 土壤养分特征与公路里程的关系

图4–41 土壤养分特征与海拔的关系

(3) 植物与土壤互作关系

相关分析表明，速效氮与有机质含量与植被覆盖度及物种数有一定的正相关关系，pH值则与两者有较弱的负相关性。当然，土壤与植被之间存在复杂的相互作用与反馈关系，植被覆盖度的增加也可以增强植被归还土壤的养分，从而提高有机质与速效氮含量。但观测数据也显示，有机质和速效氮是制约植被恢复的主要土壤肥力因素之一。较高的土壤肥力水平下，植被种间竞争作用较小，从而容易达到较多的物种数量。另外研究也表明盐碱化也是制约路域植被生长发育的限制性因子之一。因此促进研究区路域植被恢复的可行途径可能是提高土壤氮素水平和抑制盐碱化的发生。

共玉公路段路域植被和土壤性质变异性显著，为了分类指导，制定具体的植被保护与恢复方案，对40个样地的植被与土壤因子进行聚类分析，结果见表4–33、表4–34及图4–42。

表4–33 主要土壤与植被指标间的相关性

养分特征	覆盖度	物种数	生物量
速效氮	0.64②	0.70②	0.34①
速效磷	0.39①	0.43②	0.14
速效钾	0.27	0.34①	– 0.17
有机质	0.61②	0.67②	0.41②
pH值	– 0.56②	– 0.45②	– 0.29

注：① 表示相关性显著。
② 表示相关性极显著。

表4–34 五种分类类型土壤和植被情况的平均值

类型	速效氮 (mg/kg)	速效磷 (mg/kg)	速效钾 (mg/kg)	有机质 (g/kg)	pH值	覆盖度	物种数	生物量 (g/m^2)
I	90.4	2.8	155.1	18.7	8.4	0.6	3.3	3.5

（续表）

类　型	速效氮 (mg/kg)	速效磷 (mg/kg)	速效钾 (mg/kg)	有机质 (g/kg)	pH 值	覆盖度	物种数	生物量 (g/m^2)
Ⅱ	340.1	7.1	161.2	76.8	7.8	0.9	5.5	16.0
Ⅲ	593.8	13.8	274.6	151.7	7.6	0.9	6.8	3.1
Ⅳ	315.0	14.4	379.3	68.1	8.2	0.7	5.7	3.3
Ⅴ	765.0	7.1	151.0	233.7	7.5	1.0	6.0	42.4

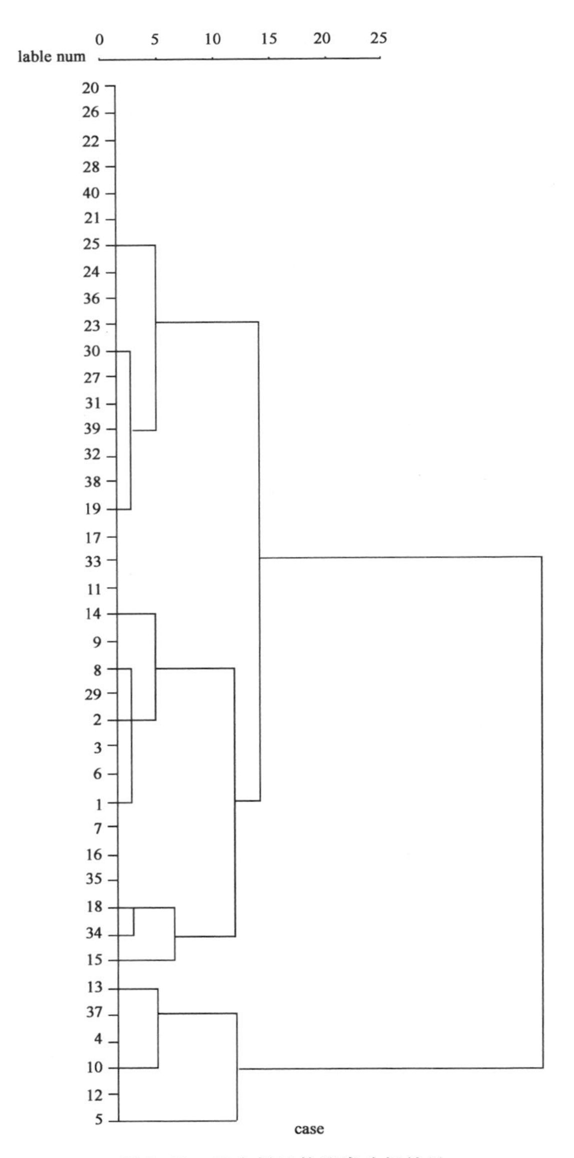

图4–42　40个样地的聚类分析结果

第Ⅰ类的样地数最多，共计有17、19、20、21、22、23、24、25、26、27、28、30、31、32、33、36、38、39、40号样地，位于K161 + 800 ～ K523 + 200之间，海拔为2 900 ～ 4 300 m，主要植被以小蒿草–针茅草甸以及芨芨草为主，其土壤肥力条件和植被情况在五种类型中均处于较差的位置，说明路域土壤和植被已经受到了人类活动的干扰和破坏。

第Ⅱ类包括14个样地，即1、2、3、6、7、8、9、11、14、16、29、33、35、37号样地，位于K541 + 650 ～ K772 + 300之间，以及K268 + 900、K320 + 800和K425 + 500处，海拔位于3 700 ～ 4 400 m。此路段主要植被也以小蒿草–针茅草甸及部分灌丛群系为主，受人类活动的破坏相对较小，路域土壤肥力和植被情况较好。

第Ⅲ类包括4、10、12、13、37号五个样地，主要集中在K740 + 150 ～ K756 + 685，以及K228 + 200和K609 + 340处，海拔在3 600 ～ 4 600 m，变化较大，土壤肥力水平较高，氮素水平尤其较高，植被主要以金露梅、毛枝居山柳、高山绣线菊灌丛为主，覆盖度在0.9左右，物种数在5种以上，但总生物量较低，大体反映了一种处于正向演替过程中的群落特征。

第Ⅳ类包括15、18、34号三个样地，分别位于K771 + 145、K493和K302 + 200处，海拔3 750 ～ 4 250 m，土壤肥力水平相对较好，植被数3 ～ 8种，以小蒿草、毛莲蒿和垫状植物为主，植被覆盖度在0.8以下，生物量较低，代表了一种破坏后正在演替的生物群落。

第Ⅴ类仅有5号样地，位置在K653 + 300处，海拔4 492 m，是以针茅为主的高原草甸群落，该处土壤水分条件充足，属于长江源水土保持生态区，样地土壤肥力条件较好，植被覆盖度高，地下根系发达，代表了典型的高原生态草甸景观。

第5章

冻土区公路边坡生态防护与植被恢复关键技术

公路边坡是公路建设中破坏最为严重的区域之一，因此对其进行有效防护是公路生态恢复的重要内容。由于生态防护的防护效果突出，且具有较好的景观效果，它是公路边坡防护的主要形式，在公路建设中得到了越来越广泛的应用。但每一种生态防护形式都有一定的适用范围和局限性，为此在实际应用中应本着因地制宜的原则。

本章从高海拔寒区植被条件及重建机理分析、退化草场的利用及植被恢复重建技术、边坡生态防护及植被恢复关键技术（铺草皮边坡防护技术、高边坡铺草皮生态防护技术、人工播种技术、喷播技术、草皮移植技术、三维网技术、植生带技术、植生袋技术以及植物纤维毯技术）几个方面进行总结研究，并对冻土区植被恢复效果进行调查分析。

5.1 高海拔寒区植被条件及重建机理分析

由于高寒地区存在低温、冻融频繁及干旱等特殊气候特征，其中共玉公路工程沿线植被生存环境极为脆弱，部分地段及风口地段、西向坡、迎风面出现黑土滩、沙化和植被退化特征，且较为严重，植被退化趋势明显。植物个体群落组配和草地质量发生了变化，草地植物变为矮小稀疏和差劣，生物多样性下降、盖度变小，植被生产力减少，草原面积退化率不断上升。

而随着植被的破坏，高原土质的物理和热力学稳定性便会受到影响。在公路边坡建设施工过程中，为了提高高寒地区地基的稳定性，往往会用颗粒较粗的沙砾换填原有的土壤，然而由于换填之后土壤中的沙砾含量高，这就对后期植被恢复造成困难，而且沙砾填充层的厚度直接影响植物萌发率、植被盖度和植被多样性，不利于植被的生长恢复。经过调研发现，人工植被比与未经平整处理的对照区相比，覆盖率和地上生物量都要高，而地下生物量则要少。这说明公路边坡经过重新平整、种植后，可以很快建立较好的人工植被，改善公路景观，这在工程施工过程中对于被破坏的表土及原有草皮进行及时保护和恢复显得极为重要。由于有机质土壤包含当地植被最大的种子库，植物在有机质土壤上较矿物质土壤上生长更为迅速且成活率高，原有草皮回植是该地区植被恢复比较快捷的方法之一。总体来说，高寒草甸和沼泽草甸由于具有特殊的草毡层结构，草皮移植方法简单，效果更加明显，但在高寒草甸区和沼泽草甸区也有局限性，草甸区具有明显的草毡层，较为坚硬。

5.2 退化草场的利用及植被恢复重建技术

草场退化是土地退化的一种类型，是土地荒漠化的主要表现形式之一。草场退化主要表现为优良牧草种类减少、草种单一、单位面积产草量下降等，包括土壤物质损失和理化性质变劣、优良牧草的丧失和经济生产力下降。草场退化主要是人为活动造成的，包括过放牧、滥垦和滥采等。

为了有效保护高寒区生态环境，减少公路建设大面积破坏原生植被和草皮，本项目采用退化草场为草皮料场，通过对退化草场的筛选，选定适宜工程建设边坡防护所需的草皮料场，结合路基施工时序，提出对路基边坡的刷坡和铺草皮防护同步开展的新工法，施工结束后对草皮料场进行植被恢复，以达到退化草场的恢复与改良、公路路基边坡复绿生态恢复和增加牧民收入的多赢局面。本节重点分析其退化草场筛选机理、恢复效果，并总结施工中的关键技术和工艺方法。

5.2.1 退化草场的筛选及评价指标

共玉公路特殊的地理位置和气候特征发育了独特的生态系统类型。在严酷的环境下植物群落经过长期演化与本区生境条件相适应，其生态位非常窄，对外来因子的敏感性较大。该区高寒植被类型及景观特点具有明显的原始性和脆弱性，高寒植被的逆行演替表现出非梯度性变化特点，表明其变化不全受区域气候条件及其变化的影响，而与过度放牧等人类活动有密切的关系。由于人类活动强度和频度的差异，同一植被类型的变化及其发展趋势在空间上表现不均衡，即一个局域比另一个局域变化明显或不明显。同时，植被及生境在时间上也有非均匀特征，部分时段及其生境的变化呈加速发展趋势。从植被及其生境的变化来看，本区高寒植物及其生境的变化受到气候变化和人类活动的综合影响，近期人类活动的影响较为明显和加强。就其生态系统的特殊性，影响其变化的因素较为复杂。

江河源区的大部分草场都存在着严重的超载过牧现象。过牧还引发了高原冻土区突出的环境和生态问题。冻土环境是很脆弱的生境，很多情况下是不可逆的，一旦遭到破坏则很难恢复，尤其在极不稳定的岛状冻土区内，对外界条件变化的反应更加敏感。鼠害是草地退化的伴生物，反过来又加速了草地退化进程。过度放牧使牲畜喜食的优良牧草被连续啃食和践踏而逐渐失去了竞争力，牲畜不食或极少采食的杂类草的繁殖能力和竞争能力则增强，导致草地植被群落结构发生变化、草地生产力降低以及土壤的坚实度下降等，形成有利于啮齿类动物生存和繁殖的生境条件。人为化学药物灭鼠造成了害鼠的天敌二次中毒死亡，使原有害鼠天敌的种类和数量减少，引起了鼠虫害蔓延和泛滥。鼠害又使风蚀、水蚀和冻融等自然演变进程加剧，草地退化更加严重。人为的其他活动如采金、修路和挖药等，使江河源地区许多草场遭到了严重毁坏。

共玉公路建设区草地生态系统极其脆弱，对外界环境条件变化异常敏感，气温升高等气候小幅变化会对区域生态系统产生深刻影响。受全球气温增暖影响，位于青藏高原腹地的江河源区气温也在趋暖化。从位于区域内的玉树、果洛洲和玛多县多年来的历年平均气温和降水量资料来看，气温呈上升趋势，降水量呈下降趋势，冻土地温亦明显升高。温度升高加剧了该地区的蒸发，加之降水量减少，干暖化速度趋于加快，气候干暖化过程造成了区内冰川退缩，冻土冻融过程改变，湖泊水面萎缩，湖水内流化和盐碱化；草地及湿地区域性衰退，出现沼泽植被衰亡，草甸消失成为荒漠，高寒沼泽化草甸草场演变为高寒草原和高寒草甸化草场等。

在共玉公路建设过程中，提出以退化草场作为工程建设的草皮料场的方式以减弱工程建设对临时占地的扰动和破坏，因此在选择退化草场时应当遵循以下评价指标：

草地退化评价假设植被覆盖度变化完全反映草地退化状况，并且仅考虑植被覆盖度下降情况下的草地退化。根据国标《天然草地退化、沙化、盐渍化的分级指标》(GB 19377—2003)，把草地退化程度分成四级：未退化、轻度退化、中度退化和重度退化。在上述研究基础上，将植被覆盖度作为草地退化评价指标对草地退化进行评价。

表 5–1 草地退化评价指标、标准以及等级划分方法

退化等级	评价指标	监测与评价标准	植被盖度百分数（%）
未退化	总覆盖度相对百分数的减少率	以20年草地最大植被盖度为基准值	0 ～ 10
轻度退化			11 ～ 20
中度退化			21 ～ 30
严重退化			＞30

对退化草场的选定，通过对不同区域草地退化状况进行分析，将草地退化分为未退化、轻度退化、中度退化和严重退化四级（表5–1）。草皮料场的选择优先选用严重退化的草场和中度退化的草场；严重退化的草场以利用表土为主要目的，中度退化的草场以草皮利用和表土利用为主要目的。

5.2.2 草皮料场使用后生态恢复

(1) 场地平整与土地整理

根据不同的类型和地形条件，对征用为草皮料场的草场就地进行平整，顺坡就势，使之与周围地形协调一致。尽量使边角呈圆弧状，不形成棱角。针对不同类型的取草皮坑可以采取不同的平整措施：条状取草皮坑采用机械进行平整，高削低填，使整个地形平顺，与周围地表自然过渡；点状取草皮坑将其四周边坡修整为圆弧状、自然型，并适当平整坑内场地；大面积取草皮地采用机械平整，使整个地形平顺，与周围地表自然过渡，放缓边坡，与周围地表逐步过渡。

(2) 物种配比

结合已有的边坡防护经验，本项目区覆盖率较好的植物种类包括混播（垂穗披碱草＋老芒麦）、垂穗披碱草、老芒麦、混播（垂穗披碱草＋老芒麦＋扁穗冰草＋无芒雀麦＋星星草）以及中华羊茅。垂穗披碱草、老芒麦以及以垂穗披碱草和老芒麦为主的混播植被覆盖

率在5年以后仍然较高，说明垂穗披碱草、老芒麦及其混合搭配具有良好的适应性。

5.2.3 退化草场恢复效果分析

① 经过调研发现，人工植被比与未经平整处理的对照区相比，覆盖率和地上生物量都要高，而地下生物量则要少。这说明草皮料场重新平整、种植后，可以很快建立较好的人工植被，但真正要建立良好的植被则需要时间，因为地下生物量是需要逐年积累的。

② 种植区覆盖率和地下生物量比第一年继续增加，说明植物分布更加均匀，养分积累增加，生命力更强；地上生物量则不如第一年多，这是因为第一年地表有无纺布覆盖，植物生长处于保护状态，既能保温保湿，促进植物生长，又能防止动物啃食，而将覆盖物撤走后，第二年植物生长则处于自然状态中。这也说明了人工植被建成后，在高寒气候条件下能够安全越冬，能够适应当地的自然环境。

5.3 边坡生态防护及植被恢复关键技术

5.3.1 铺草皮边坡防护技术

由于高寒地区环境恶劣，在漫长的生态环境演替过程中，草原和草甸植物的生长极为缓慢。在年平均降雨量为200 mm以上的地段，植被破坏后至少需要30年才能恢复到原来的物种丰富度水平。而植被盖度的恢复则需要45年以上才能恢复到破坏前原有盖度水平。一旦原始土壤遭到严重损坏，植被盖度恢复可能需要60年以上。由此可知，利用路基原有草皮种植的方式使得植被恢复更为有效。

由于经过漫长而缓慢的演替过程，物种已经适应了当地的环境和气候条件，生长过程中，人工的介入维护相对较少。垂穗披碱草、赖草、冷地早熟禾和中华羊茅在海拔4 000 m以上路基边坡可以萌发，萌发率较低，但可以安全越冬，自然状态下出苗率不足50%，越冬率达 50%以上。这些物种为高原地区常见的多年生草本植物，具有耐寒、抗旱、耐盐碱等显著特点，对高原地区气候和土壤环境具有较好的适应性。

在工程施工过程中对于被破坏的表土进行及时保护和恢复显得极为重要，由于有机质土壤包含当地植被最大的种子库，同时植物在有机质土壤上较矿物质土壤上生长更为迅速且成活率高。原有草皮回植是该地区植被恢复比较快捷的方法之一，效果明显。总体来说，高寒草甸和沼泽草甸由于具有特殊的草毡层结构，草皮移植方法简单，效果更加明显，但在高寒草甸区和沼泽草甸区这一方法也有局限性，草甸区具有明显的草毡层，较为坚硬。施工要求较高，如果草皮与草皮之间衔接不紧密，移植草皮与下垫面结合不紧密，都将影响草皮的成活；另外，起挖草皮时，厚度不易掌握，太浅时破坏植物根系，并且土壤毛细管系统遭到破坏，水分无法提升到植被根系层，阳光直射导致植被蒸腾加速以及大风等气候因素影响下容易风干枯死。高寒草原区由于草皮层较为松软，草皮不易成块，土壤结构容易破坏，移植所需代价较大，且前期需要浇水等管护措施，待松软的草皮层与下垫面结合紧密时，其根系可以有效固土，植被恢复的同时可稳固边坡。

5.3.2 高边坡铺草皮生态防护技术

针对高边坡的特殊路段，并结合一般路段的铺草皮技术，选用植被生长较好、根系发达的草皮块，按照施工技术要求施工，对于高边坡特别是大于10 ～ 25 m的边坡具有良好的适应性。

5.3.3 人工播种技术

人工播种是植被防护的一种传统做法，通过人工的方式将植物种子直接播撒在待恢复区的土壤上，利用植物自我生长，以达到恢复植被的目的。播种方法主要有条播、撒播和点播三种类型。

条播就是人工根据土壤条件间隔一定距离（通常为15 ～ 30 cm）开沟播种的方法。当土壤水分含量好、土质肥沃时，可以适当把行距缩小，当土壤相对贫瘠又比较干旱时，可以适当把行距加宽。

撒播就是人为把种子撒到地面上，然后再盖上表层土壤，这种播种方法在后期会出现出苗不一致的情况，但适合大规模的播种。

点播即间隔一定的距离开穴播种，因此也叫穴播，这种方法通常适用于种子大而且生长繁茂的植物，这种方法不仅节约种子，而且出苗率相对高。

播种时首先要根据种子大小、土壤含水量等因素确定播种的深度，种子小时播种深度应较浅，种子大时播种深度适当加深，土壤含水量较高时播种深度应较浅，土壤含水量较高时播种深度适当加深。另外，覆土太厚会降低种子的出苗率，覆土太薄又会导致种子干燥不出芽，播种时这些问题都应该尽量避免。总之，人工播种相对其他植被恢复技术而言，施工最简单，成本也最低。

5.3.4 喷播技术

喷播技术包括液压喷播、客土喷播和有机质喷播，其方法主要运用于边坡植被恢复过程中，根据不同的气候特点和立地条件，选择最适合、最经济的喷播技术。

(1) 客土喷播技术

客土喷播是将种子、土壤、土壤改良剂、肥料、黏合剂、保水剂等按一定比例混合，利用高压喷射机喷射到经过加固处理的坡面，草和灌木均能在很多立地条件差的边坡地段（如岩石边坡）依靠基质、锚杆、网面与植被的共同作用实现快速绿化，对坡面进行防护的一种机械建植技术。

1）技术特点

其优点在于：

① 可用于贫瘠土壤和高硬度坡面。

② 施工效率高，养护简单，出苗率较高，覆盖效果好。

③ 可与工程防护结合应用。在坡度较陡、岩质不稳定的情况下，可以先使用土工格梁和喷锚加固等方法稳定边坡，然后再在其表面用该技术进行植被恢复。

④ 可改善土壤条件，在土壤中加入土壤改良剂和肥料等改善土壤的营养结构。

⑤ 可在喷播基质中加入酸碱中和剂，调整土壤的pH值更适合植物生长。

⑥ 可在喷播基质中添加黏合剂，增强抗雨水侵蚀能力。

⑦ 可在喷播基质中添加保水剂，增强土壤的耐旱能力。

其缺点在于：由于施工所需的机械设备量大，因此成本较高。

2）适用范围

客土喷播技术是根据液压喷播技术针对岩土边坡的植被恢复需要而开发的，也可用于贫瘠土壤和高硬度坡面。该技术主要适用坡度中等（30°～50°为宜）的土质边坡和石质土边坡（填方或挖方边坡）。

（2）液压喷播技术

液压喷播是把种子、水、肥料、有机纤维、黏合剂、保水剂、染色剂等液态混合物利用泵式液体喷射机喷射到边坡上的一种植被恢复技术。

1）技术优点

具有立地条件适应性强、建植速度快、草被生长均匀、成本低廉、省工时等优点，可以快速恢复植被。

① 机械化程度高。喷播机械包括汽车、喷播机、管道等设施，因此必须是专业化的施工，并有一定的行车道和作业规模，对偏僻的零星边坡施工，液压喷播难显其优势。

② 技术含量高。喷播技术既有传统的草坪建植方法所具有的共同优点，同时也解决传统建植方法难以解决的困难问题，如人工播种受风力影响大的问题，坡度大难建植的问题等，实现了草种混播、着色、施肥、播种、覆盖等多种工序一次完成，在最大风力5级的情况下也不影响喷播的效果。

③ 施工效率高，成本低。液压喷播可大量减少施工人员和投入，如铺10 000 m^2草皮需要77个工日，而液压喷播一台喷播机仅需1～2天。缩短了施工周期，节约了工程开支，因此液压喷播是一项低投入、高产出的技术。

④ 成坪速度快，绿化覆盖度大。由于植物种子和肥料等充分地搅拌在一起，种子和幼苗能充分和有效地吸收养分、水分。因此采用液压喷播绿化，种子萌发和幼苗能成长迅速，成坪速度快，绿化覆盖度大。

⑤ 成坪均匀度高，质量高。由于液压喷播的混合液搅拌均匀，喷播的速度也一致，因此采用喷播建植的草坪均匀度很高。

2）适用范围

特别适用于风化岩、土壤较少的软岩及土壤硬度较大的土壤边坡，对于坡度大、石质成片的坡面可通过打锚杆、挂镀锌铁网后再喷播，同样可以达到绿化美化的目的。在边坡上固定一层金属网或塑料网，并在其上喷播客土、植物种子、保水剂、黏合剂、植物加筋纤维等进行复绿的方法，适应50°以下岩石、土质边坡复绿。

（3）有机质喷播技术

有机质喷播是将种子、有机质、土壤改良剂、肥料、黏合剂、保水剂等灰料混合物使用灰浆喷射机利用高压空气喷射到边坡坡面的植被恢复技术。喷播材料由人工配置而成，其主要成分为有机质（植物纤维），喷射时要在坡面上形成具有一定厚度的有机质层，所以有机质喷播也称为厚层基质喷播或者厚层材质喷播。边坡坡度小于60°时均可使用该技术进行植被恢复。

1）技术特点

其优点在于：施工初期的植被恢复效果明显。有机质土壤质地条件好，营养丰富，酸碱程度适中，优越的土壤基质条件促使植物种子发芽和快速生长。

其缺点在于：

① 在干旱地区容易出现干裂、脱落现象。有机质喷播技术中采用的有机质大部分为草炭，该物质吸水膨胀、失水收缩，具有较强的伸缩性。在干旱、半干旱地区，春冬季节长时间得不到水量的补充极易造成有机质层大面积脱落。

② 易造成土壤板结。有机质内高分子黏合剂在长期没有水分供给的状态下，加上草炭的作用，容易造成有机质土壤板结成块，造成土壤硬度太大而使植物无法生长。

③ 施工、养护成本高。该技术施工工艺复杂，人工、机械、多种喷播材料使得施工成本较高。此外，喷播后必须保证不少于45天的浇水保墒期，并且在养护期每年夏天也要进行适当的浇水，因此养护成本也高。

2）适用范围

坡形及坡质：有机质喷播对挖方路段石质边坡最为适用，土石边坡、强风化石质边坡次之。

坡率及坡高：有机质喷播可用于高陡边坡的坡面植被建植，适用边坡坡率一般在1 ： 0.2 ～ 1 ： 1，适宜的每级高度不超过10 m。

5.3.5 草皮移植技术

草皮移植是指将天然草皮或者人工草皮块铺设到已经平整好的土地上，是一种快速的植被恢复方法。草皮移植以人工草地为主，草皮取出后，将其铺设到平整的土地上，然后踩压浇水，使草皮和土壤充分接触，受损植物根系就会再次萌发新根，使草本植物成活，并在迹地上迅速形成覆盖植被。

(1) 技术优点

成本低，易成活，移植完毕就可以在迹地上形成植物覆盖。

(2) 适用范围

青藏高原高寒草原、高寒草甸区的多年生草皮移植。一般海拔在5 000 m以下。受海洋性气候影响，夏季气候温和湿润；冬季气候寒冷、干燥；具有典型的高原大陆气候。其中对草皮的要求是根系较发达，易切块成型。移植到路基边坡与水沟的草皮必须是生长在草地中多年生草皮，对路基边坡的要求是填料为细颗粒土质边坡，对粗颗粒土质边坡、腐殖土厚度要适当加厚。按照施工技术要求施工，对于高边坡特别是大于10 ～ 25 m的边坡具有良好的适应性。

5.3.6 三维网技术

三维网植草技术是将三维网铺在坡面上，播撒种子后，用覆土覆盖进行植被恢复的边坡防护技术。三维网是由一种热塑性树脂经过挤出、拉伸等工序相互缠绕，并在交接点处经热熔后黏结在一起的稳定的立体三维网。网格外观凹凸不平，90%以上的空间为空隙，空隙处用来填充土壤和草种等，成活后的植物根系也可以穿过网格空隙深入地下土壤。三维网采用高分子材料制成，材质疏松柔软，化学稳定性较高，也可采用可降解性塑料，数年后三维网可在土壤中自然分解。

(1) 技术优点

① 可固定坡面，防止坡体下滑。

② 具有保墒作用。三维网大多为黑色或绿色，具有吸收热量的作用，从而使地温升高，促进种子的萌发。适合在气温较低的地区使用。

(2) 适用范围

三维网植草技术适合在高寒地区使用，对于稳定的路堤边坡、土质和石质填料均可，常用边坡坡度为1 ： 1.5 ～ 1 ： 2.0，边坡高度一般不超过6 m。

5.3.7 植生带技术

利用植生带进行边坡植被恢复的建植技术叫作植生带技术。植生带可使用自然降解的无纺布或者其他材料，草种、肥料、保水剂等按一定比例混合后按照特定工艺被均匀定位到可降解材料上，从而形成植生带。

(1) 技术特点

其优点在于：

① 具有很好的抗雨水冲刷能力。

② 种子分布均匀，出苗整齐美观，同时节约了种子的播种量，省时省工，而且可根据要求适当选用不同的种子组合，配比灵活多变。

其缺点在于：植生带的持水、抗旱能力较差，养护期对水分的要求较高。

(2) 适用范围

适用于小于60°的土质边坡、风化岩石、沙质边坡。主要用于水源丰富或降雨量较多的地区，不适合在干旱、半干旱地区使用。

5.3.8 植生袋技术

植生袋是一种袋面含有植物种子夹层的、大小通常为50 cm × 50 cm的、一端开口的袋子，袋子内可以装入土壤和肥料的种子种植袋。植生袋通常分为五层：最内层和最外层为尼龙纤维网，次内层为可短期降解的无纺棉纤维布，次外层为加厚无纺布，中层为植物种子、生物菌肥和长效复合肥等混合物质。通常把植生袋按一定倾斜度整齐地码砌在边坡上，待水热条件适宜时，种子会发芽并穿透袋子长出来，在坡面上形成植被层，从而达到植被恢复、保护坡面的目的。

(1) 技术优点

① 植生袋采用植物纤维作为载体，其降解性好，有助于环保。

② 植生袋体积较小，方便运载，施工容易，铺设效率高。

③ 工程造价低于其他圬工或砌石防护。

④ 植生袋有保温保墒作用，可以在一定程度上减弱冻融情况。

⑤ 植生袋储水性能良好，再加之可以在其内加入保水剂，同时将肥料加入袋内，使植物的成活率提高，减少后期养护。

⑥ 种子配比灵活多变，可适时适地地选用不同的种子组合。

(2) 适用范围

适用于没有土层覆盖的岩石区或者滑坡后的山体裸露地带、斜坡、岩石边坡的凹陷处、片石区等，适用于北方寒冷地区。

5.3.9 植物纤维毯技术

植物纤维毯是将植物纤维材料（如稻秸、麦秸、玉米秆、棉秆、椰壳纤维、大麻、黄麻、亚麻、天然杂草）加工成条形纤维状，进行梳理后编织成毯状纤维层，然后在其下方铺适当厚度的营养土，并配入提前定好的草灌植物种子、保水剂和营养基质，最后在纤维毯的上下各用一层强化网固定后就形成完整的植物纤维毯，如图 5–1 所示。

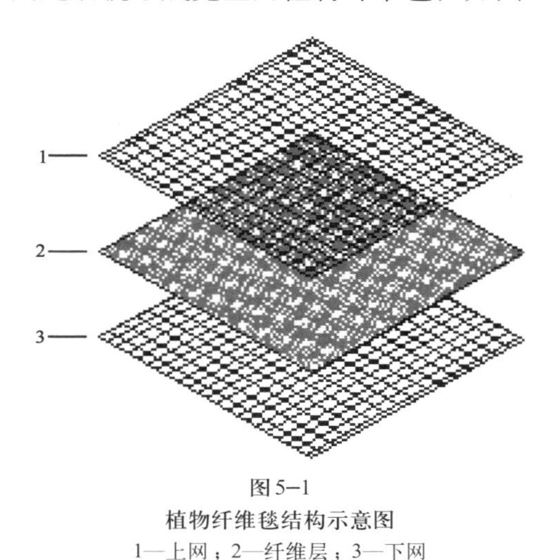

图 5–1
植物纤维毯结构示意图
1—上网；2—纤维层；3—下网

(1) 技术优点

① 施工简单，可快捷地在公路边坡形成覆盖，效果明显。
② 具有很好的固土、抗雨水侵蚀能力。
③ 植物纤维有较强的吸水能力，因此蓄水保墒功能好。
④ 植物纤维毯可降解，不仅环保，而且降解后可为植物提供养分。

(2) 适用范围

整齐无明显凹凸坡面，适应气候范围较广，南北方均可用。

5.4 植被恢复效果调查分析

5.4.1 铺草皮边坡防护技术效果分析

根据已铺筑好的草皮防护效果显示，大部分草皮成活率在 90%以上，植被盖度高，越冬率较好，属于高海拔寒区边坡植被防护的主要关键性技术措施，如图 5–2 所示。

5.4.2 高边坡铺草皮生态防护技术效果分析

根据已铺筑好的高边铺路段，采用铺草皮生态防护技术进行试验，恢复率在 90%以上。表明铺草皮生态防护技术对于高边坡特别是大于 10 ～ 25 m的边坡具有良好的适应性，如图

图5–2 铺草皮后的恢复情况
（由施工单位青海省海南天和路桥公司提供）

图5–3 高边坡铺草皮后的恢复情况

5–3所示。

与传统的边坡防护相比，铺筑草皮主要优点为：

① 充分利用了资源、节约了资源、降低了建设成本。高原上的草皮是青藏高原经历几百年甚至上千年时间物理化学变化才形成的宝贵资源，也是对公路环境进行恢复的有效资源。通过本项目技术，变废为宝，也节约了混凝土、浆砌等工程。目前已经完成公路路基边坡草皮回帖150万m^2，原设计的混凝土、浆砌防护工程预算价格为110元/m^2，草皮回铺预算价格为33元/m^2，直接节约近1.2亿元建设成本，有效减少水泥、钢材等能源消耗。

② 提高了公路的耐久性。高海拔高寒地区由于其气候条件恶劣、大温差（日温差大、年温差大）等影响，混凝土结构冻融呈现高频高幅特征，冻融循环对结构耐久性影响很大，采用草皮生态防护后，随着时间越长越结实、耐久性越好，从总体公路成本上来讲，也具有很好的经济效益。

③ 施工质量容易保证。草皮移植回帖成活率近100%，且有路基排水充足的水量补充，回帖草皮生长优于周边自然草皮。节约了混凝土、浆砌工程需要进行质量检测的人力、物

力和经费。

④ 环境美观，生态良好。路基采用生态防护后，与周边环境融合得非常好，可以说能实现“无痕迹”施工。按老百姓的话说，好像路从草地里“长出来的”，达到道路与周边环境良好融合协调。

⑤ 施工简单、方便，技术要求低，容易控制，单位工程计算需要的劳动力很少，提高了劳动效率。与原常规设计的浆砌防护、窗孔式等相比，需要的劳动力减少较多，显著提高了劳动生产率，也体现了以人为本（高海拔劳动艰苦、困难）。

⑥ 降低了公路运营期养护工人的劳动强度和道路养护成本。青藏高原由于其恶劣的自然环境和气候，路基开挖、填方形成的边坡十几年甚至几十年难以恢复植被。在强暴雨情况下，路基边坡容易形成冲刷、碎落，给公路养护边坡修复和清理碎落等增加了很大的工作量。通过该项目技术实施草皮“生态防护”后，可显著降低公路养护工人的劳动强度（初步粗略估算，至少可以降低30%的劳动强度），体现以人为本的理念。同时，降低公路养护成本（若每千米养护费用按保守的每千米3万元计算，共玉公路全线634 km，每年节约养护经费约1 900万元；再按公路路基使用以50年计算，将节约近10亿元），贯彻公路建设可持续发展、全寿命周期成本理念。

5.4.3 草皮移植技术效果分析

在B4标路段进行原生植被草皮移植恢复试验研究，草皮移植采取人工挖掘及时移植和机械挖掘延滞移植两种方式，移植草皮的草群由5～10种植物组成，以嵩草、苔草为建群种，覆盖度达45%以上。结果显示无论是人工挖掘及时移植草皮还是机械挖掘延滞移植草皮均生长良好，人工挖掘移植的草皮在景观和植被成形上都明显好于机械挖掘延滞移植的草皮。恢复较好的路段当年植被盖度达50%～80%，基本达到原生植被盖度，并保留了原生优良牧草品种。

5.4.4 三维网技术效果分析

图5–4和图5–5分别为一年后用无纺布覆盖和未用无纺布覆盖的植被恢复效果，可以看出有无纺布覆盖的植被恢复效果极好，植被覆盖率几乎达到100%，而未用无纺布覆盖的植被恢复较用无纺布覆盖的恢复效果差，植被覆盖率在50%左右。

5.4.5 植物纤维毯技术效果分析

在A9标K455～K456段试验边坡对植物纤维毯技术进行试验，该次试验点的选取避免了坚硬的岩石区和极度干旱区，选取砂石混合、土层松软、水土流失和冲刷情况较为严重的边坡。采用并铺设了植物纤维毯，面积3 200 m^2，坡比为1 ： 2。

试验区纤维毯于2012年7月12日铺设完成，一周内没有明显降水，草毯平整，草毯上已稀疏地长出草芽，草毯的出苗情况良好，颜色及质地均较好。两周之后，植被密度逐渐

图5–4 有无纺布覆盖的植被恢复效果

图5–5 无无纺布覆盖的植被恢复效果

增加，至8月7日平均植被高度约10 cm，平均密度77棵/m^2；至8月23日平均植被高度约20 cm，平均密度109棵/m^2，植被基本覆盖坡面。

试验表明，在未护坡坡面，相同降雨条件下，坡度越大，降雨在坡面上的入渗量越小，而径流量越大。同时径流在坡面上的流速就越快，径流对地表剪切力就越大，径流冲刷地表使地表局部出现的冲沟窄且密。对于缓坡，降雨在坡面形成的径流流动速度相对较小，径流剪切力小，径流对坡面的冲刷作用也有所下降，坡面冲沟宽而稀。陡坡深度大约50 cm，缓坡段侵蚀宽度大约40 cm；对比之下，暴雨过后，植物纤维毯坡面整齐，只有上方坡面侵蚀水流携带的少量沙土遗留在纤维毯上，未对纤维毯造成破坏，并且保护坡面效果明显。植物纤维毯铺设区植被高度大概5 cm，并且植物密度也比之前大很多，说明草种并没有被暴雨冲走。

分析植物纤维毯护坡效果，一方面植物纤维毯具有高强度的上下网织物，且各层绗缝在一起，使得纤维毯更加结实，以及纤维毯铺设时锚固沟底、搭接处用U形钉固定紧实，四周用回填原土压牢，使得整个纤维毯平整结实。当暴雨袭来时，雨滴未能直接冲击纤维毯底下的土壤，有效防止了雨滴溅蚀的发生和发展；同时纤维毯并没有因上下方坡面侵蚀破坏而整体失稳破坏，当上方水流携带沙石流过纤维毯时，上层网织物未发生破坏，有效保护了中间层的椰壳纤维层。另外，暴雨之后，植被密度逐渐增加，至恢复45天后平均植被高度20 cm，平均密度109棵/m^2，植被基本覆盖坡面。植被根系发育后垂向和横向加固草毯与土壤连接，更有利于整体坡面的稳定性。对比照片如图5–6和图5–7所示。

图5–6 植物纤维毯防护坡面（次年5月）

图5–7
同一位置裸露坡面对比（次年5月）

综上所述，植物纤维毯无论是在材料结构、铺设和施工方面都体现出其优越性。夏季暴雨之后，与其他护坡措施相比较，植物纤维毯的高强度、防雨水冲刷特性保证了强降雨情况下坡面的整体稳定性。同时，保墒、防晒的良好特性有利于营造种子快速发芽环境，植物完全可以穿过植物纤维之间的空隙良好生长。

5.4.6 植生袋技术效果分析

(1) 不同处理水平对植被恢复的影响作用

植生袋恢复技术试点在K552附近，试验时间于2012年9月开始，每年定期观测，试验植物配比参考青藏公路整治改建工程植被恢复经验确定四种植物配比（表5–2和表5–3），10种种植工艺，每种工艺面积1 m^2，前四种种植工艺为植物配比实验，后六种种植工艺为不同营养实验，每种实验重复两次，植生袋种植40个，分4行10列进行种植，每个袋子宽0.5 m，长1.3 m，植生袋之间的种植距离约为0.2 m，总共种植面积为15 m × 4 m。一年后对植生袋植被恢复试验区植物的生长时间、盖度、地上生物量、地下生物量等进行调查分析。

表5–2 植物配比试验设计

处理编号	植物种类	播种量（g/m^3）
1	混播配比1#	40
	垂穗披碱草	10
	老芒麦	10
	冷地早熟禾	10
	星星草	10
2	混播配比2#	40

（续表）

处理编号	植物种类	播种量（g/m^3）
2	垂穗披碱草	30
	老芒麦	10
3	混播配比3#	40
	垂穗披碱草	10
	老芒麦	30
4	混播配比4#	40
	垂穗披碱草	20
	老芒麦	20
5	对照	0

表 5–3　植生袋植物种子配比

编　号	种植工艺	材料用量（g/m^3）				
		保水剂	腐殖土	复合肥	专用肥	种子
1	植生袋1号	5	20 000	40	80	混播1#
2	植生袋2号	5	20 000	40	80	混播2#
3	植生袋3号	5	20 000	40	80	混播3#
4	植生袋4号	5	20 000	40	80	混播4#
5	植生袋5号	2.5	20 000	40	80	混播4#
6	植生袋6号	10	20 000	40	80	混播4#
7	植生袋7号	5	20 000	80	80	混播4#
8	植生袋8号	5	20 000	20	80	混播4#
9	植生袋9号	5	20 000	40	40	混播4#
10	植生袋10号	5	20 000	40	160	混播4#
11	空白对照	0	0	0	0	0

（2）植物种类配比分析

将植生袋1号、植生袋2号、植生袋3号、植生袋4号做对比，在保水剂、腐殖土、复合肥和专用肥用量相同的情况下，分析最优种植植物种类。从图5–8可以看出，从盖度、地上及地下生物量等植物生长指标来综合考虑，植生袋3号的配比较优，植生袋4号次之，植生袋1号效果较差。因此在后期的植被整体恢复过程中，推荐采用植生袋3号的配比方式，从而达到较好的恢复效果。

(3) **不同保水剂量的植物恢复效果分析**

试验恢复时间、腐殖土、复合肥、专用肥等因素相同的条件下，对植生袋4号、植生袋5号、植生袋6号进行对比，分析保水剂的用量对恢复效果的影响作用。从图5–9可以看出，植生袋4号的恢复效果较植生袋6号明显，植生袋5号的效果较差。因此在后期的恢复技术应用过程中，推荐采取植生袋4号的保水剂用量。

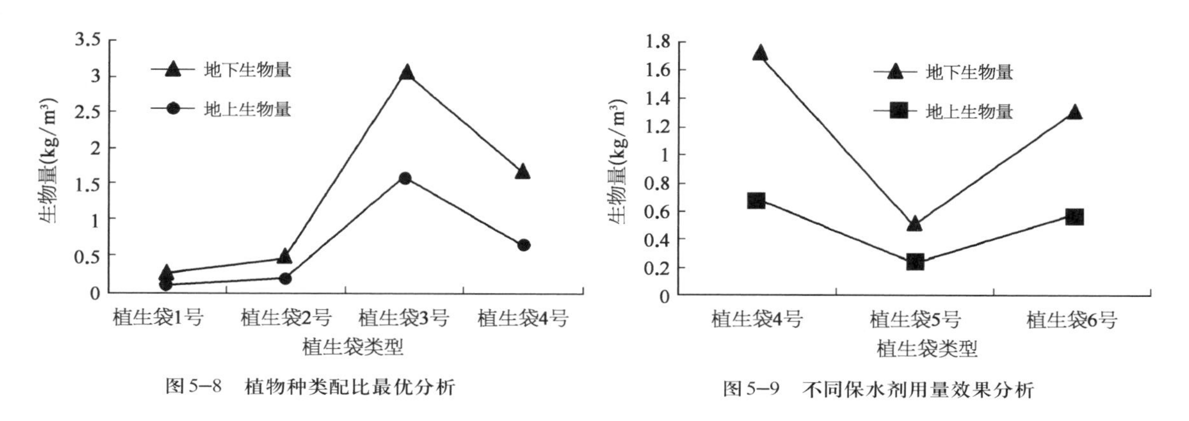

图5–8 植物种类配比最优分析

图5–9 不同保水剂用量效果分析

(4) **不同复合肥用量的植被恢复效果分析**

植生袋4号、植生袋7号、植生袋8号的保水剂、腐殖土和专用肥的用量相同。复合肥的用量不同，分别为40 g/m³、80 g/m³、20 g/m³。观察图5–10，通过从植物恢复的盖度、地上生物量、地下生物量等方面进行对比分析，可以看出植生袋8号的恢复效果最好，植生袋4号次之，植生袋7号恢复效果相对较差。因此在后期的恢复过程中，复合肥的用量可以采用植生袋8号的用量。

(5) **不同专用肥量的植被恢复效果分析**

植生袋4号、植生袋9号、植生袋10号的保水剂、腐殖土、复合肥的用量相同，专用肥的用量各不相同，分别为80 g/m³、40 g/m³、160 g/m³。因此通过植物盖度、地上生物量、地下生物量等几方面作图并对比分析可以看出（图5–11），植生袋10号的恢复效果最好，植生

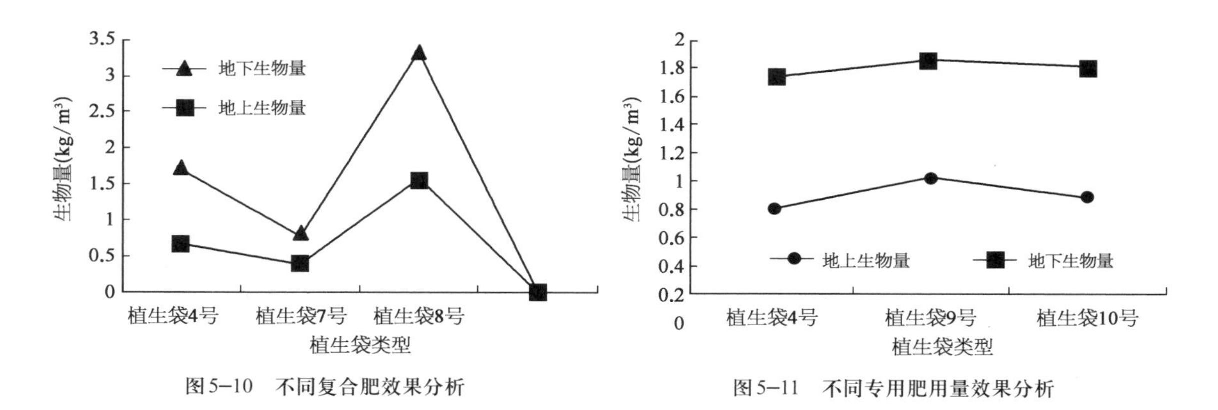

图5–10 不同复合肥效果分析

图5–11 不同专用肥用量效果分析

袋9号的效果次之，植生袋4号的效果相对最差。因此在后期的恢复过程中，可以采用植生袋10号的160 g/ m^3的用量。

(6) 不同时间段内植被恢复情况分析

2013年6月初随机挑选10个植生袋剪开观察植物的生长状况，发现袋内的植物整体生长状况并不是很理想，只有个别植生袋内的植物生长状况较好。而在2013年9月再次实地调查显示，在6月剪开的10个植生袋内的植物生长状况极为良好，植物生长率达到90%，植物高度较高，而剩余没有剪开的植生袋中的植物生长状况较剪开的差，有些植生袋未长出，个别极少的植生袋中植物冲出植生袋生长，但整体生长状况较6月时调查的好。

造成以上结果的原因有以下几点：第一，在9月到次年6月，高寒地区多数时间气温较低，阳光光照不如夏季充足，限制了植被的生长；第二，在高寒地区冬季，气候条件极其寒冷，试验点的植物植生袋内没有加防冻剂，恶劣气候条件不利于种子萌发；第三，植生袋虽可以对植物种子进行保护，避免种子被雨水冲刷，并起到一定的抗冻作用，但密封的植生袋使得植物种子不能充分吸收阳光，从而限制了植物的生长。

因此在这一地区的植被恢复工作中需要注意以下几点：

① 植物的最佳种植时间为5—6月，这样种子可以避开冬季而顺利萌发，且在阳光、水分、气候等较为理想的季节内更好地生长。

② 需要在种子萌发出苗后选择在出苗高度约5 cm左右时对植生袋进行适当破剪（不得外泄土壤），使得幼苗有充分的光照条件。

③ 在后期的植生袋植被恢复中，植物配比可采取垂穗披碱草和老芒麦为10 g/m^3 ： 30 g/m^3的比例；腐殖土、保水剂、复合肥和专用肥用量可取2 000 g/m^3 ： 5 g/m^3 ： 20 g/m^3 ： 160 g/m^3的比例。

5.4.7 植物防护措施的优缺点分析

植物防护形式的优点有：

① 植物根系的存在可使边坡稳定且可持续。按照植物根系的特征设计不同的人工植物群落，利用根系的深浅及网状结构达到边坡的稳定和防护的可持续性，是植物防护的最主要优势之一。

② 装饰美化路域。对于整个带状扰动范围的公路而言，通过对植物的乔灌草搭配，将整个公路区域沿线装饰为带状景观带，既美化又保护了生态环境；同时，植物的绿色使驾车人的眼睛不易疲劳，增加了行驶的安全性。

③ 当植物边坡绿化群落发展成为接近自然的稳定群落后，边坡上的生物体就形成了具有良好保持水土功效和自然演替的生命体，不仅能起到工程防护的作用，而且伴随植物体不断进行新陈代谢，使其对边坡的防护作用具有可持续性。

④ 与传统的工程防护相比较，植物防护的成本低廉。

⑤ 降低劳动强度。

植物防护形式的缺点有：

① 适应范围较小。由于公路线位选择原因，对于一些边坡较陡、环境恶劣的情况，植物的根系无法克服重力的影响，难以形成稳定的独立植株。而通过一些工程措施搭配即使建植成功，也很难抵御高强度暴雨的冲刷，当边坡土壤条件变差或气候条件恶劣时，植物极易出现死亡。

② 植物保存率影响边坡覆盖度。多数多年生草本植物结籽后会部分死亡，从而出现裸露斑块，降低植被的防护功能。

③ 养护管理水平。植物边坡施工完成后，植物抵御不良环境的能力比较弱，需要进行一段时间的特殊养护，如浇水、覆盖。多年生草本植物结籽后会部分死亡，需要对其进行定期修剪，防止其开花结籽。灌木植株相对高大，如果树冠过大，植株会在大风作用下对坡面产生压力，严重时会破坏边坡，必要时也要进行修剪。对于植物边坡的养护和管理水平直接关系到植物边坡的防护效能。

④ 排水设施要求。在降水量大、暴雨较多的地区，良好的排水系统能有效减少边坡土壤侵蚀，尤其是在坡度较大、防护难度大的地方，大部分雨水沿排水系统流下会大大降低雨水冲刷造成水土流失和山体滑坡的可能性。

适应性分析：植物防护一般适用于坡度小于1 ∶ 1 ～ 1 ∶ 0.75的边坡，但是地质、土壤条件不同，边坡的稳定性也不相同，当边坡稳定性很差时，应当在大于1 ∶ 1时就要采用一些工程的方法辅助加固。在植物防护的设计时应当首选本地种，慎用外来种。施工时要在建植后进行灌溉或根据天气情况选择降雨前施工。对边坡防护方法和管理进行深入研究，提出边坡防护的理论方法，尽可能节约人力物力，达到最佳的工程防护效果。

5.4.8 不同流域植被恢复效果分析

巴颜喀拉山以北即黄河流域段，植被恢复整体效果明显低于长江流域地段即巴颜喀拉山以南路段，无论从植被盖度、地上生物量、生物多样性等指标判断，都有显著差异。因此从本路段植被恢复效果来看，长江流域中土壤水分、土壤养分、立地条件等都明显优于黄河流域。

第6章

水土流失及其防治

高速公路是国家重要的基础设施，是经济发展对交通需求的客观反映。它的建设对缓解区域客货运输矛盾、加快区域经济发展速度、促进地方与全国的沟通与交流有着极为重要的作用。然而由于高速公路路线长、影响面广，建设周期也较长，高速公路的建设给社会经济带来巨大效益的同时也给沿线的环境带来了许多负面影响，其中水土流失就是一个比较突出的环境问题。它是公路建设过程中或建成使用中因扰动地表或岩石层、堆置弃渣等造成的水土资源破坏及损失，是一种典型的人为加速侵蚀。由于其流失强度大、影响面广、危害严重，高速公路水土流失问题已显得日益突出。

本章从分析公路建设的水土流失问题以及项目区的水土流失特征为切入点，根据施工“无痕化”、强化植物防护、减少临时占地的水土保持理念，总结取弃土场、施工场地、施工便道等水土保持技术。

6.1 公路建设的水土流失特点

随着道路建设的不断发展，在一定区域内道路密度不断增加，道路已经成为重要的径流泥沙来源。与农地等其他用地相比，公路的水土流失具有其自身的特点，侵蚀过程及影响因素都有很大的区别。只有充分了解公路水土流失特点及其影响因素，才能对公路水土流失做出科学评价，提出合理的适合公路特征的水土流失预报模型和水土保持技术。公路的水土流失具有人为扰动性强、时段性明显、空间线状分布和内部差异性显著等特点，使得公路水土流失比农地更复杂。

① 强烈的人为扰动性。公路建设对地表的人为扰动更强烈，公路建设的扰动不仅表现在对地表植被的破坏，而且也会提供大量的松散物质，直接增加河流泥沙。在建设期，路基开挖填筑、取土场开挖取土、便道营地碾压、弃土弃渣等建设活动使植被受到破坏、地形被改变、土壤被扰动，然后形成路面、路堤、取土场、弃土弃渣场和便道营地等局部地貌。就这些部位的土壤来说，组成往往是表土和母质的混合物，土体松散、孔隙度大、渗透性好。细沟、浅沟侵蚀占较大比例。在公路修建中，路堤、路面受到夯实作用，土壤的入渗能力大大降低，土壤的抗侵蚀能力增强。

② 明显的时段变化性。由于公路水土流失的时段可分为建设期和运营期，在建设期，建设活动破坏了原有的地貌、地表植被和土壤结构，使表土层松动，失去原有的稳定性，遇暴雨极易导致水土流失。工程竣工后，随着各种防护工程的实施和完善，水土流失程度将逐渐减小。因此从建设期到水保措施发挥作用之间的水土流失情况最为严重。

③ 典型的线状分布性。公路引起的水土流失一般在沿线的一定范围内，因此空间上成线性分布。许多条线性公路纵横交错又形成网状分布，虽然公路水土流失为线状分布，但同时也具有面状的辐射能力。同时，公路一般大致沿等高线穿过坡面，因此公路土壤侵蚀

过程和坡面过程之间具有一定的互相作用。通常情况下，公路建设产生路面、路堤、路堑、弃土弃渣、施工营地和便道等几个明显不同的地貌部位，这几个部位的土壤侵蚀条件具有明显的差异。路面的坡度很小，渗透率很低，地表坚实不易被侵蚀，主要侵蚀方式为面蚀，具有高产流低产沙的特点。填方边坡一般和路面相连，坡度较大，受坡面汇流的冲刷作用较强，若没有植被或其他措施的保护，在降雨较多的地方，沟蚀、重力侵蚀会占很大比例。挖方边坡的情况与填方边坡相仿，但其往往会受到上方自然坡面的来水作用，而不是路面。弃土弃渣一般是土石的混合物，结构松散，渗透性强，受沟蚀作用强。施工营地和便道的土壤被压实，土壤侵蚀强度相对于其他部位不大。另外，道路的等级不同，水土流失情况也不同。对于路面裸露、边坡较短的公路来说，路面侵蚀占主要部分。而对路面条件较好的公路，边坡侵蚀更为显著。

由于公路水土流失所具有的上述特征，公路水土流失的研究也不同于一般的农地水土流失。与农地相比，公路水土流失不但类型多样，而且水土流失发生单元众多。在不同的单元之间，水土流失不管在强度、过程还是在时间变化上都有显著差异。因此公路水土流失研究首先应该区分公路水土流失的发生单元，在每一个发生单元内，分别研究水土流失发生过程及其影响因素，分析水土流失强度与各影响因素之间的定量关系，最后再根据各流失单元的流失强度及其间的内在关系确定整个路域的水土流失。

在明确水土流失规律之后，就可以根据水土流失特点布设相应的水土保持措施。同时也可以运用水土流失与影响因子间的定量关系来评价水土保持措施的效益。

6.2 多年冻土区公路环境水土流失特征

6.2.1 水土流失分区

由于土壤侵蚀影响因素的区域变化，不同地区的土壤侵蚀类型和方式也将表现出明显的地域差异。气候因子是青藏高原发生侵蚀的主要外营力，也决定了土壤侵蚀发生的类型和分布。降水的时空分布决定了水蚀作用（表现为地表切割密度和深度）自东南向西北减弱，风力作用则逐渐加强；冻融作用则以海拔较高处为中心向周围逐渐减弱。冻土区年均温在0℃左右，年均降水量在500 mm左右，地面切割较浅，雨季主要受水蚀作用，而冬季同时受到冻融作用和大风作用。玛多一线以西地区气候寒冷干旱，流水作用微弱，冻融作用强烈，冰缘地貌发育，同时冬季也受到大风作用。

公路建设过程中，由于土石方的开挖和对地表的扰动将造成一定的水土流失，特别是青藏高原冻土区海拔高、气候条件较差、年平均降水量较小、风沙较大、年平均气温低、无霜期短等，扰动的地表和开挖后的土石方如未能及时防护，在水力、风力、冻融等的作用下易引起土壤侵蚀。

6.2.2 水土流失现状

青藏高原冻土区地广人稀，因此人为活动对水土流失的加速作用较弱，但人为活动对水土流失所造成的影响却不容忽视。共玉公路位于青藏高原区的脆弱敏感地带——三江源保护区，在这种地区人类活动造成侵蚀加剧的可能性最大，而且治理难度大。就土壤来说，在高寒的气候条件下土壤发育比较年轻，土层浅薄，一般为30～50 cm，黏粒含量低，这种土壤结构遭到破坏后，与下层母质砾石混合后极难恢复。20世纪中叶以来，随着高原地区人口增长，由于人类对自然资源过度开发和不合理利用等负面作用的加剧，水土流失日益加剧。

公路建设所经过区域属典型的高原大陆性半干旱气候类型，年降水量300～450 mm，主要集中在6—9月，降水强度较大，人类活动以牧业为主，沿线生态条件脆弱，并且局部有过度放牧现象，局部地区没有植被，完全裸露，加之土壤以砂性土为主，在风力的作用下，土地沙化现象较严重，在工程建设过程中，若不注意对自然环境进行保护，水土流失有加剧的可能。

在线路影响区范围内，首先，雨季降水汇流快，洪水时短量大，冲刷力强，产生土壤侵蚀较严重；其次，部分路段存在多年冻土区，鉴于人类活动以及项目建设工作的开展，使地表结皮受到破坏，冻融侵蚀严重，产生土壤侵蚀；再次，项目区鼠害比较严重，地表植被被大量破坏，使得地表逐渐荒漠化和沙化，加速了水土流失。

6.2.3 侵蚀类型多样

冻土区的地理环境决定了土壤侵蚀类型的多样性和侵蚀方式的复杂性。按营力性质所分的水蚀、冻融侵蚀、风蚀在这一地区都有明显表现。这几种侵蚀类型往往交互影响、共同作用。

① 冻融侵蚀。是该地区土壤侵蚀的主要类型之一。项目区沿线大部分路段的年平均气温在0℃以下，全年冻结期长达7～8个月，而且日较差很大，大多在15℃左右，即使在冻土融化季节，还可能发生昼夜的冻融交替。热融塌滑、融冻泥流及草皮层的冻融剥离等是比较常见且危害严重的冻融侵蚀形态。

② 水力侵蚀。虽然该区降水量整体较少，且降水多在中雨以下，少有暴雨，但降水的季节分配高度集中，6—9月的降水一般占全年的80%以上，强度较大的中雨仍是引发水土流失的一个主导因素。尤其在高山河谷区等降水量较多地区，谷坡比较陡峭，大部分地区土层薄且多沙砾松散堆积物，受降水和流水作用，沟、川、坡、谷并存。而且这些地区人口相对集中，是人类活动作用较强烈的地区。

③ 风力侵蚀。该区域是全国风速分布的高值区之一。在玛多至清水河路段海拔4 000 m以上的地区，年均大风日数超过100天。大风多发生在冷季，再加上此时地表植被覆盖度

低，固沙作用极弱，土壤干燥松散，使得风蚀相当强烈。青藏高原的土地沙漠化问题日益严重，其中土壤风蚀是造成沙漠化的首要环节。

6.2.4 冻土区公路沿线的水土流失背景值

一般公路建设占地类型有旱地、天然牧草地、裸地、灌木林地。主要跨越平原草原区、平原草甸区、中高山草甸区以及高山灌丛草甸区，土壤侵蚀形式基本以水力侵蚀、风力侵蚀和冻融侵蚀交错分布为主。

① 平原草原风力侵蚀区。主要分布在塔拉滩和玛多平原路段，该路段地形平坦，占地类型为天然牧草地和少量的裸地。天然牧草地植被覆盖度约50%，植被主要为高山草原植被，植物以芨芨草、短花针茅、马连草、青海固沙草、冷蒿、青藏苔草、葶麻、针茅等植被为主，植被覆盖度55%左右。土壤主要为栗钙土和风沙土，土壤沙化较严重。该区域多年平均降雨量303 ～ 320 mm，蒸发量1 372 ～ 2 234 mm，土壤含水量低。在春夏秋季节以风力侵蚀为主，在冬季伴随有冻融侵蚀，经综合分析估判天然牧草地的土壤侵蚀模数为2 600 t/（km^2·a）；裸地主要为项目区沿线由于工程的建设而对原地貌扰动后形成的裸地，无植被生长，表面为沙土或砾石，经综合分析估判土壤侵蚀模数为3 500 t/（km^2·a）。

② 平原草甸水力冻融复合侵蚀区。为高原平原水力、冻融复合侵蚀区，沿线植被主要为高山草甸植被，沿线多见芨芨草、高原蒿草、短花针茅、高原苔草、鬼箭锦鸡儿、鞭麻灌丛、冷蒿草、沙蒿草、青藏苔草、葶麻、针茅、点地梅、蚤缀等植被，植被覆盖度55%左右。土壤主要为高山草甸土，土层厚度大于50 m。该区域多年平均降雨量303 ～ 340 mm，蒸发量1 372 ～ 1 546 mm，土壤含水量低。全年以水力侵蚀和冻融侵蚀交错侵蚀为主。经综合分析估判天然牧草地的土壤侵蚀模数为2 000 t/（km^2·a）；裸地主要为项目区沿线由于工程的建设而对原始地貌扰动后形成的裸地，无植被生长，表面为沙土或砾石，经综合分析估判土壤侵蚀模数为2 800 t/（km^2·a）。

③ 中高山草甸水力冻融复合侵蚀区。本段主要位于青南高原高寒草原地带，地貌类型多样，由北向南展布。沿线植被以紫花针茅草原、小蒿草草原化草甸、蒿草草甸和藏蒿沼泽草甸群系为主，植被覆盖度较前一段高，路线两侧草甸主要为放牧草场。主要土壤类型为高山草甸土和高山草原土，土壤母质多为坡积物、残积物和冲积物，多为石质土，土壤粗骨性强，土层厚度20 ～ 50 cm，土壤含水量高，多以地表草皮的形式存在。该区域多年平均降雨量300 ～ 380 mm，多年平均蒸发量1 372 ～ 1 546 mm，土壤含水量较充足，常年以水力侵蚀和冻融侵蚀交错侵蚀为主。经综合分析估判天然牧地的土壤侵蚀模数为2 000 t/（km^2·a）；裸地主要为共玉公路沿线由于工程建设而对原始地貌扰动后形成的裸地，无植被生长，表面为沙土或砾石，经综合分析估判土壤侵蚀模数为3 800 t/（km^2·a）。

④ 高山灌丛草甸水力冻融复合侵蚀区。在高山峡谷区路段为路线过歇武镇至终点路段，穿梭于高山中，占地类型为天然牧草地、裸地、耕地和少量的灌木林地。天然牧草地植被覆盖度约60%，地面坡度在10° ～ 35°，植被主要为高山草原植被，沿线多见沙棘灌丛、高

山柳、小叶柳、荨麻以及人工种植的杨树等。该区域降雨量相对较大，气候相对较好，经综合分析估判天然牧草地的土壤侵蚀模数为3 300 t/ ($km^2 \cdot a$)；裸地主要为共玉公路沿线由于工程的建设而对原始地貌扰动后形成的裸地，无植被生长，表面为沙土或砾石，经综合分析估判土壤侵蚀模数为3 800 t/ ($km^2 \cdot a$)；耕地主要分布在河滩，地面坡度为0° ～ 10°，经综合分析估判土壤侵蚀模数为3 500 t/ ($km^2 \cdot a$)；占用的林地主要沿河滩分布的沙棘灌丛、高山柳等，植被覆盖度较高，经综合分析估判土壤侵蚀模数为2 500 t/ ($km^2 \cdot a$)。

6.3 多年冻土区公路环境水土保持技术

6.3.1 取弃土场水土保持技术

(1) 取土场的选择与设置

公路项目路线长，占地面积大，土石方量大。取土场的选择、整治成为公路建设项目的一项重点工作。路基填料的好坏直接影响公路路基的稳定性，取土场地的施工影响周边地貌环境及当地生态环境。项目区沿线大多数是生态环境脆弱的地方，如何有效利用当地土地资源，合理规划取土场地、完善取土场地恢复在项目建设中尤为重要。

冻土区公路在取土场选取时，遵循以下原则：

① 有效利用废弃土，尽量取高位土。在取土场选择时，尽量选择退化草场及地形较高的取土场，不仅可以保证取土数量，而且又能保证后期的生态恢复。

② 在可利用荒地取土，严格限制取土深度。可利用荒地在取土后一般要求达到植被恢复要求。在取土前，首先要对每个取土场进行实地勘察。根据取土场性质严格控制取土方式、取土深度，对表层植被适宜剥离的路段，注意后期草皮的养护，保证草皮含水量；对于其他路段，剥离表土并采取临时防护措施，施工完毕后将表土返还。

③ 合理选择外购土场，尽量减少对原地表的扰动。结合地理环境及当地资源条件，通过购买土力缩减工程所需工程量，缓减取土场对原地表的破坏，从填料质量、数量均有利于工程项目的实施。

④ 因势利导，保护自然环境。对于复杂地形场地取土时，要结合自然边坡取土，开挖边坡应考虑与自然边坡相同，采用阶梯式取土，做好排水设施，保证开挖后的边坡稳定并与自然环境协调一致，用完后及时进行场地平整。

(2) 弃土场的选择与设置

弃土场作为公路建设的附属工程，在设计和施工过程中通常得不到足够的重视。乱堆乱弃、弃而不管的现象普遍存在。弃土场低下的生态条件和周边的生态环境形成较大反差，严重破坏自然环境，扰乱生态平衡。另外，弃土场位置选择和设计是土方工程的一项重要内容，弃土场如选择在陡坡上，甚至在滑坡体上，极易产生工程滑坡。而由于施工不慎造成的整治工程将得不到业主的认可，费用也无法得到业主的支付。另外，废方随意堆放于挖方坡顶，会给边坡施加不小的超载，并可能造成坡顶积水，在荷载作用和雨水下渗的影响下，很容易造成边坡滑塌失稳。

为避免由于弃土乱堆乱放以及弃土场边坡过高、过陡等引发新的地质病害（滑坡、泥石流），消除边坡稳定性及工程隐患、规范施工，对弃土场位置的选择、取（弃）土方式以及坡面防护、排水等做如下要求：

① 避免选择雨水汇流量大、冲刷严重的地方；不占或少占草地，选择退化草场和荒地；选择肚大口小、有利于布设拦渣工程的地形位置。

② 弃土场位置应远离路基范围以外，不致影响路基稳定，不能只片面考虑弃土方便、返距短。

③ 弃土场应尽量选择在地质条件相对较好的低洼路段。避免在水源地、水库上游设置弃土场，当必须设置时，应征得当地环保部门的同意，切实做好弃土场防护、排水设施，以免造成对水体的污染。

④ 弃土前应清除表层腐质土、种植土，并堆放在旁边以备坡面绿化和植被恢复时用。

⑤ 当弃土场自然地面横坡大于15%时，应在原地面开挖宽2～3 m、内倾坡度3%～4%的台阶。

⑥ 当自然地面横坡较陡、弃土难以堆放时，应设置必要的支挡防护工程。弃土堆放时应自下而上分层填筑，并摊平碾压，最大层厚不超过1 m，横坡至少为6%，并按进行中等强度压实处理，但顶面层可不进行压实。

⑦ 当弃土堆放高度大于8 m时，应在8 m处设边坡平台，平台宽度4 m，上级边坡坡率采用1 ∶ 1.5，下级边坡坡率采用1 ∶ 2.0，顶面层设置不小于6%的排水坡。

⑧ 弃土场周围应设置完善的截、排水设施，将地表水引排至弃土场外。

(3) 取、弃土场水土保持措施

取、弃土场选定后在使用过程中需遵照一定的注意事项，使用后因较原有地形地貌发生改变，原有土壤结构被破坏，后期的恢复过程是一项极其重要的工作，对于高原冻土区更是如此。该项目取、弃土场水土保护措施如下：

① 实行表土剥离，利于植被恢复。表土是植被生长所需养分的主要来源，表土资源的保护与利用对项目建设后期植被恢复与重建有着重要的作用。因此表土剥离技术成为取弃土场恢复的重要手段，在取土时，将取土场地表土临时堆放，待取土完成后进行回填，有效保护地表熟土资源不被流失，同时表土为植被恢复初期提供了有效养分，为加速植被恢复提供物质条件。

② 开工后，派专人负责指挥运渣车辆按要求取土、弃渣，指挥取、弃土场的平整和取、

弃土场的道路修筑，指挥维护人员做好坡面防护和排水，在监理员的协调下统一管理渣场各方面的工作。

③ 弃渣前根据经监理工程师批准的范围对渣场进行平面规划，分为土料堆、弃渣堆、回采料堆进行分类堆放。

④ 取、弃土场的植被由下向上分层清理，清理的植被按监理员的要求处理堆放。

⑤ 采用自下而上分层填筑的方式填渣，每层厚度3～5 m，每层填筑前修筑好道路到坡面，然后顺坡面向下卸渣，并及时用推土机平整，为防止雨水冲刷坡面，平整后应形成倾向沟内的反坡，严禁采用自上而下倾倒的方式弃渣。

⑥ 取土时用反铲从外侧坡面顺序开挖，严禁乱挖乱采，取土完后及时进行场地平整。

⑦ 为防止雨水冲刷弃料堆，在渣场周边挖截排水土沟，或将原有汇水沟挖沟改道引开，将水流引出弃土场排入附近涵洞中，必要时在渣场坡脚干砌或浆砌护脚矮墙防护。进入汛期前，已填筑部位的坡脚挡渣墙、干砌石护坡及排水沟要砌筑到填筑石渣面高程；汛期填筑期间，每填筑一层坡面防护，排水沟跟着砌筑一层，填筑面与已砌坡顶高差不得大于5 m。

⑧ 每个取、弃土场专门配备一台推土机和反铲负责取、弃土场道路修筑、场地平整以及取、弃土场外侧边坡的平整。反铲还负责取、弃土场不稳定边坡和排水沟的开挖，开挖的土料按监理的指示堆放到指定的地点。

⑨ 合理选择植被，严格避免盲目覆盖。植被覆盖率大可以有效防止雨水冲刷，保持水土流失。在进行植被种植时应合理选择植物品种，不同的植物其生长环境不同，无法保证其存活率。另外许多项目在进行植被恢复时品种单一，或者在植物搭配时植物的生态太接近，致使植物之间对营养、水分和阳光的竞争激烈，耗费大量资源，后期的保养及维护成本高。对于高原寒冷冻土段，应该以固土、防侵蚀为主，结合当地草本植物进行合理种植，有效保护水土资源。本项目取、弃土场在进行植被恢复时，通过播撒草种和草皮移植等方式进行植被恢复，播撒草种选用当地优势物种的草种，经过合理配置后进行播撒，取得了很好的效果。

图6–1 弃土场的防护效果

⑩ 因地制宜，合理整治取土场。根据当地经济发展需求，及时了解地区发展状况，将取、弃土场整治为当地可发展、可利用基地。通过积极与当地政府沟通，按设计取、弃土方案进行取土、弃土、整治，工程完工后成为当地牧民的牧草基地，有效促进地区经济发展，如图6–1所示。

6.3.2 施工场地水土保持技术

根据设计方案并结合现场勘察情况，考虑进度等总体安排，按照文明施工、安全生产的要求，对施工现场进行布置。现场的平面布置考虑施工区域的划分、施工通道、现场临时水电、生产设施、场地办公以及生活区等内容，以保证现场生产的需要以及满足施工进度为前提，认真搞好施工现场规划，场内布置整齐，紧凑有序。机械设备归类并整齐停放；施工场地内的淤泥、弃土和其他废弃物等及时清除、运输至指定地点，做到施工期间现场整洁；工地排放的污水、油污等经过处理符合排放标准后排入附近的沟槽内，严防有害物质污染土地和周围环境。施工现场进出口设置必要的临时围栏，设置明显的禁行标志，使施工场地尽可能自成一体，以减少和外界的相互干扰。

针对冻土区生态脆弱的特点，应秉承“不破坏就是最大保护”的理念，尽量减少施工扰动地表面积和损坏植被面积，将对生态环境影响降到最低。因此首先需对土石方进行合理调配：开挖的土方先做土工试验，若能够满足路基材料要求，尽量就近利用。这样一来既有效利用弃土，减少了对环境的污染，又降低了运输成本，实现经济与环境保护的双赢。其次要大幅减少施工临时占地，对桥梁预制场的设置和选择应充分利用现有路基进行设置，避免设置专用的预制场地。同时桥梁施工完毕后，应对桥下空地根据所在地形进行植被恢复，有效保护土地资源，如图6–2所示。

图6–2 桥梁施工结束后恢复效果

6.3.3 施工便道水土保持技术

公路施工便道结束后一般不采取路面硬化措施，便道是工程建设中对水土流失较为敏感的工程单元，因此应提出相应的水土保护防治措施。

在设计阶段，采取尽量少征地的原则。在主体工程占地中沿线取出一条宽4 ～ 6 m的区域作为施工便道，且施工便道线形在设计时设计成具有一定的曲率，这样可避免出现较长的顺直线路，以降低地表径流下泄的速度。

施工期间防止行人和车辆越界，破坏原地表植被，增加水土流失，应严格规定行车通道，用彩带或砾石界定围护，同时对便道进行洒水，以固结地表，防止产生扬尘。施工结束后采取永临结合的方式，施工主干道、重点工程便道仍保留，做维修便道继续使用，而一般便道在工程结束后应尽量恢复原地貌。

施工便道在施工期受到车辆机械的反复碾压，致使便道植被枯死、土壤结构破坏，施工结束后形成条带状的裸露地表景观。因此应采取相应的水土保持措施加快高寒草原和高寒草甸区植被恢复进程。主要水保措施有：

① 便道整治。在施工期结束后，应将便道铺设的土石方先行去除，恢复原有的基础地面；对塌陷部位进行适当平整，从而为土壤改良及草种补播奠定基础。

② 土壤改良。在牧草萌动季节，对施工便道表层土壤松耙处理，有条件的地方可增施有机肥料，使土壤结构得到一定的改良。

③ 补播草种。根据群落演替规律，采用紫花针茅、披碱草、老芒麦等牧草种子进行补播等处理。

④ 禁牧封育。在工程施工结束后，通过上述植被恢复措施，并进行禁牧封育，促进施工便道植被的恢复。

6.3.4 隧道弃渣处置技术

隧道弃渣量大，弃渣场压埋了原地表，损坏了地表林草及排水网络等水土保持措施，加上弃渣体结构松散、孔隙率大，易造成大量的水土流失。所以在弃渣的全过程中必须采取相应的水土保持措施，如图6–3所示。

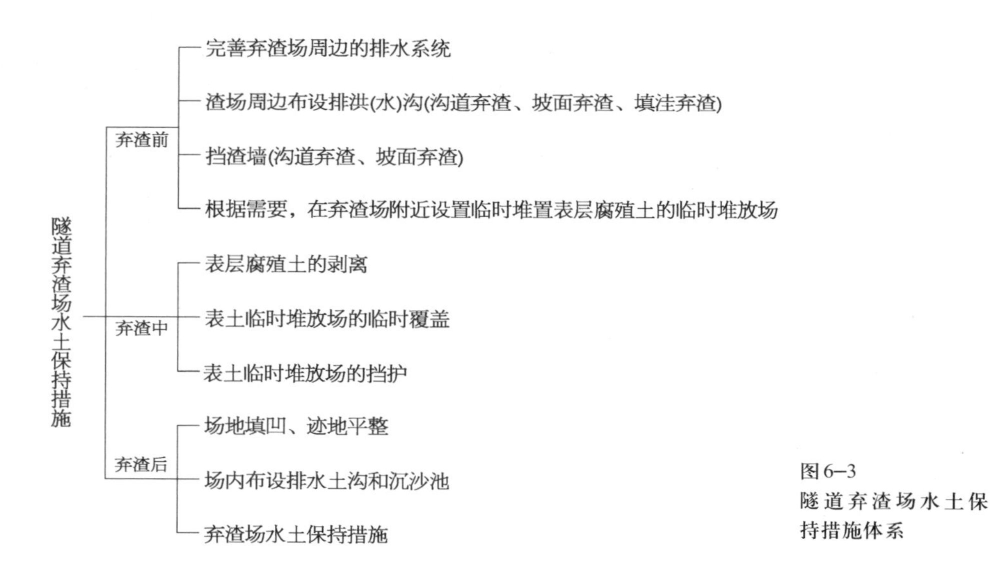

图6–3
隧道弃渣场水土保持措施体系

(1) **拦渣措施**

拦渣措施主要通过设置拦渣坝、挡渣墙和拦渣堤来实现。当弃渣堆置于沟道内包括堆放于沟头、沟中、沟口或将整个沟道填平时，应修建拦渣坝。其坝型按筑坝材料分为土坝、堆石坝、浆砌石坝和混凝土坝等。当弃渣堆置于易发生滑塌的地点或堆置在坡顶及坡面时，应修建挡渣墙。挡渣墙一般应建在紧靠弃渣及相对高度较高的坡面上，这样可以有效降低挡渣墙的高度及其对沟道行洪的影响。挡渣墙的设计必须同时兼顾抗滑、抗倾覆、抗塌陷三个方面的能力。

(2) 护坡措施

1) 削坡和反压填土

在渣体堆置完毕后，对于在剖面形态上呈凹形、凸形或有临空状态的上陡下缓的斜坡，应采取分级削坡或修筑马道削坡的措施将其上部陡坡（产生滑坡的滑体）挖缓。通过削头取上减轻滑坡体上部的荷载、减小滑体的体积，并将其反压在下部缓坡（阻滑体）上。这样既可把坡面修成一定的坡度，又可增加阻滑体的阻滑力量，控制上部向下滑动，防止冻融滑塌或由于山体抗剪强度不足引起的滑塌。把弃土场的弃土平台修成2%～3%的反坡，并保持弃土场平台的平整，以便使平台回水自然流向弃土场坡跟处，通过排水沟将水引导出去。

2) 护坡工程

护坡是为了稳定弃渣堆积边坡，避免裸露坡面遭受雨滴直接击溅和地表径流冲刷而采取的水土保持措施。护坡分为工程护坡、植物护坡和综合护坡三种。

工程护坡能提高边坡的稳定性，对雨滴击溅和地表径流冲刷的防治效果好，但投资较大，适应变形能力也较差，易随弃渣的不均匀沉降而遭到破坏。植物护坡能适应弃渣的沉降变形，控制水土流失，而且对公路沿线生态环境改善具有重要意义，但在建植初期，其对水土流失的防治效果较差，需加强管护，确保植物保存率和成活率。综合护坡兼有工程护坡和植物护坡的优点，它是在工程护坡措施间隙上种植植物，不仅具有增加坡面工程强度、提高边坡稳定性的作用，而且具有绿化美化的功能。

(3) 排水措施

为了保证弃渣安全稳定，排除弃渣场周边坡面及区域内的洪水危害，需修建相应的排水设施。

第7章

环境污染防治技术

公路是带状的人工建筑物，距离长、规模大，公路建设过程中会给沿线的自然环境带来不同程度的有害影响，如噪声污染、水污染、大气污染、固体废弃物污染以及桥面危化品泄漏风险事故等。交通建设引起的环境问题已被列为生态环境恶化的重要原因之一，而且问题的严重性也在不断发展。如果不对其采取相应的保护措施，将会对公路行车安全和周边地区生态环境带来很多不利的影响。

7.1 噪声污染防治技术

（1）精心选线，避开噪声敏感点

目前国际通行的做法是在公路规划设计阶段就充分考虑避开城镇、人文景观、风景名胜、学校等噪声敏感点，采取近而不入的原则，既方便居民生活，又避免交通噪声带来的污染。我国的研究也显示，公路路线设计对交通噪声防治起着决定性的作用，设计中应对工程可行性研究确定的路线走廊带的沿线环境做详细调查，对各环境敏感点按环境噪声标准做核算，必要时调整路线线位或采用其他可行的方式，使路线设计尽可能地达到噪声防治的目标。

（2）控制噪声源

据一些国家统计，城市噪声中交通运输噪声约占75%，其中机动车影响面最广，而汽车则是最主要的因素，因此一些工业发达国家早在20世纪60年代就对机动车噪声给予了足够的重视，制定出有关法规和标准进行控制。在瑞典，政府根据汽车发动机发出噪声音量的大小收取不同的环保防治费，以引导人们购买低噪声发动机汽车，同时降低允许噪声标准。随着汽车保有量的增长，人们对生态环境保护意识增强，国外对降低发动机噪声的研究更加重视，特别是小汽车柴油机的降噪减震研究十分活跃。我国内燃机的噪声水平与发达国家相比有较大差距，一般要高出A声级3 ～ 9 dB，目前我国噪声法规还仅相当于国外20世纪70年代的限值，我国已颁布了《中华人民共和国环境噪声污染防治法》，汽车噪声法规即将修订完善，因此降低国产发动机的噪声水平已是一个紧迫的课题。

低噪声沥青路面从结构上可分为两大类：一是孔隙沥青混凝土，二是小粒径超薄沥青混凝土。多空隙沥青混凝土是指空隙率比较大的混凝土，根据国外资料，其设计空隙率为20%～ 25%。超薄沥青混凝土是指沥青混凝土的铺装厚度为2 ～ 2.5 cm，由于厚度薄，混合料级配中的最大粒径都比较小，国外一般用0/10、0/6两种级配。国外的研究资料表明，在日本多孔隙沥青混凝土比普通沥青混凝土对小汽车可降低5 ～ 8 dB，在法国为4 dB，英国为4 ～ 4.5 dB。对于载重汽车，在日本可降低3 dB，在法国为7 dB。可见多孔隙沥青混凝土路面具有显著的降噪效果。目前，国内已有少数研究单位、高等院校开展了多孔隙沥青混凝土和超薄沥青混凝土的研究。如1996年同济大学在浙江萧山等地铺设了多孔隙降噪试验路段4 400 m^2，交通部公路科学研究所与济青高速公路管理局和山东省交通科学研究所合作，于1999—2000年在济青高速公路上铺设了近8 000 m^2的超薄沥青混凝土路面，都达到了比较好的降噪效果。

(3) 隔声技术

在交通噪声超标的公路两侧，种植隔声绿化带，宽度10 m左右，栽种适宜当地气候、土质的乔木或灌木，既美化环境，又将公路与周围自然景观融合，这是公路运营期消除噪声最有效的措施；在人群聚集的路段，修建声屏障、隔音墙、隔音门窗等硬性措施可降低噪声5～10 dB。目前国际上最先进的声屏障材料为泡沫陶瓷。发达国家如美国、日本、德国和澳大利亚等在高架桥和高速公路两边修建的泡沫陶瓷消音屏障取得了非常好的降音效果。比起国内传统的声屏障材料如超细玻璃棉、矿棉等无机纤维类材料，泡沫陶瓷具有良好的声学性能、力学性能、耐候性、防火性等特点，性价比高，安装维护简单，是未来吸声材料的发展方向。目前，北美多采用不留痕迹的自然隔声设计，使环境敏感目标处于噪声影响之外，如采用下穿路基设计、隔声土堤设计等。利用路基边坡、土堤作为天然隔声屏障，既避免了公路两侧有碍于景观的环保措施，又体现了沿线自然优雅的人文景观。

7.2 水污染防治技术

7.2.1 路面径流污染物处理技术

路面径流污染指在降雨过程中雨水及其形成的径流流经路面时携带路面沉积物直接排入水体而造成水体污染的一种面源污染。公路路面径流污染主要来源于降雨对路面累积物的冲刷及突发危险品事故，所以路面沉积物是路面径流污染的主要来源，路面径流污染的性质是由路面沉积物的组成决定的。公路路面累积污染物的种类和来源比较复杂，包括机动车辆的通行（机动车辆尾气排放中的有害物质、机动车机油的渗漏、轮胎磨损等）、雨水本身的污染（与近地表大气污染状况及成云雨污染物有关）、大气颗粒沉降于公路表面、筑路材料磨损、装载有害物质的机动车突发事故导致有害物质的泄漏等几个方面。可见这些污染物质主要是由公路交通活动引起的，这些物质一部分直接沉积在路面或公路附近，当降雨发生时，由于降雨的溶解和冲刷等作用将路面累积的污染物载入雨水径流之中，其他部分则飘散在空气中或随降尘、降雨进入路面或边坡、绿化带土壤表层，再通过降雨或降雪进入地表水体。另外，道路交通事故污染物，道路运输有毒有害化学品时的洒、冒、泄漏，以及汽车尾气中的大部分污染物最终也都将在自然沉降或雨水淋洗作用下迁移至水环境中。根据国内外学者的研究，路面径流中污染物组成及来源可归结为表7–1。

表7–1 路面径流中污染物组成及来源

污染物	来　源
固体物质	路面材料磨损颗粒、轮胎磨损颗粒、刹车连接装置产生的颗粒、运输物品的泄漏及其他与车辆运行有关的大气降尘、颗粒物及融雪剂等
重金属	轮胎的磨损
油和脂	润滑油和染料的泄漏
氯化物	除冰剂
氮、磷营养物	大气降尘、公路两边农业作物施肥
毒性有机物	汽油的不完全燃烧产物
农药	主要为氯丹、甲氧基氯化物和重氮氯化物，农药颗粒在降雨淋洗和沉降的作用下会进入路面径流

交通活动是公路路面径流污染的主要来源，这些物质一部分直接沉积在路面或公路附近，其他部分则飘浮在空气中或随降雨进入路面径流中。公路路面污染物的沉积不是时间的线性函数，而是与交通频率、路况、车辆运行习惯、路面清扫频率等有关。路面径流雨水中的主要污染物为SS、COD和BOD_5，氨氮、石油类污染情况次之。

7.2.2 高寒高海拔地区公路边沟特点

(1) 区域特征

普通地区道路工程的防排水工程设计时，一般根据规范要求和现场地貌、水文地质等条件采用常规方法来进行设计，常采用的措施有挡水埝、浆砌片石排水沟和天沟、预制排水沟、支撑渗沟及盲沟等，实践表明这些措施在普通地区都能满足工程设计要求。而在多年冻土地区，由于受基底土体冻胀、融沉的往复作用，普通地区道路工程中常采用的防排水工程措施易出现裂缝、变形，在雨季雨水经裂缝或变形位置下渗进入周围土体而导致随后更严重的冻融病害出现，造成恶性循环，最终使得工程措施破坏、失效。

(2) 青藏公路排水沟病害及形成机理

青藏公路运营的实际情况和2014年8月对青藏公路多年冻土区路基排水渠道病害的现场调查结果显示，受高原气候条件的限制，多年冻土区路基排水渠道每年都遭受严重的冻融破坏。排水沟病害主要表现形式和形成机理如下。

1) 渠道混凝土板（块）的酥化、裂纹及断裂

青藏高原地区气温日变化温差较大，且一年中出现正负温交替的时间较长。混凝土在凝结硬化过程中会形成许多毛细孔隙，在青藏高原的雨季，毛细孔隙中的水在负温条件下结冰而产生体积膨胀，当压力超过混凝土能承受的应力时，混凝土内部就会产生微裂缝，

导致孔隙变大。经往复的冻融作用，混凝土内损伤逐渐扩大、积累，使得裂缝相互贯通和强度逐渐降低，形成混凝土的破损。高寒地区质量有缺陷的混凝土常发生这种破坏，首先是混凝土表层酥松、剥落，然后向深部发展，以致完全破坏。

2）排水沟内渗水、积水

土、水、温度作为影响土冻胀敏感性的主要因素，其三者互相影响。青藏铁路多年冻土区排水渠道破坏较严重的地段，基底土体大多数属于冻胀敏感性土质且含水量较大。在寒季，排水沟周围的土体冻结后体积增大易产生冻胀，从而导致排水渠道混凝土槽之间衔接处出现错开变形和侧向受水平冻胀力作用的水平裂缝。在暖季，一方面因施工改变了排水沟周围地表的热环境，另一方面排水沟混凝土材料热传导系数相对土体来说较大，因此在暖季传入排水沟周围土体中的热量增大，使得基底的冻结土体融化及下卧多年冻土温度升高或融化，从而诱发融沉变形。在寒暖季往复交替的作用下，排水沟基底周围土体的冻融循环同时也使得土体密实度改变，不但会引起排水沟结构的不均匀变形发生，且为地表水的下渗提供了更有利的通道。雨水会顺排水沟渠的混凝土板（块）的变形处和沟边两侧土体而下渗，再加上多年冻土区上限的埋深大多数在3 ～ 4 m，从而导致排水沟局部基底发生更大的融沉现象。

对于排水渠道这种线性工程来说，有意义的不是排水沟基底冻胀的绝对数值，而是在纵、横方向上基底土体冻胀的不均匀程度。寒季排水沟周围土体冻胀的不均匀性导致暖季融沉的不均匀变形发生。如排水沟局部基底的融沉变形量较大，易使排水沟渠的纵向排水坡度发生变化，从而导致排水沟内的水不能顺利排出而产生积水现象，造成恶性循环。

(3) 不同形式排水沟的适用条件和优缺点

青藏高原地区公路，如共玉公路，排水工程设计中采用了现浇混凝土排水沟、干砌片石（卵石）排水沟、铺草皮排水沟三种形式的排水沟，三种排水沟都有各自的适用条件和优缺点：

① 现浇混凝土排水沟。造价高，施工工艺复杂（需要立模板、养护），适应融沉变形能力弱，但排水能力强，排水顺畅，稳定性好，适用于路基汇水集中或纵坡较大的路段。

② 干砌片石（卵石）排水沟。造价中等，适应冻胀融沉变形能力较强，排水能力较强，易积水，稳定性较好，适用于多年冻土路基。

③ 生态排水沟。造价低，美观与环境协调一致，适应冻胀、融沉变形能力强，排水能力较弱，易积水，稳定性差，适用于路基汇水较小、纵坡较小的路段。

从技术经济性，稳定性，对冻胀、融沉变形的适应能力，与环境协调性和适用条件等几方面对三种结构形式的排水沟进行对比，见表 7–2。

表 7–2　三种形式的排水沟对比表

排水沟类型	造　价	稳 定 性	适应冻胀、融沉变形能力	与环境协调性	适用条件
现浇混凝土	造价高	稳定性好	弱	一般	汇水集中、纵坡大

（续表）

排水沟类型	造　　价	稳 定 性	适应冻胀、融沉变形能力	与环境协调性	适用条件
干砌片、卵石	造价较高	稳定性较好	较强	一般	多年冻土区
生态排水沟	造价低	稳定性差	强	好	汇水小、纵坡小于2%

路面径流污染指在降雨过程中雨水及其形成的径流流经路面时携带路面沉积物直接排入水体而造成水体污染的一种面源污染，公路路面径流污染主要来源于降雨对路面累积物的冲刷及突发危险品事故，所以路面沉积物是路面径流污染的主要来源，路面径流污染的性质是由路面沉积物的组成决定的。公路路面累积污染物的种类和来源比较复杂，包括机动车辆的通行（机动车辆尾气排放中的污染物）。

7.2.3 铺草皮排水沟减污抗冻机制分析

选取青藏公路、共玉公路沿线圬工结构和生态结构排水沟开展不同边沟类型路面径流处理效果分析。

（1）植草皮排水沟减污抗冻机理分析与评价

① 减污。铺草皮排水沟作为一种生态排水沟的形式，其减污属于植被控制方式，利用地表密植的植物在径流输送过程中减小径流流速，提高沉淀效率，过滤悬浮固体，通过沉淀、过滤、吸附和生物吸收等作用将污染物从径流中分离出来，从而改善径流水质，达到保护受纳水体的目的。植被控制由于其对路面径流中污染物的去除比较有效，设计和实施过程中灵活性大、造价低、维护简单且适合于不同的地理环境，因此被广泛使用。减污效果见表7–3。

表 7–3　植草排水沟对公路路面径流污染物的去除效果

污 染 物	路面径流 EMC（mg/L）	出水 EMC（mg/L）	去除效率（%）
TSS	9 100	1 950	78.6
COD	190	100	47.3
BOD_5	2.3	1.6	21.7

② 抗冻。高寒地区草皮由于经过漫长而缓慢的演替过程，物种已经适应了当地的环境和气候条件，生长过程中，人工的介入维护相对较少。垂穗披碱草、赖草、冷地早熟禾和中华羊茅等草种在长期的自然选择下具有安全越冬的性能，这些多年生草本植物具有耐寒、抗旱、耐盐碱等显著特点，对高原地区气候和土壤环境具有较好的适应性。

(2) 现浇混凝土排水沟减污抗冻机理分析与评价

① 减污。现浇混凝土排水沟具有排水能力强、排水顺畅、稳定性好的优点，适用于路基汇水集中或纵坡较大的路段。但是在减污特性方面，由于其自身的特点，在减污方面并无很大优势。减污效果见表7–4。

表7–4 混凝土排水沟对公路路面径流污染物的去除效果

污染物	路面径流EMC（mg/L）	出水EMC（mg/L）	去除效率（%）
TSS	9 100	8 900	2.2
COD	190	165	13.2
BOD_5	2.3	2.2	4.3

② 抗冻。在多年冻土地区，由于受基底土体冻胀、融沉的往复作用，普通地区道路工程中常采用的防排水工程措施易出现裂缝、变形，在雨季雨水经裂缝或变形位置下渗进入周围土体而导致随后更严重的冻融病害出现，造成恶性循环，最终使得工程措施破坏、失效。

(3) 适应性分析评价

① 耐久性。由于青藏高原地区其特殊的自然地理环境，现浇混凝土排水沟作为一种刚性的排水沟，在基地土体不断往复冻融的作用下很容易遭到破坏而失去原有功能。生态排水沟是一种柔性的且高原植被因其本身的神物特性能够不受冻融的影响。

② 抗冻性。青藏高原温度低，冷季漫长，低温环境对混凝土结构的特性有一定的影响，会导致其性能降低，使用寿命缩短。生态排水沟作为植物防护措施，这些植被已经在进化过程中适应了青藏高原地区的自然条件，能够安全越冬，低温对生态排水沟基本不会造成影响。

③ 减少污染能力。现浇混凝土排水沟的优点是排水快、排水顺畅，但是对于径流中的污染物的去除效果微乎其微。生态排水沟通过其表面植物的拦、蓄、滤、滞等作用将污染物从径流中分离出来，从而改善径流水质，达到保护受纳水体的目的，进而有效地保护青藏高原地区的水环境。

④ 景观协调性。现浇混凝土排水沟作为钢混结构，在与周围环境融合方面存在欠缺，不美观，不符合新的公路发展理念，但生态排水采用植物措施，就地取材，与青藏高原周围生态环境及景观具有很好的协调性，融为一体，美观性极大提升。

⑤ 造价分析。现浇混凝土排水沟施工工艺复杂，需要立模板、养护，作为钢混结构，造价较高且不耐久。生态排水沟可就地取材，施工简单，造价低，且能够适应青藏高原的自然条件，耐久性好。

分别从耐久性、抗冻性、减污能力、景观协调性及造价五个方面分析了生态排水沟与现浇混凝土排水沟在青藏高原地区的适用性，结合青藏高原特殊的自然地理条件，分析认为生态排水沟在青藏高原地区有较强的适用性，能够适应青藏高原地区的自然环境。

7.2.4 铺草皮排水沟设计

（1）排水沟类型确定

由于水环境的敏感性，从生态性、经济性及实用性考虑所采用的路面径流处理方法应满足：出水水质好，不会对水源保护区的水质产生影响并可循环利用；总体投资小，运行管理费用低，管理维护简单；占地不影响公路正常运行，不影响水源保护区及周围环境美观，有一定景观效果更佳。

通过对路面径流主要污染物的分析，需要处理的污染物为SS、石油类、COD、BOD_5等一些有机物及重金属。对于固体悬浮物SS，可采取物理沉淀的方法将其去除；有机物一般可以用生物及微生物降解的方法进行处理。采用排水沟为铺草皮生态排水沟。

（2）工艺流程

路面雨水径流主要考虑初期雨水对水环境的影响。路面雨水径流的水质有显著的特点，即初期雨水含污量较高（污水中主要污染物为SS和石油类），后期雨水较为清洁。将初期雨水产生的径流进行收集、处理，方可将路面径流中所含的大部分污染物质去除，而比较干净的后期雨水直接排放至附近的水体中。降雨初期将地面污染物带走的雨水为初期雨水，初期雨水分为两种，一种是可将可溶性污染物及细小颗粒带走的初期雨水，一种是可将不可溶性及难移动的污染物带走的初期雨水。目前国际上对初期雨水处理的方法主要包括沉淀、过滤或将其排入污水管网。由于工程沿线没有污水管网，因此设计中采用沉淀、过滤的处理工艺处理初期雨水。该研究的工艺流程为降水→汇流→收集→集中排放→沉淀、过滤、吸收→蒸发池（水处理池）。

7.3 大气污染防治技术

汽车尾气污染已成为我国主要的大气环境问题之一。首先应从源头上控制汽车的尾气排放，鼓励汽车制造商研制超低排放车或加装汽车尾气净化器。在公路建设中也可利用路面材料吸收汽车尾气或通过植物净化大气污染物。

（1）研制能吸收汽车尾气的路面材料

日本三菱材料公司研制出一种路面材料叫作Noxer，它的特点就是能吸收汽车尾气中的氮氧化物。这种路面材料的混凝土中含有二氧化钛。二氧化钛起着催化剂的作用，当路面材料被阳光照射时，能生成活性氧分子。这种活性氧分子能与氮氧化物发生化学反应，一遇下雨就变成稀硝酸溶液，刚好被混凝土中的弱碱溶液中和。据称，当氮氧化物的浓度为1%以下时，这种路面材料可将它们消耗掉90%。而且这一清除效率是恒定不变的，不会因路面使用时间长了而有所下降。但是氮氧化物的清除率会因空气湿度的升高而下降，当相对湿度高达80%时，氮氧化物的清除率会降至70%。三菱材料公司称，他们研制的这种路面材料已在英国试用。

(2) 植物净化

某些植物能够吸收有毒有害的大气污染物而净化空气。一般情况下，阔叶林大于针叶林。对于由汽车尾气造成的光化学烟雾、硫化物等污染，可选择吸硫和光化学烟雾强的植物作为绿化树种。如侧柏、桧柏、垂柳、夹竹桃、女贞、刺槐、冬青、泡桐等。总之在不同大气污染区可根据气象、土壤等条件尽可能培育、栽培对该地区主要大气污染抗性较强的植物，以减轻甚至消除大气污染对环境造成的危害。

(3) 机动车辆的监督与管理

汽车尾气中有上百种不同的化合物，其中主要污染物有CO、CH、NO_x、SO_2、烟尘微粒（某些重金属化合物、铅化合物、黑烟及油雾）、臭气（甲醛等）等，一辆小汽车一年排出有害废气比自身质量大3倍，汽车尾气对环境的危害是巨大的。近年来，随着我国经济的快速增长，我国的汽车产业也迅速发展，社会保有量在1 400万辆以上。汽车主要集中在城市，成为城市大气污染物的主要来源之一。汽车在大量消耗资源的同时，其排放的尾气会严重影响人类健康。研究证实，汽车尾气排放物产生的光化学反应造成了近地臭氧水平过高，增大了有害气体的浓度，致使呼吸道疾病人数明显增多。尽管我国对汽车尾气的检测标准已接近发达国家水平，但由于监管力度不够、监测频次较低，目前道路上仍行驶着很多尾气排放不达标的机动车辆。

公路区域的大气环境污染主要源于机动车尾气的排放，因此加大对行驶车辆的监管力度，增加机动车尾气的抽检频率是改善高速公路大气环境质量的有力措施。对进出公路行驶的车辆尾气排放情况进行监督检查，严格禁止冒黑烟及尾气排放未达标车辆在公路上行驶。

(4) 加强公路沿线的景观绿化建设

公路上行驶的机动车辆产生的噪声、震动、尾气排放等会对自然环境造成严重污染。因此必须十分注意环境保护，重视景观绿化工作。通过绿化保护自然环境，创造舒适的行车环境和生产生活环境。在对公路的环境现状综合分析、评价的基础上，根据公路的性质、功能以及绿化立地条件，结合公路的建设布局，通过对各种绿化设计模式综合平衡与汇总，使净化空气、降低噪声、绿化环境等效益和谐统一。

(5) 方案的组织与实施

各有关政府应将无烟高速路工程实施工作纳入重要议事日程，建立目标责任制，制定具体实施方案，做到治理目标与任务明确，治理内容与完成时限具体，责任单位与责任人落实到位，政策、措施有力，确保实施方案中各项目标和任务按时完成。对重点治理项目定期进行调度、考核，并予以通报，对已经完成治理任务的企业要继续跟踪督查，防止污染反弹，加强对公路沿线环境空气质量的监测，加强对机动车尾气排放环保年度检测的监管，积极督促不达标车辆进行维修，有效控制机动车污染。

7.4 固体废物污染防治技术

固体废物处理指通过物理、化学、生物等不同方法，使固体废物适于运输、储存、资源化利用，以及最终处置的过程。固体废物处理方法有物理处理、化学处理、生物处理、热处理、固化处理等。

(1) 物理处理

物理处理是通过浓缩或相变化改变固体废物的结构，使之成为便于运输、储存、利用和处置的形态。固体废物的物理处理法包括压实、破碎、分选、增稠、吸附、萃取、沉淀、过滤、离心分离等。同时，物理处理也常常作为回收固体废物中有价值物质的重要手段加以利用。

(2) 化学处理

化学处理指利用化学方法破坏固体废物中的有害成分从而达到无害化，或将其转变为适于进一步处理和处置的形态。由于化学反应条件复杂、影响因素较多，故化学处理方法通常只用于所含成分单一或所含几种化学成分特性相似的废物处理。对于混合废物，化学处理可能达不到预期的目的。化学处理方法包括氧化、还原、中和、化学沉淀和化学溶出等。

(3) 生物处理

生物处理是指利用微生物将固体废物中可降解的有机物分解，从而达到无害化或综合利用。固体废物经过生物处理后在容积、形态、组成等方面均会发生重大变化，使固体废物便于运输、储存、利用和处置。生物处理法包括好氧处理、厌氧处理和兼性厌氧处理等。与化学处理法相比，生物处理法具有工艺成熟、成本低等优点，但其处理周期相对较长，且处理效果有时不够稳定。

(4) 热处理

热处理是指通过高温破坏和改变固体废物的组成和结构，同时达到减容、无害化或综合利用的目的。热处理法包括焚烧、热解、湿式氧化以及焙烧、烧结等。

(5) 固化处理

固化处理是指采用固化基材将废物固定或包覆起来，以降低固体废物对环境的危害，使固体废物能够较安全地运输和处置。由于固化处理过程需加入较多的固化基材，因此固化处理产生的固化体的容积远远比原固体废物大。固化处理的对象通常为有害废物和放射性废物。

7.5 桥面危化品泄漏应急防治技术

7.5.1 现有技术的适应性分析

(1) 桥面径流收集系统

1) 桥面径流收集方式

桥面径流收集系统主要有管道收集和明渠收集两种。其中桥面径流的管道收集方案主要有溢流管方案和漫流管方案。

溢流管方案的桥面雨水收集管在接入桥面径流截流管前设置溢流管，当雨水强度超过桥面径流截流管的排放能力时，过量雨水可通过溢流管自排入水体。

漫流管方案的收集管雨水口与桥面相平，直排式雨水口则按高出桥面2～5 cm设计，收集管雨水口与直排雨水口间隔布置，这种方案可保证只在暴雨高峰期排水，从而避免污染严重的桥面径流排入敏感水体，造成水质恶化。

桥面径流明渠收集方案是将径流收集明渠设置在桥宽的外侧，雨水通过雨水口流入雨水支管，最后汇入明渠中，超过设计标准的雨水可直接漫过明渠排入水体中。

2) 桥面径流收集管材

桥面径流收集管通常选用PVC材质、塑料管（聚氯乙烯）的排水管。

(2) 桥面径流的处理系统

目前常见的桥面径流处理设施有应急池、沉淀池、人工湿地等处理系统，这些处理系统对桥面径流初期雨水中的污染物有一定的沉淀、降解等净化功能，从理论上也能够利用其处理系统的池容对泄漏的危险化学品及其稀释液起到收集储存等应急作用。

1) 沉淀池

沉淀池是水处理工艺中重要的沉淀处理设施，在废水处理中被广泛使用，是中国高速公路桥面径流处理系统中最常见的一种形式。它是应用沉淀作用去除水中悬浮物SS的一种构筑物。沉淀池的形式按池内水流方向的不同可分为平流式沉淀池、竖流式沉淀池、辐流式沉淀池和斜流式沉淀池四种。沉淀池池体平面为矩形，进口设在池长的一端，一般采用淹没进水孔。水由进水渠通过均匀分布的进水孔流入池体，进水孔后设有挡板，使水流均匀地分布在整个池宽的横断面。沉淀池的出口设在池长的另一端，多采用溢流堰，以保证沉淀后的澄清水可沿池宽均匀地流入出水渠。堰前设浮渣槽和挡板以截留水面浮渣。水流部分是池的主体。池宽和池深要保证水流沿池的过水断面布水均匀，依设计流速缓慢而稳定地流过。池的长宽比一般不小于4，池的有效水深一般不超过3 m。污泥斗用来积聚沉淀下来的污泥，多设在池前部的池底以下，斗底有排泥管，定期排泥。

2）氧化塘

氧化塘又称生物塘或稳定塘，是指经过人工休整设置有渗滤层和围堤的污水池塘，主要依靠自然生物进化功能使污水得到净化的一种污水生物处理技术。刘珊等研究表明，氧化塘的最佳水力停留时间为14天，超过14天之后塘内的污染物浓度几乎不再变化，石油类去除率可达80%，COD去除率为73%。长安大学任伟通过对西阎高速公路的路面径流水质进行监测研究，提出采用氧化塘来处理路面径流，并进行了静态实验和理论分析。氧化塘的基本特性见表7–5。

表 7–5 氧化塘基本特性

分　类	连续出水塘、控制出水塘、储存塘
优　点	工程简单，造价低廉，能耗较低，可以调节洪峰量，处理效果好同时易实现雨水资源化
缺　点	处理效率随季节性变化明显，效果不稳定，防渗要求较高，占地面积较大
影响因素	水力停留时间，水力停留时间越长，处理效果越好

3）人工湿地

人工湿地处理系统是利用湿地床、透水性基质、植物、微生物等，将桥面径流中的污染物去除的生态系统，对污水中的SS、氮、磷、有机物和重金属等有较好的去除效果，主要分为表面流、潜流、复合垂直流湿地。有充足的空间形成一浅水层的洼地或地下水位于地表或接近地表的滞留池都可以建成人工湿地。在国外人工湿地在路面径流的污染控制方面得到广泛应用，并被证明是一种低投资、低能耗、低成本的生态型污水处理技术，其对各种污染物有良好的去除能力且效力持久。Gizzard等人研究表明，湿地对径流污染物有较好的去除效果，在湿地中径流停留24 h后，悬浮固体及附着其上的污染物的去除率可达90%。在美国佛罗里达州有很多专门为处理暴雨径流而设计的人工湿地，它们对处理径流发挥了非常重要的作用。Youself等人研究发现，暴雨径流在湿地中水力停留时间为72 h，悬浮固体的去除率可达95%。国内衷平、陈济丁等（2007年）对广东渝湛高速公路人工湿地对路（桥）面径流处理的效果进行了试验研究，结果表明COD、锰的处理率达到82%，BOD_5处理率达到94%，SS处理率达到75%，石油类物质的处理率达到97%，总体处理效果较好。

4）封闭式排水沟

在地形等条件不允许采用修建较大的沉淀池、人工湿地时，可借助桥梁附近一段首尾封闭的排水沟作为水污染防治构造物。在出入口设置阀门，正常运营期间阀门开启，污水在排水沟内有一定的水力停留时间，排水沟出口设置隔油板，实现隔油、沉淀作用。在发生事故时，关闭阀门，实现事故废水应急纳蓄。

（3）不同桥面径流收集处理措施适应性分析

1）桥面径流收集方式比较

分别从四个方面对比分析了溢流管方案、漫流管方案及桥面径流明渠收集方案三种径流收集方案的优缺点，见表7–6。

表7–6 常用桥面径流收集方式比较

收集方式	对结构的影响	施工便利性	运营维护	工程经济性
溢流管方案	需在箱梁内设预埋件，有一定影响	技术较成熟，施工较简单	对桥梁运营维护无影响，但有管道堵塞和冻裂风险	费用相对较高
漫流管方案	影响很小	技术成熟，施工简单	存在桥面小范围积水现象	费用较低
桥面径流明渠收集方案	增加桥梁风荷载	结构复杂，施工较复杂	对桥梁运营维护无影响	费用较高

2）桥面径流处理方式比较

对比分析了沉淀池、氧化塘、人工湿地及封闭式排水沟四种径流处理方案的优缺点，见表7–7。

表7–7 常用桥面径流处理方式比较

处理方式	去除机理	优 点	缺 点
沉淀池	物理沉淀、过滤、吸附	SS、COD和油脂去除率可达50%，造价低，对SS处理效果好	运营维护期需有人定期清理污泥
氧化塘	依靠自然生物净化	可以调节雨洪峰量，雨水处理能耗较低，处理效果好，同时易实现雨水的资源化，工程占地小	需要寻找合适的菌种，后期需及时进行清洗、投放药剂，维护费用高；处理效果随季节变化不稳定，防渗的要求高
人工湿地	沉淀、离子交换、植物吸收和微生物分解	投资低、能耗低，对水质的进一步净化具有很好的净化效果，景观效果好	植物生长对气候和温度有一定的要求；占地面积大，易堵塞，不具备危化品运输事故应急所需条件
封闭式排水沟	物理沉淀、漂浮分离	设置在桥面两头，省去桥面径流处理池的占地面积，节省占地	对水质的处理有一定的限制性，淤泥的清掏困难，不及时清理容易发生堵塞，降雨时形成桥面漫流

3）桥面径流收集处理措施存在的问题

纵观目前桥面径流收集处理常用措施，不同收集方式和处理措施各有其优缺点，但是结合工程实际，经调查发现还存在如下几个问题：

① 常规的排水管收集方案无论是溢流管收集方式和漫流管收集方式，均存在桥面径流排至水体的问题，这种溢流或直排的方式，对水体环境的风险很大，一旦在桥上发生危险化学品运输车辆翻车、泄漏等事故，危险化学品径流将通过桥面泄水管直接进入水体，对水体造成不可估量的环境风险。

② 纵向排水管道、集水池的设计缺乏科学合理的计算和设计规定，无法有效发挥作用。从实施效果来看，目前采取的径流收集措施多是在桥梁建成后为应对工程环境保护验收而补充设置的径流收集措施，多流于形式，通常在桥梁两侧安装PVC管道，将径流引致设在桥梁两侧的收集池中。调查发现，普遍存在纵向排水管道管径过小、没有设置收集池或者收集池容积不够、设置位置不合理、无法确保危险化学品发生泄漏时能全部进入收集池等问题，收集系统在事故发生时无法有效发挥其功能。

③ 收集池不具备雨后及时排空或后续处理功能。目前大部分设置的收集池没有设置控制管阀等装置，蓄水超过池顶后无组织溢流，排水最终仍通过地表漫流进入水体。雨后存留在池内无法溢流的部分仅依靠自然蒸发耗散，导致雨后较长时间内收集池被前场降雨的桥面雨水径流占据，没有容积随时接收事故径流，基本丧失应急功能。

④ 事故应急设施的各功能单元均采取串联的方式，一旦发生事故泄漏，事故径流将对各功能单元的功能形成破坏，尤其是人工湿地等雨水深度处理单元，破坏后很难恢复。

⑤ 危化品运输事故应急蓄纳设施存在雨水与事故水不能分开处置的问题。

7.5.2 桥面径流收集及处理方案

根据多年冻土区环境特征以及桥面危化品应急防治的现实需求，提出三种危化品运输事故应急蓄纳设施与桥面雨水径流处理设施系统方案，可应用于实践工程。

（1）工艺流程

根据应急池和径流处理池串联并联形式的分类，分为两大类方案：第一类湿地处理方案，为并联形式；第二类串联形式，径流处理池兼顾事故池的功能。

1）并联形式径流处理工艺

方案一的桥面径流处理池包括配水井、应急池、沉淀隔油池、二沉池和湿地，配水井配有两个分别通往应急池和沉淀隔油池的控制阀，沉淀隔油池控制阀处于常开状态，应急池控制阀处于闭关状态，具体如图7-1所示。

通常情况下，由于降水形成桥面径流后，首先进入配水井，配水井口安装有格栅，并且同时具有沉淀池功能，桥面径流经过配水井后，大颗粒污染物被拦截或沉淀去除，然后溢流至沉淀隔油池，该处理单元进一步将剩余的SS、COD和石油类物质去除掉，最后通入湿地。湿地与外界相同，为下沉式高寒草甸湿地。出水流入湿地后可对径流做进一步的净化后下渗。

当发生桥面危化品泄漏事故时，泄漏的危化品首先进入配水井（配水井容量设置足够危化品泄漏量），在此期间，司机在应急事故指示牌的指引下应该将应急池的控制阀打开，同时关闭隔油沉淀池的控制阀，并通知相关应急管理部门对事故进行处理。事故管理部门应对危化品泄漏后造成污染的桥面进行清洗，清洗废水通过配水井暂时进入应急池，清洗完毕后由相关管理部门抽走后处理。

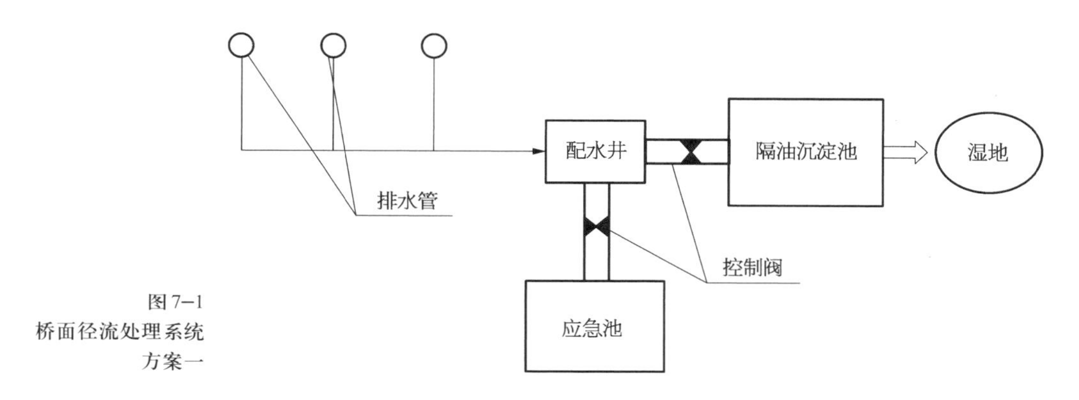

图7–1
桥面径流处理系统
方案一

2）串联形式径流处理工艺

方案二的桥面径流处理池包括初沉池、分离池以及蒸发池。通常情况下，由于降水形成桥面径流后，首先进入初沉池，其中大颗粒物、SS、COD和重金属物质经过沉淀被去除一部分，然后溢流至分离池，分离池兼具二沉池和隔油池的功能，进一步将剩余的SS、COD和石油类物质去除掉，最后进入蒸发池，自然蒸发。当发生危化品泄漏事故时，初沉池、分离池和蒸发池均兼有事故收集的功能，待事故处理结束后，由相关管理部门将危化品抽走后处理，具体如图7–2所示。

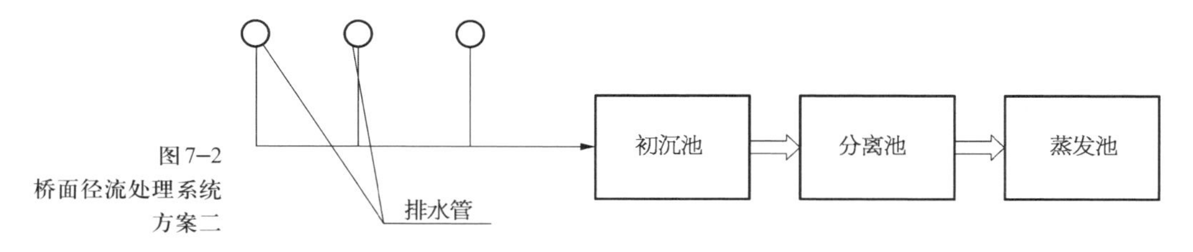

图7–2
桥面径流处理系统
方案二

方案三的桥面径流处理池包括隔油沉淀池和蒸发池，此工艺和方案二类似，主要利用沉淀功能去除COD、SS和重金属，利用隔油功能去除石油类物质，最后进入蒸发池，自然蒸发。当发生危化品泄漏事故时，隔油沉淀池和蒸发池均兼有事故收集的功能，待事故处理结束后，由相关管理部门将危化品抽走后处理，具体如图7–3所示。

3）方案选择

当对路（桥）面径流进行收集处理时，针对青藏公路工程走廊带水环境敏感路段，在

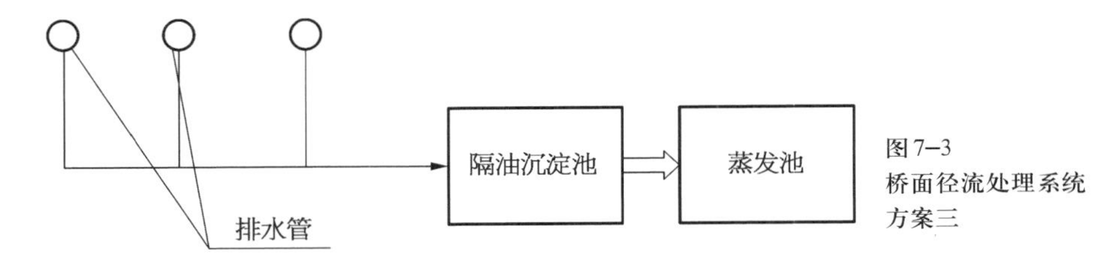

图 7–3 桥面径流处理系统方案三

强敏感区当桥梁处于湿地路段、气候适宜的条件下，可采用方案一；在其他分区，根据地形条件、占地面积和桥面径流汇水面积的大小可分别选择方案二和方案三。

当对桥面危化品进行收集时，强敏感区部分处于湿地路段、气候适宜的条件下，可采用方案一；中敏感区可根据实际情况使用方案二和方案三，同时用于桥面径流收集处理和危化品收集；弱敏感区针对敏感水体可使用方案二和方案三，用作危化品的收集。

（2）主要参数

1）危化品泄漏量的确定

目前我国常见运输液态危险品的车辆包括运油品的槽罐车和化工液体运输车。研究表明，油罐车发生泄漏事故时油品泄漏量大于2 kg的事件是一个小概率事件，但事实证明此类事件确有发生。设计时应以极限情况（即假设危险品运输车辆所载危险品在桥上全部泄漏）来考虑。

根据中华人民共和国交通运输部令2013年第2号实施生效的《道路危险货物运输管理规定》，运输爆炸品、强腐蚀性危险货物的罐式专用车辆的罐体容积不得超过20 m^3，运输剧毒化学品的罐式专用车辆的罐体容积不得超过10 m^3。通过调研，目前国内道路上行使的化学危险品车辆罐体容积通常采用半挂车型，最大有效容积为17. 5 m^3，因此确定危险品运输车辆最大容积为20 m^3。

根据《消防车　第1部分：通用技术条件》(GB 7956.1—2014)，水罐消防车分为轻型、中型及重型三种，其中重型水罐消防车及消防泡沫总重量大于5 t，即总容积不小于5 m^3。根据生产厂家车型调研，目前国产消防车最大容积为20 m^3（豪泺前四后八水罐消防车）。考虑实际可供消防车出勤的同时作业面，我国公路桥梁大部分为四车道或六车道，即半幅桥梁可同时供上述重型消防车两三辆并行施救。

由上述分析，设计危化品泄漏量应按极限情况泄漏和清洗总量考虑，即单台危险品运输车及并排作业的消防车容积之和，以六车道桥梁计算泄漏量约80 m^3。

2）初期雨水量计算

公路雨水径流中污染成分复杂，主要包括雨水及冲洗废液、汽车尾气及其烟尘污染物、车轮携带的泥沙、运输途中的油料、物料泄漏等。主要污染物有COD、SS、油类、表面活性剂、重金属及其他无机盐类。初期雨水径流量一般采用降雨量和径流产生时间来确定，即雨量法和时间法。水利部黄河泥沙重点实验室研究表明，一般情况下当降雨量为8～10 mm时污染物负荷率可达到60%～80%；当降雨量超过10 mm时，污染物负荷率减缓。

环保部华南环境科学研究所研究表明，从降雨初期到形成径流的30 min内，雨水中的SS和石油类污染物浓度比较高，30 min之后，浓度随着降雨历时的延长下降较快；降雨历时40～60 min之后，路面上基本被冲洗干净，路面径流污染物的浓度相对稳定在较低水平。

目前的设计一般根据雨水管道设计理论，排出桥面雨水的截流管采用极限强度理论设计，即设计暴雨强度、降雨历时、汇水面积均取相应的极限值，雨水设计流量的计算公式为

$$Q_S = q\psi F \tag{7-1}$$

式中 Q_S —— 雨水设计流量（L/s）；

q —— 设计暴雨强度（按中国各地的暴雨强度公式选用）[L/（s·hm^2）]；

ψ —— 径流系数；

F —— 汇水面积（hm^2）。

3）其他参数

沉淀池其他参数如池子长高比、池内挡板的高度等采用经验法，根据《室外排水设计规范》（GB 50014—2006）进行确定。

4）水处理构筑物及设备材料

所有水池混凝土强度等级为F250，内掺10%水泥用量的UEA微膨胀剂，要求抗渗等级为S8。

7.5.3 重大污染事件应急预案

针对公路途经水源地重大污染事故的应急处置工作，要求污染事故发生以后，相应部门尽可能快速进入应急状态，立即采取有效措施对事故进行果断处理，做到最大限度地降低甚至消除事故所造成的危害。具体程序如图7–4所示。

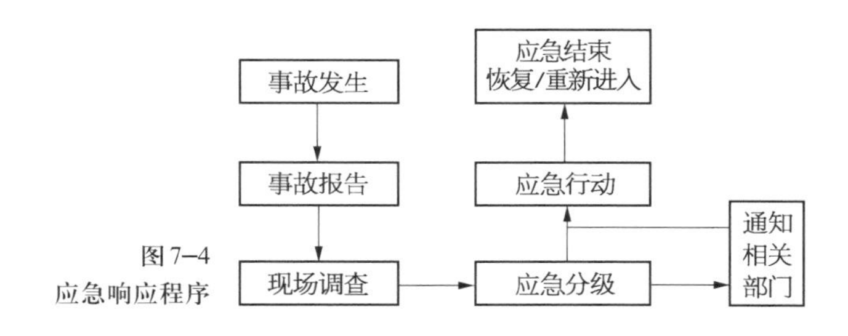

图7–4 应急响应程序

（1）事故报告

重大水污染事故的报告分为三类：

① 速报。发现重大污染事故后通过适当的方式即刻上报。其内容包括该污染事故发生的时间、地点、污染源及主要的污染物质，人员伤害情况，事故潜在的危害程度等初步情

况。在附近乡镇应设立报警人员，相关单位在接到事故报警后必须详细做好记录，之后立即向当地相应应急指挥部门报告情况。该部门接到通知后应即刻分派应急管理办公室及各相关专业小组工作人员开展工作，以达到控制事态继续恶化的目的。

② 确报。工作人员到达污染事故发生的现场后报告确切事故信息。确报的工作是建立在初报工作的基础上进一步核实事故的有关情况，包括该事故发生的原因、经过、进展的情况及采取应急措施等的初步情况。

③ 处理结果的报告。工作人员以书面报告的形式报告在事故处理完毕后处理结果的情况。处理结果报告是指在确报的基础上，报告事故处理的措施、过程和结果，事故发生后潜在或直接的危害、转化方式、社会影响、处理后遗留的问题，参加工作的有关部门及工作内容，出具事故有关危害、造成损失的证明文件等详细内容。

(2) 现场调查

污染事故发生后，各应急小组应在第一时间赶赴现场，根据已掌握的事故信息展开现场调查处理工作，具体执行步骤如下：

① 若有伤亡人员，应急小组人员到现场后立即组织伤员的救治。

② 应急小组人员到达现场后根据了解事故的情况，进一步明确事故发生的时间、地点、经过和可能原因，分析污染源及污染方式及污染范围，进而确定受影响人群的数量、分布以及前期处置情况。

③ 立即对事故发生现场进行有计划的监察，迅速制定具体的监测计划，尽可能全面掌握受污染地的特点，根据获悉的确切资料分析因果关系，同时做好调查记录，以便为提出解决方案做准备。

④ 根据调查记录，提出污染事故综合分析的结论和最终处置方案。依据现场污染情况的调查，依照专家提出的建议，得出调查的分析结果，针对污染事故给出相应处置方案并严格执行方案提出的要求以达到控制并减小污染事故造成的危害的目的。

(3) 应急分级

根据污染事故造成危害的程度，将应急处理的措施和应急响应级别划分为四个等级。依照分级负责、快速反应的原则，突发性污染事故应急响应工作有：

① Ⅰ级。特大性突发污染事故引发的，可致水源地受到严重的污染，对周边居民饮用水造成严重安全威胁的情况，由当地应急指挥部负责组织和协调，启动相应的应急预案。

② Ⅱ级。重大突发性污染事故引发的，有可能使水源地受到严重污染的情况，或因有关部门下达该水源的保护任务时，应由区上相应部门实施应急预案。

③ Ⅲ级。因较大突发性污染事故引发的，有可能使水源地饮用水源轻微污染等情况下，应急处理指挥部实施相应的应急预案。

④ Ⅳ级。由一般的突发性污染事故而引发的，对水源地可能造成轻微污染的情况，由

当地应急处理指挥部负责实施应急预案。

如上所述，逐级负责，责任明确、具体。

(4) 应急监测

应急监测作为判断受污染水体污染程度的依据，要求监测人员应采用有效、快捷的监测方法和成熟的技术，准确而迅速地查明受污水体污染物的来源、范围、种类、浓度等，为污染物的扩散和蔓延得到有效控制提供准确而可靠的信息。应急监测的流程图如图 7–5 所示。

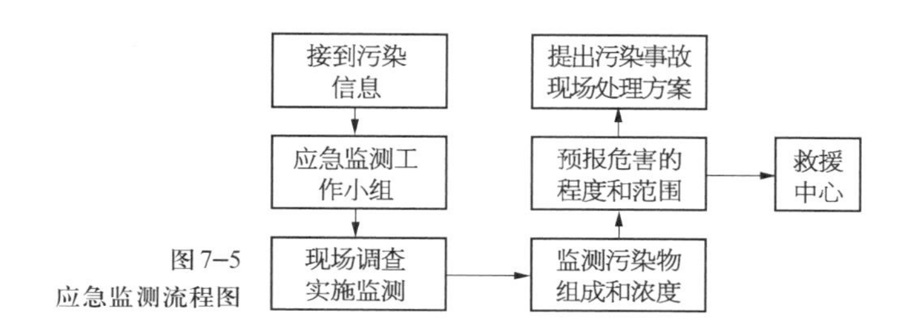

图 7–5 应急监测流程图

应急监测小组必须配备检测所用设备（包括药剂、仪器、水样的收集器等）、防护装备（如防护服、口罩、防护手套等）等。在尽可能快的时间内实施现场监测，如果在现场根本无条件实施监测的情况下，则将取得的样品在规定时间内送回实验室进行检测。

(5) 应急处理

水源地突发重大污染事故的应急处理方法主要包括如下四个方面。

1) 污染源的清理

污染源的清理方法主要有化学处理和人工处理两种。

① 化学处理法。此法主要是指将化学药剂投加在受污染的水域内以降低污染物的浓度甚至使污染物消失。常用的方法包括向受污染水域加入酸性物质以中和水体中所含碱性的污染物，或加入絮凝剂使污染物质沉淀，或加入分散剂、消油剂使污染物沉降或分解等。

② 人工处理法。此法主要针对石油类和包装未破损的有毒有害物质，在污染事故发生后应即刻对带包装的污染物进行清理或打捞，对于石油类实行必要的拦污隔离等有效措施，必要时启动事故防范坝防止污染物进一步扩散，影响水源地水质。

几种常见污染物的化学处理方法如下：

① 石油类污染。当石油类污染事故发生后，油类物质可呈现的状态可分为以下三种：

一为呈悬浮状态的可浮油。这些有的颗粒较大，可以依靠油水的比重差而从水中分离出来。

二为呈乳化状态的乳化油。这些非常细小的油滴即使沉静几个小时甚至更长时间仍然悬浮在水中。这是由于乳化油油滴表面有一层由乳化剂形成的稳定油膜，阻碍油滴合并。

因此需要添加破乳剂，消除乳化剂的作用，乳化油即可转化为可浮油，之后就可以用沉淀法去除。

三为呈溶解状态的溶解油。油品在水中的溶解度非常低，这时一般采用生物降解法处理。常用处理方法有：加吸附剂，天然的吸附材料有稻草、锯木屑、黏土、石棉、羽毛、纺织废料等，用这些天然的吸附剂对油污进行吸附后，对吸附材料进行挤压可回收油，回收的油可进行重复使用。常用的吸附剂还有活性炭、离子交换树脂、海泡石、吸油毡等材料。

还可以利用撇油器（包括浮动式、固定式、移动式）撇油，可将油收集上岸处置，也可利用加燃烧剂把油燃烧；或用高密度材料做亲脂肪的外壳处理，使其吸附油，然后将其沉降至水底，再进行掩埋处理。

② 有毒有害化学品污染。对水体内常见的有毒有害化学污染品应进行及时打捞、转移、清理。

2）调整水厂的处理工艺

饮用水源地突发性污染事故发生后应及时调整现有水厂的部分水处理工艺环节。一般可采用强化絮凝、三级处理等方法。目前常用的三级处理技术有加氯消毒、活性炭过滤、臭氧化和紫外消毒等。然而新的水处理工艺应建立在对受污染水体的水质监测报告的基础上进行分析论证后提出，并在现有水厂处理能力范围内实施新的水处理工艺。

3）切换水源

从实际考虑，当危险化学品污染事故发生后，在短时间内根本无法做到彻底清除污染物，因此受污染的水源不及时关闭势必会引起用水恐慌，此时最佳的办法就是停掉受污染的水源，启用备用水源，以缓解用水压力，同时来治理受污染的水源，使水质达到相应标准后在启用。

4）停供避让

污染事故发生后由于可能造成用水短缺的现象，在必要时政府部门可以采取限制水的用量，定时给水，减少不必要用水的水量供应，同时做好协调工作，保证人民的正常生活，直至用水恢复。

(6) 应急保障体制

① 物资要有保障。相关机构要建立突发性水污染事件卫生应急处置的各类物资储备，包括诊断试剂、特效药物、水处理剂、消毒药械和检测检验设备等。发生生活饮用水污染事件时，水利部门、自来水公司与相关部门密切配合，确定应急物资的充分、及时供应。

② 技术方面的保障。建立完善的应急管理机构，培养专业的应急管理人员，同时在做出重大应急预案的过程中积极听取专家意见，培养一个具备专业技能的团队。同时各部门要结合实际，有计划、有重点地组织对相关预案的演练。每年至少进行一次，并做好演练过程的原始记录。

③ 通信保障系统。环境应急相关专业部门要建立和健全环境安全应急指挥系统、环境应急处置联动系统和环境安全科学预警系统。配备必要的有线、无线通信器材，确保事故应急预案启动时环境应急指挥部和有关部门及现场各专业应急分队间的联络畅通。

④ 资金供应。要保证所需突发事故应急准备和救援工作资金。对受突发事故影响较大的单位和个人要及时研究提出相应的补偿或救助政策。有关部门要保证饮用水源地突发性污染事件监测预警、医疗救治、人员培训、应急演练、物质储备、实验检测等应急处置的各项经费。

（7）重大污染事件的预防措施

拟建公路建成通车后危险品运输车辆会对库区水源地水环境造成一定的风险。尽管针对化学危险品泄漏重大事故已制定应急响应机制和处理技术等措施，但仍要采取管理措施，消除或减少化学危险品运输重大交通事故的发生，确保饮水安全。因此建议制定相应的措施加以防范。防范危险品运输风险事故首先要严格执行国家和有关部门颁布的危险货物运输相关法规。就拟建公路而言，对危险品运输应采取如下管理措施：

① 对运输危险品车辆实行申报管理制度。车主需填写申报表，包括危险货物执照号码、货物品种等级和编号、收发货人名称、装卸地点、货物特性等。

② 危险品运输车辆安排在交通量较少时通行，在气候不好的条件下应禁止其上路，从而加强对运输危险品的车辆进行有效管理。

③ 实行危险品运输车辆的检查制度，在入口处的超宽车道设置危险品运输申报点和检查点；对申报运输危险品的车辆进行“准运证”“驾驶员证”“押运员证”和危险品运输行车路单的检查；除证件检查外，对运输危险品的车辆进行安全检查。

④ 在主线收费站入口前100 m处设置有提示标志牌提醒危险品运输车辆司机靠边行驶，主动申报和接受检查。危险品运输车辆左前方应悬挂有黄底黑字“危险品”字样的信号标志，也可以提醒收费员对危险品运输车辆进行安全检查。

⑤ 应对各种未申报又无危险品运输标志的罐车、筒装车进行入口检查，对载有危险品但未办理有关证件或车辆未按规定加装危险品运输标志的车辆均不允许进入高速公路行驶。

⑥ 在库区水源地二级保护区路段，应设置警示牌，提醒司机进入水源供水点汇水区路段，小心驾驶。

⑦ 高速公路应设有监控设施，实施监控。当发生事故时，应在第一时间把事故信息发送到交通、公安、环保、水利等部门，使职能部门的应急工作小组和市应急指挥中心做出快速反应。

第8章

动物通道设置

公路建设和营运期间不但引起地貌、植被和径流等环境特征的明显变化，还会对食物质量、小气候、隐蔽物等生态因子产生负面影响，导致动物栖息地质量下降，造成动物栖息地破碎化；割裂动物生活，对种群间的基因交流以及灭绝后的重建存在着巨大的阻碍作用，这种作用受公路的封闭度、宽度、交通量、路边植被覆盖度等因素的影响。另一方面，公路两侧因存在严重的人为干扰和边缘效应，可能具有足够的可被外来物种利用的资源而因缺乏捕食者和竞争者，容易造成生物入侵或者为生物扩散和入侵提供媒介，导致了边缘物种和喜光动物的多样性和密度增加，还可能提高一些鸟类和小型兽类的多样性。

公路通过野生动物的栖息地，首先考虑的是选线避让，或者是把野生动物栖息地人工地搬迁到其他地方。由于青南高原野生动物一般没有固定栖息地，活动范围很广，公路建设不可避免地会与野生动物的栖息生境发生关系，在这种情况下就要考虑设置动物通道。动物通道设置要考虑沿线不同路段分布的动物种类、生活习性，以更好地保护沿线动物为基本目的，充分利用当地地形、地貌等因素，综合考虑不同类型动物的行为适应能力和可塑性，尽量把通道设置在动物迁徙、饮水、采食途径所经过的路线上或附近。

8.1 多年冻土区公路沿线动物分布特征

(1) 青藏公路

青藏公路穿过的青海省、西藏自治区，动植物资源非常丰富。如可可西里拥有藏羚羊、野牦牛、藏野驴、雪豹、藏原羚等世界珍稀野生动物，属国家重点保护的一、二类野生动物就有20余种，因此素有高原“动物天堂”的美称，再加上数以百计的珍稀植物物种，可可西里被誉为“世界第三极”珍稀野生动植物基因库。藏羚羊被称为可可西里的骄傲，是我国特有的物种，国家一级保护动物，也是列入《濒危野生动植物种国际贸易公约》中严禁贸易的濒危动物。羌塘自然保护区生态系统独特，野生动物资源丰富，并因其特有性和生态脆弱性而具有极其重要的保护价值。

公路沿线区域动物物种虽然相对贫乏，但动物的种群数量大，许多属青藏高原的特有种群。哺乳类动物约16种，其中11种为青藏高原特有种；鸟类约30种，其中7种为青藏高原特有种。属于国家一级保护动物的主要有藏羚羊、藏野驴、野牛、白唇鹿、雪豹、藏雪鸡、黑颈鹤等，属国家二级保护动物的有岩羊、盘羊、黄羊、猞猁、棕熊、斑头雁等。青藏公路沿线常见野生动物名录见表8-1。

表8-1 青藏公路沿线常见野生动物名录

动物名称	科 属	别 称	分 布	保护级别
藏 羚	偶蹄目，牛科	独角兽、长角羊	昆仑山南麓、不冻泉、楚玛尔河、五道梁、沱沱河、安多	一级

（续表）

动物名称	科　属	别　称	分　布	保护级别
藏原羚	偶蹄目，牛科	西藏黄羊、白屁股	东大滩、西大滩、昆仑山南麓、不冻泉、可可西里等	二级
岩　羊	偶蹄目，牛科	石羊、崖羊、蓝羊	昆仑河两岸、野牛沟、昆仑山等	二级
盘　羊	偶蹄目，牛科	大头羊、大角羊	昆仑山、野牛沟、雀巧北等	二级
白唇鹿	偶蹄目，鹿科	白鼻鹿、扁角鹿	西大滩、沱沱河、通天河	一级
野牦牛	偶蹄目，牛科	野牛	野牛沟、昆仑山、楚玛尔河中上游等	一级
藏野驴	偶蹄目，马科	亚洲野驴、野马	野牛沟、昆仑山南麓、不冻泉、五道梁、沱沱河	一级
喜马拉雅旱獭	啮齿目，松鼠科	哈拉、雪猪	西大滩、昆仑山、风火山、沱沱河、安多、当雄	无危
高原兔	兔形目，兔科	灰尾兔	西大滩、昆仑山、风火山、沱沱河、安多、当雄	易危
棕　熊	食肉目，熊科	马熊、藏马熊	野牛沟、可可西里、安多	二级
狼	食肉目，犬科	野狼、狼、豺狼、灰狼	西大滩、野牛沟、昆仑山、五道梁、安多、那曲等	二级
沙　狐	食肉目，犬科	狐狸	西大滩、不冻泉、安多、野牛沟、五道梁、那曲	无危
猞　猁	食肉目，猫科	猞猁狲、马猞猁	西大滩、不冻泉、安多	二级
藏雪鸡	鸡形目，雉科	雪鸡、淡腹雪鸡	西大滩、五道梁、纳木错湿地	二级
斑头雁	雁形目，鸭科	白鸭、黑纹头雁	楚玛尔河、沱沱河、当雄、拉萨等	二级
赤麻鸭	雁形目，鸭科	黄鸭	楚玛尔河、沱沱河、纳木错、拉萨、不冻泉等	二级
棕头鸥	鸥形目，鸥科	褐头、棕头鸲、棕头	纳木错湿地、拉萨河	无危
黑颈鹤	鹤形目，鹤科	藏鹤、仙鹤	安多、纳木错湿地	一级
高山兀鹫	隼形目，鹰科	黄秃鹫	昆仑山、五道梁、风火山、沱沱河、安多、当雄	二级

(2) 共玉公路

共玉公路位于青南高原，区域内动物种类较为丰富。工程所在区域内有兽类8目20科85种，鸟类16目41科237种（含亚种263种），两栖爬行类7目13科48种。国家重点保护动物有69种，其中国家一级重点保护动物有藏羚、牦牛、雪豹等16种，国家二级重点保护动物有岩羊、藏原羚等53种。另外还有省级保护动物艾虎、沙狐、斑头雁、赤麻鸭等32种。

工程沿线野生动物种类主要为高寒草原草甸及湿地动物群，区域内较为常见的兽类主要有高原兔、喜马拉雅旱獭、鼠兔、藏羚、藏原羚、藏野驴、岩羊、盘羊等。同时由于这一地区湿地大、湖泊星罗棋布，许多珍稀水鸟也主要分布于此，主要有黑颈鹤、灰鹤、中华秋沙鸭、斑头雁、赤麻鸭、棕头鸥。主要的猛禽为大鵟、金雕、高山兀鹫、胡兀鹫、猎隼；雀形目主要有角百灵、长嘴百灵、棕背伯劳、棕背雪雀、白腰雪雀、麻雀等。两栖类主要是沼泽、湖泊等湿地内的倭蛙、中国林蛙。爬行类的优势种为青海沙蜥和高原蝮。

8.2 公路建设项目对野生动物的影响

8.2.1 自然生境破碎

公路建设项目对自然生境的破坏主要包括：边坡开挖破坏原有植被覆盖层，导致水土流失及大量次生裸地出现；施工场地、取弃土场、料场等临时占地破坏原有土体及植被，增加区域内地表裸露；山间公路修建导致废渣倾入溪谷等。这些都会破坏生态环境，影响动物的栖息生存条件，加剧生态系统退化。此外，施工期人类活动范围的扩大会缩小动物的生存范围，但随施工期结束，该影响将减轻。因此公路建设会在一定程度上破坏动物的原有生态环境。

8.2.2 生境阻隔

公路分割了生物的生存空间，而且由于汽车废气、噪声、有害物质的产生，会使生物栖息的生态环境（空气、水、土壤）逐渐恶化，引起生物发育不良，繁殖机能减退，疾病增多，抗病能力下降，从而造成种群数量减少，有时可能会影响整个生物群落。生境阻隔会对动物产生各种负面影响。有研究表明，公路对生境的阻隔将对动物的迁移和基因流动产生不良影响，而减少的基因流动将导致形成小而孤立的种群，其又将受到近亲系列和优势基因丢失的威胁，这种不良影响的决定性因素是道路宽度、车流量以及动物行为等。长期的生境阻隔和隔离使种群变得更加脆弱，容易导致种群灭绝。

8.2.3 交通事故

交通事故可造成通过公路的动物死亡。两栖爬行动物经常翻越公路，且活动迟缓，因而成为交通致死的主要受害类群。国外以常见的大中型动物以及种群数量少、关注程度高的物种，如鹿类动物的交通死亡报道较多。

例如，云南思小公路上，亚洲象穿行公路引发车象相撞事故；四川省若尔盖湿地公路交通造成了大量两栖动物碾死现象，公路成为野生动物的杀手。Lalo（1987年）估计在美国每天大约有1 000万脊椎动物个体由于相撞事故死亡。因此研究如何降低野生动物因公路而造成的死亡率，应该以降低野生动物与运输工具的相撞为主。

8.2.4 环境污染

对于一些野生动物而言，公路带来的噪声、光源、土壤及水源等污染具有显著的影响。例如，施工期的爆破作业（隧道和采石场）、大量施工机械和人员活动惊吓、干扰路域附近哺乳动物的觅食；施工破坏的草地侵占了野生动物的取食区。但施工影响属于短期影响，施工影响大多会随着工程建成而逐渐消失，野生动物会恢复原有的活动范围。

8.3 野生动物保护方案

8.3.1 基本原理

公路作为一个线状的廊道，对景观的切割作用使得原本一大块生境被划分为大小不一不等的“斑块”，这些“斑块”被称为生态学上的“岛屿”。岛屿与生物地理学定量地阐述了岛屿上物种的丰富度与面积的关系：

$$S = cA^z \tag{8-1}$$

式中 S —— 种的丰富度；

A —— 面积；

c —— 与生物地理区域有关的拟合参数；

z —— 与到达岛屿难易程度有关的拟合参数。

这个定量关系提示了物种丰富度随岛屿面积呈单调增加的趋势。我们对于动物的保护措施就是保证不同岛屿之间的生物可以进行正常的种群迁徙，实现基因交流，避免因片断化的生境引起动物的消亡。

8.3.2 保护方案

青藏高原是我们难得的一片净土，是我国动物区系最为独特的地区，野生动物是高原的主人，保护野生动物是多年冻土地区公路建设不可推卸的责任和义务。根据前面公路建设对野生动物影响的分析，提出了以下保护措施。

8.3.2.1 公路设计期的野生动物保护方案

公路路线设计要考虑对环境敏感区的绕避，进行多方案比选。公路路线选择应遵循以下原则：

① 公路在规划设计之前应该对所经过的区域进行环境和野生动物资源调查，尽量使路

线远离已建自然保护区和规划中的自然保护区，远离野生动物聚集和频繁活动的地区、物种丰富的生境、高密度的动物群落、复杂景观格局等区域，做到防患于未然。

② 最好不要沿穿过草原腹地的路线修建新路，该路线是野生动物经常出没的地方，对野生动物影响较大，建议新线沿山脚修建，这样就可以减少对野生动物的干扰。

③ 如果新修公路附近已有其他线性工程，新修公路应离既有工程尽可能近，在100 m范围内，以避免对生境的再一次切割和对野生动物的再次侵扰。

④ 同时还要注意公路所经过地区的环境敏感性，远离湿地、多年冻土地区、源头水等对保护生物多样性等至关重要的地区。

8.3.2.2 **公路施工期的野生动物保护方案**

施工阶段的野生动物影响防治措施应采取以预防为主的保护政策。在进行施工之前必须采取必要的预防与监控措施。公路施工过程中，路基、取土场、砂石料厂、施工便道、施工营地、场地等设施的建设要以不影响野生动物的生活习性为前提。具体可以从以下几个方面进行说明：

① 施工基地和施工设施要远离野生动物迁徙通道和生活基地，防止因为人为活动或者环境的改变干扰野生动物正常的迁徙活动和生活。对于即将施工的青藏高速施工单位来说，施工基地的选址应远离楚尔玛河，因为河道两侧10 km范围内是藏羚羊栖息的主要基地和迁徙的主要通道，同时也是主要的风沙线，生态环境比较脆弱。基地的选址也要尽量避开低洼的山沟，比如藏羚羊迁徙主要通道的几条山沟。清水河地区的砂石资源虽然好，但是这里世代生活着大量的野生动物，在这里开炮采石不仅会惊扰野生动物，还会使这里脆弱的植被遭到破坏，所以该地区的砂石料厂应设到50 km以外的无植被区。

② 取土场、砂石料厂、施工场地和生活营地铺设面积不能过大，防止对周围自然景观和生态环境造成严重的负面影响，破坏了野生动物的食物来源和生活环境。可以集中取土取石，限制单个取土场的面积。对于施工便道严格限制行车路线与便道宽度，严禁施工车辆在草地上乱驶乱轧。保通便道一般均沿着与公路垂直的最短距离铺设，尽量利用原有公路废弃的施工便道和场地，避免对野生动物栖息生境产生新的干扰，从而把人类活动的影响限制在一定范围内，减少对地表植被和土壤结构的扰动和破坏。

③ 取土场、砂石料厂使用完毕后，最好能够进行植被恢复。对于高寒草原，工程结束后应该在场地平整、表土回填的基础上，通过人工种植草地植物加快草原植被的恢复速度，减缓地表植被和表层土壤破坏以后带来的水土流失和风力侵蚀等生态问题。高寒草甸因为具有特殊的草皮结构，地表20 ～ 30 cm之间形成特殊的植物毡层，在取土场、施工便道、路基施工的过程中应把高寒草甸的植毡层切割、保存、栽培、移植，来实现植被恢复。在目前的水平条件下，可以在回填表土的基础上回填草皮，植被恢复以自然恢复为主。植被恢复应该优先考虑野生动物通道分布与野生动物集中活动的地区，通过一系列植被恢复措施，可以使得对野生动物栖息生境的影响降低到最小。

8.3.2.3 公路运营期野生动物保护方案

(1) 工程措施——设置野生动物通道

公路建设中一般采用的野生动物保护措施有动物通道、标志牌、围栏、防护网、生物防护林带、隔音墙、单向门等，在众多保护野生动物的生态措施中，动物通道是最为有效的一种。野生动物通道有两种功能：第一，为动物交配、繁殖、取食、休息提供周期性的在不同生境类型中迁徙的通道；第二，为异质种群之间的基因交流及在当地物种灭绝后重新定植提供迁徙通道。

Clevenger等和Norris等认为通道的结构、通道周围的环境特征以及人类的活动都会影响到动物对通道的利用程度。夏霖等对青海可可西里国家级自然保护区内野生动物通道使用情况做了初步评价，发现人类活动是影响一些通道使用的主要原因。藏羚羊多在平坦开阔的地带活动，黑暗窄小的通道会对其造成压力和恐惧感，且不适合大群动物通过，因此一些小桥和涵洞的使用率比较低。一般而言，人工建设的动物通道需几年后才能被动物适应。因此动物通道设置时需要考虑通道的位置、数量、形式、宽度、高度、地面基质及开口处的环境等因素。

(2) 管理措施

1) 加强公路沿线自然保护区部门的管理

公路沿线自然保护区的管理部门要配合公路养护部门加强对运营期沿线野生动物的保护与管理。具体管理措施如下：

① 禁止过往人员携带武器，严禁捕杀、捕捉野生动物和采集动植物标本，对受伤、迷途的野生动物应积极救护，并及时主动地交给保护区的工作人员，不得擅自收养和带走，据为己有。违者按非法捕捉和非法驯养野生动物论处。

② 严禁骚扰、惊动和驱赶野生动物，不得对野生动物进行拍照、录像；在野生动物接近或通过公路时，禁止鸣喇叭；在野生动物大量通过公路时，给动物让道行走，耐心等待野生动物通过。

③ 提高司乘人员的野生动物保护意识，向沿线的兵站、公路养护单位、住户、商户以及来往的司乘人员讲解野生动物迁徙产仔、取食的规律，散发有关保护野生动物的宣传材料，呼吁各界人士提高认识，自觉保护正在迁徙和产仔的野生动物。可以效仿可可西里保护区的做法，散发标有藏汉文注释的青藏高原野生动物不干胶通贴，把它贴到旅行者的汽车上、铁路工人营地里、运输卡车上、藏民家里以及沿途的饭店中。也可以把保护野生动物的理念渗透到旅游手册当中，分发给过路的行人。

④ 自然保护区管理部门需要在公路通过的保护区部分增设管理站，有条件的还可以增加公路沿线自然保护区管理站的密度，指派常驻人员，进行日常巡逻。

⑤ 公路管养单位应联合当地政府，加强野生动物通道的人类活动的管理，维护野生动物通道所处生境的自然性以及特殊性，确保通道的功能得以正常发挥。

⑥ 公路管养单位需要及时对结构改变或损坏的野生动物通道进行维护，以免影响动物利用通道。

⑦ 部分易受惊扰的动物对车辆的声音高度敏感，因此主要的野生动物通道前后 1 km 处需要设置限速、禁鸣标志。

⑧ 公路建设所造成的破坏如果在本地难以恢复，则需要在其他区域做相应的补偿保护措施。补偿措施一般采用“无净损失”（no-net-loss）原则，对于公路建设造成的不可避免的生态损失，力求在一定程度上达到平衡，即尽可能重建工程区域内损失的生境和动物种群，或提高周边区域的生境质量和动物种群大小。

2）启动公路保通运营期环境管理和监督计划中的野生动物保护子计划

① 运营期野生动物保护计划。公路投入运营以后的环境管理工作由公路所在省、自治区交通厅负责，建议交通厅委派专人对沿线野生动物的保护工作进行管理，主要管理工作的内容如下：

a. 保证公路环境影响评价报告书中建议的野生动物通道的畅通，检查野生动物通道警示牌的设立情况。落实野生动物通道保护措施，保护野生动物。

b. 通过设立宣传牌、告示牌、界碑等方式加强对进入自然保护区人员的管理。

c. 继续进行施工期未完成的植被恢复工作，对施工期造成的沿线植被、土壤的破坏进行补救，减缓水土流失，恢复野生动物原有的栖息生境。

d. 开展宣传工作，督促公路运输车辆实施垃圾袋装化后集中进行处理，杜绝随意丢弃垃圾，防治固体废弃物对野生动物栖息生境的污染。

以上四项管理计划中，a、d条贯穿整个保通运营期，b、c条与工程竣工验收同时进行。

② 运营期对野生动物保护的监督计划。在公路所在省、自治区交通厅落实保通运营期的野生动物保护计划的同时，公路所在省、自治区环保局等行政主管部门将履行相应的监督责任。保通运营阶段的监督计划如下：

a. 检查野生动物保护措施的实施效果和公路沿线野生动物栖息生境（主要是植被和自然景观）的恢复情况。

b. 检查有无必要采取进一步的野生动物保护措施。

c. 检查公路环境影响报告书建议的野生动物保护设施是否正常运行。

③ 运营期对沿线野生动物的监测计划。运营期对野生动物的监测工作应该由公路所在的省、自治区交通厅委托有资质的环境监测部门按照公路环境影响评价报告书中已经制定的监测计划进行监测。这里建议对以下项目进行监测：

a. 野生动物通道的使用效率，即在迁徙季节通过野生动物的种类与数量。监测频率为一年一次。

b. 主要野生动物栖息地植被的恢复状况（盖度、地面生物量等）。监测频率为两年一次。

8.4 动物通道设置技术

8.4.1 适用目标

野生动物通道设计前需要明确适用的目标物种。目标物种指拟设置野生动物通道的主要物种及其伴生物种，尤其适用于区域内的保护动物和关键动物。其中，保护动物是指国家重点保护、地方重点保护的野生动物，世界自然保护联盟《物种红色名录》（The IUCN Red List）中列为极危（critically endangered）、濒危（endangered）和易危（vulnerable）的野生动物，以及《濒危野生动植物种国际贸易公约》（CITES）附录一（Appendix Ⅰ）和附录二（Appendix Ⅱ）中的野生动物；关键动物则是指生态系统中对维护生态平衡和生物多样性起着关键作用的野生动物。

8.4.2 设置目的

设置通道的目的是沟通被公路建设项目分割的高原生境和野生动物迁徙路径，增强其连续性，以保证野生动物迁徙、觅食、繁殖和基因交流的正常进行，减小公路建设对野生动物的阻隔影响。

8.4.3 设计原则

(1) 可行性原则

应针对目标物种特性设置专门类型的动物通道，在确保通道的长期安全性和持久稳定性的前提下，应充分考虑经济上和技术上的可行性，在满足保护目标的基础上尽可能降低建设成本。

(2) 科学性原则

设计通道前应了解道路阻隔效应及其缓解措施等道路生态学理论以及威胁生物多样性的因素、保护地的分区管理、种群灭绝机制、种群生存力分析等保护生物学理论，并熟悉相关法律、法规（如环境保护法、野生动物保护法、公路法等）的要求。还应结合目标物种的分布、栖息地特征、运动与迁徙路线等生态学信息，辅以野外调查数据或模拟试验等方法，科学确定通道设计的主要技术参数。在评估通道使用效率时，应考虑构筑物对种群和生物多样性的累计影响和时滞影响。

(3) 针对性原则

针对目标物种或类群设计专门的野生动物通道，可以更好地保证其利用率和有效性。针对的目标物种可以是保护地内被列入IUCN红色名录极危（CR)、濒危（EN)、易危

(VU)的野生动物,《濒危野生动植物种国际贸易公约》(CITES)附录一和附录二中的野生动物,国家和地方重点保护的野生动物,也可以是保护地的关键物种和类群。还应针对目标物种或类群的生物生态学特性,对不同类型动物的通道进行针对性设计。如大型有蹄类、树栖类动物更适合上跨式通道,而两栖爬行类则倾向下钻式通道。

(4) 持续有效性原则

在通道建成后,应加强对通道的维护管理,保证通道功能的持续发挥。同时加强监控影响通道持续利用的因素,如目标物种的数量特征、习性、栖息地条件以及附近人类活动。还应设计科学系统的试验对通道的有效性进行评估。

(5) 协调性原则

野生动物通道的形式、体量和颜色等应保持与自然景观的协调。基于总体景观格局和能够创造有效的景观连接的通道位置才是发挥长期效应的最佳选择。

8.4.4 设计依据

(1) 道路生态学和保护生物学的基础理论

道路生态学研究显示,目前道路的修建已引起野生动物死亡、种群移动与扩散受限、动物基因交流受阻等一系列生态问题。保护生物学理论认为在孤立的栖息地斑块间建立野生动物通道可以维持或提高动物在斑块间的扩散水平,从而维持目标物种的基因流和种群生存力。即使野生动物对通道的利用率相对较低,也能降低小种群的灭绝风险。了解道路生态学、保护生物学相关理论,可为确定通道建设与否、通道建设目的与意义提供依据。

(2) 保护地管理法规与管理规划

了解保护地管理法规中与野生动物保护措施相关的条款,便于充分、细致地考虑项目建设对生态环境和生物多样性的影响;了解保护地管理规划中关于旅游容量、道路等基础设施建设、分区管护、监测与科研、投资计划等相关内容,有利于掌握保护地本底情况,为通道类型、位置选择及后期管理提供依据。

(3) 关键类群的生态学特性及其栖息地现状

公路沿线关键物种或类群的生态学特性及栖息地现状是有效设计通道的依据。主要包括关键物种的种群分布、大小、移动与迁移路线、食性等生态学特征及其栖息地的保护现状;同时还应兼顾考虑与关键物种同域动物的生态学特征及栖息地特征,为确定通道的数量、位置、类型、尺寸等技术参数提供参考依据。

(4) 沿线的地形地貌特征

地形地貌特征是影响通道位置、类型选择的重要因素。通过收集自然保护区地形图、野生动物分布图、迁移扩散图，并结合野外考察的方式，了解保护区旅游公路沿线的地形地貌特征，为通道位置、类型选择提供依据。

8.4.5 设计资料收集

在进行动物通道设置前，需要收集拟建通道区域的基础资料和目标物种资料。

(1) 基础资料

基础资料有助于了解拟建动物通道区域及周边地区的本底情况。主要有：

① 自然环境资料。包括地质地貌资料、土壤、气候、水系及水文、地质灾害等。

② 社会经济资料。包括人口、产业和经济状况、土地利用状况与土地权属、矿产资源开发与利用、基础设施、社区生活配套设施等。

③ 植被和动植物资料。植被资料指拟建动物通道区域及周边地区的植被类型、面积、分布等；动植物资料则是指拟建动物通道区域及周边地区的动植物种类，珍稀濒危野生动植物种类、数量、分布等。

(2) 目标物种资料

目标物种资料是设计一个连通、高效的动物通道的关键依据，决定着通道的形式、设计规格以及建设规模，主要包括调查范围、目标物种的活动规律、生境状况、动物伤亡情况以及对已有桥涵的利用情况等。

① 调查范围。设置动物通道时应调查公路等建筑物的直接影响区。调查范围一般不小于构筑物两侧各 1 km。当项目的建设区域附近有高陡山坡、峭壁、湍急河流、湖泊等天然隔离地貌时，调查范围宜取这些隔离地貌为界；省级及以上自然保护区边界距建筑物和构筑物中心线不足 5 km时，应将调查范围扩大至自然保护区边界；对于受工程建设直接影响的天然植被，应以其植物群落的完整性为基准确定调查范围。

② 活动规律。应调查不同季节动物在拟建动物通道区域及其附近区域出现的地点和频度，结合现有的目标物种研究成果，分析动物的迁移规律，明确迁移路线以及潜在的可利用路线，并按目标物种的利用频度将活动路线分为三级：一级为主要活动路线，目标物种一年中多次利用；二级为一般活动路线，目标物种每年（或隔年）利用一次；三级为非活动路线，目标物种几乎不利用。

③ 生境分布状况。调查评价拟建动物通道区域的生境质量，以及目标物种对不同类型生境的利用方式、利用的时间和季节等，并对生境适宜性按停留时间和利用方式分为三级：一级为最适宜生境，地形、植被等条件适合目标物种长时间停留、重复利用，多作为夜宿地、繁殖地等；二级为适宜生境，目标物种短暂停留或临时栖息；三级为不适宜生境，不

适宜目标物种的生存和生活。

④ 食物分布状况。根据植被图和主要食物的分布，分析食物的丰富程度和分布特征，并对食物的分布状况按丰富程度分为三级：一级为主要取食区域，目标物种的主要取食物密集分布，也包含人工设置的食物源基地和投食场；二级为一般取食区域，目标物种的主要取食物随机散布；三级为非取食区域，目标物种的主要取食物零星分布。

⑤ 伤亡或肇事情况。在已建公路等建筑物上修建动物通道时，应采用样线法调查其造成的动物伤亡或肇事情况，并按调查中目标物种伤亡个体的数量或肇事的频度分为三级：一级为严重区域，目标物种伤亡个体多、个体间距近或一年中多次肇事；二级为一般区域，目标物种伤亡个体少、个体间距远或每年（或隔年）肇事一次；三级为不严重区域，目标物种个体没有伤亡或没有出现肇事的情况。

⑥ 对已有桥涵的利用情况。对已建成的铁路、公路等建筑物，还应调查动物对已有桥涵的利用状况。被动物利用的已有桥涵应划入动物通道，其他未予利用的桥涵应进行相应的改造，以满足野生动物通行的需要。

8.4.6 设计技术参数

在野生动物通道设计时，应尽可能科学地考虑通道建设的位置、数量、类型、尺寸、表面设计、地面基质、周围环境、配套设施以及后期监测等相关方面的内容。

(1) 通道位置

通道的位置关系着其能否被动物有效利用。应充分结合保护地地形、野生动物的分布、迁移扩散路线、公路致死数据等相关资料，选择合理的通道位置。然而有研究显示，基于道路致死数据选择的通道位置并不是最佳选择，这是由于保护地可能会存在数据缺乏的情况，可以通过基于专家经验的栖息地模型、快速评估、走访调查等方法，综合分析确定可能的合适位置。

根据沿线动物活动路线、生境适宜性、食物丰富程度及动物伤亡情况，应在满足下列条件之一的地段设置动物通道：

① 处于动物一级、二级活动路线的地段。

② 生境适宜性等级为一级、二级的地段。

③ 食物丰富程度为一级的地段。

④ 动物伤亡或肇事情况为一级、二级的地段。

动物通道以远离取土场、砂石料厂、施工营地和场地为佳，一般要求通道位置应选在离场地3 ～ 5 km以外区域。

(2) 通道数量

通道数量应根据目标物种的数量和迁移能力，以及建筑物的隔断性等因素确定。在经济和社会条件允许的状况下，应尽可能在符合设置动物通道条件的地段都建设通道。如果已有桥涵处于应设置动物通道的地段，且目标物种利用率较高，应予以利用。

可综合考虑保护动物的类型、数量与迁移能力，以及保护地的经济状况、人类活动、公路沿线地形特征等因素，确定不同路段的通道设置间距。目前关于动物通道设置的间距并没有明确的规定，也没有具体计算公式。根据现有资料，高速公路上动物通道设置的间距从1.5 km到6.0 km不等。但具体设计时，要考虑到目标物种或类群的分布与行为特性。

（3）**通道形式**

通道类型的选择主要受到野生动物栖息地质量、地形因素及建设成本的限制，包括上跨式和下钻式两种通道类型。上跨式通道多设于地形较为平缓或U形地段，主要适合喜开阔环境的大型有蹄类动物、食肉动物、树栖或半树栖动物通过。下钻式通道多依地形而设，多建于平缓、隆起、湿地、水域等区域，常以涵洞形式存在，主要适合小型哺乳动物、两栖类、爬行类动物通过。研究显示，棕熊、欧洲马鹿、狼等更喜欢利用上跨式通道，而美洲黑熊、美洲狮则没有表现出明显的偏好。对于水渠旁高速公路上的下钻式通道——涵洞，小型哺乳动物对其的利用率高达100%，两栖动物利用率达75%。同时由于保护地生物多样性丰富，可以建立多种类型的通道，以降低公路的阻隔效应。

一般来讲，根据动物的生活习性，通道主要有以下几种形式：路上式通道、路下式通道、隧道上方通道、警示标志与平面路基、路基缓坡通道等。

1）路上式通道

路上式通道是在公路路线上方专为野生动物通过而架起的结构物，结构上方通常会模仿自然状态覆土种植，如图8–1所示。路上式通道主要是为了大型哺乳动物的通过而设计的，多数宽30 ～ 50 m，但也有200 m或更宽的。随着各国公路的不断拓宽和交通量的持续增长，使用路上式通道作为连接道路两侧破碎栖息地的可行性也在持续增长。路上式通道有很多优点：一是通道环境与自然一致，动物穿越其间胁迫感小，因而受到更多种动物的喜爱；二是通道受下方的车辆干扰小，当通道上的植物生长出来后动物根本看不到车辆；

图8–1　路上式动物通道效果图

三是食肉类动物和有蹄类动物大多有喜爱登高而不愿钻洞的习性，因而该类型通道对不少种类的动物来说很友好；四是通道上还可作为小型动物的过渡性栖息地。其最大缺点便是造价高，而且布局位置不对，其效果也会大打折扣。

2）路下式通道

当公路经过湿地、河流、低洼等地区时，为保护该区域内的两栖、爬行类动物，可顺势架桥或者设置涵洞，从而保证下部陆地空间的连通，以降低对动物自由迁徙的影响，这是一种较为普遍的通道形式，如图8–2所示。作为路下式通道，其空间跨越的基本尺度是8 m以上，小于该值称为涵洞式通道。路下式通道跨度大、占地少，道路两侧环境的连贯性好，对生态环境的影响相对较低，尤其是高架桥的这种作用更为突出。由于动物不需要穿越公路，因而从根本上杜绝了交通事故的发生，是山区、江河路段最好的通道形式，工程本身有修建的要求又兼顾了动物通行需要。但是目前各国建造高架桥更多的是出于交通需要和建筑美观的考虑，而非如何使得野生动物获益。根据2002年的一份报告，美国没有一个州表示将动物群落的连通性作为建立高架桥的考虑之一。而且用高架桥做通道会增加公路建设的造价，这也是其难以得到推广的重要原因。而涵洞式通道造价较低，且底部易于进行植被恢复，适用于多种动物的通行。而且涵洞式通道一般还具有过水功能，两栖类动物可在雨季来临时利用涵洞，而爬行类动物则在干旱时将此类涵洞作为通道使用。

图8–2　路下式动物通道效果图

3) 隧道上方通道

为了防止对地上野生动物栖息地的影响，公路以隧道的形式从地下穿过，该种类型动物通道适用于所有动物类群，特别适用于生活在开阔生境的有蹄类动物。优点是与周围植被连续，动物可按日常活动习性自然通过或栖息。缺点是需结合隧道工程一并实施，并且此方式工程造价较高。

4) 警示标志与平面路基

在野生动物经常出没、比较平坦开阔的地带，公路一般设置动物标志牌，诸如“禁止鸣笛请勿惊扰野生动物”“车辆慢行，请勿鸣笛”等提醒司机注意动物横穿马路，减速慢行避免撞伤动物。平面路基是指公路路面与周围地面基本在同一平面上，这种形式便于野生动物通过公路。由于平面路基不需要增加其他构造物设施，且施工中路基的土石方工程量小，因此造价低，但存在的安全隐患也较大，如图8–3所示。

图8–3 动物通道警示标志效果图

5) 路基缓坡通道

一些低填方路基段在开放式运行的前提下，可通过放缓边坡允许动物从地面通过的方式设置动物通道。缓坡通道是要求路基边坡坡率放缓为1 ： 2，再改造为动物通道。该类型动物通道适用于所有动物类群，特别适用于生活在开阔生境的有蹄类动物。其与周围植被较为连续，动物可按日常活动习性自然通过；工程造价低廉。但是安全性差，需要采取辅助安全措施，如图8–4所示。

(4) 通道尺寸

已有研究表明通道尺寸影响通道的利用率及有效性，但通道尺寸没有固定标准，应结合考虑通道用途、目标物种或类群的个体大小、行为特性等因素。上跨式通道宽度应不小于10 m，而宽度大于50 m时可满足绝大部分动物通过。在地形和经济允许的条件下越宽越好。在德国、法国建成的上跨式通道最宽达到了870 m。下钻式通道尺寸相对上跨式通道偏小，宽10 m、高4 m的通道基本上能满足所有利用该类型通道的动物通过。已有资料显示，

图8–4 缓坡路基段效果图

在建设通道时应综合考虑其尺寸，把开度（即宽 × 高/长）这一概念运用到实践中，开度可能比通道整体大小更为重要。

① 通道宽度。根据目标物种的种群数量和行为特征，以及道路等级、设计车速等因素，或通过野外实验的方法确定通道的宽度。

② 通道高度。根据目标物种的生态生物学和行为学特性，以及穿越的建筑物的宽度和深度确定通道的高度。若在有草场围栏的地段，应根据目标物种的跳跃能力确定围栏的高度，确保目标物种的幼年个体也能跃过。以桥梁为通道的部位，对于藏羚、藏原羚等中小型动物的通道，桥下通道部位净高要求大于3 m；而对于藏野驴、野牦牛等大型动物的通道，桥下通道部位净高要求大于4 m。

(5) 通道表面设计

上跨式通道表面的基质和土壤应该就地取材，使其尽可能与周围环境一致，铺设厚度应该考虑能给植物提供足够的水分和支撑。同时应在通道上种植目标保护动物所偏好的植物，以降低其心理恐惧，顺利通过通道。下钻式通道则应考虑到目标物种的种类：如果是两栖类，则应修建小沟渠引导流水流入通道，保持通道的潮湿；若是小型有蹄类动物，则应考虑通道的排水性，以免受到暴雨影响。

(6) 通道地面基质

构建通道地面的材料宜就地取材，使通道铺面基质与建筑物两侧生境的基质基本一致。一些研究表明，许多动物喜欢自然地面内的环境，但也有一些动物会喜欢由混凝土制造的地下通道或金属通道。对于高架桥下通道和排水涵洞，在洪水来临之前通道内部应有不被水淹的部分作为通道的联系。

(7) 通道周围环境

通道开口处的植被应与周围生境的天然植被一致，尽可能采用当地物种模拟自然植被的绿化方式，使通道两侧连接自然顺畅，动物就会不自觉地走进通道。若动物依然横穿公路，不按预设通道活动时，应在公路两边设立护栏，以防动物上路发生交通死亡事故。同时设置能使从边坡等高处跌落下来的小动物逃脱的水、旱小路和供鸟类及其他小动物栖息的侧沟等。

(8) 配套设施

应在通道两侧设置栅栏以引导动物进入通道，阻止其进入旅游公路而发生车祸。在通道位置前后设计交通标志牌或季节性警示牌，提醒司机减速慢行。虽然目前缺乏对竖立警示牌的有效性研究，但其有效性评估已引起广泛关注。此外，如果通道远离水源，还应修建简易蓄水池用于植物的浇灌。

(9) 监测系统

为了配合保护区的科研工作，可在通道上安装红外监测系统，辅以足迹追踪（如 sand beds、snow tracking）等方法，对通道的合理性、使用效率进行检验，并对不合理之处及时调整。更为重要的是可以监测动物通过通道的行为特性，这对于研究动物对通道的适应时间、适应机制以及动物穿越通道的决定因素等科学问题具有重要意义。

1）监测目标

① 野生动物目前不同季节的活动与公路的关系（位置、距离、影响等）。

② 监测公路改建对野生动物生境的实质性影响和分析动物的适应能力。

③ 主要易受影响的野生动物类群、数量，具体跨越或不跨越公路的具体位置，受施工队伍、施工机械和公路运营等产生的影响。

④ 监测和评估环评报告书中野生动物通道的作用和功能。若有必要，探讨和论证可能需要补充或增加的新措施。

2）监测方法

① 足迹法。统计通道两侧动物足迹的种类和数量判断通道使用的情况。

② 直接计数。根据动物的活动规律，在非迁移高峰期进行动态监测。在迁移高峰期，定点静态监测和动态监测同时进行。

③ 录像监测。在线路重点区域段，安装录像监测装置，对迁移通过公路路基或通道的种类、数量进行记录。

④ 无线电遥感。这是评估通道使用率最有效的方法。通过给动物安装无线装置（如项圈或一种植于皮下的芯片）进行全程跟踪。不仅可以观测通道使用情况，同时可以了解通道对动物活动领域和迁徙路线的影响。现在还可以通过租用卫星频道对动物进行准确GPS定位。但是要安装无线装置涉及捕捉野生动物，如不慎可能造成伤害，同时这种方法的费用相当昂贵。

(10) **其他**

充分利用可用的公路建设项目的桥梁、隧道和路基缓坡等设施，对于高山山地动物通过的平交缓坡，公路两侧路基坡度应小于40°；而对于草地草原动物通过的缓坡通道，公路两侧路基坡度应不大于35°。

动物通道修建完成后，还要采取一些诱导性的措施，提前收集一些动物的粪便，撒在通道的位置；对野生动物通道两侧100 m范围内的植被进行人工恢复，恢复其自然生境原貌，吸引动物通过。在动物通道附近设置一些标志和规定，比如在动物通道前方2 km处设置明显的标志，注明该类通道的名称、形式、使用通道的动物、使用季节以及相应的环保提示等。

8.5 多年冻土区野生动物通道设置情况

(1) **共玉公路**

本项目为了能让沿线动物自由迁徙和通行，在满足工程通行要求的前提下在此路段设置保护野生动物的禁鸣和限速慢行标志，提醒过往司机注意观察，防止撞伤野生动物。

此外为了减小公路建设对沿线动物的影响，共玉公路桥涵设计中充分考虑项目两侧的动物通行问题，以合理间距设置兼顾动物通行的桥梁及涵洞，以便于动物自由迁徙，沿线设置的桥涵中大多均兼作动物通道，并满足动物通过的基本要求，全线动物通道设置间距平均约为2 km/处，如图8–5所示。

图8–5 共玉公路桥梁下方及箱涵形式动物通道实景

(2) **青藏铁路**

为了能让野生动物自由迁徙，青藏铁路格尔木至拉萨段共设计修建了33处野生动物通道。青藏线上完成的33处野生动物通道长度总计59.84 km。以唐古拉山为界，青海省境内

25处，西藏自治区境内8处。其中桥梁下方通道13处，缓坡平交通道7处，桥梁缓坡复合型通道10处，桥梁隧道复合型通道3处。

青藏铁路野生动物通道的设置坚持“青藏铁路建设与动物资源保护并重”的原则，设计者采纳了野生动物专家、环保部门的建议，并征求当地牧民群众的意见。依据不同的生态环境、地形地貌，考虑野生动物的种类、数量、分布规律、生活习性，充分利用铁路通过区域的地形、地貌，将通道设置在野生动物迁徙、饮水、觅食活动所经过的路段上或附近，尽可能利用或稍改变铁路工程。通道设置综合考虑，遵守路基缓坡、桥梁下方和隧道上方形式兼顾的原则，如图8–6所示。

对于高山山地动物群，选择隧道上方通道形式；对于草地动物群，选择桥梁下方通道形式；对于动物种群结构复杂地区，选择路基缓坡和桥梁下方或隧道上方和桥梁下方的复合型通道。

图8–6 青藏铁路野生动物通道实景

8.6 多年冻土区野生动物通道利用效果分析——以青藏铁路为例

本节野生动物通道利用效果分析来源于李耀增、周铁军、姜海波（中国铁道科学研究院环控劳卫研究所）的“青藏铁路格拉段野生动物通道利用效果”研究成果。

8.6.1 动物通道利用观测

(1) 观测方法

根据青藏铁路格拉段的客观情况和既有技术条件，采用以下三种观测方法：

① 自动录像观测，即在野生动物集中迁徙、活动的主要通道安装录像观测装置。

② 定点观测，即设立定点定位观察点，用高倍望远镜全天候多方位观测。

③ 动态观测，即对铁路沿线和路基进行动态巡查，并采用动物粪便、足迹调查以及访问有关当事人（如保护站工作人员、护桥保安等）等方法对观测内容进行补充、完善。

(2) 观测对象及地点

青藏铁路格拉段沿线受影响的野生动物主要是迁移物种，包括藏羚、藏原羚和藏野驴等，而进行长距离迁移的物种只有藏羚，并且其迁移为繁殖迁移，青藏铁路对其影响可能直接关系到种群的发展和维持。因此以藏羚为主要观测对象，对其迁移过程及种群状况进行连续观测；对其他物种采取兼顾的方式进行观测。

藏羚在昆仑山至沱沱河段比较常见，多集中分布于不冻泉至乌骊段，其中又以五道梁至楚玛尔河河滩、亚玛尔河南数量较多，通过五道梁至楚玛尔河穿越青藏铁路格拉段的种群数量占全部穿越铁路藏羚总数量的90%左右。因此以上区段的通道为重点观测区域，其中又以可可西里通道（五道梁至楚玛尔河段）为主要观测地段。

8.6.2 观测结果

(1) 藏羚

2004年，共记录到3 963只藏羚穿过青藏铁路。其中，怀孕母体从三江源往可可西里的迁移（简称“上迁”）1 660只，均从可可西里通道穿过；母体及幼体从可可西里往三江源方向的迁移（简称“回迁”）共2 303只，1 291只穿过通道，1 012只翻越铁路路基。

在通道设置初期，由于藏羚对新环境的陌生和恐惧，大多数群体先在通道附近聚集，徘徊后才尝试分批通过，每批通过时速度较快，通过的时段基本在8:30—18:00，其余时间基本没有藏羚通过。究其原因，主要是因为青藏铁路格拉段处在建设期，施工人员、机械设备、运输车辆等对藏羚回迁通过铁路的干扰较大，加之藏羚等野生动物对通道不太适应，有恐惧感，携带幼仔的藏羚回迁时有43.9%是翻越铁路路基。

2005年，共记录3 486只藏羚穿过青藏铁路。其中，上迁1 509只，全部从可可西里通道穿过；回迁1 977只，1 931只穿过通道，46只翻越铁路路基。所有记录到的藏羚都集中在不冻泉以南、五道梁以北区段，穿越铁路的主要在楚马尔河至五道梁以北约20 km区间内，其他位置未见到野生动物穿越铁路的情况。

在此期间，藏羚逐步熟悉并适应了通道，大多数通过时间都在半天之内，有些群体到达通道数分钟便穿过。2005年，铁路建设的施工人员、机械设备、运输车辆逐步撤离，人为干扰因素明显减少，铁路两侧环境逐渐恢复，大部分藏羚采用通道穿过铁路，回迁时翻越铁路路基的藏羚及其幼仔降至2.3%。

2006年，共记录5 131只藏羚穿过青藏铁路。其中，上迁2 122只，回迁3 009只。观测结果表明，楚玛尔河至五道梁以北约20 km范围仍为藏羚集中停留和通过的主要区域，可可西里通道为其穿过青藏铁路的主要通道。

这一阶段，藏羚在通过通道前聚集、徘徊的时间缩短，多在通道前徘徊数分钟后便迅速通过，说明藏羚等野生动物对通道的适应性进一步增强，回迁翻越路基的藏羚及其幼仔降至1.3%。

2007年共计录4 274只藏羚穿过青藏铁路，其中上迁1 884只，回迁2 390只，全部利用通道通过。

(2) **其他野生动物**

在观测过程中，还记录到了藏原羚、藏野驴、野牦牛、喜马拉雅旱獭、狼和狐等大、中型野生动物在铁路两侧自由活动，详细结果如下：

2005年6—7月，共记录到藏原羚315个次，藏野驴169个次，喜马拉雅旱獭16个次，野牦牛4个次。2005年7—8月巡线调查中，共记录到藏原羚386个次，藏野驴96个次，狼3个次，狐2个次，喜马拉雅旱獭3个次及其他小型啮齿动物。发现藏原羚穿越楚马尔河通道1次（动物实体），跨越铁路路基上方1次（足迹链）；发现藏野驴翻越铁路路基4次（足迹链）。虽然未直接观察到这些动物穿过通道或翻越路基的记录，但这些动物能在铁路两侧自由活动，没有发现它们明显受铁路影响的情况。

2006年5月17日—8月19日，多次观测到藏野驴、藏原羚穿（跨）越铁路，共记录到除藏羚以外的野生动物有藏原羚1 049个次，藏野驴240个次，喜马拉雅旱獭21个次，野牦牛6个次，狼15个次，狐6个次，獾1个次。在昆仑山隧道上方记录到6只盘羊自由活动；藏原羚在铁路两侧自由活动，在铁路防风带、围栏与铁路间均可见到藏原羚的活动踪迹。观测中记录到藏原羚多次穿过楚玛尔河大桥、可可西里通道或翻越铁路路基；并观测到藏野驴数次翻越铁路路基的情形。

2007年3月记录到藏原羚数达2 505个次，藏野驴达4 485个次，单群最大集结数达400～500只。

8.6.3 通道利用效果分析

对2004—2007年连续四年的观测数据进行处理分析，可以得到如下结论：

① 可可西里通道使用率（可可西里通道观测数据/观测总数据）为所有通道之首（上迁84.64%，回迁82.10%），其他使用率比较高的通道还有乌丽通道（上迁4.95%，回迁12.26%）、不冻泉通道（上迁4.71%，回迁0.25%）、昆仑山通道（上迁2.21%，回迁4.03%）和楚北通道（上迁1.6%）等。

② 藏羚利用通道进行迁徙的数量逐年增多。上迁数量从2004年的1 660只上升到了2007年的1 884只，回迁数量从2004年的1 291只增长到了2007年的2 390只，这说明藏羚已逐步熟悉了利用通道迁徙。

③ 藏羚上迁过程中全部使用通道；回迁时利用通道的百分比分别为56.1%、97.7%、98.7%和100%，呈逐年升高趋势；采取翻越铁路路基等的百分率分别为43.9%、2.3%、1.3%和0%，呈下降趋势，且趋势明显。说明目前通道的使用效率很高，藏羚能通过通道自由迁徙。另外，藏羚、藏原羚、藏野驴在通道下及两侧的足迹、粪便也说明其在通道两侧不断有往返活动。

④ 同时还发现，藏羚穿越铁路前徘徊和停留的时间也在逐渐缩短。2004年大多藏羚在跨越铁路前在路基下徘徊1～2周才开始通过；2005年多数藏羚在半天甚至数十分钟之内就开始穿越（最长一次由于电力输电线施工干扰，部分羊群停留至第二天通过）；2006—2007年，大部分藏羚群在几分钟之内就能通过，几乎没有太长时间停留。这说明藏羚对铁路线已从初期的恐惧、踌躇到逐步适应新环境，到目前能够习惯利用通道迁徙。

⑤ 青藏铁路格拉段于2006年7月1日正式投入运营，观测表明藏羚对通道使用率未见下降。列车通过时藏羚等野生动物已没有过度的惊慌表现，在线路两侧经过短暂的停留后就会通过通道穿过铁路。藏原羚、藏野驴在列车通过后亦能较快恢复常态。

8.7 对策与建议

(1) 制定技术规范，完善法律体系

在设计旅游公路时，应加强跨学科领域的合作，工程和生态学领域的专家应合作设计有效的公路建设方案，并向环保部门提交环境影响评价报告。线路选择上尽量避免穿越珍濒野生动物分布区，实在无法避免时，应将公路阻隔效应的缓解措施纳入旅游公路设计方案。如设立野生动物通道、安装动物监测系统（animal detection systems）和地音探测器（geophones）、建设电子垫与栅栏（electric mats and fencing）等都是比较有效的措施。同时应完善相关的法律、法规，成立监督委员会，为旅游公路设计和建设过程中将建设野生动物通道纳入规范提供法律保障。

我国2015年1月1日起实施的《中华人民共和国环境保护法》（2014年修订版）明确规定应对重点生态功能区、生态环境敏感脆弱区进行严格保护，合理开发利用自然资源，保护生物多样性，建设对环境有影响的项目时应该依法进行环境影响评价。《中华人民共和国公路法》（第二次修正）提出在公路建设时应特别注意环境保护。《中华人民共和国野生动物保护法》则对珍贵、濒危野生动物保护提出了更为严格的要求。2012年7月1日，我国发布了首部针对野生动物通道设计的标准《陆生野生动物廊道设计技术规程》（LY/T 2016—2012）。但这项标准对于保护地而言相对宽泛，缺乏针对性。因此应根据现有法律、法规，结合保护地具体情况，制定针对性强、可操作性强的旅游公路野生动物通道设置技术规范。

（2）加强基础调研，细化技术参数

应加大科研力度，加强对旅游公路建设前的科学调查和研究，避免通道建设的技术性错误。一方面，对保护地的动植物分布规律、动物活动迁徙路线、地形地貌等基础信息做全面细致的调查，设计科学合理的技术路线，选择合适的通道位置；另一方面，由于通道的类型、尺寸、体量、表面设计等是其利用率的重要影响因素，因此加强通道建设的技术研究尤为重要。Cramer等（2012年）根据结构和功能将通道分为七类，并对其进行尺寸、适合通过的动物进行了简单阐述。对班夫国家公园通道的监测研究表明，鹿最喜欢利用陆桥，其次是金属涵洞、箱形涵洞；欧洲马鹿最喜欢用金属涵洞，同时也使用陆桥。然而目前对于通道的光线、温度、湿度等的研究则是屈指可数，相关研究仍亟待加强。

（3）开展科研监测，搭建动物信息化平台

持续的后期监测可以对动物通道有效性进行实时评价，并不断改进，使其更好地满足动物的通行。如科学家对加拿大横贯公路（Trans-Canada Highway）穿越班夫国家公园段修建的38座下跨式通道和6座上跨式通道进行长达15年的监测，结果显示，动物通过通道次数高达198 811次，其中鹿和欧洲马鹿分别占62%和19%。同时还可以通过监测数据获得通过通道的动物种类、穿越通道时的行为等资料。持续的监测辅以后期科学的实验设计，也为研究影响动物对旅游公路上通道有效利用的决定因素、动物对通道的适应机制等科学问题提供资料。

（4）提高生态旅游意识，实现人、路、自然和谐共存

生态旅游被誉为是“回归大自然之旅”“健康之旅”，旅游公路的修建为更多人到保护地旅游、欣赏自然美景、接触珍稀濒危动植物提供了可能。然而生态旅游的发展也带来了噪声污染、大气污染、生活垃圾等一系列问题，这都是威胁野生动物生存和繁衍的重要因素。因此应加强生态保护宣传教育，提高全民环境意识和生态旅游意识，尤其是应在旅游公路沿线生态环境脆弱区、珍稀濒危野生动物分布区以及野生动物通道处完善警示标志，提醒司机和游客谨慎慢行，避免大声喧哗，以减小对野生动物的干扰和动物交通事故的发生概率。

第9章

冻土区公路环境保护施工技术

伴随我国公路交通建设的高速发展，越来越多的公路建设者逐渐认识到环境保护的重要性，“协调、绿色、发展”的公路建设理念以及“尊重自然、顺应自然、保护自然”的发展观已经越来越被公路建设者们所接受。公路建设与环境保护的协调适应，相互裨益。公路建设对环境污染、生态环境、水土保持、野生动物、社会环境等的负面影响凸显公路基础设施在建设前、建设中和建成后都会以不同形式对社会环境产生各种影响，而这种深远和广布的影响在施工过程中尤为重要。因此，如果在施工过程中做好环境保护，同时从环境保护的角度对施工工艺、施工组织、施工管理等提出要求，明确相关技术，对推动我国公路环境保护和施工技术均具有重大的现实和指导意义。

共玉公路地处青藏高原，处于青藏高原多年冻土带边缘地带，是中、低纬度地带高海拔高温不稳定退化性多年冻土区，沿线海拔高，气候寒冷，动植物种类少、生长期短、生物量低、食物链简单，生态系统中物质循环和能量的转换过程缓慢，致使生态环境十分脆弱。公路建设对环境的影响由施工期开始，施工阶段若未采取相应的环境保护措施，特别是针对多年冻土区公路的全寿命周期都会产生深远影响。本章针对共玉公路建设中的环境保护施工技术，分别从环境污染治理、生态环境保护、水土流失、动物以及社会环境五大方面阐述在公路建设过程中的环保施工技术，为公路的环境保护提供技术依据。

9.1 环境污染防护施工技术

9.1.1 声环境保护施工技术

国内声屏障的结构主要为砌块结构、金属复合板结构；其类型目前主要为直壁型、薄屏式、折壁型。建造声屏障作为降低交通噪声行之有效的一种方法，已被广大公路建设者所采用。它可以较显著地降低距公路中心线80 m以内敏感点的噪声值。在中国广阔的西部地区，声屏障的建设业已逐渐推广，同时可以因地制宜建造各种类型的声屏障，并充分考虑与周围环境协调一致，还须具备防雨、防潮、防冻、防尘、防腐蚀、防晒等功能。公路声屏障具有露天设施所有应具备的性能，易维护且不受气候变化影响，其使用年限可与公路使用年限一致。

在条件允许的情况下，也有采取建筑降噪的措施。建隔声门窗可以有效降低交通噪声，这样对沿线超标住户采取逐个保护、化整为零的方法，对于高过两层的居民房屋不失为一种有效的方法。但国内隔声窗措施实施起来有一定难度，沿线敏感点密集，垂直公路方向房屋排数多，隔声窗的措施主要针对受噪声影响最严重的前排，会引起后排居民产生“不公平”心理。

(1) 声屏障施工技术

安装工艺总流程：地面段基础先期进行施工，然后进行预埋钢板螺栓安装，经过保养期后再安装立柱，所有的立柱安装完成后，做密封隔声，安装下罩，将制作好的下部吸声屏安装在立柱承受钢板上，用弹簧和螺栓固定，然后用水泥沙浆填充密实下吸声屏与地梁间的空隙，接着安装中部、上部吸声屏，用弹簧和螺栓固定，用热缩弹性体密封条密封缝隙，最后安装顶罩及其连接件；完成全部施工程序后，整体检查，发现问题及时处理，清理现场杂物，检测有关技术参数及竣工验收，工程结束。具体施工步骤如下：

① 路面基础部分在设置声屏障的路段从起点桩号起，距路肩外侧1 m处为中心，开挖柱体土方，每隔2.5 m浇筑基础桩，然后浇筑横梁，浇筑时如遇到排水盲管，放入ϕ100的PVC管，以留排水孔。

② 连接钢板需按要求与屏障H 型钢焊接好，经检验后吊装。检查连接钢板是否松动，如有松动必须检查重新安装；检查水平面是否水平，以2.5 m 为测量单位，检查连接钢板是否在同一中心线上。

③ 立柱吊装前在平地上按图纸设计要求预查一遍，检查立柱六个面是否平行，每2.5 m立柱高度是否一致，各尺寸是否正。如果立柱尺寸不符合设计要求，由主管设计部门与现场监理会同业主协商解决。

④ 电线杆位置处的异型钢加工详细按照施工设计图，安装前按图纸要求预检查一遍。

⑤ 立柱安装结束后，用水平仪（测量平台自制）或用经纬仪测量，一面垂直，另一面吊线测量立柱的垂直度，两段垂直后调整立柱与预埋中心的平行度，然后在底部用垫片垫实，并紧固螺栓。

⑥ 钢结构均应做防锈处理，采用热浸镀锌处理，镀锌层厚度≥80 μm；镀锌后PE喷涂防腐处理，涂层厚度≥60 μm。施工中如发现立柱外表面涂层剥落需按涂装工艺要求补涂。

⑦ 屏体结构到现场后按图纸上的技术要求检查各部位尺寸（特别是外形尺寸），外形严重变形的不允许安装；检查屏体结构外形尺寸与两立柱尺寸是否吻合；外观破损、断裂，则不允许安装；钢结构连接件均应做防锈处理，采用热浸镀锌处理，镀锌层厚度≥80 μm；镀锌后PE喷涂防腐处理，涂层厚度≥60 μm。

⑧ 顶罩、底罩的安装。确认外形外观；在有坡度的地方作业时，安装斜度由现场技术人员与监理协商决定；各罩连接不允许有明显漏缝出现，过渡必须平滑完整。

路基段、桥梁段声屏障施工现场如图9–1和图9–2所示。

(2) 隔声窗施工技术

1) 窗框要求

窗框选用60系列塑钢型材，符合《门、窗用未增塑聚氯乙烯（PVC–U）型材》(GB/T 8814—2014）的规定；主型材可视面最小实测壁厚应不小于2 mm；支撑内衬1.5 ～ 2.0 mm型钢，材质应符合《聚氯乙烯（PVC）门窗增强型钢》(JG/T 131—2000）的要求；塑钢应

图9-1 路基段声屏障施工现场

图9-2 桥梁段声屏障施工现场

无气泡、裂痕、麻点；主型材的可焊接性焊角的平均应力、维卡软化温度、弯曲模量、拉伸冲击强度均应符合上述规范要求。

2）玻璃要求

玻璃选用中空玻璃（5 mm厚玻璃 + 9 mm厚空腔 + 5 mm厚玻璃），其材料性能应符合《中空玻璃》（GB/T 11944—2002）的规定。玻璃外观不得有妨碍透视的污迹、夹杂物及密封胶飞溅现象。

3）消声通道要求

局部双层窗之间的通风消声装置采用无动力构造，其结构和材料应具有消声和通风性能，满足技术要求、采光性能好、材料耐老化、防雨、防锈蚀、安装方便、利于清洗等特点；局部双层窗的总厚度 ≤ 220 mm。通风消声装置框架利用铝合金（$t \geqslant 1.4$）或不锈钢板（$t \geqslant 1.0$）制作，采用自攻螺钉或不锈钢铆钉和窗扇固定；选用的吸隔声材料均为无二次污染的环保型材料。

4）性能要求

声学性能（现场测试）：通风通道关闭状态下隔声量$R_w + C_{tr} \geqslant 30$ dB，自然通风状态下隔声量$R_w + C_{tr} \geqslant 26$ dB。

通风性能（实验室测试）：自然通风时通风量＞30 m^3/h（室内外压差2.5 Pa的工况下测量），抗风压性能（实验室测试）7级，气密性能（实验室测试）4级，水密性能（实验室测试）5级，保温性能（实验室测试）7级。

5）其他要求

按图纸尺寸放好窗框位置并立出标高控制线，按控制线找好垂直线及标高，用金属膨胀螺栓将窗框上的铁脚与墙体结构固定好。窗框与墙体的缝隙用沥青麻丝或发泡聚氨酯填嵌饱满。表面用厚度5～8 mm的建筑密封胶密封。安装五金件应先用电钻钻孔，再用自攻螺钉拧入。通风隔声窗安装必须牢固，窗扇要关闭严密、间隙均匀、开关灵活，窗表面应洁净，大面无划痕、碰伤。产品的安装质量及验收方法按现行国家标准《建筑装饰装修工程质量验收规范》（GB 50210—2001）的相关规定执行。

9.1.2 大气污染防治施工技术

① 对施工现场实行合理化管理，使砂石料统一堆放，水泥、卷材、油漆、涂料、沥青应在专门库房堆放，并尽量减少搬运环节，搬运时做到轻举轻放，防止包装袋破裂。

② 开挖时，对作业面和土堆适当喷水，使其保持一定湿度，以减少扬尘量，而且开挖的泥土和建筑垃圾要及时运走，以防长期堆放表面干燥而起尘或被雨水冲刷；施工便道、进出堆场的道路、路基路堑的开挖面需适时洒水，抑制扬尘。

③ 运输车辆应完好，不应装载过满，并尽量采取遮盖、密闭措施，减少沿途抛洒，并及时清扫散落在路面上的泥土和建筑材料，冲洗轮胎，定时洒水压尘，以减少运输过程中的扬尘。

④ 应首选使用商品混凝土，因需要必须进行现场搅拌砂浆、混凝土时，应尽量做到不洒、不漏、不剩、不倒；混凝土搅拌应设置在棚内，搅拌时要有喷雾降尘措施。

⑤ 施工现场要设围栏或部分围栏，缩小施工扬尘扩散范围；对开挖的坡面，场地堆放的建筑材料等要进行遮盖，防止雨水冲刷。

⑥ 当风速过大时，应停止施工作业，并对堆存的砂、石、水泥、卷材、沥青等建筑材料采取遮盖措施。

9.1.3 固体废物污染防治施工技术

公路施工现场应该落实文明施工理念，按设计文件中对环境保护的设计进行施工，及时清理生产和生活垃圾，为施工创造干净整洁的环境。施工中要设置弃土场，做好弃土处理工作。分类回收施工废料，不得任意堆放，应提高利用效率。结合工期目标和施工任务，集中设置施工人员的生活场地，对生活污水和垃圾、固体废弃物回收并及时处理，预防环境污染问题发生。

9.2 水环境保护施工技术

9.2.1 铺草皮排水沟施工技术

（1）放样、移植草皮

根据不同路段排水工程断面尺寸要求，将水沟的边线在实地进行放线。采用挖掘机配合人工的方式或全人工的方式将原地面的草皮移植到水沟边缘外侧，并保证其成活（草皮移植工艺同铺草皮边坡防护移植回铺的工艺和技术要点）。

（2）水沟挖基

采用机械配合人工或全人工的方式进行开挖。首先采用挖掘机进行初挖，然后用人工进行平整、修整，直至符合试验水沟断面。开挖过程中，用彩条布覆盖反压在路基坡脚至水沟边缘的草皮上，以免弃土污染草皮。挖掘机在施工便道上作业，机械不得在草皮上碾压，采用自卸汽车将废料运至弃土场。如果无施工便道，不利于机械进入的采用人工开挖和弃土。开挖和清基过程中，弃土要随时清理。

（3）草皮回铺

回铺的草皮采用开挖前已移植到路基两侧的成活草皮。回铺前，首先将水沟基底进行夯实处理，保证大面平整，基底密实。再用有机土沿沟面夯铺20 cm厚。为了使回铺后的草皮美观，可按水沟断面制作木架模型，并挂通线。在所有准备工作就绪后，请监理工程师检查基坑，符合要求后开始回铺。

草皮回铺应严格按照从下至上的原则进行。首先将沟底的草皮回铺到位，两侧的草皮按顺序均匀、紧密回铺。边铺边用木钉将草皮进行固定。草皮回铺过程中应注意以下事项：

① 草皮回铺应先夯铺有机土，根据需要可在里面掺和一些有机肥或化肥，其厚度不宜小于20 cm，并浇水湿润，它是草皮赖以生存的根本。

② 回铺的草皮面缝隙间必须用腐殖土填塞紧密，以提高其饱水性。

③ 回铺时必须保证草皮水沟两侧坡面的平整度，力求美观平顺，必要时可减少草皮的保护层，但必须保证其有机土层不得少于20 cm厚。

④ 回填的有机土面必须平整，人工夯填，并严格按照断面回填，铺成的水沟沟底必须要有一定的流水坡度，防止水沟底局部积水，从而影响草皮的成活和生长。

⑤ 草皮水沟沟底回铺的草皮尽量不选用沼泽和湿地中的草皮，因为该处的草地植物草颈粗壮，枝条粗长密实，不利于排水。

(4) 浇水和追肥养护

草皮摊铺到位后，必须要保证假植期草皮的成活，为它提供足够的水分和养料，每天洒水不得少于3次。在回铺初期可适当施加有机肥料。在草皮成活的生长期根据需要再追加1～2次化肥，以保证草皮的再生和成长。

(5) 养护封育

回铺后的草皮较脆弱，需要一段时间才能与土壤结合。因此相当长一段时间不允许在回铺的草皮上进行人为活动，可采用刺铁丝隔离栅栏防护，使其自然生长。

图9–3为草皮排水沟施工效果。

图9–3 草皮排水沟施工效果

9.2.2 路面径流处理施工技术

(1) 绿化、植被控制技术

植被控制是指利用地表密植的植物及地表土层来截流、过滤、吸附、沉淀地表径流中的污染物的一种径流控制措施，主要去除径流中的重金属、油类、SS及吸附在SS上的其他污染物，是一种广泛有效的高速公路雨水径流污染控制措施。

植被控制法适合于各种不同的地质，在设计和实施过程中的灵活性很大、造价低，既起到对路面径流的去污效果，又美化了环境，缓解视觉疲劳，减少交通事故，所以在高速公路两侧设置绿化缓冲带和植草渠道是一种有效的控制措施。

(2) 氧化塘技术

氧化塘，又称为稳定塘或者生物塘，是经过人工适当休整的土地，设围堤和防渗层的污水池塘，是主要依靠自然生物净化功能使污水得到净化的一种污水生物处理技术。

氧化塘可以调节雨水洪峰量，污水处理耗能较低、效果较好，适用于处理高速公路服务区污水。服务区污水一般考虑的主要污染因子有COD、石油类和SS，由于公路服务区多设于无人地带，土地较为便利，且有一些荒地、沟谷可以利用，用生态氧化塘处理污水可获得一定的生态环境效益。

(3) **人工湿地**

人工湿地生态系统主要由湿地床和透水性基质、湿地植物、水体、好氧厌氧微生物种群和后生动物组成。依据植物的存在状态和水流状态，可分为表面流湿地和潜流湿地，其中潜流湿地可分为水平流潜流湿地和垂直流湿地。人工湿地在运行过程中是通过土壤、植物、微生物三个相互依存的组合体，很好地去除污水中的SS、有机物、氮、磷、重金属等污染物。

人工湿地系统具有建造与运行成本较低、出水水质非常好、操作简单等优点，同时如果选择合适的植物品种还有美化环境的作用。人工湿地应用广泛，经过人工湿地系统处理后的出水水质可以达到地面水水质标准，处理后的水可以直接排入饮用水源或景观用水的湖泊、水库或河流中。

当公路经过生活饮用水地表水源地一级保护区和二级保护区时，使用人工湿地对路表径流污染进行处治达标后排放，在对饮用水源和景观用水保护的同时，也为这些水体提供清洁的水源补充。

9.2.3 桥面危化品泄露应急施工技术

对桥面雨水径流来说，实际上主要考虑初期雨水对水环境的影响问题。桥面雨水径流的水质有显著的特点，即初期雨水含污量较高（污水中主要污染物为SS和石油类），后期雨水较为清洁。为防止含有污染物的初期雨水对水源保护区陆域区内地表水、地下水的影响，需要将初期雨水产生的径流进行收集、处理，方可将路面径流中所含的大部分污染物质去除，而比较干净的后期雨水直接排放至附近的水体中。降雨初期将地面污染物带走的雨水为初期雨水，初期雨水分为两种：一种是可将可溶性污染物及细小颗粒带走的初期雨水；一种是可将不可溶性及难移动的污染物带走的初期雨水。对初期雨水的取值及处理工艺，国内目前尚无此方面的统计资料及设计规范，我们参考欧洲的设计规范（降雨量大到8～16 mm时为初期雨水）和澳大利亚环保部门的环评报告书中的统计数据（当降雨量大于15 mm时即可将道路表面油渍冲洗干净），将10 mm的降雨量作为初期雨量。

目前国际上对初期雨水处理的方法主要包括沉淀、过滤或将其排入污水管网。由于工程沿线没有污水管网，因此设计中采用沉淀、过滤的处理工艺处理初期雨水。该研究的工艺流程为进水→格栅→配水井→沉淀池（沉淀）或应急池→人工湿地（隔油、过滤、植物吸收）→蒸发池。

(1) **格栅**

在进水渠道上设置格栅，去除塑料袋、矿泉水瓶、废纸等大粒径的固体污染物。

(2) **配水井**

经过预处理后的初期雨水进入配水井，配水井配有闸门。通往人工湿地的闸门处于常开状态，通往突发事故应急池的配水孔上的闸门处于常闭状态。进入配水井的雨水通过底部的配水孔进入人工湿地进行处理。

(3) **人工湿地**

人工湿地表面种植适应当地气候的植物，可吸收雨水中所含的氮、磷等营养物质，使其从水中转移至植物体内，从而降低雨水中的氮、磷含量。过滤层按照不同的粒径分两层铺设，过滤初期雨水中的悬浮物和油类物质。根据欧美等国环保部门的统计，在滤速为5 m/h的条件下，砂滤通常能去除60%～90%的悬浮物及90%的油。过滤层每年进行2～3次的定期更换，或在特大暴雨后进行清理，并将截流在表层的油类物质清除，避免滤层堵塞影响处理效果。

(4) **蒸发池**

收集人工湿地出水并蒸发其中一部分出水。本项目全区多年平均降水量为1 088 mm，蒸发量平均值为506 mm。经处理后的水质可满足农灌及生活杂用水质标准，可用于当地农民的生产用水，以及就近路段的绿化浇灌用水，另外还有一部分水经蒸发排入大气中。因此可做到收集处理后的水基本不外排。

(5) **应急池**

为了防止在水源保护区路段因车祸造成的大量油品、有毒化学品泄漏流入水库，污染饮用水和生产用水水源，设计中在每个路面雨水处理站设置突发事故应急池一座，用以截流突发事故时泄漏的有害物质。考虑到发生突发事故时正在下雨的不利情况，二级水源保护区内应急池的容积按仁怀市50年暴雨重现期历时30 min的降雨量确定，要求公路管理部门在突发事故发生后的30 min之内赶到事故现场，进行紧急处理。

在事故发生时，工作人员必须立即启闭事故路段对应的处理站内的阀门，把可能的污染物（油类及其他有毒有害物质）全部截流到应急池中，禁止其进入人工湿地和下游水体。公路管理人员必须在20 min之内赶到，对事故现场采取应急处理，初步判断污染物性质并送相应部门检验，同时开展其他相应的措施。

(6) **水处理构筑物及设备材料**

污水处理构筑物及设备材料见表9–1。

表 9–1 污水处理构筑物及设备材料表

序 号	设备材料名称	型号及规格	数 量	单 位	备 注
1	带刺铁丝网	非标自制	1	套	
2	配水井	2 m × 2 m × 1.5 m	1	座	含两个 ϕ600 mm的闸阀
3	沉淀池	10 m × 10 m × 4.0 m	1	座	钢混结构，抗渗等级S8
4	人工湿地	17.84 m × 10 m × 2.0 m	1	座	钢混结构，抗渗等级S8
5	蒸发池	10 m × 10 m × 4.0 m	1	座	钢混结构，抗渗等级S8
6	应急池	5 m × 5 m × 2.5 m	1	座	钢混结构，抗渗等级S8

9.2.4 施工期水环境保护技术

(1) 桥梁施工水环境保护技术

桥梁施工对水体的影响随着施工的结束将会消失，不会对沿线水体产生明显影响。施工期应保护沿线河流的水质，禁止施工污水直接排入河流。桥梁施工应避开汛期和河流丰水期。

① 桥梁施工严禁漏油、化学品洒落水体；桥梁基础施工挖出的泥渣不得弃入河道或河滩，避免影响河道行洪功能。

② 桥梁施工应选择在枯水季节，加强施工管理保护沿线河流水体。施工后应注意施工现场的清理，避免施工垃圾等随意抛入水体。

③ 施工中的废油、废沥青和其他固体废物不得堆放在水体旁，应远离沿线河流河道500 m外，同时应及时清运至专门的仓库或堆放场所，并应设篷盖，防止因雨水冲刷而间接进入水体。

④ 沿线河流与公路并行的路段，不得在公路与沿线河流之间的地带设置施工营地和施工临时场地，以避免影响河流水质。

(2) 隧道工程水环境保护技术

隧道施工产生的废水主要来自山体开挖自然渗水、钻探机械降温用水以及割用压力水钻用水，应在隧洞内设排水沟收集污水，在洞口宽阔处修建隔油池，由排水沟将污水导入其内，施工期间及时清理沉淀池和隔油池中的污泥，施工结束后覆土掩埋即可。施工中，应对隧道的出水部位、水量大小、补给情况、变化规律、水质成分等做好观测试验记录，并不断完善防排水系统，对隧道洞口及辅助坑道洞（井）口应按设计要求做好排水系统：

① 勘探用的坑洼、探坑等应回填黏土，并分层夯实。

② 洞顶上方如有沟谷通过且沟谷底部岩层裂隙较多，地表水渗漏对施工有较大影响时，应及时用浆砌片石铺砌沟底，或用水泥砂浆勾缝抹面。

③ 洞口附近开沟疏导封闭积水洼地，不得积水。

④ 洞顶排水沟应与路基排水顺接组成排水系统。

⑤ 隧道施工废水主要污染物有悬浮物、炸药残余、石油类等。特别是含有炸药残留物的裂隙水随意排放，会造成所在地水环境的污染。因此要严格按照前述要求对隧道施工时的出水进行收集，并进行处理后排放。

⑥ 在设计阶段应调查隧道区域的地下水分布、类型、含水量、补给方式和渗流方向，分析论证因隧道开挖地下水可能渗出量较大的位置和程度，针对地下水可能渗出的部位应采取切实可行的防水和防渗措施。

(3) 施工驻地水环境保护技术

施工人员驻地的生活污水分散，而且仅限于施工期，在严格采取一定处理措施的情况下，施工区污水不会对线路沿线水环境质量产生明显的影响。具体如下：

① 施工人员的生活污水、生活垃圾和粪便应集中处理。

② 施工机械等产生的含油及其他生产污水禁止向河流、湖泊排放，可在施工场地及机械维修场所设临时蒸发池，使大部分含油污水进入蒸发池中，使其自然蒸发，待施工结束后，将临时蒸发池覆土掩埋。

③ 施工中的废油、废沥青等有害物质不准堆放在水体200 m范围内，应及时清运至当地允许放置的地点或依有关规定处理，防止被雨水冲刷入水体。

④ 施工营地附近设防渗蒸发池和防渗旱厕，处理后的粪便用于施肥，生活污水可让其自然蒸发，施工结束后将蒸发池覆土掩埋。

⑤ 生产废水不得排入河流、湖泊等水体，可在施工场地设临时蒸发池（可就近利用废弃的沟、坑），待施工结束后覆土掩埋。不得在水体附近清洗施工器具、机械等，防止水环境污染。

9.3 生态修复与植被恢复施工技术

9.3.1 喷播技术

9.3.1.1 客土喷播技术

(1) 施工工艺

客土喷播技术施工工艺流程为整平、清除坡面→铺网（边坡刚性骨架防护）→钻锚杆孔→灌浆固定锚杆→固定网面→喷底层（基质）→喷面层（种子＋基质）→覆盖无纺布→养护管理。

(2) 施工关键技术要点

1) 安全保护

施工现场禁止行人、车辆通过，在施工场地两头设置施工标志。根据施工安全操作规范要求，选择安全防护措施，如搭设钢管脚手架、下铺毛竹脚手片、上挂防护网。现场施工人员配备安全帽及必要的劳保用具。

2) 作业面清理

清除作业面杂物及松动岩块，对坡面的棱角进行修整，使施工作业面的凹凸度平均为±10 cm，不超过±15 cm，尽可能将作业面平整，以利于客土喷播施工。对低洼处适当覆土夯实回填或以植生袋装土回填。若岩石边坡本身不稳定，应采用预应力锚杆锚索进行加固处理。

3) 挂网、扎网

挂网施工时采用自上而下放卷，相邻两卷铁丝网分别用绑扎铁丝连接固定，两网交接处要求至少有10 cm的重叠。网与作业面保持8 cm左右间隙，并均匀一致。

4) 喷播

喷播前，应先在坡面喷水湿润，以利基质材料更好地与坡面结合。喷枪尽量与受喷面垂直，避免仰喷，注意死角部分及凸凹部分要喷满。严格控制风量、风压，保证枪口风压4 500 ~ 5 500 Pa。宜从坡面顶端往下喷播，喷播宽度以方便喷播手操作为宜，一般为4 m。

客土厚度应根据边坡的坡度、硬度、岩石的风化程度等诸多因素确定，其最小厚度应以满足植物的正常生长为依据。生产上参考的客土厚度为：4 cm客土适用于风化岩石边坡，土质为红黏土或风化砂，山中式硬度6.3 ~ 14.0 kg/cm^2；6 cm客土适用于土加石的软岩边坡（强风化），山中式硬度14 ~ 38 kg/cm^2；8 cm客土适用于坚硬岩边坡（弱风化），山中式硬度38 ~ 180 kg/cm^2；10 cm客土适用于呈板状石质的边坡，山中式硬度大于180 kg/cm^2。喷播时分底层和面层两次喷播，底层为纯的基质，面层为基质加植物种子。

5) 喷底层

将基质充分拌匀喷水湿润，以手捏成团松开即散为准。用喷播机械将湿基质喷至岩石边坡。厚度5 ~ 6 cm，不超过8 cm，以覆盖铁丝网为度。

6) 喷面层

先将基质和种子混合均匀，待底层稳定后适时喷播面层。基质、种子和水同时由喷播机械在喷口处混合喷洒至边坡，厚度2 ~ 3 cm。掌握水的用量，使基质和种子的混合物粘连边坡不移动、不脱落。

7) 设置排水沟

喷播结束待客土稳定后，用特制的T形木棍敲击边坡作业面使其凹陷设置横竖排水沟，沟深5 ~ 8 cm，横竖沟间距5 ~ 8 m，以确保坡面排水畅通。

8) 覆盖

排水沟操作完毕即覆盖无纺布。覆盖无纺布时从上往下施放无纺布卷，并每隔2 ~ 3 m用铁丝或绳索固定，以防风吹。

9）养护管理

① 浇水。植物种子出苗前，每天早晨浇水一次或早晚各浇水一次，以保持土壤湿润。浇水以雾化的水滴为佳，切忌大水冲刷，以防客土移动。植物种子出苗后可逐渐减少浇水次数，以促进植物根系快速生长。至草苗长到 5 ～ 6 cm 或 2 ～ 3 片叶时，揭掉无纺布。边坡植物成坪后转入常规管理。

② 施肥。边坡草坪等植物长至4 ～ 5叶时可适量追肥，以优质的复合肥为主，每次10 g/m^2 左右，坚持“少吃多餐”的原则，以促进及早成坪。

③ 病虫防治。草坪等植物幼苗时，尤其在高温季节易发生褐斑病、腐霉枯萎病，应及时用广普杀菌剂防治。发现虫害则立即用广谱内吸性杀虫剂防治。

10）验收要点

① 锚杆深度、客土厚度。施工过程中，实测锚杆深度及客土厚度。风钻孔深不小于25 cm，水泥灌浆固定钢筋要严实。客土厚度不小于8 cm。设计有特殊要求的按设计要求验收。

② 植物覆盖率。绿化施工完成后3个月内，坡面绿化覆盖率达到90%以上，且生长均匀，长势旺盛。

③ 坡面植物绿期。经过一年四季不同的气候考验，实现一年的绿期达到8个月以上。

9.3.1.2 液压喷播技术

① 施工工艺。施工工艺同客土喷播技术。

② 施工关键技术。施工关键技术同客土喷播技术。

9.3.1.3 有机质喷播

(1) 施工工艺流程

施工工艺流程如图 9–4 和图 9–5 所示。

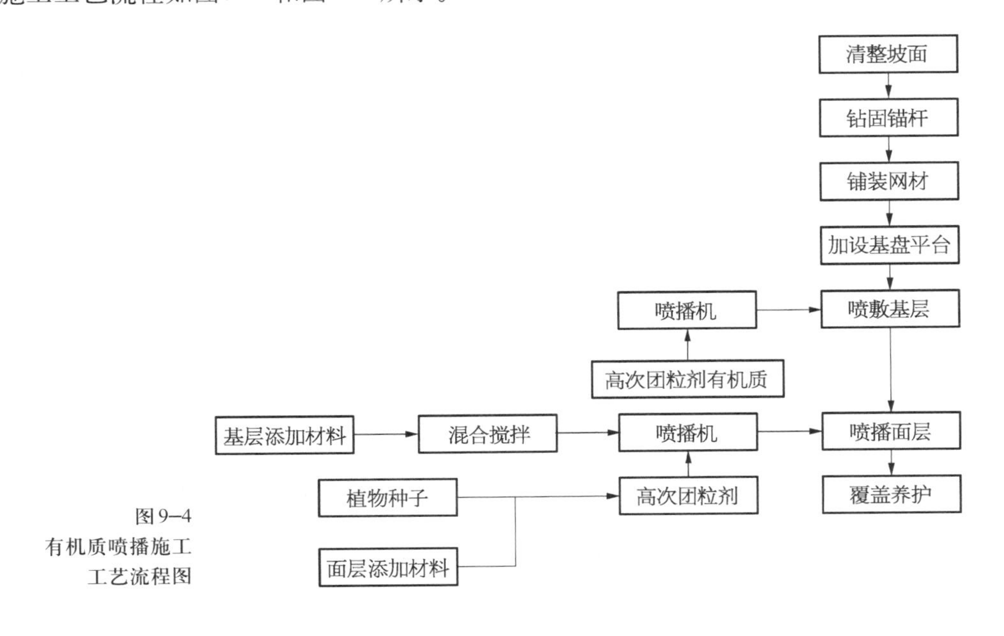

图 9–4
有机质喷播施工工艺流程图

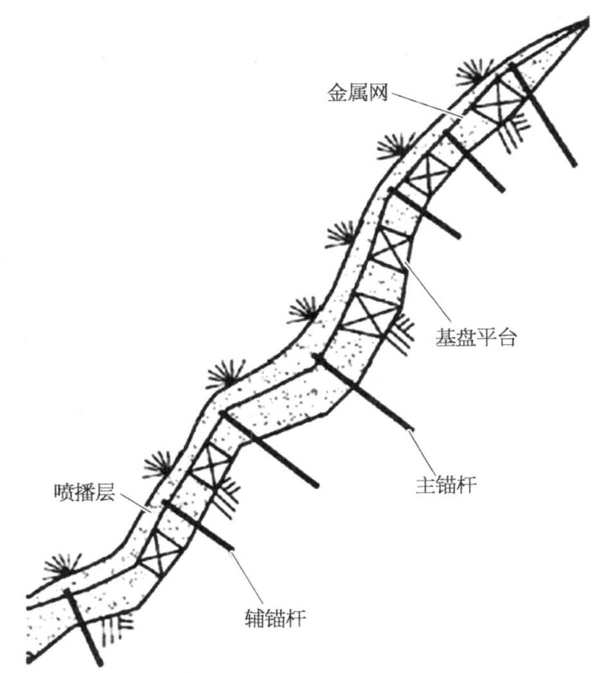

图9-5
有机质喷播工艺
设计及施工效果

（2）施工关键技术

① 铺装网材。当对高陡岩质坡面进行多组分有机质喷播时，应采用风钻锚孔，孔径为40 mm，孔深30 ～ 50 cm（局部必要时可适当加深），孔向与坡面基本垂直，交错布置；原则上每100 m^2主锚杆不少于80个，辅锚杆不少于180个。在进行辅锚杆定位时应注意观察坡面形态，尽量将其布设在坡面凹进部位，以使金属网材贴近并牢靠地固定在坡面上。当局部坡面凹凸起伏较大时（含软岩），应根据实际情况增设辅锚杆，使金属网材尽可能地贴近坡面。

② 加设基盘附着平台。由于岩质坡面往往起伏无常、凹凸不平，为了防止喷播时物料或种子流失，保持喷播层厚度均匀，并使以后植物根系生长时能够更好地延展，在金属网材和坡面之间设置基盘附着平台，对喷播层进行分段阻隔。每列平台的间距可根据坡度在30 ～ 50 cm适当调整。基盘附着平台一般用木垫条组装，其厚度设计同喷播层厚度，并随坡面的坡度变化进行调整，其单根长度可根据坡面实地情况截取40 ～ 100 cm使用。施工时将每个木垫条水平置于金属网下，然后用铁丝与金属网扎紧固定。

③ 物料配置、喷射。各种喷播物料要严格依据设计标准进行配比，按操作要求及程序将其与水加入到喷播机内进行混合，经搅拌均匀后再进行喷射作业。喷射时喷枪口要尽可能地垂直于坡面（距坡面1 m左右），避免仰喷，凹凸变化大处及死角部位要喷射充分。确保喷射厚度尽量均匀并一次成层，植生条件较好的坡面可适当薄些，条件较差的坡面应适当加厚。

喷射分三次进行，首先在坡面上喷射一层不含植物种子的营养基层（3 ～ 4 cm厚），然后再重复喷射一次形成中层基盘（3 ～ 4 cm厚），最后喷射含有植物种子的面层（2 ～ 3 cm厚），播种量为70 ～ 100 g/m^2。

④ 覆盖养护。喷播施工尽量要选在暖季，但在夏季要避开暴雨时段或长时间的阴雨天气。在有降雨时，要将备用的无纺布、草帘子等覆盖在坡面上，防止雨水对喷播层及其基础造成冲刷。

9.3.2 草皮移植技术

(1) 施工工艺流程

施工工艺流程如图9–6所示。

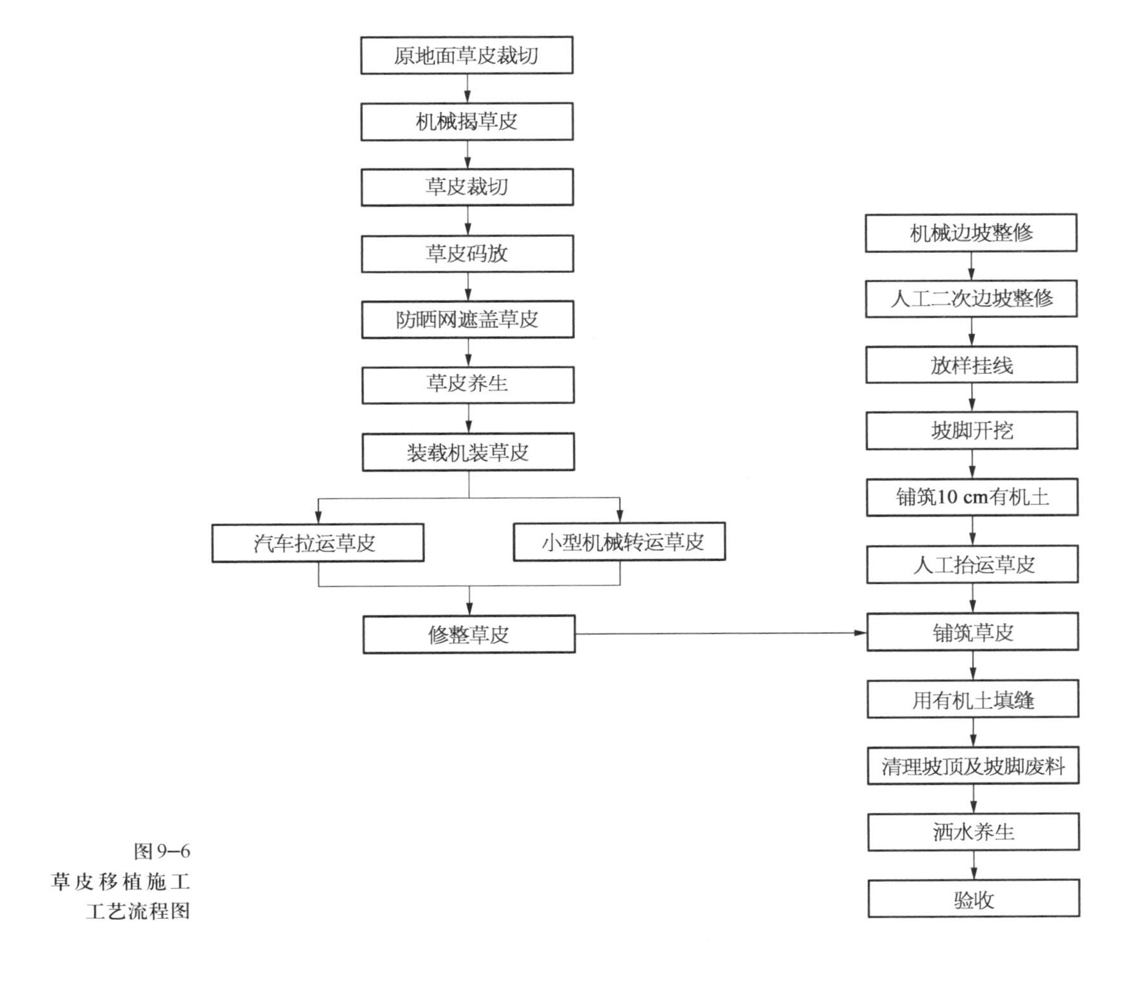

图9–6 草皮移植施工工艺流程图

(2) 施工关键技术

① 草皮选择。挖掘草皮前，明确即将挖取草皮的类别，掌握其生物特性。

② 取草皮时间。根据当地多年生草地植物储藏营养物质动态的变化情况，选择挖取草

皮的最佳时期，即草地植物储藏的营养物质含量相对较高的时期。挖取草皮要求选在草地植物的分蘖期及结实期，即5—8月。

草皮挖出时草地植物进入根部的有机物质被暂时中断，草地植物依靠其地下器官储藏的营养物质动态维持其再生，草地植物储藏的营养物质含量越高，草地植物再生时形成的枝条数量愈多，再生进行得愈快。

③ 揭取草皮。在路基、料场清表时，先用切割机对草皮进行1.0 m×1.0 m～1.5 m×2.0 m的切割，以便装载机或其他平地清除设备清起草皮规整堆放。取草皮时在施工方便的条件下，所取草皮的块度要尽可能大，从而减少根系的切割，同时根据根系深入地下的深度，确定所取草皮的厚度，保证所取草皮的厚度大于根系埋入地下的深度，从而保证根系的完好性。同时将草皮下的腐殖土一并清出堆放（腐殖土清除也是路基本身要求）。

④ 草皮养护。草皮挖取后，如果有地方能及时移植上去当然最好，如果施工条件不许可，就需要暂时置放路基两侧空地上，在此期间，由于草皮离开了它吸取营养物质所依托的土壤环境条件，因此应加强草皮养护。草皮不宜叠放，而应假植平铺，相当于进行了一次划破草皮的人工措施，并采用防晒网覆盖并定期进行洒水养护。可有效改善草皮附着土壤的通气条件，提高土壤的透水性和透气性。平铺堆放的草皮在堆放时，用腐殖土填塞缝隙。清出的草皮若有成型路基边坡，及时回铺，若施工条件不容许，则需要堆放养生，即将清出的草皮在路基坡脚线外两侧平铺整齐堆放，草面朝上，其堆放高度控制在1.0～1.5 m，草皮层数以4～5层为宜。养生时采用黑色防晒网覆盖（透水、透气、降雨时能吸收水分，黑色防晒网能有效降低太阳辐射，减缓水分蒸发），不宜采用塑料布或塑料薄膜。根据不同地区的天气、降雨情况洒水养生，只要保持草皮有一定的水分，不完全晒干即可。

⑤ 有机土保存。草皮取走后，应将草皮下的有机土清除堆放，以便回植草皮时使用。因为青藏高原的土壤以草毡土、寒钙土为主体，土壤发育年轻、剖面风化弱、土层薄、粗骨性强、可给态养分含量低，因此现有草皮下的有机土对移植草皮的再生能力十分重要。

⑥ 铺草皮工艺。铺筑草皮前先对验收合格的路基边坡进行整修，根据路基顶面测量的高程对边坡测量的实际高程进行放样，在直线上每10 m进行加桩，在弯道处每5 m进行测量放样，并钉木桩，再根据测量的高程对边坡进行放样，坡度控制在设计范围内，并在坡脚处定桩，在已钉好的坡顶和坡脚木桩上挂好放工横线，两个横线间再挂可移动纵线。上下移动纵线，检查纵线与坡面的距离，以该距离控制在20～30 cm，对记录达不到该要求的坡面用人工再次修整，直到达到设计要求为准，根据放样的线型，采取由坡脚到坡顶的施工顺序进行施工。相关照片如图9–7～图9–11所示。

再进行人工有机土的铺设，同时并保持坡面有机土均匀一致，同时采取人工搬运草皮到坡面上，将草皮块与块之间相互挤紧，上下块之间要错缝，严禁出现通缝现象，草皮薄厚不一致时，人工铲除厚草皮底的腐殖土，再进行铺砌。薄的草皮先在坡面上铺一层腐殖土进行垫平后再进行铺砌，以保证草皮底部一定厚度的腐殖土。铺筑好的草皮拼接缝处用人工用腐殖土进行填实，不留缝隙。铺设好的坡面应保持大面平整、曲线圆滑、线形美观。

图 9–7　平整坡面铺设底层土壤层

图 9–8　底层土壤铺设完成

图 9–9　草皮铺设完成

图 9–10　一个月后植被恢复效果

图 9–11　铺草皮施工现场

铺筑完成一段后及时清除坡顶路基上剩余腐殖土和坡脚处剩余草皮和腐殖土，使铺筑好的坡面与自然环境协调一致。针对该地区天晴时蒸发量大的特点，铺筑完成后定期洒水养生，防止草皮缺水枯死，同时在洒水车中掺加一定比例的人工复合肥料，以提高草皮成活率直至与边坡土体形成一体。

将成型路基边坡进行平整（边坡坡率1 ： 1 ～ 1 ： 2），采用机械将有机土、草皮运到路基边坡处，草皮较薄的（10 ～ 20 cm）就先将腐殖土在路基边坡上铺设厚10 ～ 15 cm一层（具体视现场腐殖土或有机土的资源而定，灵活掌握），草皮厚在20 cm以上的可以直接铺设（减少对腐殖土和有机土的需求）。根据人力能搬动的重量估算，将草皮再进行切割（不能随意切割）成20 ～ 40 cm × 20 ～ 40 cm进行人工铺设。块与块之间嵌挤密实草皮接缝间用腐殖土填筑密实，以便于草皮能快速生长交织为整体。

⑦ 移植铺设后养生。移植铺设后，在刚开始一周内需要定期洒水养生，以保证新铺草皮与地面的毛细水尽快连通，达到毛细水补水功能，后期可根据自然降水情况适时洒水，完全成活后就融入自然正常情况，如图9–12所示。

图9–12 铺草皮后的养护过程

9.3.3 三维网技术

(1) 施工工艺

三维土工网垫植草护坡施工程序为坡面平整、施底肥→覆网、固定→覆土、播种、上覆盖土→浇水养护，如图9–13 ～图9–16所示。

图9–13 铺网过程

图9–14 播种后覆土

图9-15　覆盖无纺布

图9-16　植被恢复效果

(2) 施工关键技术

在进行挂（铺）网前，注意对坡面的清理，适当地铺一些腐殖质表土层，使底层土壤拥有一定的营养成分和微量元素，避免植被后期因营养缺乏而出现大面积死亡；植物种类选择时，尽量采用草、灌结合的方式，草对边坡的防护只能到很浅层，而灌木根系较深，持续生长不易退化，对边坡的防护作用更大。施工关键技术如下所述。

1) 坡面平整、施底肥

清理、平整坡面，清除直径大于2 cm的浮石、树根等杂物，以利于基材与岩石坡面的结合。如果坡面上的土太密实，应该在坡面5 ～ 7.5 cm范围内采取松土措施，作为播种层；如果坡面岩石面积很大，应该在坡面上铺设厚5 ～ 7.5 cm的细表土，轻轻压实，为草提供基本的生长环境；对于岩石节理发育、走向不一，清理坡面难度较大，应采取浆砌片石局部找平（谨慎使用，避免加大边坡负载造成失稳），或者加大混合料固结物含量，局部适当加厚找平。

在土壤养分贫瘠和pH值不适时，在播种前有必要施用底肥和土壤改良剂。底肥主要包括氮肥、磷肥和钾肥，比例为15 ∶ 8 ∶ 7，施肥量随土壤的肥力情况而定，一般情况按100 g/m^{2}左右施用。

2) 覆网、固定

在整平的坡面上铺设网垫，当坡度陡于1 ∶ 3时，网垫由坡顶向下放卷铺设，在缓于1 ∶ 3的坡面上，网垫可以按横向或向下铺设。上下卷材搭接，上部的材料压在上面，搭接长度为10 cm；相邻卷材搭接，搭接至少为7.5 cm，且在搭接中心处每50 cm左右加一个锚钉。网垫铺设时，要保持平顺，不要拉紧，避免造成网垫与坡面分离，从而不利于网垫的稳定与植被的生长。

为防止网垫从上、下两端被水流冲开，网垫在边坡顶端铺设时，需在坡肩（坡底）挖断面宽、深为15 cm × 30 cm的沟，将网垫埋入其中，用锚固钉固定，并填土压实，网垫顶端纵向连接处应有60°夹角，坡底应有50 cm以上的水平面。对于网垫体的锚固，在较缓的坡可采用竹钉或U形钉，钉的长度不小于15 cm，顶端宽度应大于网垫孔径的2倍；较陡、疏松、岩质的坡需要采用较长较重的丝钉。就较缓的坡度（1 ：1.5 ～ 1 ：1）而言，按每50 cm一个锚钉即可，如果坡面较陡，应增加锚钉数量，锚钉的排列以梅花桩形为宜。

因坡面较长时，坡面上层的含水量要比下层的低，不利于植被成活，要在距坡顶20 cm处开一条小沟，用以灌水。

3）覆土、播种、上覆盖土

覆网、固定之后，根据其厚度及种子发芽要求，在网垫上面铺设一定厚度的耕植土，要求覆土的颗粒不大于网孔尺寸，且越细越好。

选播的草种宜就地选用覆盖率高、根系发达、茎叶低矮、耐寒抗旱、耐土壤贫瘠、耐践踏、具有匍匐茎且适用于pH值在4.7 ～ 8.5的多年生草种，也宜引用适应当地土壤气候的优良草种。

草皮在5℃以下停止生长，10℃以下基本上不发芽。另在高温季节蒸发太大，草皮生长易干枯，故在此期间均不宜播种。铺设季节最好选择在雨季前的3—4月进行，让草皮有一定的生长时间。

播种时土壤含水量以40%～ 50%为宜，为预防干旱，提高草籽的成活率，可使用土壤凝结剂。将经过特殊处理后的草籽与土壤凝结剂拌和喷洒。经土壤凝结剂处理后的坡面，草籽和土壤不会因风吹雨淋而流失，同时凝结剂又降低了土壤中水分的蒸发，在一定程度上保证了草籽的水分供应。

播种可以采用人工撒草种或机械喷播。撒草种是将草种与肥料及细土按1 ：10的比例均匀混合后均匀地撒在网垫上，边坡靠上部分应适当增加草籽用量，播撒完毕后用扫帚清扫一遍，以保证草种全部落入网垫内部；喷播时喷射尽可能从正面进行，凹凸部分及死角部分要尤其注意，喷射厚度按10 cm控制。

播种的深浅也直接关系到出苗率。如播得过深，在幼苗进行光合作用和从土壤中吸收营养元素之前，胚胎内存储的营养不能满足幼苗的营养需求而导致幼苗死亡；播得过浅，没有充分混合时，种子会被水流冲走，或发芽后干枯。播种时应从坡顶往下撒播，且坡顶的播种量稍微加大。

播种之后再均匀覆一层细土，土的厚度以稍盖住网垫为宜，不要使网垫暴露在阳光下，以利延长使用寿命。覆土的厚度还须有利于草籽的发芽和生长，之后再进行适当加压。另外，为了减少土壤和种子的冲蚀，为种子发芽和幼苗生长提供一个更为有利的环境条件，常常在坡面上加上一层覆盖材料（如无纺布），当幼苗长到2 ～ 3 cm高后便揭开。

4）浇水养护

播种之后，要注意草种发芽生长的前期养护工作。养护的主要工具是高压喷雾器，它使水雾化后均匀地落在坡面基材上，要注意控制好喷头与坡面的距离和移动速度，保证无高压射水冲击坡面形成水流，冲走植草基材及草种，每天早晚各喷一次，养护45天左右。在天气热、雨水少的情况下，为了保证草种成活，可采用遮阳防晒棚，隔热防晒，透气通风。

9.3.4 植生带技术

(1) 施工工艺流程

① 平整坡面。清除坡面所有石块及其他一切杂物，填平较大的坑穴，打碎土块，耧细耙平，压实。

② 铺设固定。把植生带一端用锚杆固定在坡顶处并填土压实，锚杆的使用量为2～3根/m^2。

(2) 施工关键技术

① 施工时应顺着坡面将植生带自然地平铺在坡面上，一边向下放平拉直一边用U形钉将植生带固定在坡面上，不要加外力强拉，U形钉的使用量为6～8根/m^2。植生带的接头处（上下接头、左右接缝）应重叠10 cm。施工到边坡下部时，把植生带的另一端也用锚杆固定在坡脚处并填土压实。

② 植生带施工结束后禁止踩踏，植生带从铺装到出苗以后的幼苗期，都需要及时进行洒水，每天都需洒水，每次的洒水量以保持土壤湿润为原则，每日洒水次数视土壤湿度而定，直至出苗成坪。在幼苗中期也要保持每天洒水一次，后期根据土壤湿度进行洒水。洒水时最好采用水滴细小的喷水设备，使洒水均匀，减小水的冲力。尤其第一次浇水时要用小水头成喷雾状从远处向坡面缓慢淋洒，不可用大水头顺坡面放水，以免边坡上部的种子被冲到边坡下部，造成上部植生带种子发芽不均匀。

9.3.5 植生袋技术

(1) 施工工艺流程

将选好的种子、保水剂等材料复合加工成连体植生袋，在施工现场将腐殖土、木纤维、泥炭土、缓释营养肥等混合材料当作基质填装到植生袋中，然后平铺、固定在坡面上，经过二次覆土、洒水养护等前期管理措施，达到固结绿化边坡的作用。

(2) 施工关键技术

1) 施工前准备

① 草种的选择及播种量的确定。施工地区属高寒高海拔地区，环境为寒冷而潮湿，日照强烈，紫外线作用强，空气稀薄，土壤温度高于空气温度，昼夜温差极大，年平均温度不到1℃，植物生长季短，年降水量约400 mm，相对湿度70%以上。根据工程实地情况选择具有耐寒、抗旱、耐盐碱等显著特点，如垂穗披碱草、赖草、冷地早熟禾和中华羊茅等对高原地区气候和土壤环境具有较好适应性的植物。

② 基质的选择及配比。基质是坡面上草木赖以生长发育的首要条件，基质选择要考虑土壤的强度和一定的蓬松度、土壤的吸水性、抗雨水的侵蚀性以及植物生长发育所需的

主要元素。本次施工采用腐殖土、保水剂、复合肥和专用肥用量为（2 000 ∶ 5 ∶ 20 ∶ 160）g/m³的比例。

2）植生袋加工

将经过处理的种子和保水剂等材料夹在两层可降解的无纺布（或木浆纸）中间，并覆上抗老化绿网，缝制成规格为50 cm × 130 cm的袋状。

3）平整坡面

清除坡面杂物及松动的石块，按路基设计刷坡，使坡面达到设计坡比，并预留出植生袋填充基质后的厚度（约为15 cm）。

4）填装基质

将植生袋平铺，将混合好的基质填装到每一个袋口中，饱满度达80%时扎紧袋口。

5）铺设、固定连体植生袋

将装好基质的植生袋平整地铺在坡面上，并用紧固件固定。紧固件可采用直径6 mm的钢锚钉或竹钉，一般采用200 ～ 400 mm等不同长度，紧固件每平方米不少于5个。最后在植生袋上加覆一层土，覆土厚度约为10 cm。

6）浇水养护

在草种从出芽到幼苗期间要浇水养护，保持土壤湿润。开始每天浇水一次，浇水应呈雾状喷洒，随后可减少浇水次数。在幼苗生长过程中，适时施肥，防止病虫害，约一个月后基本成坪。

9.3.6 植物纤维毯技术

① 清理并整平场地（图9–17a）。根据施工要求，用铁锹、铁耙等工具对坡面不稳定的石块或杂物进行清除。对于不利于草种生长的坡面先填厚度不小于10 cm的腐殖土，表层覆土内无工程垃圾和大石块、杂草等凸起物，并使10 cm土层内无大于5 cm的石块。

② 播撒草种。播种方式采用中华羊茅、披肩草、老芒麦、无芒雀麦、星星草等均匀播

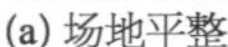

(a) 场地平整

(b) 草毯铺设

图9–17 植物纤维毯铺设图

撒的方式。

③ 挖坡顶和坡脚锚固沟。坡顶和坡脚锚固沟宽和深一般不小于20 cm，原土放在远离坡面的一侧备用。

④ 铺设草毯（图9–17b）。从坡顶向下铺设草毯，铺展平顺并拉紧，坡顶预留不小于40 cm，草毯之间搭接宽度不小于10 cm，搭接时下一级网压在上一级网之下，草毯与地面保持充分接触，铺设保持整齐一致，如图9–18和图9–19所示。

⑤ 锚固及回填原土。用固定钉锚固草毯，并回填种植土。

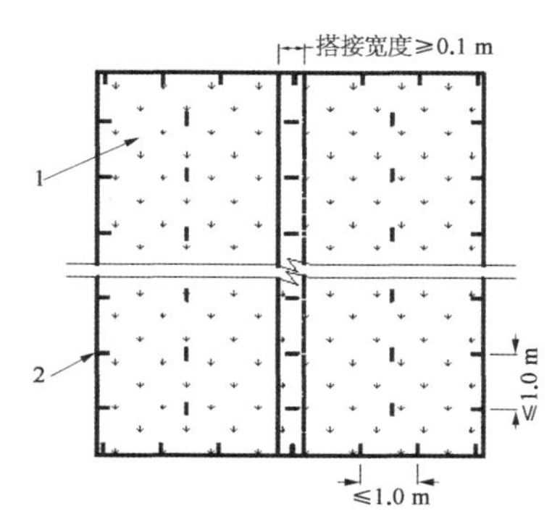

图9–18 植物纤维毯铺设平面示意图
1—植物纤维毯；2—锚固钉

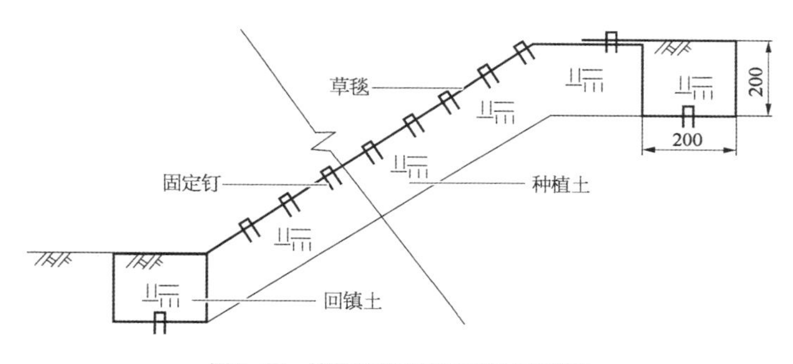

图9–19 植物纤维毯施工剖面示意图

9.4 水土保持施工技术

9.4.1 主体工程区水土保持施工技术

主体工程区在设计之初已经包括了具有一定水土保持功能的建设，对此后续水保设计时要明确已有措施，同时对原设计缺乏的水土保持措施做补充。在新增的水土保持措施中主要考虑边坡的防护、公路排水以及道路两侧绿化。边坡主要以植物防护为主，边坡绿化采用满铺草皮、架砌片石骨架内植草皮等形式（具体见第9.3节生态修复与植被恢复施工技术）。排水措施主要功能在于疏导由于暴雨等天气或自然因素造成的水流增大的情形，将水排至附近的天然河沟，避免水土流失量增大。主要的排水设施有边沟、排水沟、截水沟、急流槽等。其中边沟是设在道路两侧的纵向水沟。截水沟一般修在上游，而排水沟修在下游。排水系统的末端通常会设有沉沙池。沉沙池分为进水口、出水口以及池体三个部分，进水与出水口断面均为矩形。每个沉沙池的下游应放置滤网，并定期清理沉沙池，以确保其功能。在公路的两侧进行绿化，一方面起到水土保持的作用同样也起到美化的作用。除了这些拦、挡、排及植被防护措施外，还可以布设一些临时防护措施，比如土工布、防护栅栏等，与其余设施共同起着防护作用。

9.4.1.1 **路基工程区**

在主体工程的边沟、排水沟等排水设施修建以前，采取临时排水措施。在路堤填筑及路堑开挖施工之前，坡底两侧先修筑临时性的排水沟和边埂，以拦截因降水带来的坡面水土流失，及时排导坡面径流。所筑边埂采用排水沟挖出的土方堆砌、拍实。施工结束后，将边埂回填至排水沟。对于共玉公路路基工程区内的表层草皮，在工程施工前预先对其进行草皮剥离，统一临时堆放在路基工程区附近，并做好养护管理。邻近弃渣场等临时占地区域的草皮剥离后，集中堆放在弃渣场内。草皮剥离厚度视具体施工路段土壤以及草皮生长情况而定。施工过程中注意尽量不扰动征地范围以外的土地，以免引起新的水土流失。

9.4.1.2 **桥涵工程区**

共玉公路所经地区水系发达，应尽量避免桥梁钻孔泥浆污染沿线河流水质，桥梁施工前对桥梁下占用土地的表土或者草皮进行剥离，临时集中堆放。跨河桥梁钻孔桩基础施工时一般选择枯水季节施工，并在钢护筒内安装泥浆泵，将钻孔泥浆提升至两端陆地临时工地，在钻孔桩基础施工时产生的泥浆需要设置临时处理，以减少施工过程中的水土流失。桥墩钻孔前在各特大桥和大桥临时工地修建泥浆池（泥浆池需要做防渗处理，可以多个钻孔共用），并设置沉淀池，串联并用，使护壁泥浆和出渣分离，析出的护壁泥浆可循环使用，浮土和沉淀池出渣在干化堆积场脱水，干化后的泥渣就近弃于附近弃土（渣）场。

主体工程施工结束后，拆除围堰。拆除时要求拆除队伍具备拆除围堰的必备工具等，拆除的各项工作必须在枯水期进行；拆除的土石方及时运至就近弃渣场，边拆边运，禁止随意堆置；拆除时分层拆除，从上至下，集中一次拆完，整治迹地。

9.4.1.3 **隧道工程区**

共玉公路隧道的开挖会产生大量的弃渣，需要占用大面积的土地来堆放，可依据共玉公路实际情况对隧道弃渣采用综合利用技术和弃渣堆放水土保持防护技术进行处理。

(1) 隧道弃渣综合利用技术

对隧道弃渣优先综合利用是公路建设资源节约和可持续利用的重要方面，也是保护共玉沿线生态环境的重要途径。本着节约成本、更好地保护生态环境的原则，使料尽其用。隧道弃渣作为筑路材料，可在路堤填料、混凝土工砌筑、碎石加工、隧道衬砌和明洞及仰拱回填等多个方面进行利用。隧道开挖弃渣利用如图 9–20 所示。

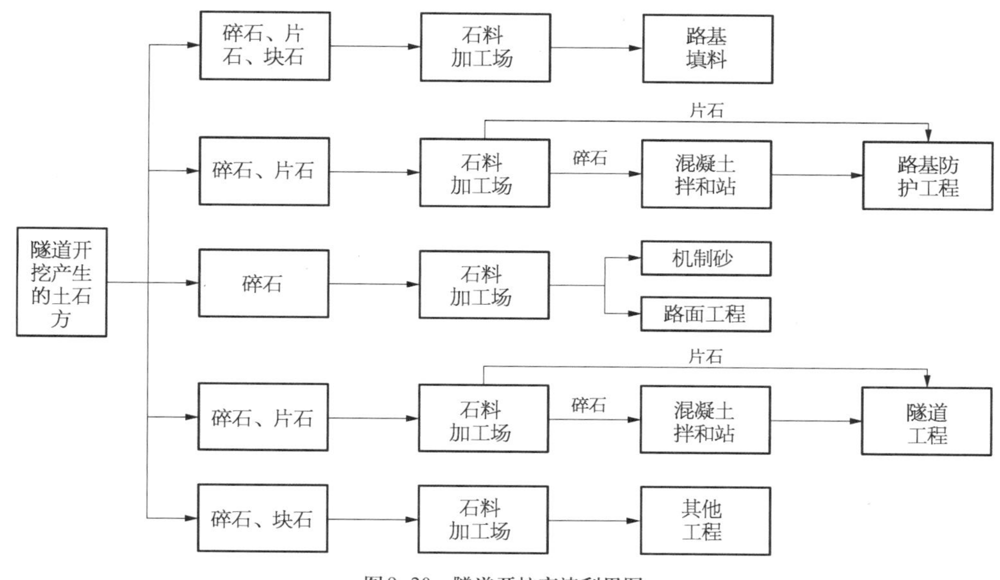

图 9–20 隧道开挖弃渣利用图

1）路基填料

路基填料对隧道弃渣进行初级筛选，将筛检出的隧道弃渣，依据《公路路基设计规范》（JTG D30—2004）中填料强度和粒径的相关要求，进行二次破碎，并将处理后的石料进行填筑。填石路堤采用隧道弃渣填筑，其石料含量大于 70%，石料强度大于 15 MPa，最大粒径不超过 30 cm。填石路基压实使各粒料之间的松散接触状态变为紧密咬合状态。由于块石的颗粒较大，石块之间会有搁空现象，形成孔隙率过大，易造成局部塌陷，因此填石路基的压实应选用低频高幅的大吨位振动压路机，如 25 ～ 50 t 的钢轮振动压路机。铺筑试验路，在对试验段填石路堤工程施工进行的基础上提出适用于试验路堤的质量控制体系：针对地质情况和现场开挖试验，提出相应的填石料开挖工艺方案，确定爆破方法和参数；判断是否采用大吨位振动压路机械，以达到较高的压实度；基于所采用的施工机械，进行更多种组合进行填筑试验，确定施工工艺和质量控制体系；按照填筑试验所确定的施工参数确定施工方案，应用所确定的检测标准对填筑质量进行检测检验。

填石路基压实合格的判定方法：碾压结束后，在路基表面布设测点，测定其标高，再用 50 t 托式振动压路机碾压两遍后，测定测点标高，同一测点两次标高差值小于 5 mm。

2）路基防护工程

经过试验检验满足混凝土骨料的各种质量和性能要求的弃渣石块，可以用作混凝土各类骨料加工及路基边坡骨架防护、弃渣场挡墙等的原材料或半成品。挡土墙墙背 2 m 范围内填筑未筛分碎石，填料最小强度（CBR）大于8.0%，其压实度要求同土质路基。

3）机制砂

选择质量好、强度高的隧道弃渣，用于加工机制砂。机制砂应符合《建筑用砂》（GB/T 14684—2001）中关于分类和规格的要求。机制砂在类别和用途方面要求如下：Ⅰ类宜用于强度等级大于C60的混凝土；Ⅱ类宜用于强度等级C30～C60及抗冻、抗渗或其他要求的混凝土；Ⅲ类宜用于强度等级小于C30的混凝土和建筑砂浆。

4）隧道工程

隧道工程利用隧道弃渣中的片石，用于隧道明洞和仰拱填充。筛分后的碎石规格10～30 mm，用于隧道二次衬砌；规格5～9.5 mm，用于普通混凝土级配；具体强度和级配须满足设计要求。

（2）隧道弃渣水土保持施工技术

隧道弃渣量大，弃渣场压埋了原地表，损坏了地表林草及排水网络等水土保持措施，加上弃渣体结构松散，孔隙率大，易造成大量的水土流失。所以在弃渣的全过程中必须采取相应的水土保持措施。隧道弃渣水土保持措施体系如图9–21所示。

1）拦渣措施

拦渣措施主要通过设置拦渣坝、挡渣墙和拦渣堤来实现。当弃渣堆置于沟道内包括堆放于沟头、沟中、沟口或将整个沟道填平时，应修建拦渣坝。其坝型按筑坝材料分为土坝、堆石坝、浆砌石坝和混凝土坝等。当弃渣堆置于易发生滑塌的地点或堆置在坡顶及坡面时，应修建挡渣墙。挡渣墙一般应建在紧靠弃渣及相对高度较高的坡面上，这样可以有效降低挡渣墙的高度及其对沟道行洪的影响。挡渣墙的设计必须同时兼顾抗滑、抗倾覆、抗塌陷三个方面的能力。

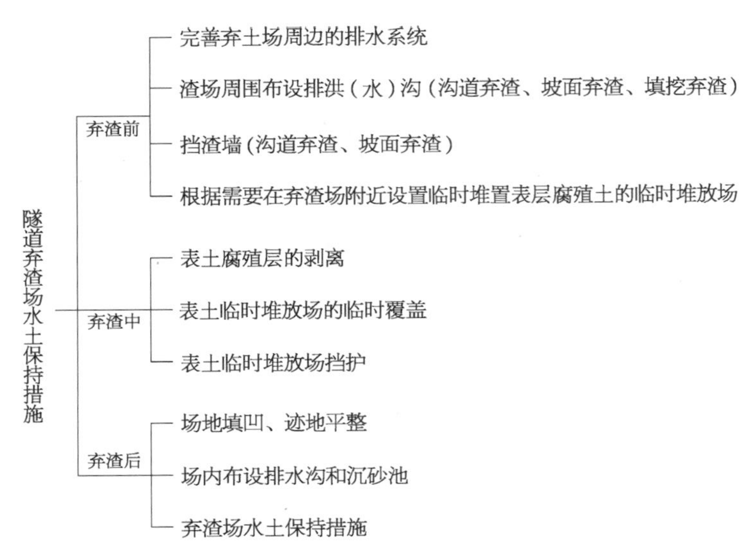

图9–21
隧道弃渣场水土保持措施体系

2）削坡和反压填土

在渣体堆置完毕后，对于在剖面形态上呈凹形、凸形的或有临空状态的上陡下缓的斜坡，应采取分级削坡或修筑马道削坡的措施将其上部陡坡（产生滑坡的滑体）挖缓。通过削头取土，减轻滑坡体上部的荷载、减小滑体的体积，并将其反压在下部缓坡（阻滑体）上。这样既可把坡面修成一定的坡度，又可增加阻滑体的阻滑力量，控制上部向下滑动，防止冻融滑塌或由于山体抗剪强度不足引起的滑塌。把弃土场的弃土平台修成2%～3%的反坡，并保持弃土场平台的平整，以便使平台回水自然流向弃土场坡跟处，通过排水沟将水引导出去。

3）护坡工程

护坡是为了稳定弃渣堆积边坡，避免裸露坡面遭受雨滴直接击溅和地表径流冲刷而采取的水土保持措施。护坡分为工程护坡、植物护坡和综合护坡三种。

工程护坡能提高边坡的稳定性，对雨滴击溅和地表径流冲刷的防治效果好，但投资较大，适应变形能力也较差，易随弃渣的不均匀沉降而遭到破坏；植物护坡能适应弃渣的沉降变形，控制水土流失，而且对公路沿线生态环境改善具有重要意义，但在建植初期，其对水土流失的防治效果较差，需加强管护，确保植物保存率和成活率；综合护坡兼有工程护坡和植物护坡的优点，它是在工程护坡措施间隙上种植植物，不仅具有增加坡面工程强度、提高边坡稳定性的作用，而且具有绿化美化的功能。

4）排水措施

为了保证弃渣安全稳定，排除弃渣场周边坡面及区域内的洪水危害，需修建相应的排水设施。

9.4.1.4 沿线设施工程区

沿线设施主要包括服务区、收费站等服务、维护场所，主要是土建施工。施工过程中做到表土剥离，施工结束后对场地进行硬化处理，部分空地进行表层草皮回填铺设。施工期水土保持措施主要为布设临时排水沟。临时排水沟布设于沿线设施工程施工占地两侧，施工前先修筑临时性排水沟和边埂，施工结束后将边埂回填至排水沟。

9.4.2 取土场区水土保持施工技术

根据取土场所在的地理位置及地形条件进行综合治理，主要通过坡面防护、排水、覆土等措施。取土场的防护措施是削坡，取土的过程中容易形成坡面，削坡的目的是减低坡面，避免有降雨时的坡面水土流失现象，同时需要在坡面的顶端设截水沟，在取土场周围设引水沟，避免雨水在坡面汇集，造成较大的水土流失。公路工程完成后要在取土场进行土地治理、回填草皮以及植草恢复原地貌。取土场周围设引水沟，截水沟与排水沟的截面规格必须换算得出，按照频率暴雨标准进行计算。取土场主要采取拦、挡、排及植物恢复相结合的综合防治措施。如果占用农田，施工之后要进行复耕。

9.4.3 弃渣场区水土保持施工技术

弃渣场一般选在窄口的沟内，堆放弃渣时尽量将沟填平，如果不能，首先将沟的沟头填平后再向沟口处堆放。这样的堆放方式方便洪水排出，一定程度上减缓了水土流失。弃渣时先堆弃石方，再堆弃土方，便于堆渣完成后土地平整。为了避免堆渣的滑塌，在弃渣场的坡底设置挡墙，挡墙的断面需要设计，对抗倾、抗滑和稳定性进行分析。同时设截水沟与排水沟，以引流地表径流。坡底的排水沟可适当延长，与周边排水渠道连接，坡底设消力池，以减缓水流对排水沟的冲击力。堆渣结束后，对渣体进行压实，之后覆土，便于植物生长。恢复植被的地块覆土厚度一般为30 cm，复耕的地块覆种植土一般为50 cm，然后植草进行绿化。弃渣场施工顺序应遵照截、排水沟—表土剥离—挡渣墙—弃渣—覆土绿化进行。只有这种科学的施工顺序才可以与防护措施相结合达到最佳的防护效果。

9.4.4 临时工程区水土保持施工技术

临时工程主要包括施工生产生活区、施工便道等一般均为临时占地。在临时工程区的周边开挖临时截水沟和排水沟，做好截排措施。施工材料的安放处要用防雨布等进行遮盖。施工结束后要对土地进行整治，辅助以植物措施，以达到原来用地类型。防护树种的品种选定有一定的原则，首先是“适地适树、适地适草”原则，即首要考虑本地植物以及适于在项目区生存的植物。其次是生态作用优先原则，选取的植物要生长速度快，而且有良好的固土作用和护坡功能。最后是生物多样性原则，坚持生物多样性原则可使绿化发挥出最大的生态效益，并呈现良好的生态景观，最终为环境的可持续发展提供助力。

9.4.5 表土资源保护利用水土保持施工技术

水土资源是人类赖以生存的宝贵资源，其中表土资源尤为珍贵。表土（熟土）是有机质、无机物、生物、微生物的混合状而存在，广泛存在于地表。高寒区表土资源与表层草皮融为一体，厚度平均40 cm，厚的可达100 cm，表土资源的价值最易被人理解又最易被人忽略。表土剥离是指将建设占用地或露天开采用地（包括临时性或永久性用地）所涉及的适合耕种的表层土壤进行剥离，并用于原地或异地土地复垦、土壤改良、造地及其他用途的剥离、存放、搬运、耕层构造与检测等一系列相关技术的总称。共玉公路路基工程、临时占地等在施工前均进行表层草皮剥离，统一堆放。共玉公路表层草皮剥离、保护及利用的施工技术关键在于剥离区域、剥离厚度、保存及防护方案、回填及利用方案的确定。

(1) 剥离区域

一般来讲，施工结束后需植被恢复或复耕的区域都应列为表土剥离区域，共玉公路表土剥离区域主要包括路基以及边坡范围内占用的植被区域，取土场、弃渣场、施工场地及施工便道等临时占地区域。共玉公路地处青藏高原，沿线植被生长良好，根系发达，部分路段剥离表土即对原有占地中的草皮进行剥离，剥离前应选好堆放草皮的空地，选用剥离草皮技术熟练的工人进行操作，并将剥离后的草皮整齐堆放在空地内，并进行遮盖，定期洒水并派专人养护，保证草皮剥离后仍然能够存活，为后期边坡防护的草皮移植、植被恢复打好基础。

(2) 剥离厚度

一般来讲，表土层的厚度平均为20 cm，厚的可达30 cm，但在具体设计中应根据剥离区域土层厚度植被生长情况来确定剥离厚度。共玉公路路线较长，全线气候区域不同，植被生长状况千差万别，对土层较薄的地方，植被生长较差的区域可适当浅剥，对土层深厚、植物根系发达、水分充足的地方，为保证剥离后植被的成活率，可适当深剥。因此表土剥离施工中简单地将剥离厚度统一设为30 cm是不合适的，应根据各剥离区域现状表土厚度和回填需要量确定。

(3) 保存及防护

根据《开发建设项目水土保持技术规范》(GB 50433—2008) 指出表土应集中保存，在进行水土保持设计中应根据项目具体情况结合施工布置来制定表土保存方案，线状项目总体应采用“大分散、小集中”的保存方案，表土临时堆存点应尽量利用场内空闲用地，表土保存过程中应设有临时防护措施，工期较长的可考虑采用临时绿化措施。共玉公路水土保持施工中，对表土的保存提出“堆放在场内空闲处，四周用编织土袋临时拦挡，用防尘网进行覆盖，定期洒水管护，适当的时候施肥用以保护”，结合各路段气候及土壤条件，各区域保存及防护应有所侧重。

(4) 回填利用

表土回填利用区域一般为需复绿、复耕的区域，实际设计过程中由于受地形及植物措施配置等因素的影响，具体回填利用方案应结合相应回填区域的具体情况确定。共玉公路表层草皮回填根据区域不同，施工方法有所区别。边坡防护草皮移植方法参见第9.3节生态修复与植被恢复施工技术中草皮移植技术。取土场、弃渣场、施工场地等施工结束后先清除场地垃圾，翻耕后进行平整，回填表土后进行全面整地，进行植被恢复或复耕。表土回填及整地过程中应地面与周边地形相协调，应避免出现中间低、四周高，以避免雨天造成洼地积水。

9.4.6 水保措施施工组织

公路由路基工程、路面工程、桥涵工程、隧道工程等组成，容易诱发水土流失的环节包括路基填筑、路基边坡开挖、桥梁基础施工、不良地质路段施工及取土场、弃渣场的开采排弃等。

(1) 路基施工

采用机械化施工技术对路基土石方进行施工，一定要到指定取土场取土，并注意取土地的复垦；施工方案应包括弃方和借方实施细则。

(2) 路面施工

本项目推荐采用沥青混凝土路面。路基基层和面层可采用集中拌和、汽车运输、摊铺机摊铺；底基层采用现场拌和，然后摊铺碾压。路基土石方、中小型构造物工程完成后立即进行路面工程开工，要尽量避雨季开工。

(3) 桥梁涵洞施工

应选择有经验的专业化施工队伍，保证工程质量和施工工期。

(4) 隧道施工

除土建工程外，隧道施工还包括运营设备安装调试、隧道装饰、管理所修建等。对隧道不太稳定的洞口进行大挖大刷，并做好防排水系统，严格按照新奥法原理进行施工。对隧道施工产生的弃渣、废水采取可行的环保手段予以处理。

(5) 取土场、弃渣场

取土场开挖一般采取挖掘机开采、汽车运输。开工前先进行表层草皮剥离，取土结束后回填草皮或进行植被恢复。弃渣场堆渣前先设置排水设施和挡渣墙，弃渣时应从低处分层堆弃，尽可能将质量较好的弃渣堆置在最下层，弃渣堆积过程中采用分层破压，压实度应大于90%以上，后再堆弃上一层。弃渣体应根据弃渣情况采用分级堆放。边坡按坡高8 ～ 10 m分级，且在变坡处设平台及平台排水沟，并将平台排水沟与渣场周边的排水沟连接。对占压沟道较长且坡比较大的弃渣应采取多级拦挡。弃土结束后回填表土进行复耕或植被恢复。

(6) 施工便道及施工生产生活区

施工便道施工工艺与路基工程类似，主要是路基开挖、填筑及路基边坡防护及排水工程等施工内容。施工生产生活区主要根据使用用途结合地形特点进行场地平整、临时房屋、工棚及周边的排水工程等建设内容。

9.5 施工期野生动物保护措施

9.5.1 陆生生物保护措施

(1) 仅适用于普通级公路的动物防护措施

对于普通级公路（两侧无隔离栅），动物穿越公路时与行驶车辆相撞是造成动物伤害的主要原因。

① 设置动物标志，减速行驶。在野生动物频繁出没的路段设置动物标志，提醒驾驶人员减速行驶，避免动物与车辆相撞引起的伤亡。

② 设置灯光反射装置。在路旁设置一些灯光反射装置，如反光灯等，以便夜间车辆行驶时吓跑公路两侧的动物，使其不敢穿越公路。

③ 设置保护栅。在公路两侧修建的栅栏或植物屏障可减少动物与车辆碰撞的危险。这些屏障可改变动物的迁徙路线，通过改变迁徙路线避免相撞事件发生。

(2) 既适用于普通公路也适用于高速公路的动物防护措施

高速公路由于设置公路隔离栅，且其网格密度较高，所以一般不存在动物与车辆相撞的问题。

1) 设置动物通道

在野生动物保护区、自然保护区等经常有野生动物特别是濒临灭绝的珍稀野生动物活动的地区，可考虑修建动物通道来保护动物的栖息环境。动物通道分上跨式和下穿式两种。下穿式通道的设计可与涵洞或其他水利设施结合起来。由于设置动物通道所需的费用高，所以使用这种措施的场合应先论证所保护动物种群的重要性和过路的需要性。

为使动物通道发挥其应有的作用，通道两侧及上跨式通道的桥面上都要实施适当的绿化，以增加隐蔽感。

对于普通级公路来讲，修建动物通道必须与修建隔离栅相结合，目的是通过改变动物迁徙路线来减少穿越公路的动物与车辆的相撞。而对于高速公路，修建动物通道的目的则是为动物的迁徙提供方便。

2) 用隧道、桥梁取代大开挖或高路基

用隧道取代大开挖或用桥梁取代高路基的做法是基于生态设计的理念，显然这种方式对动物生态环境的影响是最小的。

在山区路段采用隧道、桥梁，不仅可以避免大挖方量、大弃方量、大填方量、大面积边坡的稳定处理以及无法补救的景观影响等问题，而且也有利于野生动物的保护。隧道上面的山体以及桥梁下面的通道是动物天然的活动场所。但对于隧道口及特长隧道顶部的竖井、斜井处，做好挡护措施，防止动物跌落。

3）植树造林

在公路路界内或相邻区域植树有利于当地的动植物保护。在一些场合，植树在起到防止水土流失作用的同时，还可为当地的动物提供更多的栖息地或迁徙路径。所种植树木应尽量采用本土植物，以便在最少的维护工作量下达到维持生态平衡的效果。

在公路穿过森林时，减小要清除的植被的宽度（比如使上行线和下行线分开）可以使路两侧的树木在公路上空相接触，为生活在树冠上的动物提供一种过路的途径。

9.5.2 水生生物保护措施

公路施工建设对水生生物的影响采取的减缓措施：

① 施工营地生活垃圾和生活污水不得随意排入附近水体。生活垃圾集中堆放，并送往垃圾场集中处理。

② 施工用料的堆放应远离水源和其他水体，选择暴雨径流难以冲刷的地方。部分施工用料若堆放在桥位附近，应在材料堆放场四边挖明沟、沉沙井，设挡墙等，防止被暴雨径流进入水体影响水质，各类材料应备有防雨遮雨设施。

③ 在水中进行桥梁施工时，禁止将污水、垃圾及船舶和其他施工机械的废油等污染物抛入水体，应收集后和大桥工地上的污染物一并处理。桥梁施工挖出的淤泥、渣土等不得抛入河流。大桥水中墩的施工应避开大多数鱼类产卵的四五月份。

④ 建议在动物繁殖期或动物集中分布区设立禁鸣信号警示牌，禁用强光照射警示牌。

⑤ 桥梁施工时尽量避开繁殖期，把影响减少到最低程度。

⑥ 严格防止堵截河道，汛期停止施工。

⑦ 严格防止施工人员捕鱼和其他水生生物。

⑧ 在桥梁施工中，若发现有重点保护的水生动物，应当及时通知相关部门的专业人员对其进行保护和处理。

⑨ 在跨越河流或湖泊水体时，尽量采用桥涵跨过，减少使用堆填式的路基结构。

⑩ 尽可能减少现有河流水体的改道。

⑪ 加强水域路段的路堤防护，防止土壤侵蚀引起水质污染及河道淤塞，影响水生生物的生存环境。

⑫ 涵洞设计中应考虑水生生物迁徙洄游的需要，在必要的场合应设置消力墩来降低水流流速，以便鱼类能逆流洄游，涵洞底部标高应低于河床标高。

9.5.3 施工注意事项

（1）施工噪声的控制

公路工地作业现场、搅拌站、预制厂、沿线材料运输道路等是公路施工期噪声的主要来源场所。运输车辆、路基夯压设备、桩基钻孔设备、土方开挖设备、隧道推进施工设备等是产生施工噪声的主要设备，这些施工设备在产生噪声的同时，一般还会伴有振动干扰，噪声与振动的双重作用对野生动物产生的影响更大。因此所有产生噪声的机械设备在公路施工作业期间都应采取一系列措施（如消音措施或设置吸音装置）来尽最大可能减少噪声的产生。施工车辆及设备应该加强日常维护保养，以减少机械设备噪声的产生和污油的排放。施工运输车辆应尽量采用封闭式运输，提醒司机在野生动物常出没的公路沿线禁止鸣笛、低速行驶。在自然保护区及野生动物活动密集路段进行隧道和采石爆破作业时应尽量采用小剂量和水封的爆破方式，同时减少爆破频次降低对野生动物的影响。作业时间尽量选在白天，避免傍晚或夜间施工，尽量缩短工期。应提前合理安排施工期各工序作业时间以及高噪声设备的作业时间，尽量避免震动压实和钻孔工序与工地周边野生动物繁殖期重合，避免无任何降噪措施的钻孔、灌桩或水下切割，在野生动物栖息地周边进行水下作业。

(2) 施工污染物的控制

施工期间会产生大量的污染物，对野生动物会造成一定的影响，影响较大的污染物有大气和粉尘污染、施工废弃料及生活垃圾污染等。针对大气和粉尘污染的控制，应该从产生这些污染的污染源（如施工现场设置的预制构件厂、沥青混凝土搅拌站、公路施工堆料场）开始控制，将污染源设置在下风处的空旷地区，距离野生动物敏感区至少300 m；禁止占用湿地，尽量远离周边野生动物的栖息地；公路工程材料生产加工作业现场应采取封闭或遮挡、保湿等防尘措施；易产生粉尘、扬尘的作业面和过程应采用洒水降尘措施，在旱季和大风天气适当洒水、保持湿度；细粉料（如石灰、水泥等）应储存于库房或在室外进行完全遮盖、洒水等措施处理；对外出的汽车用水枪冲洗干净，避免对外部环境产生污染；施工现场使用的锅炉、茶炉、大灶的烟尘排放必须符合环保要求，锅炉、茶炉、大灶应配有消烟除尘设备。针对施工废弃料的控制，一些污染性较强的废弃物（如有毒液体、磷渣、矿渣、粉煤灰等）应采用封闭式运输方式尽量一次性将现场清理完全。对于大型弃土场还应设计修建挡土墙、拦挡、排水等工程，并且应该与水生生物的栖息地完全隔离；施工完毕后，临时用地留存的废弃材料、工棚等设施应进行彻底清理，对于可以利用转化为野生动物保护站或能够再次利用的设施（部分工棚可被用作野生动物科研人员的临时观测站房），要合理进行处理和保护；针对施工生活区的生活垃圾的控制，应采取分类集中堆放，及时清扫、清运和现场处理的方式；施工期间的液体污染主要是施工中排放的废水（如拌和场/站排放的废水、泥浆池滤水、隧道和坑道工程排水等），施工区生活污水，施工机械运行、清洗、漏油所产生的液体污染等，因此应该具有很好的污水处理系统，避免以上液体污染对野生动物栖息地的破坏。桥墩涉水施工时采用围堰法，同时尽量避开鱼类洄游的时间段施工，并且尽量缩短施工周期，以减轻桥梁涉水施工对裸鲤的洄游影响。在路基施工时，严禁施工废水直接流入沿线河流，并应设置临时沉淀池对施工废水进行沉淀、隔油处理，避免对水生生物产生影响。夜间施工时，必需的照明设施采取定向聚光、遮光等措施以减少光污染。

(3) **施工人员的教育**

公路施工过程中，人员活动对野生动物栖息地的影响和破坏不容忽视，主要体现在现场施工人员的活动和对野生动物的直接捕捉、杀伤等破坏。因此在工程开工前期，应对施工人员进行室内和现场的环境保护和野生动物保护意识的宣传和教育，使施工人员充分认识到施工期间人员的活动对野生动物生境的影响和干扰是最为直接和严重的。在施工人员集体上岗之前，组织人员学习如何简易识别和保护工地周边区域内经常活动的野生动物，从而便于对现场野生动物的突发情况及时进行抢救、保护或安全转移。充分利用彩色宣传画、简报、黑板报、广播电视等多种形式向全体职工宣传《中华人民共和国野生动物保护法》《国家野生动植物名录》《高原环保常识问答》等法规。对于野生动物分布较为密集的区域内的公路工程，项目监理部门和建设部门的环保专职人员应加强施工的生态监理，除此之外还应建立项目监理部门和建设部门的环保专职人员小组，监督施工过程中违背生态保护的措施和行为，防止捕猎和乱砍滥伐现象的产生，加强工地周边的野生动物检疫和环境监测，严格限制施工人员的日常生活污水的排放和生活垃圾的丢弃范围。

(4) **施工管理**

野生动物一年一度的繁殖迁徙和回迁过程中，施工单位要暂停施工，留出通道保证野生动物安全迁徙。例如，藏羚羊生存的地区东西相跨1 600 km，季节性迁徙是其重要的生态特征。每年6月，藏羚羊跨越沿途共玉公路、青藏铁路、青藏公路由东往西迁徙，前往乌兰乌拉湖、卓乃湖、可可西里湖、太阳湖一带产仔，一个月后带着幼仔回迁，为了保障藏羚羊正常的迁徙繁殖活动，施工单位应在每年的6月和8月停工数日，关掉所有机器，拔掉令藏羚羊惊恐的彩旗，使得藏羚羊能够安全通过。

除了繁殖迁徙，有的野生动物本身的活动范围很大，它们往往需要在一天迁徙到离栖息地很远的地方去觅食和寻找水源。比如，岩羊会出山觅食；野驴从栖息地到水源草场每天要奔跑20 km以上的路程；野牦牛没有固定的栖息地，它是边漫游边取食，也具有很大的迁徙性。这些动物为了取食和寻找水源也很有可能跨越公路。为了保证这些动物能够安全迁徙，建议公路在施工时能够分段施工，在全线开工的同时留出几段2 ～ 3 km的路基暂缓施工，供野生动物迁徙之用，在其他路段完成施工以后再进行补充施工。还有一种比较好的做法就是，每天的早晚各留出1 h，比如早上6:30 ～ 7:30、晚上7:30 ～ 8:30，停驶所有的工程车辆，路基的施工也停下来，保证野生动物通过公路。

第10章

公路全寿命周期环境保护管理技术方法体系

公路环境管理是在公路环境保护的实践中产生和发展起来的，环境管理的不断加强促进了公路环境保护事业的发展。环境管理技术方法是环境管理的基础，是环境保护工作的重要组成部分，是环境管理在环境保护实践中的具体应用。做好公路环境保护工作，必须完善和强化公路建设项目全寿命周期的环境管理，而形成一个系统的、全寿命周期性的环境管理技术方法体系，是有效实现项目全寿命周期环境管理的关键。

公路全寿命周期环境管理也是全方位的管理，全方位管理要体现在与项目有关的各个单位。在公路施工期，业主单位、施工单位、监理单位对项目的环境保护起着重要的作用。公路建设指挥部一般作为公路建设的业主单位，业主单位是实施项目环境保护工作的基础。施工单位（承包人）是实施项目环境保护工作的主体，其环境保护工作关系到整体项目环保目标的实现。环境监理单位主要是对公路施工期的环境保护工作进行监督管理，环境监理是加强公路环境保护工作的重要保证。

10.1 公路全寿命周期环境管理技术方法体系框架

10.1.1 公路环境管理技术方法概述

为了实现公路环境保护的目标，在公路建设项目中应用多种环境保护技术，如环境评价技术、环境污染防治技术以及环境监督技术等，以达到强化环境管理的目的。

(1) 公路建设项目环境评价技术

公路建设项目环境评价技术是实施环境管理的重要依据，是指导具体环境保护工作的基础。公路建设项目的环境评价技术包括预测技术和决策技术。

1) 预测技术

预测技术就是通过对研究对象过去和现在状况的调查，分析其未来环境质量状况变化趋势的技术。在公路建设项目中，预测技术应用于污染源预测、环境污染预测、生态环境预测和环境资源破坏及环境污染造成的经济损失预测等方面。

2) 决策技术

决策技术就是通过环境预测综合分析后，在众多的环境管理方案中选择最佳方案的技术。在公路建设项目中，环境决策技术可应用于路线走向等工程方面的决策，环保设施和污染治理技术方法的确定等方面。决策技术是公路建设项目环境管理的核心，是有效降低或避免公路建设项目环境影响的保证。

(2) 公路建设项目环境防治技术

公路建设项目环境污染防治技术是预防和治理公路造成环境影响或破坏的技术手段。

通过污染防治技术的有效应用，把公路建设项目产生的水、环境空气、噪声、水土保持和生态等方面的影响降低到最小。环境防治技术包括水污染防治技术、环境空气污染防治技术、噪声污染防治技术、水土保持技术、生态恢复技术等。

1）水污染防治技术

公路建设项目的水污染是公路建设项目污染防治的主要内容之一。污水包括生活污水、洗车废水和路面径流水三类，其中生活污水具有较强的可生化性，洗车废水中含有泥沙和油类物质，路面径流中以无机颗粒为主，根据污水的特点采取有针对性的处理技术，如生化处理技术、隔油池处理技术和沉淀池处理技术等。

2）环境空气污染防治技术

公路建设项目的环境空气污染防治技术越来越受到重视。环境空气的污染主要来自汽车尾气，最有效的措施应是控制汽车的尾气排放。在公路建设中利用有限地带开发立体绿化，增加植被面积，充分发挥绿色植物的作用进行环境空气污染防治是一种有效的技术，同时应采取一些必要的防护措施。

3）噪声污染防治技术

公路建设项目的噪声污染防治在项目污染防治中占据着重要的位置，是环境污染防治的重点。噪声污染主要来自汽车发动机、轮胎与路面的摩擦和车体的振动等方面。根据声音的传播特性，噪声的污染防治有降低产生噪声的能量、切断噪声的传播途径和隔离影响者的噪声接收三种方法。噪声防治技术包括采取多种措施降低噪声的相关技术方法，如修建降噪路面、公路声屏障和建植绿化林带等。

4）水土保持技术

在公路建设中，水土保持要以预防为主，开发建设与防治并重，边开发边防治，以防治保开发的要求开展工作。水土保持应采取必要的工程及生物措施，因地制宜，因害设防，达到恢复水土保持设施，改善公路沿线水土保持条件，保证主体工程安全运行的目的。公路工程中常用的水土保持技术包括拦渣工程、护坡工程、土地整治工程、防风固沙工程、泥石流防治工程和绿化工程等技术方法。

5）生态恢复技术

公路生态恢复技术主要是依靠公路绿化实现生态恢复的，它是公路建设中不可缺少的一个重要内容。公路绿化是利用乔、木、草、花合理地覆盖公路路基边坡、中央分隔带、取弃土场、互通区、管理中心、道班房等公路用地。常用的绿化技术有边坡生态恢复技术、苗木栽植技术、绿化管理技术等。

（3）公路建设项目环境监督技术

环境管理相关部门根据国家有关法律所赋予的权力，对各部门、各地区和各单位的污染防治、环境保护工作状况和问题进行察看、督促、调查和处理，对发现的问题及时纠正，它是保证各项环境保护法规、政策、标准、规划、措施实施的重要手段。环境监督技术主要体现在环境监测、公众参与和行政管理等方面。

1）环境监测

环境监测是衡量环境保护成果的基本途径，是执行环境法律、排污收费和环境监督的重要技术手段和依据。按环境监测对象分为水质污染监测、环境空气污染监测、噪声监测、土壤污染监测、生物污染监测和固体污染监测等。环境监测是公路建设项目环境监督中的重要组成部分，是环境保护基本的手段和信息的基础。在项目环境背景、施工污染事故和运营期的环境空气及噪声的防治中都常用环境监测进行环境管理。

2）公众参与

公众参与是环境监督的有效方法，是开展环境管理的一个重要方面。公众参与的组织形式有问卷调查、座谈会、论证会和听证会等。公众参与是加强环境管理，改善环境质量的有效途径，有利于提升公民的环保意识和参与精神，有利于政府环境管理能力的综合提高。在公路建设项目中的可行性研究、施工和运营阶段，公众都应以多种形式参与环境管理。

3）行政管理

行政管理是环境监督的重要方式，在国家法律监督之下，各级环保行政管理机构运用国家和地方政府的行政权限开展环境管理。行政管理的方式有多种，既有工作的指导，也有必要的奖与惩，如对违反环境保护法规的行为进行警告、责令停业、责令关闭、责令拆迁或限期整改等。行政管理具有权威性、强制性、具体性和无偿性。在公路建设项目中各个阶段，行政管理监督环境保护是非常重要的。

10.1.2 公路全寿命周期环境管理技术方法体系

公路建设项目的环境管理是一个系统的管理过程。在项目建设前期的环境管理、建设期的环境管理以及运营期的环境管理中的任何一个阶段和环节的环境管理弱化，都会影响到公路项目全寿命周期环境保护的效果。对于公路建设项目，各时期、各阶段、各环节的环境管理既相对独立又密切关联，共同构成公路建设项目的全寿命周期环境管理体系。

在公路建设项目环境管理体系不断完善的过程中，公路环境保护的技术方法也在不断丰富。但是由于环境、环境问题的复杂性，以及公路建设是大规模的人类活动的特点，从环境管理的角度来看，还没有形成较为完整的全寿命周期环境管理技术方法体系。为了保证公路环境保护质量的提高，促进公路环保事业的健康发展，我们提出构建较为完整的公路建设项目全寿命周期环境管理技术方法体系。

（1）公路全寿命周期环境管理技术方法体系概述

公路建设项目全寿命周期环境管理技术方法体系是指在公路建设项目的全过程中，实现全面的环境管理，最大可能地防治公路项目产生的环境污染和生态破坏，在行政、法律、经济和科技等方面的保障下，有效运用环境工程、环境检测、环境预测、环境评价、环境监理等技术方法的总和。本书主要从管理的角度提出和研究公路建设项目全寿命周期环境管理技术方法体系。

(2) 公路全寿命周期环境管理技术方法体系架构

公路建设项目全寿命周期环境管理技术方法体系是公路建设项目各个阶段中环境管理技术方法的总体，构建完善的公路全寿命周期环境管理技术方法体系对有效开展公路环境保护工作具有重要意义。在公路建设项目的全寿命周期中运用技术方法体系是达到环境管理目的的重要保障。公路建设项目全寿命周期环境管理技术方法体系见表10–1。

公路项目建设前期的环境管理分为三个阶段。第一阶段是项目建议书阶段，其环境管理技术方法应主要依据《规划环境影响评价技术导则》(HJ/T 130—2003) 建立的公路规划环境影响评价相关的技术规范或导则，有效地指导公路规划环评工作的开展。第二阶段是可行性研究阶段，其环境管理技术方法主要体现在《公路建设项目环境影响评价规范》和《环境影响评价技术导则》，同时要进一步丰富完善环评的技术方法。第三阶段是设计阶段，环境管理技术方法是以《公路环境保护设计规范》作为指导，应进一步加强公路环保设计工作。

公路项目的建设期由三个阶段组成。第一阶段是施工准备阶段，此阶段缺乏相应的环境管理，没有具体的环境管理技术方法，所以首先应在项目的施工组织设计中认真落实环保要求，统筹安排各项环保措施。第二阶段是施工阶段，主要是依据正在开展的公路环境监理试点工作，建立公路环境监理制度，制定公路工程施工期环境保护要求。第三阶段是环境保护验收阶段，环境管理技术方法应依据建设项目环境保护设施竣工验收和建设项目环境保护的有关规定，开展环境保护的验收工作。

在公路项目的运营期中，环境管理应加强运营期的各项环境保护工作，开展环境后评价，应对《公路建设项目后评价工作管理办法》补充完善环境后评价的内容和要求。

公路建设项目的环境管理体系主要由规划环境影响评价、项目环境影响评价、环境监理、竣工环境保护验收和环境后评价五个部分组成，这五个部分前后衔接，依次进行，组成了公路建设项目的环境管理全过程的主要内容。

公路建设项目规划环境影响评价工作已经开展，制定公路建设项目规划环境影响评价技术规范或导则是必要的。环境影响评价技术已经比较成熟，但随着新技术和新方法的出现，需要进一步补充完善环境影响评价的技术方法。公路环境监理在试点的基础上形成了《开展交通工程环境监理工作实施方案》，但这只是一个宏观性的要求，还没有制定出具体指导性的环境监理实施办法和技术文件，没有建立公路建设项目的环境监理制度等。环境保护验收工作虽然进行了较长时间，有较全面的验收管理规定和验收办法，但需要加强对公路建设各项工程环保工作和达标的验收。在公路建设项目的运营期中，已经开展过公路环境后评价工作，取得了一定的成果，但没有建立公路建设项目环境后评价制度，也没有制定出环境后评价的技术规范等，这就需要补充目前公路后评价的空白。

表 10–1 公路全寿命周期环境管理技术方法体系

时期	建设阶段	主要工作	主要工作内容	主要技术方法依据	说明
建设前期	项目规划阶段	环境规划规划环评	公路环境保护规划，规划的影响预测分析评价	环境规划政策、《规划环境影响评价技术导则》	① 目前只有个别省份开展了公路网环境规划研究 ② 公路规划环评已开展，但无具体技术规范或导则
	可行性研究阶段	项目环评	工程分析、现状调查、影响预测、分析评价	《公路建设项目环境影响评价规范》《环境影响评价技术导则》	① 公路环评有较全面的技术规范和导则 ② 公路环评已成为相对规范、完善的一项工作 ③ 公路环评的技术方法还需进一步丰富
	设计阶段	环保设计	初步设计、施工图设计	《公路环境保护设计规范》《建设项目环境保护设计规定》	① 已有公路环保设计的要求和环保设计规范 ② 公路环保设计存在设计人员专业化、设计内容全面性和设计深度等方面问题
建设期	施工准备阶段	施工组织设计	施工组织设计编制，“X通一平”环境保护工作		① 施工准备阶段缺乏环境管理 ② 施工组织设计中环境保护的内容和要求薄弱
	施工阶段	环境监理	各项工程的环境保护工作	《开展交通工程环境监理工作实施方案》	① 目前正在进行公路环境监理试点工作；没有建立公路环境监理制度 ② 实施方案仅是初步的宏观要求，没有制定出具有指导性的实施办法和技术文件
	竣工验收阶段	环境保护验收	环保设施竣工验收，工程环保工作验收	《建设项目环境保护设施竣工验收管理规定》、建设项目环境保护有关规定	① 环保验收有较全面的验收管理规定和验收监测办法 ② 实际工作中对环保设施竣工验收有所偏重
运营期	运营阶段	环境后评价	各项环保措施的评价，环境影响分析	《公路建设项目后评价工作管理办法》	① 管理办法中无环境后评价的规定，尚未建立项目后评价制度 ② 开展过公路环境后评价试点工作 ③ 没有制定出有关公路环境后评价的办法和技术文件

注：公众参与应贯穿公路建设项目的全寿命周期，目前仅在项目环境影响评价中开展公众参与工作。

10.2 公路全寿命周期环境管理技术方法体系的构建

10.2.1 公路建设前期环境管理技术方法

在公路项目建设前期，环境管理主要反映在项目规划、可行性研究和设计三个阶段中。

每一个阶段环境管理的内容和技术方法因不同阶段的特点和要求的不同而不同，一般由公路环境保护规划、规划环境影响评价、项目环境影响评价和环境保护设计组成公路建设前期环境管理的主要内容。

10.2.1.1 公路环境保护规划

(1) 公路环境保护规划概述

目前在我国公路网规划中，主要工作内容有公路网现状分析与评价、社会经济发展趋势预测、公路交通量预测、公路布局优化、公路规划分期实施、实施公路规划的对策与措施、公路规划的综合评价、跟踪调整。从中可以看出，目前我国公路网规划中尚无环境保护的内容和要求，这使得公路环保就只能依赖于具体项目的环境影响评价工作。

公路环境保护规划是指为使公路建设与环境协调发展，把“社会–经济–环境”作为一个复合研究系统，依据社会经济规律、自然生态规律对公路网进行时间和空间安排的同时，对区域的环境保护做相应的安排和部署。即在进行公路网规划的同时，把环境保护规划纳入其中。环境规划应用于公路项目前期工作中，即在规划中就纳入环境保护的思想，使公路环境保护从一开始就处于主动。

公路环境保护规划是路网规划的组成部分，这就要求规划编制人员不仅要有交通规划的专业技术，而且要具备环境保护理论和实践的基础，树立环境保护的理念，处理好公路建设与环境保护的关系。在公路规划中纳入环境保护的内容，使环境保护工作尽可能早地开展起来。

(2) 公路环境保护规划的内容

① 制定环境目标。环境目标是制定环境保护规划的关键内容，必须符合国家的环境保护法律法规和标准制度的要求。环境目标应可分为保护目标和控制目标。保护目标是指国家法规政策明令保护的地区，在规划布局的过程中应完全避开，包括自然保护区的核心区和缓冲区、水源保护区的一级水源保护区、风景名胜区的重点景区等；控制区是指可以通过采取控制措施降低环境影响的敏感区域，包括村庄、学校、医院、水系、林地、基本农田等地区，但应明确这些地区的水、气、声和生态等环境质量目标。环境目标的制定应具有可实施性。

② 制定环境保护规划。按照环境保护目标以及相应的建设规划与布局，在管理层次方面要制定环境保护政策方法，在技术层次方面要制定环境保护控制的技术方法，在经济层次方面需规定合理的环保费用。

(3) 公路环境保护规划技术路线

公路环境保护规划不仅要根据交通现状、社会发展趋势、交通量预测进行路网布局和规划，而且要在规划布局的过程中根据规划区域的环境敏感区域分布，采取各种措施有效地保护环境，为建设环保型公路奠定基础。公路网环境保护规划技术路线为公路网现状分析与评价→环境现状调查→交通预测、环境分析→路网布局、环境比选→编制公路网规划。

(4) **公路环境保护规划的内容和步骤**

在公路规划的编制过程中充分考虑环境因素，是实现公路建设与环境保护协调的最佳途径。因此，公路环境保护规划应融入公路规划中。我国公路网规划的内容和步骤应进行如下调整：

① 公路网现状分析评价与环境现状分析。在对公路规划涉及区域的自然地理条件和特征、社会经济发展水平、综合交通运输格局做出宏观系统分析的同时，应对区域的社会环境、生态环境、水环境、声环境、大气环境等现状进行调查、分析，掌握环境保护的对象和要求。

② 社会经济发展趋势预测。在对规划区域自然资源及其生产力布局、城镇及其人口分布、产业结构与经济发展水平进行充分调查与综合分析的同时，了解环境的发展变化趋势，制定环境保护目标。

③ 公路交通量预测及环境影响分析。在研究区域综合运输与社会经济发展的相互关系时，对规划区内的综合运输量进行预测的同时分析预测项目实施的环境影响。

④ 公路布局优化。在进行公路网布局时，优先考虑环境影响最小的布局方案。

⑤ 公路规划分期实施。根据规划期内建设资金、路网交通流量分布及路线地位、功能、作用等条件，对布局规划优化方案中的各条路线、路段做出建设序列安排时，应考虑环保技术和经济条件，确定环保内容。

⑥ 实施公路规划的对策与措施。对公路规划实施的管理体制提出基本对策与措施时，应包括相应的环境保护对策与措施。

⑦ 公路规划的综合评价。主要包括技术评价、经济评价、社会发展影响评价、国防安全评价、环境影响评价等。通过对公路规划实施可能产生的各种影响（正面或负面）的全面分析，对公路规划方案做出综合性的评价，并进行优化决策。

⑧ 跟踪调整。在对公路网进行跟踪调整时，应同时对环境保护的对策、措施和费用进行调整。

10.2.1.2 公路网规划环境影响评价

(1) **公路网规划环评概念**

公路网规划环境影响评价（简称公路规划环评）是指按照生态学和可持续发展的原理，从区域自然、社会、经济和环境现状出发，整体上考虑公路网规划方案的布局方案及工程行为对环境的影响，找出其影响的途径和规律，论证规划方案的布局、结构的合理性，提出环境影响最小的整体优化方案与合理的环境保护综合防治对策措施，其目的是为公路网规划和规划的环境管理提供科学依据，其本质是对规划方案进行环境影响分析并提出环境保护方案和对策的过程。公路规划环评一般是针对区域内公路网的布局所开展的环境影响评价，就其功能、目标和程序而言，它是一种结构化、系统化和综合性的过程，用以评价规划及其替代方案的环境效应，通过评价将评价结果融入制定的规划或提出单独的报告，并将成果体现在决策中。

公路规划环评处于公路建设项目决策链的源头，可直接影响项目的布局决策。将环境影响评价由建设项目层面延伸到规划和政策层面，有利于解决公路建设项目进行环境影响评价时替代方案难以考虑的问题，同时使减缓措施的制定具有一定的灵活性。规划环评在决策过程的各个层次能够前瞻性地考虑政策、规划方案的环境影响，从而指导公路建设项目的环境保护，有利于单个项目与环境的协调，促进公路网规划的科学实施。实施规划环评的意义主要有三点：一是通过实施公路规划环评，从可持续发展的角度来调整、完善和补充规划内容，适当调整布局，从而真正进入宏观决策层面；二是从决策机制上把对环境因素的考虑纳入到决策过程中，通过综合考虑环境、社会和经济，可以识别、分析累积环境影响，从而提出符合社会发展的优化方案和污染治理措施；三是从规划阶段就考虑相关的环境影响，并采取必要的环保措施，不仅防止了公路规划可能带来的环境污染和破坏，而且减少了事后治理带来的经济损失和社会矛盾，使可持续发展融入综合决策中。总之，规划环评是实现科学决策和可持续发展的重要保证。

为提高公路规划环评的有效性和科学合理性，在进行公路规划环评时应遵循四个原则：一是早期介入原则。规划评价应尽可能在公路规划编制的初期介入，这样可在公路规划编制过程中不断调整和完善规划，从而降低公路规划对环境的影响。二是整体性原则。规划评价应当把与该公路规划相关的政策、规划、计划以及相应的项目联系起来，做整体性考虑，以便能做出公路规划的协调性分析，提高规划环评的综合效益。三是公众参与原则。规划环评过程中，鼓励和支持公众参与，通过充分考虑社会各方面利益和主张，提出综合性的建议。四是一致性原则。规划环评的工作深度应当与公路规划的层次、详尽程度相一致，真正发挥规划环评的作用。规划环评必须科学、客观、公正，需要综合考虑公路规划实施后对各种环境要素及其所构成的生态系统可能造成的影响，从而为公路规划决策提供科学的依据。

(2) 公路规划环评基础工作

1) 公路网规划评述

为了顺利开展公路规划环评工作，需要调查研究公路规划所在区域的社会、经济和环境的整体状况，进行公路规划背景和意义的分析，认识公路规划的重要性，明确规划环评应发挥的作用。同时从公路规划所在区域的自然环境和社会环境、公路规划与其他规划的协调性、相关法规对公路建设的规定以及公路规划对其他行业的影响等角度分析规划环评的目的。另外，还需从规划环评的近期、中期和远期的时间范围和公路规划所在区域的空间范围进行确定规划环评的范围，并汇总规划环评相关的法规、标准、技术规范和项目技术文件，为编制规划环评提供依据。

2）区域环境现状调查分析

进行区域环境现状调查分析，需要掌握公路规划影响区的背景情况，识别公路规划在影响区内对社会、经济和环境可能产生重大影响的环境因子，确定受公路规划影响的区域范围，通过综合考虑规划的层次性、有效限期、社会文化背景以及人们的认可程度等来确定规划环评的时间跨度。

在规划环境影响识别中，需要掌握规划评价要素，其中包括：评价范围内的林地、耕地、草原等资源状况；生态环境范围内的生物多样性、自然保护区、生态功能区、水土流失、野生动植物、沙漠、湿地、冻土等；水环境范围内的地表水和水利设施等；地质灾害范围内的滑坡、泥石流、冻融等；大气环境范围内的空气质量等；声环境范围内的交通噪声等；社会环境范围内的就业、通达性、交通安全、旅游开发、文物保护、城镇规划、矿产资源开发等。通过对这些因素的分析筛选，找出环境影响评价的因子。

3）规划环评技术路线

根据公路规划方案确定评价范围，分析公路规划与评价区域内的国民经济现状还和社会发展计划、土地利用计划、环境保护规划的适应性和协调性，使公路规划与环境保护相协调；通过调查分析区域环境现状，掌握公路规划影响区的环境概况；根据公路规划的初步方案，对规划可能产生的环境影响进行分析、预测、评价，同时将评价结论及时反馈给公路规划制定者，使公路规划在修改完善的过程中符合可持续发展要求；对修改完善的公路规划进行规划环境影响综合评价，提出消除或减缓环境影响的措施和替代方案，并进行环境经济损益分析，最终提交公路规划环境影响报告书。

（3）公路规划环评评价内容与工作程序

1）环评内容

公路规划环境影响评价的内容包括：

① 公路规划分析。分析公路规划的目标和指标，以及规划方案同相关的其他发展规划的关系。

② 环境现状与分析。包括调查、分析环境现状和历史演变，识别敏感的环境问题以及制约公路规划的主要因素。

③ 环境影响识别与确定环境目标和评价指标。包括识别影响规划目标、指标、方案的主要环境问题和环境影响，按照有关的环境保护政策、法规和标准拟定或确认环境保护目标，选择量化和非量化的评价指标。

④ 环境影响分析与评价。包括预测和评价不同规划方案对环境保护目标、环境质量和区域可持续性发展的影响。

⑤ 推荐规划方案。针对各规划方案的评价结果，拟定环境保护对策和措施，确定环境可行的推荐规划方案。

⑥ 开展公众参与。针对公路规划方案，确定调查范围和对象，咨询相关行业专家，对

相关企事业单位及居民进行调查，对反馈意见进行整理统计与分析。

⑦ 拟定监测、跟踪评价计划。拟定对规划实施所产生的环境影响进行监测、分析、评价，用以验证规划环境影响评价的准确性和判定减缓措施的有效性，从而提出改进措施。

⑧ 编写规划环境影响评价文件。总结公路规划环评的工作内容，明确提出环评结论。

2）工作程序

根据公路网规划实际的编制过程，环评介入的时间可以分为早期、中期和后期三类，评价类型分为交互式EIA、调整式EIA和被动式EIA三种，不同类型的评价其工作程序不尽相同。

早期介入是指在规划构思阶段介入。在此阶段，规划还没有形成，规划调整的可能性最大，规划编制初期纳入环评，可在规划制定过程中不断调整和完善规划，减小环境影响。此时考虑环境影响、调整规划所需的成本最低、效果最好，是一种规划编制和环境影响交互式的评价模式，也是最理想的评价形式。但在此阶段，面临着资料不全、方案过多、方案模糊等困难。

中期介入是指在规划编制初期或规划草案初步完成时介入。规划草稿初步完成后，需要征求意见，以便修改和完善，环境评价此时介入对总体规划提出重大调整在理论上仍是可能的，而且有助于指导下级的详细规划。规划草案出台后，尽管对规划目标等做出调整有一定困难，但还是有可能的，而且规划环评在此时介入可以指导下级规划的编制，减小下级规划对环境的影响，并可能对总体规划提出调整建议，但减小规划环境影响、提出优化规划方案的难度可能会超过第一类。

后期介入是指在规划文本已经完成（甚至更晚）时介入。此时对规划方案做出重大调整已经很难，往往只能提出环境影响减缓措施或者调整意见，尽管在这种情况下开展规划环评难度较大，但仍然可以提出一些具体项目线位布设及项目环评阶段的建议。

（4）公路规划环评技术方法

1）规划分析

包括规划的目标分析、布局分析和规划协调性分析。

公路网规划目标分析是根据公路网规划作用对象的复杂性、综合性和动态性，对规划目标的多重性分析。按其所在层次，规划目标可分为总目标、具体目标和分阶段目标三种。其中总目标是高度概括的最高目标；具体目标就是把总目标在横向空间上进行分解而成的更小层次的目标；而把总目标在时间纵向上进行分解形成的一组由近及远逐步完成的目标即为分阶段目标。具体目标和分阶段目标是总目标在空间和时间上的具体化和定量化。因此，规划目标分析既要注意不同层次目标的明确性、可行性、科学性和合理性，又要注意分析不同层次目标在时间、空间上的逻辑关系，同时还要注意各规划目标之间的协调性。

公路网的布局规划分析是公路网规划分析的重要组成部分，它是指在对公路网现状进行调查分析，以及对公路网所在区域的社会经济及交通需求进行预测之后，以一定的目标和条件为依据，采用适当的方法选择规划线路，将选定的控制点连接起来，形成未来公路网平面布局方案的过程。其主要的分析内容有公路网合理发展规模的确定、公路网节点的选择、路网布局、公路网规划与其他规划的相互约束分析等。

公路网规划的协调性分析目的是，分析公路网规划是否与规划区域的社会发展规划、环境保护规划、行业发展规划之间存在冲突。

2）规划的分类

与公路网规划相关的行业规划包括影响区域的土地利用规划、矿产资源规划、旅游规划、地质灾害防治规划、重要重点城市总体规划、城镇体系发展规划、林业保护规划等。根据这些规划与公路网规划之间的相互关系，将相关规划分成功能互补型规划、资源竞争型规划和环境约束型规划，不同类型规划的相容性分析侧重点并不相同。

功能互补型规划指功能相同（如各类交通规划）或者目标相近的规划（如国民经济发展规划和旅游规划，该类规划中通常包含交通运输发展目标），重点分析规划目标的一致性和可达性。对于省级公路网规划而言，要重点分析公路网规划目标是否与国家层次公路网规划在本省内的目标一致，是否与规划区综合交通规划对公路的建设要求一致等，以及能否达到旅游规划、社会经济发展规划中对交通的需求等。

资源竞争型规划则指具有相同环境影响特征（如对土地资源的占用）的规划，包括铁路网规划、水利设施规划等。重点分析该类规划共同实施后，对某一环境或资源因子的影响以及该环境或资源因子对相关规划的支撑能力，如分析铁路网规划、公路网规划是否共占同一交通走廊带，路选布设是否与大型水利枢纽选址冲突等。

环境约束型规划主要是指对公路网建设存在制约因素的规划，如生态环境功能区划、水环境功能区划、环境保护规划、自然保护区发展规划、林业规划、矿产资源规划、地质灾害防治规划、文物保护规划等。这类规划重点分析公路网布局是否穿越开发建设的禁区、限制区和困难区，如自然保护区、文物古迹、矿区和重大地质灾害区等。

3）环境现状调查与分析

① 环境现状调查的范围。一般来说，规划执行或实施有一个明确的区域界限，这个区域界限一般是以行政区划为依据的，也可能是以与自然资源条件相关的区域为界限。但是应该认识到，任何一项规划的环境影响都不会仅仅局限在其执行区域的范围内，环境影响会通过水流、大气、生物等环境介质作用以及经济贸易、人员往来等途径扩散到与之相邻或不相邻的其他区域，甚至扩散到全球范围。因此环境背景调查分析不仅应包括规划执行区域的环境状况，还应包括执行区域以外的其他受影响的区域。对于公路网规划而言，特别要重视各通道出口处相连地区的环境状况，有无重要生态敏感区，如自然保护区等。

② 调查的主要内容。自然环境现状的调查内容主要有：

a. 地理位置。要调查规划执行区域及受其影响区域的地理位置，包括经度、纬度、行政区位置、交通位置。

b. 地质与地貌。需要根据现有资料简要说明地层概况、地壳构造的基本形式及与之相应的地貌，明确评价区内地形、地貌的分区情况。此外还应明确评价区内地质灾害情况，包括主要地质灾害类型及其危害、分布和防治规划。

c. 气象与气候。调查多年平均风速、气温、极端气温与月平均气温、降水及气温分区情况、气候区划分情况。

d. 环境质量。既要包括评价区域内水环境、声环境、大气环境质量等，也要包括生态环境质量。

e. 自然资源。调查评价区内自然资源的分布情况，包括土地资源、矿产资源、生物资源、水资源等。

f. 土地资源。调查土地总面积和其占全国总面积的比例、土地利用现状（用地分类、各类土地的面积）、土地利用总体规划中交通用地指标、各县人均耕地数量。

g. 矿产资源。要明确评价区内矿产资源的产量、储量及主要矿区的分布位置。

h. 生物资源。生物多样性，国家保护野生动植物、珍稀濒危动植物及其分布。

i. 水资源。水资源（主要是地表水）的分布情况，河流水系、流域情况，水体功能划分，饮用水源保护区分布情况。

j. 水土流失。评价区内水土流失面积与类型，各类型与各等级水土流失面积及其分布、水土流失防治规划、水土流失防治分区划分情况等。分析造成水土流失的主要因素，总结现有公路水土流失治理的经验教训。

社会经济现状的调查内容主要有：

a. 人口情况。包括评价区域居民分布情况及特点、人口数量、人口密度以及人口素质。

b. 社会经济发展水平。社会经济主要指标、人均国内生产总值、三大产业结构产值和比例等情况。

c. 行政区划。行政区域划分情况，各省、市、县人口和面积等。

d. 基础设施。公路、铁路、水运、航空交通设施发展水平和规划目标，水利设施分布，情况和规划布局。

环境敏感区调查内容主要有：

a. 自然保护区等重要环境敏感区对公路布局的制约性很大，而且一般都有被保护的法律地位，应该重点分析。

b. 国际公约确定的环境敏感区。我国参加了联合国《生物多样性公约》等涉及环境保护的国际公约，并遵循有关的约定。我国参加了世界自然遗产、世界文化遗产、世界地质遗迹和世界地质公园的保护目标已有多处，有被国际认定的重要湿地。这些都应是进行环境影响敏感目标识别和评价的依据。

c. 国家级法律、法规确定的敏感区。国家级法律、法规是进行敏感目标识别的主要依据之一，包括专门的环境保护法律、法规和自然资源保护法律、法规。在环境影响评价中，这两类法规同等重要，都是进行敏感目标识别的依据。常用的资源保护法律主要有《中华人民共和国森林法》《中华人民共和国草原法》《中华人民共和国土地管理法》《中华人民共和国城市规划法》《中华人民共和国渔业法》《中华人民共和国矿产资源法》《中华人民共和国防洪法》《中华人民共和国水土保持法》《中华人民共和国文物保护法》《中华人民共和国野生动物保护法》《中华人民共和国野生植物保护条例》《中华人民共和国自然保护区条例》《风景名胜区条例》《中华人民共和国河道管理条例》《近岸海域环境功能区管理办法》《森林公园管理办法》《地质公园管理办法》等。这些法律、法规中规定了一些特殊保护环境目标。

d. 其他需要特别保护的区域。除法律、法规确定的以外，可按下述依据识别需要特别保护的敏感区：具有生态学意义的保护目标，如具有代表性的生态系统、珍稀濒危野生动植物、重要生境、自然保护区等，其中湿地、海涂、红树林、珊瑚礁、原始森林、荒野地等生物多样性较高的生态系统都是具有重要生态学保护意义的对象；具有美学意义的保护目标，如具有特色的自然景观、人文景观、风景名胜区和游览区及风景林、风景石等；具有科学文化意义的保护目标，如具有科学文化价值的地质构造、著名溶洞和化石分布区、冰川、地质公园、火山和温泉等自然遗迹；具有经济价值的保护目标，如水资源和水源涵养区、水产资源和养殖场以及其他具有经济学意义的自然资源；具有社会安全意义的保护目标，如重要生态功能区、崩塌和滑坡危险区、泥石流易发区、排洪泄洪通道等；生态脆弱区和生态环境严重恶化区，脆弱的生态系统或处于剧烈退化中的生态系统，都可能演化为灾害易发区，应作为一类重要的敏感目标对待，如沙尘暴源区、严重和剧烈沙漠化区、强烈和剧烈水土流失区和石漠化地区等；人类建立的各种具有生态环境保护意义的对象，如森林公园、天然林保护区等。

③ 环境现状调查的方法。环境现状调查分析方法主要有以下几种：收集资料法、现场调查法、专家咨询法、RS（遥感）与GIS（地理信息系统）集成技术方法。

4）环境影响识别

① 环境影响识别的作用及内容。公路网规划方案的实施会造成众多的环境影响。但是并不是所有的环境影响都应该去考虑，并进行详细、深入的研究。一方面，不同的环境因子对于人类来说其意义不同，或者说不同环境影响因子的重要性不同；另一方面，投入到环境影响评价中的人力、物力、财力、可获得的信息及时间（或统称为资源）是一定的，这就要求决策者或评价者在充分、有效地利用有限资源的同时，尽可能地降低评价费用或成本条件，科学、合理地开展工作。

规划环境影响识别就是通过检验规划方案中所有预期的（包括可能发生的和不太可能发生的）、直接的和间接的环境影响，确定所有环境影响的重要程度，以便从中筛选出显著的或关键的环境影响，并在后续的工作中进行详细的研究（预测、评价和分析），对于不太重要的环境影响可适当地简化研究甚至省略，从而减去不必要的工作，降低评价工作执行成本。通过环境影响识别，找出所有受影响（特别是不利影响）的主要环境因素，以便使在进行环境影响预测时减少盲目性，在环境影响综合分析时增加可靠性，在实行防治或减缓对策时具有针对性。环境影响识别内容有影响因子、影响受体的敏感性、影响范围、影响的环境效应强度、影响的时间跨度。

② 规划环境影响识别的方法。常用的识别方法主要有核查表法、叠图法、清单法、矩阵法、网络法、系统流图法、灰色关联分析法等。

5）环境影响评价指标

评价指标是用来测度规划实施后区域生态环境发展变化趋势的工具，此外它还是对评价内容、评价重点、评价力度等具体工作方面的规定。指标具有标志、描述、评价区域内社会经济环境背景状况、预测规划环境效应、监测方案措施执行情况并评估规划执行效果等功能。

① 指标设置原则。

a. 科学性原则。任何指标体系的构建，包括指标的选择、权重系数的确定、数据的选取必须以科学理论为依据，即必须首先满足科学性原则。根据这一原则，所筛选或确定的公路网规划EIA评价指标必须概念清晰、明确，且具有一定的具体科学内涵；同时设置的指标必须以客观存在的事实为基础，这样才能客观地反映其所标志、测度的环境要素的发展特征。

b. 全面性原则。公路网规划对环境产生的影响是多方面、大范围的，既会影响到水土流失、水污染、生物多样性等自然生态环境要素，也会给评价区基础设施建设、人文景观保护、居民收入等社会经济环境带来各种影响。因此对公路网规划EIA指标体系应采取系统设计、系统评价的原则，才能全面、客观地做出对规划环境的影响评估。

c. 代表性原则。在全面性的基础上，应尽可能选择具有足够代表性的综合指标和专业指标，以较准确、简洁地表述公路网规划带来的环境影响，同时要求所选评价指标能客观反映规划方案对目前存在的比较突出的自然、生态环境问题产生的影响。

d. 可操作性原则。为了加强可操作性，指标应力求简洁、明确、界限清楚，计算公式具体易懂。指标要求的资料、数据可以获得且费用合理。有些指标理论上可行，但实际上可能无法获取数据进行评价，在选择指标时要尽量回避。

e. 层次性原则。公路网规划具有一定的层次性，不同层次的规划，其规划布局及实施方案差异较大，如高速公路网中新建路段较多，而农村公路网中改建、扩建路段较多，建设方案不同，其环境影响也存在着差异，因此作为度量环境影响程度的评价指标也应随着公路网规划的层次而发生变化。

f. 定量与定性指标相结合原则。限于公路网规划所处的阶段，公路网规划环境影响评价中，有些环境影响是难以定量的，无法按模型去精确量化，若不考虑这些方面的影响，又失去了评价的全面性，所以要定量与定性相结合，采用模糊量化或尺度量化等定性分析量化技术，以解决单纯定量评价中数据不足的问题。

g. 间接评价的原则。公路网规划对环境的影响是通过公路建设项目实施产生的。在项目环境影响评价中，环境影响一般都是通过污染物的浓度或生态的破坏量直接评价的，如用等效连续A声级L_{eq}（A）表示交通噪声的影响。在规划环境影响评价中，由于缺乏详细的数据或保护对象的不确定性而无法使用与项目环评阶段相同的评价指标，如缺乏交通量、车型比、路面与声环境敏感点之间的高差、路中心线与敏感点之间的距离等数据而无法计算L_{eq}（A），但是可以利用其他指标间接反映公路实施过程中的影响，如可以利用一定宽度范围内敏感点数量的多少表示交通噪声的影响，用在不同侵蚀强度等级范围内公路路段的长度表示公路建设对水土流失的影响。

h. 相对评价的原则。在公路建设项目的环境影响评价中，建设活动对环境的污染程度可以通过污染物排放浓度与环境质量标准比较分析获得。然而在公路网规划的环境评价中，既无法获得污染物排放量，又没有相应的评价标准进行衡量，但是为了区分路网中各路段对同一环境要素影响的强弱或反应环境对公路线位布设制约的大小，要对各路段按照同一标准进行比较，确定其影响的相对大小。

② 指标体系结构公路网规划环评指标体系具有层次结构，即可具体划分为目标层、准则层和指标层。

目标层为指标体系的最高层次，指公路网规划环境影响综合评价指数，其下设若干个支持系统。

准则层是指标体系的中间支持层，是对公路网规划环境影响综合评价指数的支持和细化，它使若干个支持系统的含义和范围明确化和清晰化，如路段旅游资源敏感指数可以由涉及的风景名胜区的数量及规模、文物古迹的数量及规模等分项指标组成。每个分项指标下设若干个基础变量。

指标层是指定义清晰、能够从各类统计资料中直接获得或通过简单计算或叠图法统计分析就能获得的指标。指标的选择应从区域现状及存在的主要问题出发，围绕公路网规划环境影响的范围和特点，依据公路网规划EIA指标体系的建立原则进行。

③ 公路规划环评指标体系。根据公路网规划的环境影响特点，从资源占用、生态破坏和环境污染等角度，提出在土地资源、保护地、水土流失、水环境、声环境、旅游资源、矿产资源、水利设施、地质灾害9个准则层上的18个指标。

6) 环境影响预测方法

经过环境影响识别后，主要环境影响因子已经确定。这些环境因子在公路网规划实施后究竟受到多大影响，需进行环境影响预测。环境影响预测是公路规划环评的前期性工作，并最终成为规划方案制定、决策和实施的重要依据。

① 基于GIS的预测方法。GIS具有十分强大的空间分析能力，它可以从空间实体的空间位置、联系等方面去研究空间事物，以对空间事物做出定量的描述。GIS的空间分析功能是通过在大比例尺空间范围内进行缓冲区分析和叠置分析来实现的。利用GIS进行公路网规划环境影响预测的方法，首先要对路段进行缓冲区分析，然后与不同的环境保护目标图层叠加，用Intersect等命令进行图形的叠置分析，然后统计有可能会受到影响的环境敏感点（区）。

② 情景分析法。情景分析法通过人为建立一系列在时间上离散的情景，避免了战略环

境评价中难以确定评价时间范围的问题。情景分析法中的一种情景代表的是某一时刻的人类行为情况和环境状况，是对某一时刻人与环境系统的“快照”。情景分析法通过对比分析各情景下的人类行为和相应的环境状况，来评价不同情景下的环境影响，分析区域内不同时段、不同组合的人类行为对环境影响的贡献。

③ 趋势外推法。趋势外推法又称“历史资料延伸预测法”。指根据历史资料，按照某些现象的发展规律性，推测未来时期可能达到水平的一种预测方法。按其具体计算方法的差别，可分为移动平均预测法、加权移动平均预测法、指数平滑预测法等。趋势外推预测法作为定量预测是有一定假定性的。即假设某些现象过去的发展变化规律、趋势、速度就是该现象今后的发展变化规律、趋势和速度。外推预测的准确程度取决于所拟合方程的相关度，相关度越高准确度就越高。

④ 模型法。模型可表达环境与生态系统的功能，亦可对某种作用的后果进行简单的预测。经常遇到的是运用计算机技术和遥感信息技术、GIS技术针对具体土地的环境与生态系统建立影响反应模型，这样的模型对于实施科学决策和动态管理是最为有效的。

⑤ 景观生态学方法。运用景观生态学的格局分布、景观变异理论方法进行土地利用结构、分区布局的生态环境景观效果评价。

⑥ 专家咨询法。公路网规划阶段，规划图中路线位置与建设实施时的具体线位有很大的偏差，为了降低这种影响，在预测中要建立一定宽度的缓冲区，假定该路段可以在缓冲区内摆动布线，缓冲区的宽度往往要通过专家咨询法获得。

7）环境影响评价

① 路段单因素评价。根据预测阶段识别出来的各路段环境制约因素的数量、规模、等级等指标对各环境要素的影响进行分级评价，分为极敏感影响、高度影响、中度影响、轻度影响和微度影响五个等级，这种影响程度的强弱称为环境敏感性。敏感性只是一个用来比较各路段的环境制约因素数量多少、规模大小、级别高低的相对指标，并不表明路段实施过程中环境影响的实际情况。

将路段相应地称为极敏感路段、高度敏感路段、中度敏感路段、轻度敏感路段和微度敏感路段。

在公路网规划环境影响评价中，选取耕地、保护地、水土流失、水环境、声环境、旅游资源、矿产资源、地质灾害、水利设施九种环境要素作为评价对象，分别计算各路段的耕地资源敏感性、保护地敏感性、水土流失敏感性、水环境敏感性、声环境敏感性、旅游资源敏感性、矿产资源敏感性、地质灾害敏感性及水利设施敏感性。

② 路段环境影响综合评价。路段环境影响综合评价以路段各单因素评价结果为依据，利用专家咨询法和层次分析法确定各环境要素的权重，采用模型法进行综合评价。根据影响程度的大小，将路段划分成环境影响极敏感路段、高度敏感路段、中度敏感路段、轻度敏感路段和微度敏感路段。各路段的环境敏感性确定出来之外，在进行措施及替代方案的建议时要着重分析环境影响极敏感路段及高度敏感路段。

③ 路网环境影响综合评价。公路网规划对环境的综合影响采用公路网环境影响综合指数表征。

8）环境影响的减缓措施

环境影响的减缓措施是在环境影响分析的基础上，为减小规划带来的影响，遵循“预防为主”的原则，依照相关的法律、法规、技术规范和标准以及最小化、减量化和修复补救、重建的顺序提出的减缓措施。如在土地资源影响减缓中，首先依照土地管理的法规提出采用低值占地指标，顺序是建议采用改建方案，确定合理的公路等级，最后建议调整路线布设方案。提出生态环境影响减缓措施也要以放弃部分新建路段、放弃部分改建路段、调整部分路段线位的顺序进行建议，此类顺序也要用在提出声环境、空气环境、沙漠、冻土、湿地、景观和文物保护的措施和建议中。

9）监测与跟踪评价

监测与跟踪评价是对公路规划实施以后可能产生的环境影响进行跟踪调查，为进一步完善公路规划提供支持。在编制规划环境影响评价文件时，拟订出环境监测和跟踪评价计划和实施方案。对需要进行监测的环境因子或指标实施环境监测与跟踪评价方案，列出对下一层次规划的要求或推荐的规划方案所含具体项目环境影响评价的要求。

在公路规划实施过程中，其他规划可能也在不断更新，要进行公路规划与其他规划的相容性分析，分析其与其他的规划是否相矛盾，若有矛盾，向公路规划主管部门提出建议。另外当公路规划与国家公路规划相矛盾时，要以最新的国家公路规划为依据进行修订，当与下一级公路规划相矛盾时，要以本规划为依据。同时也要对公路规划实施后的实际环境影响进行跟踪评价，核查规划环境影响评价及其建议的减缓措施是否得到了有效的贯彻实施，确定为进一步提高规划的环境效益所需的改进措施。

10）公众参与

公众参与可使公路规划的决策过程更加科学民主，有助于环境保护措施和有关政策法规的有效落实。公众参与覆盖公路规划环评的全过程，是获取公众对公路规划意见和建议最有效的方式，一般是参照《环境影响评价公众参与暂行办法》的规定，明确公众参与的时间、调查范围和对象，采用灵活的参与方式开展公路规划环境影响评价公众参与工作，如政府机关访谈、相关行业专家咨询。政府机关访谈往往采用调查表和座谈会等方式进行调查，使调查人判断公路规划是否利于当地经济发展，目前的交通运输是否能满足调查人从事行业的需求，路网建设是否有利于调查人所在地区从事行业的发展，路网布局是否与调查人所从事行业规划相冲突，调查人是否同意公路规划等。

(5) 公路规划环评报告书的编制

遵照一定的要求和标准进行公路规划的环境影响评价报告书编制工作，报告书涉及的内容和范围应有相应的规定。这样既有利于公路规划环评技术发展，也有利于提高报告书的质量和审批效率，促使公路规划环评逐步走向规范化。

公路规划环境影响报告书编制依据充分、内容全面、方法可行、文字简洁、图文并茂、数据翔实、论点明确、论据充分、结论准确。

公路规划环境影响报告书一般包括十个方面的内容：总则、公路规划概述与协调性分析、环境现状分析、环境影响分析与评价、减缓措施与建议、监测与跟踪评价、公众参与、困难和不确定性、执行总结和附件。

10.2.1.3 **公路项目环境影响评价**

环境影响评价的实施已近20年。在实践的基础上，颁布了《公路建设项目环境影响评价规范》和《环境影响评价技术导则》，形成了比较全面的技术方法体系，对促进公路建设环境保护起到了非常重要的作用。但随着环境保护要求的不断提高，环境影响评价工作也需要进一步完善，其技术方法需要进一步丰富。环境影响评价应从认真完善现有的技术方法、积极采用先进的技术方法和加强公众参与方法的研究应用三个方面进行提高。

(1) 现有技术方法的完善

环境影响评价提出的结论、措施和对策毕竟是预测的结果，要提高其准确性和有效性就需要依靠对环评的反馈验证来完善和提高环评技术方法。

1) 环评结论的反馈验证

环评结论的反馈验证是对公路建设项目的实际环境影响进行分析，评价项目环境影响评价结论的准确性、可靠性，并对环境保护措施的有效性进行验证，这有利于提高项目环境决策的科学性，并可进一步加强与完善项目在可行性研究阶段的环境影响评价的预测工作。

环评结论的反馈验证是通过公路项目环境后评价来实现的，在建设项目投入使用后进行环境评价，可以分析项目在使用后的不同时期对社会环境影响的实际情况。通过比较实际状况与影响预测的偏离程度来研究产生偏差、误差的原因，如分析环境影响评价中预测模式及参数选取的合理性等。对环境影响评价所采用的方法、标准以及其他相关内容的整体工作进行检查，分析环保措施的实施状况、运行效果和有效性等。

建设项目所产生或涉及的环境问题，需要在项目投入使用后的一定时期对其进行实测、检查。通过对项目环境影响评价预测结果的准确性、环保措施的有效性、评价结论的正确性，以及整个环评工作进行诊断检查，也是对环境影响评价单位和环境影响评价人员工作质量的评价。通过环评结论的反馈验证，可督促环境影响评价单位和人员坚持实事求是的科学态度，运用科学实用的评价方法认真踏实地开展工作，从而提高环境影响评价的有效性和工作质量。同时根据反馈验证的结果，进一步提出必要的对策和措施，从而使项目的使用状态正常化，使项目及项目所在区域环境的质量状况稳定或进一步得到改善，从而提高项目的经济效益、环境效益和社会效益。

2) 环评技术方法的改进

环评技术方法是实现环境预测的准确性和有效性的技术保障，环境影响评价方法还需进一步充实完善，如数学模型法、图形叠置法、矩阵法、综合指数法的应用等。

① 数学模型法。数学模型法是一种定量表示累计效应因果关系的重要技术，可以采用数学式的形式描述累计效应，预测不同拟议项目的环境影响情况。在环评中对路面径流雨水污染物浓度预测、沿线空气质量估算和交通噪声预测等都采用了不同的数学模型进行预测分析。

如现在常用的公路交通噪声预测计算的FHWA模型理论是一近似表达式，在公路实际环境状况下，路缘以外为软地面的情况，与精确表达式存在一定的差异，在引用FHWA模型时，参考点距离的更改会增加计算的误差，这就需要根据项目的实际环境状况进行修正。长安大学赵剑强教授对该模型进行了修正，从而降低了计算误差，完善了噪声预测模型，提高了噪声预测精度，建议在环评规范中推荐使用修订的计算模型公式。

② 图形叠置法和矩阵法。图形叠置法是将一系列环境特征图叠置起来，做出一个重合图，以表示公路沿线区域的特征，用以在公路建设和运营活动影响所及的范围内，指明被影响的环境特征及影响程度的相对大小。这种方法直观形象，能够得到易于理解的结果，但不易表达污染源与受体的因果关系。

矩阵法是把公路建设及运营活动和受影响的环境特征组成一个矩阵，在公路建设、运营活动和环境影响之间建立起直接的因果关系，用以说明行为与环境影响之间的关系；并用数字表示影响程度大小和该影响因素的重要性，也可加上“+”或“−”表示有利影响和不利影响。矩阵法可直观表示交叉或因果关系，但难以处理间接影响，且难以反映不同层次的影响。

为了弥补这两种方法的不足，需要在环境评价中结合使用这两种方法，发挥两种方法的优势，提高环评技术的有效性。

③ 综合指数法。综合指数法是将各指标的原始值进行标准化处理，再根据各因素对公路建设项目的影响程度及各因素之间相互作用的重要性来确定其权重值，并求出各分级指标的指数，最后将这些数值加以汇总产生环境影响综合指数。根据公路建设前后的环境综合指数，可以判断公路建设项目的环境影响程度。综合指数法原理简单、易于掌握、可操作性强，但公式一般仅适用于标准值为正数的情况，在实际工作中，有时评价指标体系中的某些指标基期数值为零或负数，此时公式的应用就受到限制，存在一定的不适应性。另外，各项指标权数的确定也存在较大的主观性。综合指数法需要结合矩阵法进行对环境影响因子筛选，通过使用矩阵法来弥补综合指数法的不足，从而正确地选出环境影响因子。

由于每一种方法都有自己的优缺点，因此在评价过程中应根据实地环境资料的状况和环境影响评价的要求程度选择适当的评价方法来进行评价，以达到最佳的评价效果。

（2）先进技术方法的应用

随着科学技术的进步以及人们对环境问题认识的提高，公路环境评价已发展成为需要综合应用多学科知识及技术的一项工作，公路环评的方法也进一步从单项评价向综合评价发展。目前，评价的方法已由各种单一型方法发展到以适应性方法为代表的综合性方法，并且广泛应用了计算机模拟和系统控制理论，从而更加客观地反映现实情况，提高了评价的科学性，如3S技术、情景分析、模拟技术和计算机辅助技术等的应用。

1）3S技术

3S技术是把遥感RS、地理信息系统GIS、全球定位系统GPS相结合的技术，是一种进行空间数据处理和分析的有效方法，基于计算机软硬件支持的3S系统技术，由于其数据处理能力和空间数据分析、表达的强大功能，特别是在图像处理和数据三维化方面的进展，为环境影响评价提供了高技术的工具。通过3S技术与环境专业知识的有机结合，使它在公路全寿命周期环境评价的应用中显示了巨大的潜力。目前，3S技术在环评的现状调查、环境影响预测、减缓措施中都得到了初步运用，它拓宽了时空分析范围，得到多学科整合优势，通过综合考虑环境的状况，使得环境评价结果更加准确。通过对这种新的评价技术的重视与不断应用，将进一步提高环评工作的效率和质量。

2）情景分析

情景分析是对未来状态和途径的描述，描述的内容包括对各种态势基本特征的定性和定量描述，又包括各种态势发生可能性的描述，它是就某一主题或某一主题所处的宏观环境进行分析的一种研究方法。情景分析方法用于公路环境评价的环境影响预测过程中，可以用来描述未来的环境状况，预测和比较不同情景下建设行为对环境的影响，从而检测建设行为在未来不同情况下的环保完善过程，情景分析方法既能够给出更多的不确定的参考数据，也能给出不确定性的方法，从而使公路建设行为更加科学完善。

3）模拟技术

环境模拟技术是一门新的技术，主要研究各种自然环境的人工再现技术和在模拟环境下项目产生环境影响的技术。环境试验技术经历了由单参数模拟到多参数模拟、从静态模拟到动态模拟的发展道路，当前发展方向是建立整机的多参数综合动态环境模拟和进行多参数综合动态试验，在环境模拟中再现各种环境条件，进行项目的环境可靠性试验，从而可更快地发现问题并找出原因。在环评的环境影响预测中，为了提高预测准确程度，将模数技术进行运用，可以给出项目可能产生的环境影响种类和程度，提出预防措施和减缓建议，对项目环境管理做出技术上的支持，使得环境评价更科学。

4）计算机辅助技术

目前在环评中，没有与之配套的专用计算机软件供环评人员使用，大量的计算、预测工作主要依靠评价人员传统的人工计算，进行评价工作，影响了环评的质量和效率。目前国内虽有少数可用于公路建设项目环境影响评价的计算机辅助软件，但都是只能完成某一项专题的部分工作，实用性差。长安大学进行的“公路建设项目环境影响评价计算机辅助系统”课题研究，对环境影响预测模型进行深入分析，探讨计算机辅助环境影响评价的方法；开发了较为完整、具体、可行的公路建设项目环境影响评价的计算机辅助评价软件；

建立了公路环评数据库。

研究开发的RoadEIA软件功能齐全、灵活性大、准确率高、预测内容全面、结果准确，是专门适用于公路建设项目的计算机辅助评价软件。RoadEIA软件具有声环境、水环境、环境空气、生态环境以及社会环境等各环境影响评价专题的预测、评价功能。该系统将所有环境要素预测模型集成在一套软件之中，用户利用该软件即可方便地完成公路建设项目环境影响评价工作。

(3) **公众参与方法的完善**

现阶段的公众参与使用范围还需进一步扩大，改变仅在可行性研究阶段公众参与环境管理的现状，使公众参与到公路建设项目的全寿命周期环境管理中，增大公众参与的作用，增加公众参与方式，完善公众参与的方法，增强公众参与在公路全寿命周期环境管理中的有效性。

1) 完善公众参与方式

完善公众参与方式包括完善信息公开方式、信息反馈方式、决策参与方式、全寿命周期监督方式四个方面。在信息公开方面，组织者可以综合利用媒体方式、访谈方式、会议方式和文本方式来有效地公开信息，充分保障公众知情权；在信息反馈方式方面，公众可以利用多种反馈方式来反馈自己的意见与建议，实现自己的参与权；在决策参与方面，公众可以通过广泛参与决策方式和代表参与决策方式来行使自己的决策权；在全寿命周期监督方面，公众可以通过参与政府监督、参与工程监督、参与舆论监督以及自觉监督方式来实现自己的监督权。

2) 完善公众参与方法

完善现有的公众参与方法，提高对公众进行宣传及与公众进行沟通的能力，包括新闻媒体发布信息、社会调查、各种会议、项目咨询等方法。新闻媒体发布由项目建设单位通过大众传媒，如报纸、电台、电视台、网络等进行新闻和信息发布，公布拟建项目情况。社会调查通过实地访谈、通信、张贴宣传材料等方式介绍拟建项目的概况，解释公众提出的问题，并征求和听取公众的意见和建议。举行各种会议，如召开当地政府部门人员会议、专家会议、代表会议和受影响地区的普通公众会议等，会议的规模、方式和参加人数可视具体情况确定。项目咨询，可设立项目咨询热线和咨询办公室，可以随时回答公众的问题和听取公众的有关建议。

10.2.1.4 公路环境保护设计

环境保护设计是在项目形成初期就对环境影响进行控制的有效措施，它为消除和减轻公路对环境造成的影响起到了重要作用，同时也体现了“环保优先”的指导思想，环境保护设计已经成为公路建设的重要组成部分。《公路环境保护设计规范》已经颁布多年，鉴于当时的技术水平和环境保护要求的程度，以及环保设计技术的发展和人们环保意识的增强，环境保护设计工作应进一步得到重视，环保设计的技术方法应不断得到改进，其内容在广度和深度上还须加强。

(1) 增强环保设计技术应用

环保设计技术的应用对补充和完善环境保护设计的全面性起着保证作用。《公路环境保护设计规范》已经颁布了较长的时间，在公路环境保护工作中起到了重要的作用。但是随着人们环保意识的加强，公路环境保护要求的提高，现有规范的部分内容已经不能满足公路建设环保的要求，需要采用一定的技术方法完善现有的环保设计内容。

要完善现行公路环境保护设计规范的内容，应该从以下三个方面进行：第一，要对现行的环保设计规范进行总结，以便了解环保设计规范的不足，为补充和完善现行环保设计规范做好基础工作；第二，要对环保设计人员进行咨询，以了解环保设计规范在使用中存在的问题和不足，并能获得改进环保设计规范的建议；第三，进行环保设计效果的调查，以了解环保设计在公路建设和运营中的环保作用，核查环保设计科学合理的有效验证，为完善和更新公路环境保护设计规范提供基础资料。

(2) 提高环保设计技术能力

在工程设计中，专业技术来自专业设计人员，专业环保设计人员对环境保护重要性的认识是环境保护实施的关键。现阶段，公路设计单位中环保专业设计人员严重不足，实现高技术的环保设计存在困难，这在一定程度上降低了环保设计的要求。

公路环境保护设计是一项涉及面广、复杂又细致的工作，环境保护设计的内容越来越广，要求的标准越来越高，这就更需要工程设计人员不但要具有公路工程设计方面的技术，同时也要具备环保、园林及美学等多方面知识的综合素质，也要有很强的环境保护意识，最大限度地将环境保护的理念应用到公路设计的每一个环节，从而设计出体现环保意识的工程。

(3) 加强环保设计技术研究

目前的公路环境保护设计规范是从社会环境、生态环境、环境污染防治、景观与绿化四个方面论述，多为原则上的建议性叙述，在具体规定上还需进一步完善，从而以加强公路环境保护设计规范的指导作用。要进一步加强公路环保设计内容的广度和深度，完善绿化设计的要点、补充景观设计的内容、突出水土保持设计的重要性及增强环保设计其他内容的完整性，这样有利于设计和审查人员参照执行，实现最优效果。

1) 完善绿化设计的要点

现行公路环境保护设计规范中仅对绿化设计进行了简单的分类，概述了绿化设计的要点，对绿化设计仅起到了宏观指导作用。所以应完善绿化设计的要点，进一步提高绿化设计的可操作性。

要完善绿化设计的要点，应重点考虑以下几点内容：第一，全面认识绿化设计的目的，做出绿化设计的一般规定，以便提出绿化设计的基本要求；第二，公路环境保护设计规范应突出绿化的重点，进一步详细论述绿化设计的要点，全面分析公路绿化设计的环境保护要求和改善环境的功能，合理指导绿化方案的制定；第三，详细列举各类绿化设计要求，如将绿化设计种类分为环境保护绿化、改善环境绿化、中央分隔带绿化、公路土路肩和土质边沟绿化、边坡绿化、取弃土场绿化等，以便设计和审查人员准确参考。

2）补充景观设计的内容

现行公路环境保护设计规范中，景观设计的内容论述简单，仅规定了景观设计的基本要求，对景观设计的具体指导作用还需进一步加强，应补充景观设计的内容，增强景观设计的具体指导能力。

要补充景观设计的内容，应重点考虑以下几点：第一，明确景观设计的目的，对公路环境保护设计规范中的景观绿化设计内容进行分别论述，以明确景观设计的一般规定，以便设计和审查人员总体把握景观设计目的；第二，补充景观设计要点，增加景观设计的要点要求，如将景观设计分为路基边坡景观设计、立交和天桥景观设计、特殊路段景观设计、特殊要求的桥梁景观设计、声屏障景观设计、隧道洞口景观设计、服务区及沿线构筑物景观设计等，详细列举出各类景观设计的要求，有利于提高设计和审查人员专业能力。

3）突出水土保持设计的重要性

现行的公路环境保护设计规范中，水土保持设计内容是生态环境设计的一部分，只对水土保持的重要性及其目的进行了概况性的说明，对公路建设中应进行水土保持设计的环节做出了原则性的规定。为了提高水土保持设计的指导能力，应进一步扩大水土保持设计在公路环境保护中涉及的广度，完善公路各单项工程（桥梁、路基、隧道、取弃土等工程）中水土流失防治措施，使用独立内容（独立章节）详细论述水土保持设计的规定和要求，突出水土保持设计的重要性。

要突出水土保持设计的重要性，应重点考虑以下几点内容：第一，独立设置水土保持设计的内容，在公路环境保护设计规范中，对水土保持设计进行原则性的规定，明确水土保持设计的总体要求；第二，完善水土流失防治措施，以突出重点、兼顾一般的原则，将水土保持设计要求和规定细化到公路工程中，明确重点公路单项工程的水土保持设计要求，如公路工程的桥梁导流设施、路基防护、路基路面排水设施、取弃土场的选择、取土场的防护、取弃土场的综合整治、临时工程等。清晰的水土流失防治措施的要求可以提高水土保持设计的可操作性。

4）增加环保设计其他部分内容的完整性

为使公路环境保护工作能更全面更深入地贯彻保护为先、预防为主、防治结合、综合治理的原则，不断改善和提高公路的环境质量，公路环境保护设计规范的部分内容还需进一步完善，增加其环保设计要求，以体现出公路设计以人为本的设计理念，树立可持续科学发展观的特点。

要增加环保设计其他部分内容的完整性，应重点考虑以下几点内容：第一，扩大环保设计规范的应用范围，二级公路的环境保护设计也应执行公路环境保护设计规范；第二，总则中应明确设计理念和设计要求，应体现可持续的科学发展观的特点；第三，强调水土保持的重要性，总则对公路项目环保设计各个环节要求中，增加水土保持方案的要求；第四，提高公路设计的合理性，在总体设计的设计要点中，应增加保护土地资源的要求，做到尽量少占土地；第五，增加协调性要求，在社会环境保护的基础设施的环保设计要求中应有公路选线与其他设施的协调性要求，以便减少基础设施的干扰。通过增加的环保设计要求，进一步完善公路环境保护设计规范，为实现公路环境保护起到保障作用。

5）开展公路环保标准化设计

根据公路项目特征及区域环境特征，积极开展公路环保标准化设计工作，对指导公路环保设计、提高环保设施的经济技术合理性具有积极意义。有关公路环保管理部门和科研院所应积极组织开展相关的研究工作，使公路环保标准化设计成果早日出炉，用于实际工程的指导。

10.2.2 公路建设期环境管理技术方法

公路项目建设期环境管理中，主要包括了施工准备、建设施工和竣工验收三个阶段的工作，每一个阶段的环境管理内容是由该阶段的工作重点所决定的，其环境管理技术方法主要体现在施工组织设计、环境监理和环境保护验收工作中。

10.2.2.1 公路施工组织设计

在公路建设期的施工准备阶段，编制施工组织设计是一项重要的工作。施工组织设计是指公路建设项目各项工程建设施工的科学指导，是工程施工管理的纲领性文件。但以往在编制工程施工组织设计时，环境保护工作在施工中的体现相对薄弱。为了有效控制工程施工准备阶段和施工阶段的环境影响和环境污染，施工组织设计的编制要强化环境保护理念，应将环境保护的内容和要求融合到施工组织设计中，加强公路建设期的环境保护工作。

（1）施工组织设计环保部分概述

1）施工组织设计

施工组织设计是从工程的全局出发，按照客观的施工规律和当时、当地的具体条件，统筹考虑施工活动中的人力、资金、材料、机械和施工方法这五个主要因素，对整个工程的施工方案和技术确定、施工进度和资源消耗、现场布置和质量要求等做出科学而合理的安排。

公路施工组织设计的环保部分是施工组织设计的重要组成部分，它是准备、组织、指导施工和编制施工作业进行环境保护计划的基本依据，是公路环境管理的主要手段之一。公路施工组织设计的环保部分是对施工阶段进行统筹安排时，不仅要符合质量、进度等方面的要求，同时要对施工的各个环节提出明确的环境保护要求。在各个具体项目工程中，有针对性地提出环境保护措施，从而体现出施工组织设计的环保指导和工作部署。在编制施工组织设计的环保部分时要遵循以防为主、以治为辅、综合治理的原则，将环境保护的技术方法有机地体现在施工过程中，实现环保施工。

施工组织设计环保部分的目的是使工程施工在一定的时间和空间内实现有组织、有计划、有秩序地进行环境保护，以达到合理施工、环境影响最小的效果。施工组织设计环保部分既是对公路基本建设项目的环境保护起到控制作用的总体战略部署，也是对某一具体工程施工作业的环境保护起到指导作用的战术安排。

施工组织设计环保部分是施工单位领导、职能部门在指导施工准备工作、全面布置施工活动、指挥生产开展工作、进行项目管理、控制施工进度的过程中实现环境保护的依据，是工地全体员工施工生产活动过程中进行环境保护的行动纲领，对提出施工部分的整体质量、最大限度地减少环境影响、科学有效地完成公路施工任务具有重要的作用。

2）基础工作

在编制施工组织设计时，针对公路施工涉及面广、专业多、材料及机具种类繁多、需要协调的问题复杂等情况，应有计划、有步骤地做好原始资料的调查、搜集和分析等基础工作。施工组织设计环保部分的基础工作是按照编制施工组织设计工作的安排进行的，需要进行资料的调查和搜集，实地勘察、座谈访问、查阅历史资料、采取必要的监测手段获得所需环境数据和资料。一般要搜集的资料有地形地貌、地质、水文地质、气象和其他自然条件等资料，也要了解掌握公路建设所在区域的社会环境状况等。

3）技术路线

编制施工组织设计环保部分要搜集所需环境资料，了解工程环境概况；分析设计资料，进行施工组织与环境保护研究；选择施工方案，确定环保的施工方法，提出施工整体环保部署；编制工程进度表，设置所需的环境保护机动时间；编制人工、主要材料和机具使用计划，要考虑到环境保护的要求；综合考虑环境要求，进行施工平面图的布置等。

4）工作程序

公路工程施工组织设计的内容一般包括工程概况、施工方案、施工进度计划、各项资源需用计划、施工平面图及技术经济指标等部分。施工组织设计（环保部分）内容将根据工程施工组织设计内容，合理安排环境保护组织设计内容。

根据公路工程施工组织设计的内容，对应的工作程序分为三个阶段：第一阶段是选择施工方案，审查图纸、进行现场调查，包括自然环境和社会环境条件调查，综合考虑环境保护要求，选择施工方案和施工方法；第二阶段是编制施工进度表，根据施工方案和方法，编制机具设备需用计划和材料、半成品构件需用计划，编制劳动量需用计划，在编制时间进度计划时要合理考虑环境保护工作的时间要求，编制运输计划和施工准备工作计划；第三阶段是布置施工平面图，根据施工进度表和施工进度计划，结合施工组织调查材料和施工图纸，考虑场地环境现状和环保要求，布置施工平面图，然后确定出技术经济指标后进行施工组织设计审批。

(2) 施工组织设计环保技术方法

1) 工程概况的环境概况评述

工程概况的环境概况包括自然地理概况、工程地质条件、气象水文情况和其他有关的环境状况等。

① 自然地理概况。地貌归属、地形描述。

② 工程地质条件。地层构成、地质构造、地震烈度等。

③ 气象水文情况。项目所在地流域归属，地下水现状、项目所在地气候区归属，气象现状描述，降雨量等。

2) 施工方案选择的环保要求

施工方案选择的环保要求是根据公路工程的工程要求、施工能力、环境现状等情况，进行施工方法的确定和施工机械的选择。

① 施工方法。确定施工方法时，应根据工程特点及环境等因素，在确定单项工程施工方法时就要认真考虑环境影响问题，做好环保工作。

a. 石方开挖。石方开挖有多种方式，通常是爆破、机械挖掘等。针对石方开挖产生的环境影响，应采取措施降低噪声和振动，减少爆破飞渣对周围构造物的破坏，例如可采用凿岩机打岩进行松动的方法，严格控制用药量能够减少振动、噪声和爆破飞渣。

b. 土方开挖。土方开挖通常采取大型挖掘机械开挖、人工开挖和爆破等多种方式。未达到环保要求，降低开挖带来的环境影响，开挖过程应确定开挖范围，施工机械在范围内作业，应定时洒水、避让文物古迹、定点存放土方、土方坡面及时防护等。

c. 路基填筑。路基填筑一般采用机械从取土场挖取土石方，经过施工便道运送到路段。施工过程中应合理选址取土场，施工人员施工场地和施工便道定时洒水，路基边坡防护工程应设置排水沟、沉沙池或临时沉淀池，出口处设土工布围栏。

d. 路面工程。路面施工采用路拌法和集中厂拌法加工路面基层材料，经摊铺机配合平地机摊平，用振动机压实，面层施工是在基层上喷洒投油层，将热拌混合料运到摊铺路段，采用摊铺机整幅摊铺，使用压路机压实。施工过程中应合理选址拌和站，控制拌和站环境影响。减少摊铺过程的沥青烟，做好施工人员身体防护，合理选择施工机械，降低噪声和振动。

e. 桥涵工程。桥梁施工需要开挖基坑，灌注混凝土。施工中应采取环境保护措施进行基坑开挖，降低河道水质污染，做好通道防渗。

f. 隧道工程。隧道施工需要钻爆作业，紧跟支护，进行注浆，清理施工残渣，衬砌、防水层施工。整个施工过程应采取保护山坡的方式进行洞口施工。安装水幕降尘器，施工人员佩戴防尘口罩等安全防护用品，在隧道外设置沉淀池。

② 施工机械的选择。确定施工机械时，根据工程数量和特点及环境现状、机具性能等因素，以机械破坏环境最小的原则进行施工机械的选择。

a. 土方开挖。公路土方开挖工程量一般较大，通常采用挖掘机配合自卸汽车，推土机、装载机配合自卸汽车、大型铲运机、平地机、凿岩机械等。选择机械种类时要考虑机械对环境的影响最小，将机械产生的噪声、振动和尾气作为选择机械的因素之一。

b. 路基填筑。路基填筑时需要大量土石方，一般采用推土机、挖掘机、自卸汽车压路机（静力式、轮胎式、振动式）、夯实机械等。将机械产生的噪声、振动和尾气对周围环境的影响最小作为选择机械的因素之一。

c. 路面工程。根据路面工程所需材料和施工需要，通常采用自卸汽车、摊铺机、沥青混凝土搅拌设备、水泥混凝土搅拌设备、稳定土拌和机、压路机等。在满足工程需要的情况下，根据路域环境现状，以环境影响最小为原则，进行选择机械。

d. 桥涵工程。根据桥涵施工特点，一般采用打桩机、起重机、挖掘机、施工船、钻机、架桥设备等，在满足工程需要的情况下，以对周围环境影响最小的原则选择施工机械，特别要避免机械漏油，以免对水体造成污染。

e. 隧道工程。根据隧道施工特点，一般采用盾构机构、隧道掘进机、钻机等，在满足工程需要的情况下，以对周围环境影响最小、扬尘和噪声影响最小为原则选择施工机械。

③ 施工进度安排的环保考虑。施工进度包括施工时间进度安排和资源使用进度安排两个内容，施工进度的环保安排也从这两个方面考虑。

施工时间进度安排是根据确定的施工方法选择施工的组织方法，通过计算工程量和劳动量、计算各施工项目的作业持续时间拟定施工进度计划。选择施工组织方式时要注意考虑工程产生的环境影响的累计效应，以环境保护最合理的方式确定工程的施工组织方法。划分施工项目在确定主导项目后，划分施工项目的环保原则是避免不同工程产生相同的环境影响反复出现，使施工产生的环境影响持续时间最短。划分施工段在满足工程需要的情况下，应把环境影响的持续情况考虑到施工段划分中，尽量减少环境影响的持续时间。计算工程量和劳动力时也要估算当地环境容量和承载力，以满足环境保护的要求。计算各施工项目的作业持续时间中确定组织间歇时间时，要充分考虑解决施工产生环境影响的时间，以满足环保的需要。最后根据解决工程产生的环境影响所需的时间来检查和调整施工进度计划。

资源需用量进度安排包括劳动力、主要材料、主要施工机具和设备、临时设施、工地运输的需求量安排等。劳动力需求量决定临时施工营地范围的大小，应考虑其对当地产生的环境影响程度，以此作为劳动力需求量的考虑因素之一。主要材料是运输组织和布置仓库的依据，还应把仓库选址对环境影响作为考虑主要材料的因素。主要施工机械和设备在满足工程需要的情况下，还应把机械和设备产生的噪声和振动对当地的环境影响作为选择主要施工机械和设备的参考因素。在选择工地运输方式中，考虑运输方式产生的环境影响最小为参考因素之一。临时设施的设计首先要考虑环保要求，然后再满足工程需要，如工地加工场要远离当地饮用水源并处在主导风向的下方向、废水应集中处理、施工人员驻地远离野生动物栖息地、避免破坏当地植被等。

④ 施工平面布置的环保要求。施工平面图是施工过程空间组织的具体体现，它表达了施工对象、施工条件、临时设施、管理机构等的空间关系。施工平面图内容包括施工作业

现场、辅助生产设施、办公和生活等区域。

在施工平面图布置中，合理布置各区，使得环境互相不干扰。充分利用原有地形地貌，避免破坏植被，远离动物栖息地，防止水土流失，少占农田。充分考虑水文，避免产生废水污染当地饮用水源和养殖水体。参考地质情况，避免泥石流、山洪造成财产损失。参考气象条件，将产生大气污染的布置内容处在主导风向的下风向，减少大气污染。在施工平面图布置中还要参考工程环境影响报告书提出的意见和建议。

(3) 施工组织设计（环保部分）编制

1) 组织设计编制要求

① 公路施工组织设计编制主次分明、言简意赅、图文并茂、高屋建瓴。施工组织设计编制满足指导施工工作，符合公路施工组织原理。

② 公路施工组织设计（环保部分）编制可以分为两种形式：一是融入式，即将环保内容和要求等融入施工组织设计各部分（各个篇章）中，从而体现环境保护的要求；二是独立式，即编制环保组织设计的独立篇章，提出整个公路施工环境保护的内容和要求。

2) 组织设计（环保部分）内容

在编制组织设计（环保部分）内容时，无论采取融入式还是独立式的形式，都要在施工组织设计中体现出环境保护的内容和要求。

① 工程概况。在工程概况中，应加强自然地理概况、工程地质条件、气象水文情况和社会概况等。

② 施工方案。在施工方法和施工机械的选择中，体现环境保护的原则和要求等。

③ 施工进度。施工时间进度安排和资源使用进度安排，要考虑环境保护工作时间和环境影响最小要求。

④ 施工总平面图。包括结合环境保护要求进行布置重点工程施工场地平面图和其他施工场地平面图等。

⑤ 主要材料、机具、设备计划。在安排主要材料计划、主要施工机具设备计划、技术组织措施计划中，要考虑环境保护和环境影响最小要求等。

⑥ 工程质量控制与施工组织保证措施。提出环境保护改进措施等。

10.2.2.2 公路环境监理

(1) 环境监理概述

我国的公路工程环境监理刚刚起步，尚处于探索阶段，在许多方面都是空白，法律、法规尚不健全，行为准则尚不明确，有很多不成熟的地方，对公路工程环境监理目前只能做简单的定义。环境监理是“第三方”监理，指的是在政府的监督管理下，监理单位接受业主的委托和授权，遵照国家和地方环境保护法律、法规，根据经批准的建设项目环境影响评价文件和建设项目环境保护“三同时”——同时设计、同时施工、同时投产的要求，与业主订立工程设计、建设过程中环境保护责任合同。利用业主授予的权力，对工程实施不间断、全寿命周期、全方位的环境监视、监督和管理，使环境监理处于施工期环境管理的核心。

广义来讲，环境监理应包括项目建设前期的咨询（含项目机会研究、可行性研究、设计）、工程招标和施工期的环境监理。我国项目前期的环境管理主要为环境影响评价制度，项目运营期的环境管理将逐步形成环境后评价制度，因此环境监理主要在项目施工期实施，环境监理等同于施工期环境监理。它包括两部分内容：第一，监理工程主体工程的各项施工行为应符合环保要求，如噪声、废气、污水等排放均应达标，称为环保过程监理，又称为“环保达标监理”；第二，对保护营运和施工期的环境而建设的各环境保护单项工程进行监理，称为“环保单项工程监理”，包括环保设施（如污水处理、声屏障）、边坡防护、排水、绿化等。

环境监理工作是落实环境影响评价和环境工程设计中提出环境保护措施的关键工作，是对现行的建设项目环境管理制度的完善和补充，对控制污染、减轻破坏、改善环境有着重要的作用。工程环境监理中的环境保护工作是监理工作的重要组成部分，由于其工作内容不仅仅限于工程本身，而且还涉及环保技术，因此具有特殊性和相对独立性。

(2) 环境监理实施的意义

自我国提出《公路工程施工监理暂行办法》以来，我国公路建设已经全面实行公路工程监理制度，经过多年的不断努力，公路施工监理已经取得明显成效。改变了我国多年来一些公路建设中存在的管理松懈、质量低劣、工期没有保证、工期一超再超的放任自流局面。工程监理工程师常驻现场，帮助施工单位改善施工管理，对所有的设备材料把关，达不到要求的不能进入下一道工序。工程监理工程师按照实际验收的工程质量和数量有签署工程款支付等权力，使得施工单位不敢对工程质量稍有疏忽，这种严格的管理机制促使了施工企业自控系统的完善和发育，也保证了工程质量和进度。近年来我国公路工程质量的不断提高就充分说明了工程监理实施的意义重大。

在环境影响方面，公路建设项目属非污染生态影响类，对环境的破坏主要发生在施工建设期，对环境的破坏在短时间内不是很明显，但当公路修建之后破坏的结果出现时，往往是几乎不可恢复的。如建成多年的青藏公路，被青藏两地老百姓称为当地的“生命线”，进出藏物资和进出藏客运量都靠它。然而由于当年建设时不注意施工期环境质量保护，青藏公路有很多历史遗留的环境问题需要解决：随处可见的老取土场、弃土堆的植被恢复、路堤防护、水土流失保护及美化公路沿线景观等。为了更好地保护环境，必须加强施工期的环境监理工作，应该在施工的全寿命周期中运用各种可能的途径和方法，对公路工程项目区环境质量进行保护。

青藏铁路建设过程当中引入环保监理机制，强化了施工期对水土流失的保护和野生动植物保护，对发现的环境问题能及时反馈，使施工过程中的各种环境破坏得以控制。经青海、西藏两省区环保部门检测结果显示，青藏铁路建设对河流水质无明显影响，青藏高原河流水质良好，冻土环境未出现明显改变沿线野生动物迁徙条件和铁路两侧自然景观未受破坏，其中年产仔的雌性羚羊就达万多只，创历史纪录，沼泽湿地环境得到了有效保护。青藏公路整治改建工程借鉴了青藏铁路环保经验，以新带老，着力解决遗留环境问题，使新建项目对青藏高原生态环境造成的影响降低到最低限度。从公路建设项目施工期的环境影响分析及青藏铁路实际例证可知，项目施工会对环境质量产生严重影响，环境监理工程师主要职责是加强施工期的环境监督管理，降低建设项目施工期对环境的影响，对保护工程生态环境具有重要的现实意义。

(3) 环境监理的划分

1) 环境监理按监理形式分为独立式环境监理和结合式环境监理

独立式环境监理是环境监理单位独立于建设单位及工程监理单位的一个自成体系单位。即建设单位委托具有相应环境监理资质的监理单位作为第三方，监理单位各监理工程师依据相关法规、标准以及经批准的环境影响评价文件和依法签订的环境监理合同等，对工程建设期的环境保护工作依照工程监理的行为准则进行监督管理，确保各项环保措施落到实处。

结合式环境监理为建设单位委托具有公路工程监理资质和环境监理资质的监理单位作为第三方，对公路工程和环保内容同时进行监理，监理单位人员分工包括工程监理工程师和环境监理工程师。结合式环境监理分为专职环境监理和兼职环境监理，两者有各自的工作侧重点，两者同时工作，互相协助。环境监理工程师依据工程监理的工作方式对施工建设中的环境破坏进行监督管理，确保各项环保措施落到实处。

2) 环境监理按工作分工分为专职环境监理和兼职环境监理

专职环境监理为专业环境保护工作人员，对环境专业知识理解得比较深刻，以环保的理念来对待项目的任何一个环节，其独立于工程监理，以工程环境保护为目标，依据相关环境法规、标准、环境影响评价文件、环境保护合同和依法签订的相关环境保护合同等，对工程建设期的环境保护工作依照工程监理的准则和要求进行监督管理。专职环境监理可以是特定的环境专业人员，也可以是掌握了一定环保知识并与公路环保密切相关的绿化、地质等专业人员。其主要工作是以工程环境保护为目标，在保证工程质量的前提下将环境保护置于第一位，使得工程建设对环境的破坏降到最小。

兼职监理工程师既要承担工程监理的工作，又要承担环境监理的工作，将两者很好地结合起来，最终达到公路工程质量与环境质量同时满足相关标准。因此对兼职环境监理工程师要求较高，既要熟悉公路建设专业知识内容，又要熟悉公路建设环境专业知识。兼职环境监理主要工作是将环境保护和工程质量并重，在将两者很好地协调起来的前提下，使得工程建设对环境的破坏降到最小。兼职环境监理的关键是在承担工程监理的过程中，树立环保理念，立足于环境保护的原则和方法进行工程监理，做到工程质量、进度和环境保护并举。

3) 划分结果分析

从总的分工来看，专职环境监理工作内容为独立式环境监理工作的部分内容。结合式环境监理可分为专职和兼职环境监理两种工作分工方式。

我国尚属发展中国家，在公路建设方面投资有限，设立独立式环境监理的经费较大，对于我国目前公路投资费用方面稍有难度。我国目前环境监理处于初期探索阶段，试点阶段采用独立式环境监理工作分工方式，施工建设单位环保意识不强，使得环境监理处于被动地位，增加了环境监理做好环境保护工作的难度。如在银川—古窑子高速公路上，环境监理设置为独立式环境监理。公路施工期间公路施工扬尘较大，对大气环境质量造成一定影响，环境监理人员多次督促要求施工单位洒水降尘，但施工单位为了赶工期，节约洒水费用，迟迟不愿洒水，此时环境监理只能与工程监理单位协商解决，经过工程监理要求，施工单位立即洒水降尘。公路建设为生态建设性活动，必然会或多或少对环境产生影响，如果环境与工程监理双方各自严格要求环境质量及工程质量，不做合理、充分的协作，则给施工单位的工作造成被动，施工工作难以顺利进行，很难在保证工程质量及工期的前提下不对环境产生影响或者在保证环境质量的前提下不对工程质量及工期产生影响。若由兼职环境监理来处理两者的协调性，权衡两者的重要性，做到环境质量与工程质量两者兼顾，减少施工单位的种种顾虑，也减少了不必要的时间与资金浪费，达到工程与环境质量可同时满足相应标准。

经过对比分析，并经过银川—古窑子高速公路、邵阳—怀化、三穗至凯里高速公路环境监理试点工作，结合式环境监理更有利于实际工作的开展。公路建设项目监理单位通常可设置1～2名专职环境监理人员，其余为兼职环境监理人员。

(4) 环境监理的工作程序

1) 施工准备阶段

监理服务合同签订后，进入施工准备阶段监理，专职和兼职环境监理程序一致，具体工作程序如图10–1所示。

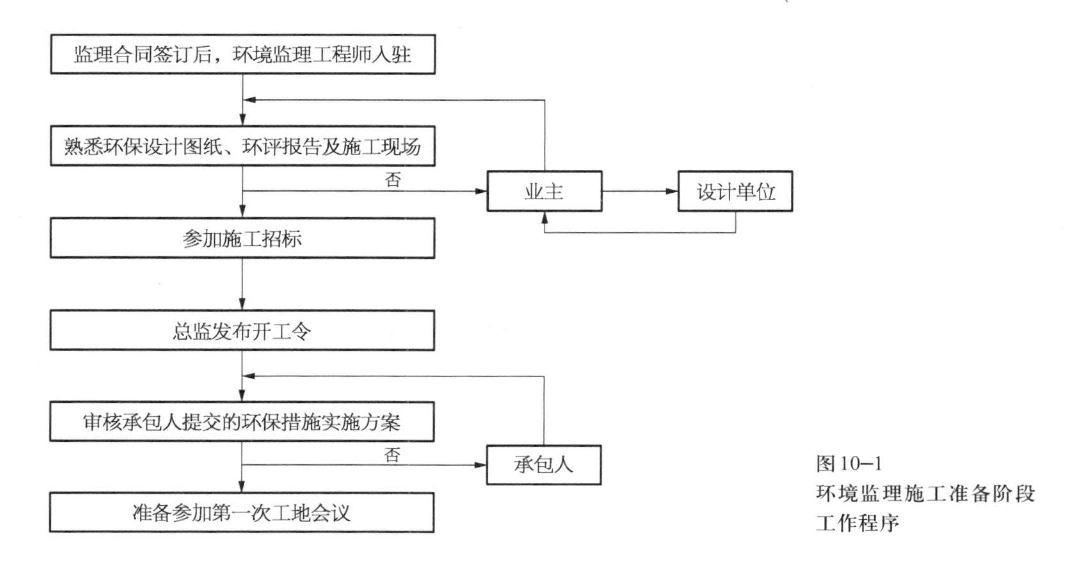

图10–1
环境监理施工准备阶段工作程序

2）施工阶段

环境监理施工阶段工作程序如图10–2所示。

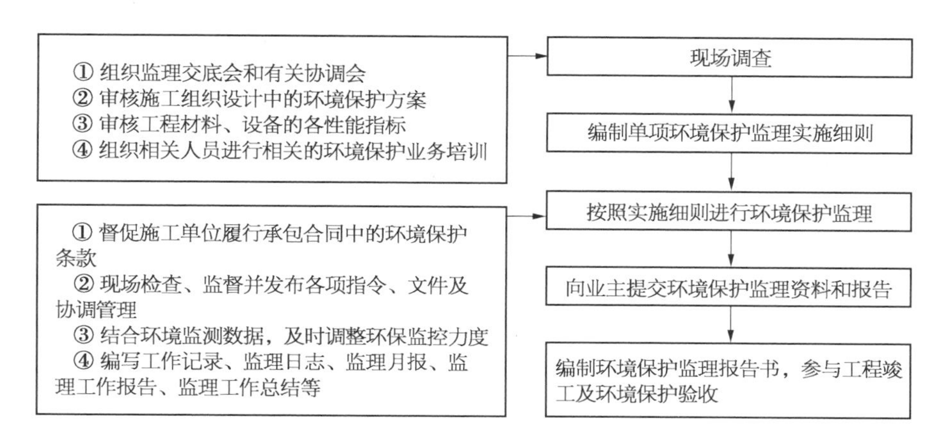

图10–2　环境监理施工阶段工作程序

3）交工及缺陷责任期阶段

组织初验：

① 工程完工、竣工文件编制完成后，承包人向监理工程师提交初验申请报告。

② 环境监理工程师审查初验报告。

③ 环境监理工程师会同业主代表，组织承包人、设计代表对工程现场和现场环保状况及工程环保资料进行检查。

④ 总监召集初验会议，讨论决定是否通过初验，并向业主提出环境初验报告。

协助业主组织竣工验收：

① 完成竣工验收小组交办的工作，参加交工验收检查，出具环境保护验收意见。

② 安排专人保存收集竣工验收时政府环保主管部门的所需资料。

③ 提出工程运行前所需的环保部门的各种批件，并予以协助办理。

④ 编制工程环境监理报告书、落实竣工环保验收意见等。

⑤ 工程竣工后，监督管理环境恢复计划的落实情况及环保处理设施运行情况。

（5）主要工作内容

专职环境监理工作过程中主要目标是工程施工所影响的环境敏感地区、环境敏感点、自然保护区等需要特别保护的地区。工作过程中除需对建设环境影响进行环境监理外，还需对工程建设过程中的环境影响程度进行定量评估，依据超标状况采取合理措施满足环境标准。专职环境监理工作主要倾向于环境保护技术方面的内容，如环境监测、环境保护效果分析、环境影响程度分析等。

兼职环境监理工作过程中主要针对目标是项目区内的所有环境敏感点及所有对环境产生污染的施工工艺。主要工作内容为对工程建设施工过程中可能带来的环境影响进行控制、对各环境保护工程的工程质量进行控制、对施工过程中的环境保护与工程质量、工程进度进行协调控制，确保环境与工程质量兼顾。

专职和兼职环境监理工程师依据相关法律法规、相关环境和工程文件、环评报告书（表）及各种相关环境保护的批文和补充文件，以环保的理念对待项目施工中的任何一个施工环节，对公路建设过程的施工准备阶段和施工阶段进行环境监理。主要工作内容见表10–2。

表 10–2 公路建设过程中环境监理主要工作内容

施工环节	专职环境监理	兼职环境监理
施工准备阶段	① 监督检查施工过程中各种施工材料及机械设备是否为正规厂家生产，最好为经过环保认证的产品 ② 现场调查确认项目区环境敏感地区、环境敏感点和自然保护区概况，包括城镇集中生活的居住区、水源保护区、名胜古迹区、风景游览区、温泉、疗养区等，并初步了解其与公路建设的关系 ③ 与兼职环境监理协商共同与指挥部签订施工期责任书，责任书内容兼顾环境保护与工程建设 ④ 与兼职环境监理协商共同与指挥部签订相关环境保护合同条款 ⑤ 与兼职环境监理共同审查施工组织设计，特别是环保部分 ⑥ 与兼职环境监理共同编制环境监理方案和环境监理工作计划，并报总监办审批 ⑦ 准备第一次工地会议环保内容 ⑧ 准备环境监测设备，准备一切环境监测及数据分析处理需要的设备	① 检查工程设计文件中的环保设计内容是否与工程建设协调一致。如出现冲突内容，应要求设计单位进行修改完善，在保证工程质量的前提下保证环境质量 ② 参与施工图设计，将环境保护内容列入其中。考虑的内容主要有落实项目环境影响评价报告书（表）提出的各项环保措施的设计和环保投资概算，取弃土场、填方路基边坡、挖方路堑边坡的处理，隧道工程、桥梁下部结构施工产生的弃渣处理，项目水土保持工程的落实，管理区、养护区、声屏障和服务区等生活污水或锅炉烟尘的处理措施、设施等 ③ 与专职环境监理协商共同与指挥部签订施工期责任书，责任书内容兼顾环境保护与工程建设 ④ 与专职环境监理协商，共同与指挥部签订相关环境保护合同条款 ⑤ 现场调查确认项目区环境敏感地区、环境敏感点和自然保护区概况，包括城镇集中生活的居住区、水源保护区、名胜古迹区、风景游览区、温泉、疗养区等，并了解其与公路建设的关系 ⑥ 审核施工组织设计，具体项目的施工组织设计的环保部分应包括所有环保内容设计，也要包括“三废”排放环节，排放的主要污染物及设计中采取的治理技术、措施、污染物的最终处置方法和去向以及清洁生产等内容，必要时可要求施工单位进行修改补充加以完善 ⑦ 与专职环境监理共同编制环境监理方案和环境监理工作计划，并报总监办审批 ⑧ 审核施工承包合同中的环境保护专项条款。施工承包单位必须遵循的环境保护有关要求应以专项条款的方式在施工承包合同中体现 ⑨ 准备第一次工地会议环保内容
施工阶段	① 检查清除草木植被状况、结构物拆除状况，对未清除彻底或超范围清除的责令限期改正并采取相应的补救措施 ② 监督检查各施工工艺污染物排放环节是否按环保要求执行环保措施，若采取措施，对采取措施处理效果进行调查分析，必要时进行监测分析 ③ 检查施工过程中环境影响评价报告书（表）、相关合同文件的环保措施的落实情况，如植被保护措施、水土保持措施、文物保护措施	① 检查施工过程中环境影响评价报告书（表）、相关合同文件的环保措施的落实情况，如植被保护措施、水土保持措施、河道淤泥处理措施、废弃施工材料的再利用措施等 ② 对施工现场进行检查监督，协调好工程质量与环境保护的关系 ③ 检查临时环保设施是否按照设计要求施工，是否达到设计的环境效果，如果不合格则应及时采取补救措施或予以恢复的专业化服务活动，直到达到设计要求

（续表）

施工环节	专职环境监理	兼职环境监理
施工阶段	④ 对施工过程中加强监督管理、检查、监测，减少施工期对环境的污染影响，同时应对施工单位的文明施工素质及施工环境管理水平进行审核 ⑤ 对工程所排放的废弃物进行检查分析，如机械冲洗废水、机械维修含油废水、施工垃圾、生活垃圾等，依据环评报告书严加管理，按照指定方法、地点达标排放 ⑥ 对施工现场环境进行检查监督，如现场是否有积水、现有道路是否畅通、是否影响当地居民正常生活等，督促施工单位及时排除影响施工的任何外在因素 ⑦ 对环保工程的环保功能进行实验、监测，整理相关数据资料 ⑧ 与兼职环境监理工程师共同填写环境监理报表（月报、季报、年报等），共同编写环境监理报告书，进行环境监理档案的整理和归档 ⑨ 参与调查处理施工期的环境污染事故和环境污染纠纷 ⑩ 组织或参加工地例会，及时提出和解决施工中遇到的环境问题 ⑪ 整理相关的环境数据资料，统一归档 ⑫ 与兼职环境监理共同组织环境保护监理交底会和有关协调会	④ 对工程环保设施施工进行工程及环境监理检查，包括对施工材料进行实验检查，确保材料符合质量及环境标准，对施工过程引起的环境质量进行控制等 ⑤ 施工期间协助建设单位对施工人员做好环境保护方面的培训工作，培养大家爱护环境、增强防治污染的意识。协助建设单位做好沿线群众增强环保意识的宣传工作 ⑥ 及时向总监办反映有关环境保护措施和施工中出现的意外问题，并提出解决建议 ⑦ 按时填写环境监理报表（月报、季报、年报）等，共同编写环境监理报告书，进行环境监理档案的整理和归档 ⑧ 参与调查处理施工期的环境污染事故和环境污染纠纷 ⑨ 审核承包商提交的自检表中环保执行情况和工程质量、工程进度情况 ⑩ 组织或参加工地例会，及时提出和解决施工中遇到的工程环境、工程质量问题 ⑪ 与专职环境监理共同组织环境保护监理交底会和有关协调会
交工及缺陷责任期阶段	① 和兼职环境监理人员、业主单位一起组成检查小组进行验收，专职环境监理人员注重于环保达标程度验收，必要时进行现场监测分析达标程度 ② 整理相关环保技术文件，编目、建档 ③ 对未完成的工程和对工程缺陷的修补、修复及重建现场进行环境监理 ④ 工程缺陷、事故处理结束后，按规定严格检查验收 ⑤ 对环境改进的成果及建议纳入环境监理管理标准，以巩固环境保护改进的成果	① 审核“交工申请”。检查承包人最终各单项工程自检与开工申请单的内容是否符合；核查、整理有关现场监理记录和文档以及监理工程师关于环保的各步骤审查意见 ② 监理单位、业主组成交工检查小组进行验收，必要时设计单位及绿化管护单位也一起参加验收 ③ 签发“交工证书” ④ 整理有关项目技术文件，并编目、建档 ⑤ 对未完成的工程和对工程缺陷的修补、修复及重建现场进行环境监理 ⑥ 工程缺陷、事故处理结束后，按规定严格检查验收 ⑦ 监理工程师签发缺陷责任终止证书，递交业主 ⑧ 对工程及环境改进的成果及建议分别纳入环境监理管理标准和施工技术标准，以巩固工程质量和环境保护改进的成果

(6) 环境监理的工作方法

施工期环境监理工程师常驻工地，对施工活动的环保工作进行动态管理。工作方式为现场环境监理。专职环境监理与兼职环境监理工作方法基本一致，主要工作方法有审核资料、旁站、巡视、现场监测、试验、指令文件等，另外还可以通过罚款等经济手段来要求和制约施工方加强环境保护。对于所有的现场环境监理情况，监理工程师应予以详细记录备案。

1）审核资料

审核资料是保证工程施工期间环境污染降到最低的基础工作，即审查工程初步设计中的环保措施是否落实到位、审核施工组织设计，包括施工组织设计中的环保部分、审核招投标文件、工程合同中的有关环境保护条款、施工方案中的环境保护措施等。

在施工准备阶段，施工单位编写施工组织设计，包括施工组织设计的环保部分。专职环境监理人员主要对施工组织设计中的环保部分进行审核，并提出合理的意见及建议。公路施工组织设计的环保部分是对施工阶段进行统筹安排时，不仅要符合质量、进度等方面的要求，同时要对施工的各个环节提出明确的环境保护要求，在各个部分项目工程中，有针对性地提出环境保护措施，从而体现出施工组织设计的环保指导和工作部署。在编制施工组织设计的环保部分时要遵循以防为主、以治为辅、综合治理的原则，将环境保护的技术方法借助施工方法体现在施工过程中，实现施工与环境保护的协调发展，使工程施工在一定的时间和空间内实现有组织、有计划、有秩序地进行环境保护，以达到合理施工、环境影响最小的效果。施工组织设计环保部分可以是对公路基本建设项目的环境保护起到控制作用的总体战略部署，也可以是对某一具体工程的施工作业的环境保护起到指导作用的战术安排。

2）旁站

旁站就是在工程施工过程中监理工程师对工程的重要环节或关键部位实施全过程的现场察看和监视监理，这是驻地监理工程师的一种主要的现场检查方式。对承包人施工的隐蔽工程、重要工程部位、重要工序及工艺及可能引起重大环境影响的施工过程，如施工表土清除、堆置保护及施工后覆土，有毒有害施工垃圾如废沥青渣的处置及关键的生态恢复过程等，应由监理工程师或其助理人员实行全过程的旁站现场检查，必要时进行环境监测并记录，及时纠正影响环境质量的不规范操作和发现问题。旁站监督是技术性要求很强的工作，因此要求旁站环境监理工程师具备一定的理论知识和环境保护实践经验，对所监督的施工过程所采用的施工方法有透彻的了解，对可能出现的环境问题做到心中有数。

3）巡视

巡视是环境监理现场管理的重要手段之一。由于公路环境监理受监理工程师的数量、车辆等条件的限制，不可能一直采取旁站监理的方式。因此环境监理可以采取间断巡视施工现场的监理方式，同旁站监理手段相互结合，及时掌握现场的环境破坏污染动态，检查施工人员是否按环境保护的相关规定和环保施工的程序执行，监督承包商落实环境保护方案并做好记录，及时发现和处理较重大的环境污染问题。现场巡视是监理行为中为获取综合信息和全面掌握工程现场动态的有效途径，是对施工现场的工作面进行全面的检查和观察，具有多次轮回性和目标综合性的特点，通过巡视可以有效掌握影响环境质量的各因素的状态及控制效果。

4）现场监测

现场监测数据是环境监理工程师对工程施工引起的环境影响最直接、最准确的判断资料。任何一项工程开工前监理工程师都要对环境背景值进行监测。项目施工期间会引起声环境、大气环境、地表水环境质量影响，需要进行数据监测才能确定是否超标和超标的量级。验收时，要对各环境要素进行现场监测，不符合要求的要采取补救措施以使环境达标，否则公路环保验收结果为不能通过验收。常用的污染因子监测仪器见表10–3。

表10–3 常用的监测仪器

序号	监测项目	仪器名称
1	pH值	pH计
2	溶解氧DO	溶解氧测定仪
3	化学需氧量COD	化学需氧量快速测定仪
4	悬浮物SS	便携式SS测定仪
5	水温	水温计
6	总悬浮颗粒物TSP	中流量TSP连续采样器
7	等效声级L_{Aeq}	声级计

5）试验、监测

试验是环境监理工程师确认各种材料和工程质量的主要依据，公路工程施工过程中的每道工序及每项分项工程，包括噪声墙、污水处理设施等分项工程及各种环保临时工程的材料性能、各种混合料的配比等各种试验都要有试验数据作为基本资料，保证工程质量才能减少环境隐患。对于专职环境监理来说，主要是对工程的污染量如污水、粉尘、噪声等进行监测，必要时可以经业主审批委托有监测的单位进行水环境监测，记录确切的环境质量数据，确定环境质量达标状况。监理人员以试验数据及监测数据确定符合工程实际情况的环保管理、监理及工程量化标准。

6）指令文件

指令文件也是环境监理常用的一种方法。监理过程中，监理工程师的各种指令都要有文字记载，并作为主要技术资料存档，使各项事情处理有根有据。这是环境监理工程师对工程施工过程实施环境质量控制和环境管理不可缺少的手段。如环境问题通知单、工作指令、工程变更令、停工令等，用以指出施工中各种破坏环境的问题，提醒承包人注意，以达到控制之目的。

7）检查、抽查

检查也是环境监理工程师的重要手段之一，有助于监理工程师随时掌握施工现场及工程的污染动态，及时制定下阶段的环境保护措施。每月由业主所成立的环保部组织一次例行的环境质量大检查，各相关环境管理人员都必须参加，检查结果形成报告呈报总监理工程师，并形成环境监理月报。另外，各监理处还可以根据施工进度及其各工序对环境的影响和破坏程度，对承包商的环保施工情况进行随机抽查。根据检查及抽查的内容，环境监理填写相应表格并进行评分。以拌和站抽查为例，填写拌和站现场抽查登记及评分表，见表10–4。

表10–4 拌和站现场抽查登记表

检查日期：

拌和站名称：		
天气：		
序 号	检查内容	分 数
1	环保设备运行情况	
2	粉尘、扬尘污染防治措施实施情况	
3	噪声污染防治措施实施情况	
4	生产污水防治措施实施情况	
5	生活污水防治措施实施情况	
6	生产垃圾处理情况	
7	生活垃圾处理情况	
8	生活营地厨房油烟防治措施状况	
9	合计	
备注：		

注：总分以10分计　　检查人：

8）工序控制

工序控制是监理工程师对施工环境质量进行有效控制的重要手段之一，必须按“环保要求”对每道施工工序进行严格控制，以确保环境质量达到相关标准。监理工程师应坚持对重要的施工工序进行环境质量现场控制，除承包人按规范操作施工工序外，监理工程师还必须对每道工序的环境保护工作进行检验，如挖方路段挖方时的土方调运控制，填方路段填方时的大气环境质量和土场取土进行控制，桥梁施工时的水泥砂浆质量控制和水环境质量控制等，环境质量不达标时必须采取措施或改变施工工艺等方法以减少环境影响，确保符合环保要求。具体环保要求如下：

① 环保达标。公路建设及运营期间所引起的噪声、扬尘须满足相应的声环境、大气环境质量标准；排放污水必须满足相应的水质排放标准；施工所引起的植被破坏等须依照环境影响评价书（表）所要求的范围进行；施工产生的固体垃圾须按照规定进行统一处理等。若各项污染因子不能达到相应标准，须采取相应控制措施满足地方或国家标准要求，否则视为环保不达标。

② 操作规范。包括《施工员技术操作标准规范》《公路施工技术规范》《公路桥涵施工

技术规范》(JTG/T F50—2011)、《公路水泥混凝土路面施工技术规范》(JTG F30—2003)、《公路隧道施工技术规范》(JTG F60—2009)等。

③ 临时工程。包括施工营地、拌和站、预制厂、表土临时堆放场、临时隔声墙、便道、便桥、绿化工程等须满足相应的规范标准要求或环境影响评价所提要求。

④ 环保工程。包括挡土墙、排水设施、污水处理设施、声屏障、交通设施等须满足相应的设计要求，达到环保效果。

9) 公众参与

指环境监理、公众、承包商采取的一种双向沟通与交流的方式。是项目施工沿线的公众、团体、单位等具有环境参与能力，并在环境监理的引导下，采取合法的方式，有限度地对承包商的施工行为进行监督，使自己合法的环境权益得到充分保证的一种途径，保证了环境监理实施的效果。

10) 环境保证金

承包商在开工之前，需要交纳部分环境保证金，如果承包商的施工行为严格按照环保施工的要求落实环保措施，将施工行为对环境的影响降至最低，并采取积极的生态恢复措施，环境监理工程师签字认可，保证金全部返还。否则，环境保证金没收，用这部分环境保证金雇用其他单位来对破坏的环境进行生态恢复。

11) 罚款

由于承包商不按照环保要求施工，其施工行为造成环境污染或破坏，并对沿线的居民和生态环境产生损害，要对产生污染或破坏的承包商进行罚款，并要求其赔偿相应损失。对环境造成重大影响者，要对责任人和责任单位进行重罚。罚款的积极作用在于对承包商以后的施工行为和环保工程质量的落实能起到预防作用。

12) 支付控制

为了加强环境监理实施效果，赋予环境监理的环境质量支付控制权，工程款的监督支付应由工程监理负责人和环境监理负责人进行会签，两者缺一不可。青藏铁路施工期环境监理采用了这种支付控制的经济手段，从源头上制约了承包商的施工行为，取得了较好的环境保护效果。

10.2.2.3 公路竣工环境保护验收

公路竣工环境保护验收是公路环境保护工作的重要环节。通过实施环保达标验收和环保工程验收，可以有效解决公路施工遗留的环境问题，保障环保设施的运行效果。

(1) 公路竣工环保验收概述

在公路竣工环境保护验收工作中，需要进一步加强环保达标验收的工作力度，平衡环保达标验收和环保工程验收两个工作重点，实现竣工环境保护验收。

1) 基础工作

公路竣工环境保护验收的基础工作是为顺利开展公路环保验收所做的准备工作，包括资料回顾和环境调查两项基础工作。资料回顾是开展公路环保验收的重要基础工作，它包括两个方面的内容：一是对项目环境影响报告书的回顾，以了解环保措施和建议，确定环保验收的环境因素；二是环境影响报告书的批复，以确定公路环保验收的重点。环境调查是开展公路环保验收的另一项基础工作，主要包括两个方面的内容：一是公众参与调查，了解公路施工过程产生的环境影响；二是环保设施调查，了解环保设施的合理性和有效性。

2）技术路线

公路竣工环境保护验收的技术路线包括：现场环境初步调查，为了收集公路设计施工资料、环评报告及其批复等资料，明确工程环保要求，获取工程及区域生态环境感性认识，明确工程生态环境问题，判定环境敏感目标；编制调查方案，以便确定调查内容、专题调查方案和调查方法，提出方案组织实施措施，进行调查方案审核与审定；根据调查内容和调查方法，开展现场生态调查与环境监测，开展环境影响调查和环境监测工作；编写调查报告，分析评价公路建设对环境的影响，评估环保措施的落实情况及其有效性，做出验收调查结论与建议。

3）验收调查内容

根据公路竣工环境保护验收的目的和作用，环保验收调查的主要内容包括工程建设概况调查、环境影响报告书回顾、环保措施落实情况调查、环保设施落实情况调查和环境影响调查。

（2）公路竣工环保验收技术方法

1）工程建设概况调查

工程建设概况调查是以查阅资料和现状调查为基础，客观、真实地反映公路建设的基本情况。通过对工程建设资料的查阅和公路实地情况的调查，以了解公路的地理位置及路线走向、工程建设过程、主要技术指标、主要工程量、工程投资及环保投资，了解所预测车流量和实际车流量。

2）环境影响报告书回顾

环境影响报告书是进行公路环境保护验收的重要参考资料之一。对环境影响报告书进行查阅回顾，以查清公路工程在设计、施工及运营中对环境影响的分析和处理的建议，以及批复中要求的环保措施和建议等，为环境保护验收工作起到对比与指导作用。

3）环保措施落实情况调查

环保措施落实情况调查是进行公路环保达标验收的两个重要内容之一，依据环境影响报告书及其批复中的环保措施的要求和建议，来判断环保措施的落实情况。通过调查以了解施工中产生的环境影响问题，包括公路与途径地区的协调性、阻隔、公路用地、排水及路基防护、水污染、大气污染、噪声污染等，也可以了解施工过程中对环境影响的程度、公众对施工过程中环境影响的满意度等，以此来判断环保措施的落实情况。

4) 环保设施落实情况调查

环保设施落实情况调查是进行公路环保达标验收的另一个重要内容，环保设施包括声屏障、污水处理设施等。采用资料回顾、现场勘察、监测等方法进行环保设施调查。通过资料回顾，以了解声屏障或污水处理等设施的设置位置；通过现场勘察以了解环保设施是否按照相关规定和要求进行建设，建设质量是否达到标准；通过监测以了解环保设施运行效果是否符合相关规定。

5) 环境影响调查

环境影响调查是调查公路试运营期内的环境影响状况以及采取措施后的效果。环境影响调查的内容包括公路沿线生态环境、声环境、水环境、大气环境，以及污染事故应急预案、环境管理、社会环境等方面的内容。通过采取资料收集、现状监测、现场踏勘、社会调查等方法进行环境影响调查，以了解公路工程建设对沿线的自然环境和社会环境的影响状况、服务区等附属设施的污水达标排放情况、危险品运输的管理情况以及应急预案操作情况等。

(3) 公路竣工环保验收报告书的编制

1) 报告书编制要求

① 公路建设项目竣工环境保护验收报告书编制应内容全面、文字简洁、图文并茂、数据翔实、方法正确，结论清晰准确。调查报告的编制深度应满足环保验收的要求，符合建设项目环境保护设施竣工验收管理条例的规定。

② 调查报告的主要内容一般应包括总论、建设项目基本概况、环境影响报告书回顾、环保措施落实情况调查、环保设施落实情况调查、竣工验收环境影响调查分析、结论建议等部分。

2) 报告书内容

① 总论。包括目的与原则、编制依据、调查方法、调查范围与因子、验收标准、调查重点与主要调查对象等。

② 公路工程建设项目基本概况。包括公路建设过程回顾、地理位置、路线走向及主要控制点、工程主要技术指标及建设规模、沿线管理设施、交通量等。

③ 环境影响报告书回顾。包括环境影响报告书的主要结论、环保措施及建议、环评批复回顾等。

④ 环保措施落实情况调查。包括施工阶段的环境影响情况、环境监测情况、公众调查意见情况、分析环境措施落实情况等。

⑤ 环保设施落实情况调查。包括设计阶段环保措施落实情况、施工阶段环保措施落实情况、运营期环保措施落实情况等。

⑥ 竣工验收环境影响调查分析。包括生态、声、水、大气等环境影响调查分析，危险品运输的管理和应急预案落实情况调查，环境管理及环境保护监测计划落实调查，社会影

响调查分析等。

⑦ 调查结论与建议。

⑧ 验收依据的相关文件附件。

10.2.3 公路建设项目运营期环境管理技术方法

在公路建设项目运营期，公路的运输能力应保证正常发挥，同时也要重视运营期的环境保护工作，降低公路运营产生的环境影响，要根据该阶段的环境保护工作重点开展环境管理工作。

10.2.3.1 公路运营期环境管理概述

公路运营期的环境管理是根据公路运营期的自然环境和社会环境状况进行相应的环境管理工作，保证公路正常的使用功能，保护公路所在区域的环境。运营期环境管理的主要工作包括公路环境巡检和环境后评价两个方面。

(1) 公路环境巡检

公路环境巡检是公路运营管理工作的一部分，是指在公路建成竣工以后的使用期间，为了充分发挥公路的功能，降低运营期产生的环境影响，保障公路沿线的自然环境和社会环境状况良好，使公路高效地为社会服务所进行的一系列的环境管理活动。

通过公路环境巡检，可以有效降低公路运营带来的环境影响，提高公路使用者的舒适度，帮助减少交通事故发生，更重要的是总结竣工验收后公路在使用过程中受到不利环境影响的状况及发生变化的规律，弥补和完善环保设计、环境监理、环保验收的不足之处，同时也为及时处理运营中发生的环境问题提供依据。公路环境巡检在公路运营管理中占有重要的地位，为建设绿色公路发挥着重要的作用。

(2) 公路环境后评价

公路建设项目环境后评价是指公路建设项目正常运营后，在一定的时间内分析评价公路运营对路域环境质量的实际影响，分析公路建设项目环境影响评价结论的准确性、可靠性和环境保护措施的有效性，它是一种全面准确反映工程建设项目对沿线及周围环境的实际影响并为环境管理提供依据的技术手段。

公路建设项目环境后评价对建设项目环境影响评价的工作和结论进行检查、诊断、审核和改进，不断改进和优化环评方法和评价技术，提高环评的质量，同时也有利于环境影响评价单位和工作人员工作质量的提高。环境后评价有利于完善环境管理制度体系，强化环境管理政策，有利于完善建设程序，加强环境延伸管理，提高项目决策科学性水平。

10.2.3.2 公路环境后评价技术方法

(1) 环境后评价准备工作

准备工作就是为顺利开展公路环境后评价所做的基础工作，包括环境调查和环境监测两项工作。环境调查是开展环境后评价的重要基础工作，包括三个方面的内容：一是调查公路建设和运营的基本情况，了解公路建设的特点、线路的实际走向和道路特征、公路沿线的地形地貌和水文地质等，了解公路运营的实际交通量和通车车型等；二是调查环评报告书和其他技术文件提出的公路环境保护措施的落实情况和运转情况，包括环保设施和环境监测与环境管理等方面的状况，调查工程“三同时”的执行情况；三是调查已运营的公路及所在地区的实际自然环境和社会环境状况。

根据公路建设项目环境后评价目的和任务，环境后评价的技术路线包括：回顾分析，是对项目建设概况和环境影响评价报告书的回顾以及项目建设工作的回顾；调查与监测，是对进行当前状况进行的现场调查、开展公众参与、环境监测和排污监测；对照与验证，即进行交通量检验、检验工程状况、验证源强、验证环境影响预测、验证环保措施和对策、验证环境管理体系及运行状况；分析与评价，即进行分析验证结果、分析与评价主要问题、分析原因；结论与建议，对进行的环境后评价内容进行全面说明、对项目环境保护工作提出改进路线。

(2) 环境后评价内容

根据公路环境后评价的目的和作用，环境后评价的主要内容包括对项目前期工作进行环境后评价、对项目建设阶段进行环境后评价、项目运营阶段的环境后评价、项目运营阶段的延伸环境管理等。

1) 项目前期工作的环境后评价

主要是根据公路在建设和运营阶段的实际情况，分析评价项目前期的决策工作，分析公路项目环境影响评价依据是否可靠，分析环境项目的建设运营对环境影响预测质量，分析评价项目环境保护方案和措施是否有利于项目的环境保护和生态环境的维护，分析评价环保措施的合理性、可行性及项目整体方案的协调性。

2) 项目建设阶段的环境后评价

分析评价根据公路项目的决策而进行的环境设计，包括各种环境保护措施以及建设过程的环境保护活动等。评价公路建设过程中“三同时”制度的落实情况，从设计、施工到竣工验收各个环节的措施和完成情况，分析评价在公路项目建设阶段项目对环境的实际影响，包括自然环境和社会环境以及所采用的减缓措施和有效性、合理性等。

3) 项目运营阶段的环境后评价

根据公路运营后的实际状况，分析项目对环境的实际影响，分析评价环境影响的现状，包括影响的范围、种类和程度，分析评价项目的环保措施和措施的运行状态，包括其发挥的环保作用和效率等，分析评价项目的环境管理状况，包括运营期环境管理体系的建立和运行情况，各种环境保护措施的贯彻，以及环境保护规章制度的建立和落实情况等。

4) 项目运营阶段的延伸环境管理

通过对项目在实际建设阶段和运营阶段的状况分析，评价项目的环境决策、环境建设和环境现状，对项目运营阶段的环境建设和管理进行规律分析、预测、评价。根据项目的实际运营情况和所在地区社会、经济和环境的实际情况，对项目环境影响评价报告书中一些与实际情况有较大偏差的结论进行修正，提出项目未来运营阶段的环境保护方案和措施，完善环境项目管理的规章制度，健全项目环境管理机构，充实项目环境保护人员，使得整个项目环境管理体系有效运转。

5）环境后评价工作要素的确定

公路环境后评价的工作要素是环境后评价的重要特征，包括工作等级、评价范围、时间范围等。环境后评价工作等级的确定应根据公路建成投入使用一定时期后，项目的使用状态、项目对环境的影响作用、项目及所在区域环境状况等实际情况，来确定环境后评价的工作等级。公路环境后评价一般应与公路建设项目环境影响评价各环境因素的影响评价范围一致，范围的大小、形状等取决于环境后评价工作的等级、工程及环境的特性和敏感保护目标分布等情况，同时也要考虑项目投入运营后所产生的一些新的情况和问题，必要时可适当调整环境后评价的范围。公路环境后评价的时间确定应根据具体情况进行环境后评价。公路环境后评价在公路投入运营后1 ～ 3年开展较为合适。对于一些重大建设项目，可根据需要分阶段做多次环境后评价，如在项目竣工验收后5 ～ 10年的运营中期，以及10 ～ 15年的运营远期再次开展环境后评价。

（3）环境后评价工作程序

根据公路建设项目环境后评价的工作内容和特点，可以将整个评价工作大体分为三个阶段，即准备阶段、工作阶段和报告书阶段。公路建设项目环境后评价工作程序包括以下几个部分。

1）准备阶段

准备阶段的主要工作有确定进行环境后评价的公路项目，明确进行环境后评价的目的和要求落实项目环境后评价领导和工作机构，收集与项目环境保护和环境后评价有关的资料，制定环境后评价工作计划，以及委托环境后评价单位等。

2）工作阶段

工作阶段的主要工作有调查公路项目的环境现状、进行环境监测、收集有关数据资料、调查污染源的排放状况和环保设施的使用情况以及开展公众参与调查等。在资料收集的基础上，编制项目环境后评价工作大纲。

3）报告书阶段

在工作阶段的基础上，确定项目环境后评价的结论，提出环境保护的措施和建议，编制项目环境后评价报告书，组织专家评审，并送交有关部门进行审批。

（4）环境后评价技术方法

环境后评价一般由环境影响回顾分析、环境调查与监测、环境影响对照与验证、环境影响分析与评价和环境后评价结论与建议五个方面的工作内容组成。这五个方面的工作在各环境要素的后评价中应得到充分体现。

1）自然环境后评价技术方法

① 生态环境后评价。生态环境后评价影响回顾是以环境影响报告书和环保竣工验收报告为基础，回顾公路建设项目的概况，了解项目所在地区的地质、地貌结构、公路建设规模、技术等级、土石方平衡以及取弃土场设计情况，预测交通量、危险品运输量等；了解生态系统的类型、特点以及功能，野生动植物分布情况，主要生态影响以及保护、控制和恢复的对策，环保主管部门的批复意见等；了解完成生态环境保护工程数量及其投资费用、生态工程措施阶段性的效果、工程生态效果的持续性，以及遗留问题的解决方式和有效性等。

生态环境调查一般采取现场调查、收集资料和公众参与等方式进行。公路沿线的调查范围为公路沿线两侧200 m以内的范围，如有生态敏感点，则应适当扩大调查范围。生态环境调查要了解生态系统的类型和变化，公路实际建设的规模和技术，环评报告中生态保护措施的落实情况、可操作性以及效果，生态保护的方法和效果，现存的生态环境问题等。调查方法采用“以点带段、点段结合、反馈全线”的方式，选取典型点、段进行调查。调查取土场、弃土场及临时用地的恢复情况，边坡生态防护工程的落实情况，项目实际占地、项目建成后生态系统的稳定程度以及沿线地区绿当量变化情况，另外还有服务区的适用性等情况。同时通过对资料的收集和咨询工作，了解施工期和运营期生态问题的成因、解决方法、环境经济损失以及环境投入；通过走访沿线群众，了解群众关注的生态问题及其解决方法，了解环保竣工验收的处理意见及其处理效果。

生态环境影响对照与验证是指对公路建设前后的公路工程状况、交通量状况、环境敏感点及其位置状况的变化所进行的对比，对环评报告书中环境影响预测结果的变化，以及污染防治措施的实施状况及效果的变化所进行的对比分析，并对项目影响区生态系统的构成和变化，生态环境变化的原因，生态环境保护的方法、费用及效益，现存的生态环境问题进行对比分析。

生态环境影响分析与评价是通过回顾、调查、对照与验证，总结分析项目当前存在的问题，总结项目在规划、设计、施工和运营中的成功经验和存在问题。成功经验一般有项目优化设计、边坡防护、绿化物种选择、景观设计以及施工期生态环境保护等。存在问题一般有公路边坡防护存在的问题，取土场、弃土场及临时用地存在的问题，水土流失存在的问题，以及绿化物种成活率等问题。此外还有尚未在环评报告书中考虑的问题等。

生态环境后评价结论与建议应对选择的评价内容进行全面说明，对项目生态环境保护工作提出改进建议。包括项目设计阶段考虑的生态环境问题，项目建设过程中产生的生态环境问题，生态保护工程费用的落实情况，建设过程中已采取的生态环境保护措施及其效果，项目在环评中尚未考虑的生态环境问题，项目目前的生态环境质量状况及仍存在的主要生态环境问题，项目尚需采取的生态环境保护措施、预期效果分析及投资估算等。

② 声环境后评价。声环境影响回顾分析包括三部分内容：一是对公路建设项目工程概况的回顾，以了解公路建设项目环境影响报告书编制时所依据的工程设计文件及工程情况；二是对环境影响报告书评价结论的回顾，以了解公路建设项目环境影响报告书对声环境影响评价的主要结论、建议及措施；三是对环保竣工验收的回顾，以了解实际声环境保护工程的投资费用、声环境保护工程措施的阶段性效果，以及对竣工验收遗留问题的解决方法和有效性。

声环境调查与监测包括现场调查、资料调研、公众参与及监测四种形式。现场调查要了解沿线实际声环境敏感点的数量、规模、相对公路的位置及分布；资料调研主要了解公路通车后的交通量发展状况、车型比、昼夜比和公路交通噪声预测计算模型及其参数的研究发展动态；公众参与调查，了解沿线两侧居民、师生对公路交通噪声及其控制措施的反映；环境监测是公路建设项目环境后评价工作实施定量化评价的主要数据来源。声环境后评价监测可分为排污监测与环境质量监测两类。

声环境影响对照与验证是指对公路建设前后的公路工程状况、交通量状况、环境敏感点数量及其位置状况的变化所进行的对比分析，对环境影响评价报告书中环境影响预测结果的变化所进行的对比分析，以及对环境评价报告书建议采取的污染防治措施的实施状况及效果的变化所进行的对比分析。包括公路建设项目建设规模、技术指标检验、交通量检验、交通噪声源强验证、环境敏感点位置、数量变化验证、环境影响预测验证、噪声污染防治措施验证。

声环境影响分析与评价主要是汇总验证结果，进行主要问题分析与评价。依据声环境质量标准及国家相关环境法律、法规，分析评价声环境存在的主要问题及环境质量状况，包括实际敏感点噪声超标的问题、实际声环境敏感点噪声污染控制措施效果差的问题、尚未在环境影响评价中考虑到的问题。分析产生问题的原因，主要分析路线走向变化的原因（距路线距离变化）、源强变化的原因（交通量、车型比、昼夜比）、预测模型本身的误差或模型参数选择不合理因素、预测计算不准确的原因、尚未解决声环境问题的责任。

声环境后评价结论与建议是通过回顾、调查、对照与分析，提出项目声环境影响后评价结论。结论应对选择的评价内容进行全面说明，对项目声环境保护工作提出改进建议，包括项目已有声环境问题、项目已采取的声环境保护措施及其效果、项目当前声环境质量状况及仍存在的主要声环境问题、项目尚需采取的声环境保护措施、预期效果分析及投资估算。

③ 水环境后评价。水环境影响回顾分析应包括三部分内容：一是对公路建设项目工程概况的回顾，以了解公路建设项目环境影响报告书编制时所依据的工程设计文件及工程概况；二是对环境影响报告书评价结论的回顾，以了解公路建设项目环境影响报告书对水环境影响评价的主要结论、建议及措施；三是环保竣工验收回顾，以了解水污染防治工程措施的阶段性结果，对竣工验收遗留问题的解决方法和有效性。

水环境调查与监测包括现场调查、资料调研、公众参与及监测四种形式。现场调查主要了解附属设施、公路沿线地表水、危险品运输应急措施；资料调研了解公路通车后该地区受纳水体水质的变化和水污染预测计算模型及其参数的研究发展动态；公众参与了解沿线两侧居民对公路附属设施污水排放状况的客观反映；水环境监测是水环境后评价工作实施定量化评价的主要数据来源，分为排污监测和水环境质量监测两类。

水环境影响对照与验证主要是对与水环境评价工作相关的公路工程状况、交通量状况的变化所进行的对比分析，对环境影响评价报告书中环境影响预测结果的变化所进行的对比分析，以及对环境评价报告书建议采取的污染防治措施的实施状况及效果的变化所进行的对比分析。主要包括公路建设项目工程状况检验、交通量检验、水污染源强验证、水环境质量影响预测验证、水污染控制对策验证。

水环境影响分析与评价主要是将验证的结果进行分析，依据水环境质量标准及国家相关环境法律、法规，分析评价水环境存在的主要问题及环境质量状况，包括地表水体水质污染超标的问题、实际水污染控制措施效果差的问题、尚未在环境影响评价中考虑到的问题；分析产生问题的原因，包括污水处理服务对象位置变化的原因，水污染源强度变化的原因，选用模型不合理、预测计算不准确的原因；尚未解决水环境问题的责任。

水环境后评价结论与建议是通过由回顾、调查、对照与分析，提出项目水环境影响后评价结论。结论应对选择的评价内容进行全面说明，对项目水环境保护工作提出改进建议，内容包括项目已有水环境问题、项目已采取的水环境保护措施及其效果、项目目前水环境质量状况及存在的主要水环境问题、项目尚需采取的水环境保护措施、预期效果分析及投资估算。

④ 环境空气后评价。环境空气影响回顾分析包括三部分内容：一是对公路建设项目工程概况的回顾，以了解公路建设项目环境影响报告书编制时所依据的工程设计文件及工程概况；二是对环境影响报告书评价结论的回顾，以了解公路建设项目环境影响报告书对环境空气影响评价的主要结论、建议及措施；三是环保竣工验收回顾，以了解环境空气污染防治工程措施的阶段性效果，对竣工验收遗留问题的解决方法和有效性。

环境空气调查与监测的主要内容有公路沿线走廊CO、NO_2浓度值，服务设施锅炉TSP、SO_2浓度值，公路隧道CO、烟雾浓度值和公路施工裸露面TSP浓度值。主要进行的调查有实际空气敏感点现场调查、局部气象条件的调查或测试、公路两侧代表性尾气污染物监测、公路服务设施空气污染物的排放调查、公路隧道空气污染控制设施的调查。

环境空气影响对照与验证主要是对与环境空气工作相关的公路工程状况（如路线走向、预测交通量、车型比等）的变化所进行的对比分析，对环境影响评价报告书中环境影响预测结果的变化所进行的对比分析，以及对环境评价报告书建议采取的污染防治措施的实施状况及效果的变化所进行的对比分析。其对比分析方法与声环境相同。

环境空气影响分析与评价主要是根据环境空气影响对照与验证的结果，分析评价环境空气影响的程度，分析评价采取相应措施后的效果。通过分析评价，确定减少环境空气污染物浓度的措施和效果，如施工期的降尘及运营期能源结构的调整、隧道内汽车污染物浓度控制措施的有效性分析、产生环境空气污染问题的原因分析等。

环境空气后评价结论与建议是通过回顾、调查、对照与分析，提出项目环境空气影响后评价的结论。结论应对选择的后评价内容进行全面说明，对项目环境空气保护工作提出改进建议，包括项目已有环境空气质量问题、项目已采取的环境空气污染防治措施及其效果、项目目前环境空气质量状况及仍存在的主要环境空气质量问题、项目尚需采取的空气污染防治措施、预期效果分析及投资估算。

2）社会环境后评价技术方法

① 社会环境后评价。社会环境回顾包括两部分内容：一是公路建设项目概况回顾，通过对建设项目概况的回顾，以了解项目所在地区社会发展特征、经济开发状况、国民经济发展目标以及纲要等；二是影响报告书回顾，通过对影响报告书的回顾，以了解公路对沿线及周边地区农业、工业发展的影响，相关思想观念、文化素质、生活水平的影响，产业结构优化、就业效果、分配效果的影响，城镇开发与建设的影响，资源开发的影响，以及运输网格局的影响。

社会环境调查与分析不同于自然环境影响后评价。首先应建立一套评价指标体系，指标体系中指标的建立依据指标的类型可分为社会发展类指标和经济开发类指标。社会发展类指标包括地区间合作交流程度、区域出行变化程度、公路对沿线的分隔影响、人们思想观念的转变程度、区域生活水平改善程度以及抵抗自然灾害能力等。经济开发类指标包括资源开发利用效果、国土开发和土地增值程度、产业结构优化程度、就业效果和分配效果、促进沿线产业带发展程度等。

对社会环境进行效果验证，需将环境影响评价的预测结果与实际调查分析结果进行对比分析。对于少数定性的指标，由于缺少必要的数据，在验证时可根据定性描述的结果，由专家给出实施效果验证结果。但需要注意的是，定性与定量结果的验证结果应该统一。

社会环境主要分析的问题包括公路沿线居民的思想观念问题、政府的管理与政策问题、公路沿线的产业开发与产业结构调整问题、公路沿线的配套基础设施不完善的问题以及公路建设项目的效益分配问题等。

② 征迁再安置后评价。项目征迁再安置回顾是指对项目环境影响报告书中征迁再安置影响预测的结论和措施，以及项目征迁再安置行动计划进行的回顾。项目征迁再安置回顾的资料应以环境影响报告书和项目征迁再安置行动计划为基础，回顾的过程应能够客观、全面、真实地反映环评和行动计划。项目征迁再安置回顾包括公路建设项目概况回顾、环境影响报告书回顾、项目征迁再安置行动计划回顾。

项目征迁再安置调查是指通过全面的调查获得公路建设项目实际的征迁情况、再安置措施的落实情况，以及再安置措施的实施效果等。调查范围一般为公路中心线两侧20～60 m，调查内容应尽可能反映出公路沿线受征迁再安置影响的公众的实际情况。

③ 项目征迁再安置对照与验证。项目征迁再安置对照与验证可以确定项目实际产生的征迁量，以及已采取再安置措施的落实情况和实施效果。它包括是否按照环评或行动计划

执行、是否遵守已有的法规和条例；产生的实际影响以及其与预测影响的相符程度；实际采取的措施以及这些措施的合理性、落实情况和实施效果等；实际支出费用以及实际费用与预测费用的关系。

通过回顾、调查、对照与验证，总结分析项目征迁再安置实施的效果及存在的问题。通过分析评价，可以确定项目环境影响评价征迁再安置影响分析和制定措施的合理性和有效性、项目征迁再安置行动计划中征迁再安置影响分析和制定措施的合理性和有效性、项目征迁再安置过程中监督管理的效果、项目征迁再安置资金的落实情况以及地方政府的合作情况等。

通过回顾、调查、对照、分析与评价，提出项目征迁再安置后评价结论。结论应对征迁再安置后评价的内容进行全面说明，并对项目征迁再安置的工作提出改进建议，包括项目已采取征迁再安置措施的实施情况和效果、项目目前存在的再安置问题、项目尚需采取的征迁再安置措施、预期效果分析及投资估算。

④ 公众参与。环境后评价中的公众参与方式与环境影响评价中的公众参与方式相同，通常采用新闻媒体发布消息、实地调查、举行各种会议、项目咨询等方式。与决策阶段的公众参与方式相比，环境后评价中的公众参与方式更强调与公众进行面对面的交流，通常以发放调查表、实地访谈、召开公众座谈会、设置公众信箱等方式进行公众参与。

公众参与调查的范围与调查对象应和环境影响评价中的公众调查范围与调查对象保持一致，同时也要考虑在施工和运营过程中实际受到影响的公众。调查样本容量和环境影响评价中的样本容量保持一致。调查表一般分为开放式和封闭式两种，调查内容要兼顾全面性、层次性、次序性及无重复性。

专家调查一般是采用召开专家会议的方式进行，视具体情况可选择环保、林业、规划、经济、社会、文物保护和工程等领域的专家。调查内容是对公路建设和运营中产生的环境问题进行分析，特别是为制定有效措施提供建议。环境后评价的公众参与专家调查对象在一定程度上与环境影响评价的公众参与专家调查对象保持一致。

将调查所得的原始资料进行分类、汇总，使其成为条理化、系统化的统计分析综合资料。调查结果应采用定量分析和定性分析相结合的方式进行描述和推论。经过归纳后的公众参与建议在报告中要详细阐述。

3）环境管理后评价技术方法

① 项目施工期环境管理的评价。一是调查《环境保护行动计划》的落实情况。通过项目自然环境后评价和社会环境后评价可以判断《环境保护行动计划》的落实情况，了解施工期环保工作是否进行了量化，施工期环保监控是否具有有效的经济控制手段，环保措施是否得到真正有效的落实，在环境后评价报告中详细分析论述运营后环境保护工作，以及项目所在区域的环境质量是否得到有效保障。

二是环境质量监测。通过咨询建设单位、查阅环境监理工作日志、调查竣工验收总结材料来分析环境质量监测的计划和制度，总结现场环境监测的方法，确定监测的点和段、监测的频率、监测的环境因子是否与环评报告以及环境保护行动计划中确定的相吻合或相一致。这些内容在环境后评价报告中要进行详细的分析与论述。

② 项目运营期环境管理的评价。一是环境质量监测。在环境后评价中，通过现场调查和检查，可以判断该环境质量监测工作是否按照国家环保总局有关环境监测方面的规定来执行。通过查阅按年度编制的环境质量监测报告，可以分析交通运输汽车在行驶中产生的尾气和噪声在公路两侧的变化趋势，也可以分析服务区内产生的生活污水和生产中产生的废水的水质监测情况等。

二是环保设施的状况。通过现场调查和抽查、查看工作日志，可以判断环保设施的运转使用情况和运转效果，也可以分析现有环境设施的合理性和有效性，即数量、种类、分布、规模等。根据项目运营后出现的新情况、新问题，提出进一步完善的环保设施建设方案和使用方案。

三是环境管理日常工作。通过咨询公路主管部门对环保投入的人力和财力，可以判断环保设施是否完善，以及环保设施是否管理与保养良好等情况；与操作人员进行座谈或进行问卷调查，以分析他们的环保意识和操作技术；现场调查和监测检测服务区的污染处理现状、服务区固体废弃物的处理方式、沿线绿化和美化现状和效果等，应在环境后评价报告中给出定性描述。

10.2.3.3 公路环境巡检技术方法

(1) 环境巡检基础工作

公路环境巡检是运营阶段公路日常管理的一部分。通过对公路环境进行定期或不定期的巡检来了解公路运营阶段的环境现状，以及环保附属设施的运行效果。总结公路环境影响变化的规律，发现公路存在的环境问题，进而采取工程措施进行公路环境保护。公路环境巡检提高了公路的运输功能，改善和提高了公路的生态效益和社会效益。

公路环境巡检准备工作是为了保证公路环境巡检工作能够正常开展而进行的基础工作，包括制定公路环境巡检工作条例和配置巡检设备两项工作。制定公路环境巡检工作条例是规范和监督环境巡检工作的重要保障，主要包括公路环境的巡检方法、巡检重点、巡检内容、应急处理和维修等内容。巡检设备的配置是开展公路环境巡检工作的基本保障，这些设备主要包括监测仪器、交通工具等。

(2) 环境巡检内容

公路环境巡检的内容是依据公路运营过程中环境管理的内容而定的，主要包括大气环境、声环境、水环境、绿化、护坡和环保附属设施等。

(3) 环境巡检技术方法

1) 大气环境巡检

大气环境巡检就是根据大气环境质量标准，定期或不定期地对敏感点和相关点的环境质量现状进行监测，判断大气污染是否超标。回顾项目环境影响报告书和沿线实际情况调查，以了解公路运营期的大气环境敏感点；实施实际调查和监测，以了解公路沿线走廊、公路服务设施、公路隧道的环境现状；进行分析和建议，以确定存在的环境空气污染问题，分析产生环境空气污染问题的原因并给出改进建议；实施环境管理，根据给出的空气环境保护工作提出的改进建议，采取空气污染控制改进措施。

2）声环境巡检

声环境巡检技术方法是通过常规监测和抽测声环境敏感点的质量现状，来判断噪声污染是否超标的技术。回顾公路项目环境影响报告书和沿线实际情况调查，以了解公路运营期的声环境敏感点；实施实际调查和监测，以了解公路沿线环境敏感点的环境现状；进行分析和建议，以确定存在的噪声污染问题，分析产生噪声污染问题的原因并给出改进建议；实施环境管理，根据给出的噪声环境保护工作的改进建议，采取噪声污染控制改进措施进行处理。

3）水环境巡检

水环境巡检技术方法是通过常规监测和抽测水环境敏感点的质量现状和污水处理设施的水处理效果，来判断水污染是否超标的技术。回顾公路项目环境影响报告书、环保设施验收报告和沿线实际情况调查，以了解公路运营期的水环境敏感点、污水处理设施点；实施实际调查和监测，以了解公路沿线水环境敏感点的环境现状和污水处理现状；进行分析和建议，以确定存在的水污染问题，分析产生水污染问题的原因并给出改进建议；实施环境管理，根据给出的水环境保护工作的改进建议，采取水污染控制改进措施进行处理。

4）绿化巡检

绿化巡检技术方法就是通过日常巡查和季节性检查公路沿线植物的生长现状，使其达到保护环境、美化路容、改善行车条件的技术方法。回顾环保验收绿化部分的结论和现状调查，以了解公路绿化目标和现状；实施日常巡视和季节性检查，以了解公路沿线植物绿化的现状；进行分析和建议，以确定绿化存在的问题，分析产生绿化问题的原因并给出改进建议；实施环境管理，根据给出的绿化改进建议，采取一定的措施进行改进或补偿。

5）护坡巡检

护坡巡检技术方法就是通过常规检查和雨雪天监督检查公路沿线护坡状况，使其满足保护路基和生态效益目的的技术方法。回顾工程验收和现状调查，以了解公路沿线护坡的现状；实施常规检查和雨雪天监督公路护坡现状，以确定公路护坡的问题并进行分析，进而给出保护建议；实施环境管理，根据护坡改进措施进行边坡防护。

6）环保附属设施巡检

环保附属设施巡检技术方法是通过常规监测和不定期抽测环保附属设施的运行效果，使其满足环境保护功能的技术方法。回顾公路环保验收和实地调查，以了解附属设施的处理效果现状；实施现场监测和不定期检测，汇总监测数据，以确定环保附属设施存在的问题；分析和建议，分析环保附属设施的问题，给出提高附属设施处理效果的建议；实施环境管理，根据给出的改进建议进行附属设施完善和改造。

10.2.3.4 公路环境后评价报告书的编制

编制公路环境后评价报告书的内容和范围应该符合《公路建设项目后评价工作管理办法》的规定，这样既有利于公路环境后评价技术的发展，提高报告书的审批效率，同时也有利于使公路环境后评价逐步走向规范化。

(1) 报告书编制要求

① 公路环境后评价报告书编制依据充分、内容全面、方法可行、文字简洁、图文并茂、数据翔实、论点明确、论据充分、结论准确。方案编制深度满足运营期环境管理要求，符合《公路建设项目后评价工作管理办法》的规定。

② 公路环境后评价报告书一般包括17个方面的内容：总论、公路建设概况、公路沿线自然环境概况、环境影响报告书回顾、工程环保设计和环保措施评价、生态环境后评价、声环境后评价、水环境后评价、大气环境后评价、固体废弃物处理评价、事故与风险分析、社会环境后评价、公众参与分析、环境管理与监测计划实施、项目环境损益分析、环境后评价结论、附图。

(2) 报告书内容

① 总论。包括环境后评价的目的和任务、评价依据、评价等级、评价内容、评价范围、评价时段、环境保护目标等。

② 公路建设概况。包括公路建设过程、工程概况、工程占地、项目工程量、立交与通道、公路沿线设施、交通量等。

③ 公路沿线自然环境概况。包括地形地貌、生态环境现状、农业生态现状、社会环境现状、沿线环境敏感点概况等。

④ 环境影响报告书回顾。包括环评报告书对自然环境现状评价、对工程环境影响评价、对社会环境影响评价、环评报告书的主要结论、环评报告书批复等。

⑤ 工程环保设计和环保措施评价。包括工程环保概况、设计期的环保设计、施工期环保措施、运营期环保措施、环保工作的管理和执行机构、工程环保验收情况、工程环保设计和环保措施后评价结论等。

⑥ 生态环境后评价。包括生态环境后评价的主要内容、生态环境调查、生态环境影响评价建议、生态环境后评价结论与建议等。

⑦ 声环境后评价。包括交通条件调查、声环境现状监测、声环境后评价、预测模式验收与分析、声环境后评价结论与建议等。

⑧ 水环境后评价。包括工程施工期对水体功能的影响、公路运营期对水体功能的影响、路面雨水监测、工程沿线设施水污染源调查、污水处理设施运行情况、水环境后评价结论与建议等。

⑨ 大气环境后评价。包括公路沿线大气环境特征、大气环境影响评价及污染控制对策、大气环境后评价结论与建议等。

⑩ 固体废弃物处理评价。包括固体废弃物的来源及处理情况、结论与建议等。

⑪ 事故与风险分析。包括交通事故及风险分析、危险品运输及紧急事故应急处理措施等。

⑫ 社会环境后评价。包括现状调查、社会环境后分析与评价、社会环境后评价结论与建议等。

⑬ 公众参与分析。包括公众参与调查、调查结果统计分析、分析结果与采纳建议等。

⑭ 环境管理与监测计划实施。包括“三同时”落实情况、环境管理与监测等。

⑮ 项目环境损益分析。包括项目环保投资分析、工程环保设施效费分析、项目环境损益分析结论等。

⑯ 环境后评价结论。包括工程环保的成功经验、工程环保存在的问题和建议、公路建设项目环境保护及管理工作的建议、环境后评价工作存在的问题和建议等。

⑰ 附图。包括公路路线走向及现状监测布点图。

10.3 公路全寿命周期环境管理各方职责与工作内容

10.3.1 建设单位环境保护工作

10.3.1.1 建设单位的职责与权利

① 执行国家和地方政府有关环境保护的方针、政策、法规。

② 全面负责工程建设的环境保护日常管理工作，履行环保工作的责任和义务，行使其环保管理的权力。

③ 负责组织实施环境管理人员的培训。

④ 支持、协助总监办开展环境监理工作，组织落实环境影响报告书、水保方案，以及后续设计文件中提出的有关环境保护对策措施。

⑤ 组织制定有关环境保护规章制度、规划、计划、合同等，并负责组织实施。

⑥ 定期或不定期检查公路施工过程中的环保工作，监督施工单位落实有关环境保护措施与要求，监督环境监理工作的开展和实施。

⑦ 负责落实施工期的外部环境监测和水土保持监测工作，及时反馈监测结果，处理环境问题。

⑧ 负责与外部环保监督机构的业务联系，处理相关文件、信函及公众意见。

⑨ 负责处理施工过程中工程变更涉及的环保问题。

⑩ 确认施工单位的环保工作量。

⑪ 负责落实项目环保投资。

⑫ 负责项目施工合同和监理合同中有关环境保护条款及工作费用的审查。

⑬ 按确认完成的环保工程量，支付施工单位和监理单位相关费用。

10.3.1.2 建设期的主要工作内容

(1) 组织准备阶段

① 指挥部成立专门的环保机构负责施工期环境管理计划的实施与管理。

② 环保机构配备专职环境保护管理人员，建立内部环境管理运行规章制度。

③ 落实施工期环境监测和水土保持监测单位。

④ 编制工程监理招标文件和施工招标文件中环境保护章节。

⑤ 安排污水处理和噪声防治工程设计。

(2) 招投标阶段

① 编制《××公路环境保护与水土保持管理实施办法》《××公路施工期环境保护责任书》等办法和文件。

② 负责审查监理竞标单位的环保监理人员配备、环保监理方案及环境监理工作业绩。

③ 负责审查标段竞标单位的环保人员配备、施工环保方案及环境保护工作业绩。

(3) 施工准备阶段

① 与各施工单位和监理单位签订施工期环境保护责任书。

② 与承包人和监理方签订环境保护合同条款。

③ 组织指挥部各处室负责人、专兼职环境保护管理人员参加环境保护管理人员培训。

④ 联合总监办召开由施工单位、监理单位、监测单位负责人参加的环保工作会议。

⑤ 检查施工单位和监理单位的环境保护工作计划。

⑥ 组织施工期各种临时环保工程检查。

(4) 主体工程施工阶段

① 全面开展施工期环境保护管理工作。

② 组织环保工程设计审查。

③ 路基工程施工完成前，落实绿化工程、声屏障工程以及污水处理设施的设计单位。

④ 路面工程完工前，组织环保工程施工招投标工作，落实环保工程施工单位。

⑤ 定期或不定期现场检查施工单位的环境保护工作，监督相关环保措施、水保措施的落实。

⑥ 审批施工单位报来的环境保护工作请示和报告。

⑦ 定期组织施工环境保护评优活动，推广先进环境保护管理措施、环保技术与交流经验。

⑧ 配合总监办做好工程环境保护监理工作。

⑨ 编制环境保护工作情况月报，上报指挥部；不定期编制施工期环境保护工作简讯，上报指挥部，并下发至各施工单位和监理单位。

⑩ 年底前编制本年度环境保护工作总结报告，报指挥部有关领导审批后报交通厅环保部门审查。年度施工环境保护工作总结报告应包括以下内容：工程进展情况；相应工程进展的环境保护工作落实情况；各合同段环境保护工作质量；各驻地环境监理工作开展情况；本年度环境管理计划执行情况；施工中的先进环境管理经验和环保措施；环境保护工作过程中的先进方法和采用效果；存在的问题与建议；下一年度环境保护工作重点与计划。

(5) 交工及缺陷责任期阶段

① 组织编制施工期环境保护工作总结报告。

② 组织工程环保单项验收，对施工单位施工期环境保护工作和环保措施的落实情况进行全面的检查验收。

③ 组织竣工环保验收资料准备工作。

④ 落实缺陷责任期环保工作内容。

⑤ 落实竣工环保验收意见。

10.3.1.3 制定环保工作计划

(1) 施工准备阶段环保工作计划要点

① 确定环境保护范围、目标。

② 做好征迁安置工作。

③ 与文物部门协调，做好文物勘查工作。

(2) 临时工程施工阶段环保工作计划要点

① 确定料场的水保要求，确定检查日期，实施定期检查。

② 确定取土场、弃土场的水保和恢复要求，确定检查日期，定期检查。

③ 确定施工便道水保和恢复要求，确定检查日期，定期检查。

④ 确定临时施工场地环保、水保及恢复要求，确定检查日期，定期检查。

(3) 其他环保工作（路基、路面、桥涵、隧道、绿化）计划要点

① 确定施工期噪声、污水、扬尘、振动及水保等环保控制要求，确定检查时间及奖惩措施，定期检查实施情况。

② 按环保工程量及时支付工程费用。

③ 确定检查时间，对监理人员的环保工作进行定期检查。

④ 确定检查时间，对施工单位的环保措施落实进行定期检查。

10.3.1.4 **建设单位环境保护管理措施**

(1) 公路施工期的环境保护管理措施

1) 一般规定

① 建设单位应加强对施工人员的宣传教育与培训工作，要求施工人员进场前进行一次全面、有效的环境保护宣传教育与培训，提高施工人员环境保护的意识，并在施工营地、预制场、施工便道、施工区域边界等地方设置标牌、标语等，确保施工期间做到人人心中有环保。

② 项目施工期间应加强环境监督管理及评比考核工作。即建设单位等必须接受环保行政主管部门的监督，同时应设立层层监督、定期检查、定期考核制度，即要求建设单位对项目办、项目办对施工单位及监理单位定期检查，各级单位均成立专项小组对施工现场进行监督、检查及评比考核，并列入年终及完工后的考核内容。

a. 建立环保监督机构。建设单位应主动与环保行政职能部门相配合，成立环境保护管理办公室，负责对施工单位施工阶段的环境保护措施及其实施情况进行检查和监督，对于不利于环保的措施和操作程序提出意见，并监督进行整改。

b. 进行施工期间的环保监测。施工期间，由环保行政职能部门对施工过程中的毁林占地、水土流失、噪声污染、大气污染、水质污染、景观破坏等情况进行实时监测，对于出现超标或不利于环保的严重行为及时通知施工单位整改，采取补救措施，严重者应追究法律责任。

c. 发挥监理工程师的监督作用。监理工程师在环保管理中的作用十分重要，不仅要抓好合同、进度、质量和建设资金使用的管理，还要负责对施工单位环保工作的实施情况进行监督；检查工程设计中不利于环保的各种工程隐患；检查环保工程设计是否得以实施、质量是否达到要求；检查环保工程资金的使用是否落到实处；配合环保职能部门做好施工期间的环保检测和监督工作。此外，对于施工单位存在的造成环境严重破坏和污染的施工活动，监理工程师必须依据相关环保法规、政策规定加以严格控制，并责成施工单位采取有效措施进行整改。

2) 监督管理

监督管理内容主要有：

① 监督施工中的施工行为和环保措施、水土保持措施的执行情况。

② 监督是否随意占用破坏自然保护区内湿地、灌木林地、草地。

③ 监督规范工程临时占地的施工行为和施工范围，严禁在施工区外车辆随意行驶，随意弃土弃渣等施工活动。

④ 监督是否在规定的范围内施工活动。

⑤ 监督施工人员违法盗猎及随意破坏自然生态环境行为。加强对施工人员的宣传和教育，严禁施工人员追赶、捕杀野生动物；严禁施工人员远离施工范围随意活动。

(2)公路运营期的环境保护管理措施

在公路运营期，环境管理的主要工作是公路管理部门对项目进行日常巡检和监测，对各项环保措施运行状况的监控，以及开展公路环境后评价。

目前我们国家对公路建设的环境保护已有深入的研究，但运营管理中环境保护的研究却相对较薄弱。而公路运营期比建设期长得多，从长远来看，运营管理中的环境保护更应受到重视。

公路建成投入运营后，环境保护工作必须遵循《中华人民共和国环境保护法》的有关规定，加强环境保护工作，组建公路环境管理和环境监测机构，专人负责处理环境保护的有关问题。另外也应清醒地认识到，提高公路环保水平，不仅需要有充足的经费，更需要领导者、决策者、建设者有先进的环保思想和环保行为。

1)创建绿色服务设施

① 建立服务设施环境管理体系标准。全面推进服务区的环境管理工作，以创建绿色服务设施为目标，以“环保、健康、安全”为核心，结合ISO 14001环境管理体系标准，预防和减少运营期服务设施对环境的影响程度和影响范围，使服务区对周围环境的不良影响控制到最低水平或控制在环境自身能承载的范围内。

② 服务设施要大张旗鼓地进行环保意识、环保知识、绿色消费理念等方面的宣传，加强对员工及过境司乘人员的环保意识教育，使其能主动参与到创建工作中来。积极开展“绿化”“美化”“优化”和“亮化”等工程。

③ 服务设施与地方环保局建立良好的合作关系，按照地方环保部门的有关规定，严格执行污水、废气、固废排放等标准及环境保护规划。

④ 做到垃圾规范化管理，实行垃圾分类管理。全面实行垃圾袋装化，按可回收、一般回收和危险品等分类收集，集中存放，进行无害化、资源化及减量化处置。

2)危险品运输管理

为了确保危险品的运输安全，国家及有关部门已经制定了相关法规，主要有《中华人民共和国道路交通管理条例》《化学危险品安全管理条例》《汽车运输危险货物规则》(JT 617—2004)、《中华人民共和国民用爆炸物品管理条例》《中华人民共和国放射性同位素与放射性装置管理条例》。

依据以上有关法规，本工程危险品运输管理主要应采取如下措施：

① 由各省、市交通厅及公路局建立本地区化学危险品货物运输调度和货运代理网络及风险事故的应急管理系统。

② 由各省、市交通厅及公路局对货运代理和承运单位实行资格认证。各生产、销售、经营、物资、仓储、外贸及化学危险品货运代理和承运单位应向市县交通局报送运输计划和有关报表。

③ 化学危险品运输应实行“准运证”“驾驶员证”“押运员”制度，所有从事化学危险品货物运输的车辆要使用统一专用标志，定期定点检测，对有关人员进行专业培训、考试。

④ 由公安交通管理部门、公安消防部门对化学危险品货物运输车辆指定行驶区域路线，运输化学危险货物的车辆必须按指定车场停放。

⑤ 凡从事长途危险货物运输的车辆须使用专业标记的统一行车路单，各公安、交通管理检查站负责监督检查。

⑥ 定期检修中心控制系统的各种设备，使通风自动控制系统、火灾报警系统和灭火设备良好运转。

⑦ 公路管理部门应采取以下措施加强对危险品运输的控制：

a. 加强对驾驶员的安全教育，严禁酒后开车、疲劳开车和强行超车；在危险品运输过程中，司乘人员严禁吸烟，停车时不准靠近明火和高温场所，中途不得随意停车。

b. 公路管理部门应对运输危险品车辆实行申报管理制度，车主需填写申报表，主要内容有危险货物执照号码、货物品种等级和编号、收发货人名称、装卸地点、货物特性等，把好危险品上路检查关。在公路出入口，还应检查直接从事道路危险品货物的运输人员是否持有“道路危险品货物操作证”等“三证”，运输车辆及设备必须符合规定的条件并配有相关证明。禁止不符合安全运输规定的车辆上路行驶。

c. 公路管理部门应加强危险品运输管理，严格执行《化学危险品安全管理条例》和《汽车运输危险货物规则》等法规中的有关规定。

d. 一般应安排危险品运输车辆在交通量较少的时段（如夜间）通行。公路管理部门应加强公路动态监控，发现异常及时处理。遇大风、雷、雾、路面结冰等情况禁止所有危险品运输车辆进入；情况严重时暂时关闭相应路段。

3）环境风险事故防范措施及应急预案

采取以上管理措施后，可以将本工程危险品运输风险降至最低程度。但为了确保发生突发性事故时可以得到及时处置，本工程公路管理部门应在工程营运期建立一支小型应急消防队伍，同时在发生危险品泄漏后立即报告当地政府部门，并在当地政府部门的指挥下，与地方消防、公安和环保部门一起，及时妥善处理好事故。

具体措施如下：

① 运输途中发生燃烧、爆炸、污染、中毒等事故时，驾驶员必须根据承运危险品货物的性质及有关规定的要求采取相应紧急措施，防止事态扩大，并及时向当地道路管理行政机关和当地消防、公安、环保部门报告，共同采取措施清除危害。

② 如危险品为固态物质，一般可通过清扫加以处置，到场行政管理人员应进行备案。

③ 如危险品为液态物质，并已进入敏感水体时，除上述部门到场外，应同时派出环境专业人员和监测人员到场工作，对水体污染带进行监测和分析，并视情况采取必要措施。

④ 如危险品为有毒气态物质时，消防人员应戴防毒面具进行处理，在泄漏无法避免的情况下，需马上通知当地政府的公安、环保部门，必要时对于处于污染范围内的人员进行疏散，避免发生人员伤亡事故。

10.3.2 设计单位环境保护工作

(1) 路线设计

公路路线设计中考虑对环境敏感区的避绕，最大限度地保护生态环境，进行多方案比选，选择最优方案，做到合理布线。公路路线选择遵循以下原则：

① 坚持环保选线、优化线形。

② 线位尽量利用老路布设，减少污染带，减少生态与景观的破坏。

③ 项目沿线水体地处三江源保护区，水环境保护要求很高，路线布设时尽量将涉水、临河路段减少到最短，减少水环境污染。

④ 按照交通部“六个坚持、六个树立”的设计原则，开展灵活设计，最大限度地减少工程占地，合理设置取弃土场，尽可能做到挖填平衡，最大限度地减少工程土方量，路线尽量减少挖方段落或增加缓坡设计。

⑤ 当路线选择实在无法避绕环境敏感区、野生动物聚集区及自然保护区时，一方面要结合路线周围生态环境特点与野生动物生活习性设计野生动物通道，另一方面要设计出相应的植被、冻土、自然保护区等生态环境要素的保护方案，从源头上尽可能减轻公路建设对多年冻土地区生态环境各要素的影响。

(2) 路基路面设计

1) 路基取土设计

取土场取土前将表层植被和表土一起剥离30～50 cm（视腐殖土具体厚度确定）后妥善保存并养护以保证成活，取土坑取土时尽量采用缓坡（1 ∶ 3～1 ∶ 5），并控制取土深度，便于后期表土植被覆盖和恢复。

2) 路基路面排水设计

路基水进行散排，路面水应视具体情况进行散排或净排。对于临河、涉水路段及部分线形指标较低、易发生事故路段，将路面水收集到蒸发池处理后排放，路肩设置排水沟将路面水汇入蒸发池。

3) 路基防护设计

因高填深挖路段植被恢复难度较大，设计中尽量减少高填深挖，避免产生重大水土流失。边坡采用工程防护与植物防护相结合的措施进行设计，恢复植被、改善沿线生态环境。

(3) 桥涵设计

桥梁作为公路中的重要构造物，在塑造公路风格中扮演着重要角色。三江源区生态环境脆弱、自然灾害频发，本项目桥涵布设时尽量遵循环境保护的要求，并考虑因地制宜、便于施工、就地取材和养护等因素，除考虑结构本身的合理性与安全性外，也考虑到桥面驾驶人员的视觉感受，特别注重桥型设计与周围自然景观相协调，设计中尽量减少对自然环境的破坏。

另外，桥涵设计中充分考虑项目两侧的动物通行问题，以合理间距设置兼顾动物通行的桥梁及涵洞。

（4）隧道洞门设计

公路隧道作为保护环境、防治地质病害、改善行车安全、节约用地的重要手段，有利于保护自然环境、节约土地资源，避免深挖方、高切坡。隧道进出口在设计过程中追求自然，本着有利于环保的原则确定隧道洞口位置，注重水保、环保与洞口景观设计，减少对自然环境的破坏，使洞门与自然景观融为一体。

（5）冻土环境保护

① 设置坡面径流排导和路侧排水工程，减少坡面和路侧水渗流对多年冻土的影响。

② 公路经过地下水丰富路段时加强侧向排水，并进行防渗处理，减少侧向水中储热对多年冻土的干扰。

③ 公路两侧存在地表洼地和积水时应进行回填整平，并形成向外的横坡，横坡坡度应不小于2%，减少或避免地面径流流向路基。

④ 在雨季进行路基挖方施工时，宜采取保护措施，加强临时排水，减少降雨对多年冻土的干扰。

（6）环保景观设计

项目区生态环境脆弱，环保要求高。根据项目区的具体情况和地域特点，环境保护与景观设计坚持以下原则：

1）坚持区域适应性的原则

考虑到不同路段有着不同特点，根据不同地段、不同气候条件，景观绿化设计重点不同，应根据区域不同自然、生态和地形地貌、社会特征，特别是民族特色（尤其是藏族民居民风）和农牧生产、生活现状，进行针对性的环境保护与景观设计。

2）坚持脆弱生态环境重点保护的原则

针对青藏高原脆弱生态环境和三江源的各自特征和保护对象，环保设计应做多层次、多方案比选，切实落实保护措施。

3）坚持因地制宜的原则

公路环境保护的方案选择根据区域经济状况、民族特色和民居风格等进行技术、经济、效益综合比选确定。公路景观设计根据区域特点，宜林则林、宜草则草、宜荒则荒，在绿化困难区域不过多追求绿色、生态设计指标。

4）坚持景观设计以自然协调为主导思想的原则

沿线自然景观独特、文化底蕴深厚，自然和人文名胜景观众多，在景观绿化设计时，应突出沿线地形地貌及自然风光使其成为景观的亮点和重点。用朴素自然的手法进行景观绿化设计，尽可能地模仿自然，减少人为痕迹。应尽量保护原有环境，种植与环境相适应的植被，草灌结合。植物搭配做到以乡土植物为主，乔木（仅适用于农业区）、灌、地被物相结合，立体绿化。

本项目的环境景观设计中，对于达标但距离声环境敏感点较近的路段，设置减速标志；对取弃土场和施工便道采取水土保持措施进行治理；对跨河桥梁设置集中排水系统保护水环境。绿化中充分考虑当地水土保持要求和绿化要求，根据不同路段的自然环境选择适宜的植被进行设计，保护项目区脆弱的生态环境，使整个公路工程与周围环境相协调。景观设计中通过设置硬质景观等措施宣传三江源区生态环境保护、承载当地藏文化。

10.3.3 施工单位环境保护工作

10.3.3.1 施工单位的职责与权利

施工单位的职责与权利是对本单位施工标段内环境保护负责，落实有关环保、水保措施要求。

① 遵守、执行国家和地方的有关环境保护法规、标准及合同规定的有关环保条款。

② 按照与业主签订的工程建设合同的规定接受工程建设期的环境监理。

③ 建立辖区内的环境管理体系，并明确合格的环境管理工作人员人数，负责本辖区内的环境保护工作。

④ 根据工程总体施工计划和实施方案，按照设计文件中的环境保护和水土保持要求，在工程开工时编制《项目施工环保组织方案》，并提交环境监理审查。

⑤ 随时接受业主和监理工程师关于环境保护工作的监督、检查，并主动为其提供有关情况和资料。

⑥ 主动向业主或监理工程师汇报本辖区可能出现或已经出现的环境问题以及解决的情况。定期向环境监理工程师汇报本单位施工期环境保护管理及措施落实情况。

⑦ 编制环境保护工作报告送达环境监理工程师。报告应对本标段内环境保护工作的履行情况进行日常小结和阶段总结。

⑧ 协助监测单位做好施工期环境监测和水土保持监测工作。

⑨ 交工验收阶段负责编制本单位施工期环境保护工作总结。

⑩ 由于业主违约造成的损失，承包人有权提出索赔。对预期或已经对环境造成破坏或污染的施工活动，承包人有权提供拒绝该施工活动的申请，报请环境监理单位审查，由业主批复。

10.3.3.2 施工期的主要工作内容

(1) 组织准备阶段

① 落实施工期环境保护工作人员，进行环保工作人员培训。

② 考察施工工地及周边环境，了解标段的环境敏感问题及环境保护目标。

③ 了解国家和地方有关环境保护的法律、法规和政策。

（2）招投标阶段

① 编制施工组织方案，其中必须有环境保护章节。

② 进行环境保护工作量及费用概算，不能以降低环保费用来减少环保工作内容。

（3）施工准备阶段

① 与指挥部签订施工期环境保护责任书。

② 与指挥部签订环境保护合同条款。

③ 成立专门的环境保护小组机构，配备施工期专职和兼职环境保护管理人员，并建立和制定相关管理制度与规定。

④ 环境保护监测设备购置，使用培训。

⑤ 制定标段环境保护工作计划，报驻地环境监理工程师审批。

⑥ 进行施工营地的选址和环境建设，并报驻地环境监理工程师审批。

⑦ 按照施工图设计规定的地点设置砂石料场、预制场、拌和站、施工便道以及临时材料堆放场等临时设施，采取相关环保措施，并报环境监理工程师审查。外购砂石料时，与砂石料供应商签订购买合同，合同中明确砂石料场的水土流失防治责任，合同条款明确砂石料场的水土流失防治费用。

⑧ 按照施工图设计规定的地点设置弃渣场，采取防水、拦渣措施。

⑨ 明确本标段内的环境敏感目标分布情况，施工招标文件、合同中环境保护条款的规定，环境影响报告书和水土保持方案报告书提出的环保措施及要求，编制施工组织设计中的环境保护措施，报驻地环境监理工程师审批。

⑩ 组织本单位主要管理、技术人员以及环境保护管理人员参加指挥部组织的施工单位环境管理人员培训；在施工人员中开展有关环保法律、法规及环保知识的普及宣传教育。

（4）主体工程施工阶段

① 在各项分项工程施工中，落实环境保护措施与要求。

② 服从环境监理工程师的监理，主动向指挥部和环境监理工程师汇报在主体工程施工中可能出现或已经出现的环境问题以及解决的情况。

③ 编制环境保护工作报告送达环境监理工程师，每月底前编制一份环境月报送达环境监理工程师，月报应对本月内的环境监测、“环境问题通知”的响应等有关环境保护工作的履行情况进行认真总结。

（5）交工及缺陷责任期阶段

① 对临时用地采取恢复措施，报监理工程师审查。

② 编制施工期环境保护工作总结，报监理工程师审查。

③ 继续完成合同规定项目中的环境保护工作。

④ 落实缺陷责任期环保工作内容。

⑤ 落实竣工环保验收意见。

10.3.3.3 制定施工期环保工作计划

(1) 环境保护管理总体规定

1) 环境保护管理制度

① 坚决贯彻执行国家和地方有关环境保护的法律、法规，杜绝环境污染。

② 根据国家环境保护总局（环审〔2007〕129号）的原则，按照建设单位的管理办法和设计文件的要求指导施工。

③ 施工组织设计必须考虑环境保护措施，并在施工作业中组织实施。

④ 定期进行环保宣传教育活动，不断提高职工环境保护意识和法制观念。施工单位应加强对施工人员的宣传教育与培训工作，要求施工人员进场前进行一次全面、有效的环境保护宣传教育与培训，提高施工人员环境保护的意识，并在施工营地、预制场、施工便道、施工区域边界等地方设置标牌、标语等，确保施工期间做到人人心中有环保。

⑤ 施工现场采取洒水降尘措施，施工垃圾应及时清运。

⑥ 禁止人员和机械进入作业区域以外毁坏和践踏草皮。

⑦ 施工期间的固体废弃物应分类定点堆放、分类处理，施工垃圾应及时清运，严禁在施工现场随意焚烧各类废弃物。

⑧ 对施工现场应设置排水沟和沉淀池，施工污水应采取过滤沉淀池处理或其他处理措施后，方可排入河沟和河流。

⑨ 施工人员集中居住点的生活污水、生活垃圾（特别是粪便）要集中处理，防止污染水源，厕所需设化粪池。

⑩ 施工期间应做好废料的处理，做到统筹规划、合理布置、综合治理、化害为利。

⑪ 加强对施工现场废水、废气、粉尘、噪声的检测工作，及时采取措施控制对环境的污染。

⑫ 施工中做到不改变水系结构，不堵塞河道，施工废水、生活废水、施工机械废油等严禁直接排入农田、河道和渠道。

⑬ 施工弃土、弃渣按照设计和当地环保部门的要求，运至指定地点堆弃处理，生活生产垃圾及时清理，集中堆放在临时垃圾站，定期进行处理。

⑭ 隧道施工时采取“以堵为主，限量排放”的原则，控制地下水流失，确保不因产生地表水渗漏影响地上植被生长。

⑮ 物料运输采取覆盖毡布、洒水等抑制扬尘的措施，减少遗撒，防止运输扬尘影响周围植被和农作物。

⑯ 现场存放的油料、化学物品、外加剂等要妥善保管，正确使用，防止发生跑、冒、

滴、漏，污染环境。

⑰ 加强对自然资源的保护，严禁随意砍伐树木，破坏原有植被，竣工后尽量恢复原地表地貌。

⑱ 严格在设计核准的用地界和临时用地范围内开展施工作业，合理规划施工便道及施工设施，尽量减少占地数量。

⑲ 永久用地范围内的裸露地表和临时用地在工程完工后，按设计要求采取措施，防止水土流失。

⑳ 取土场取土完成后，将取土方位内地面进行平整，边坡进行整理，疏通排水通道，纵向取土纵向拉通，防止局部积水。

㉑ 弃土场严禁侵占河流、湿地、耕地、自然保护区的核心区和缓冲区，不在河流漫滩及两岸取土和弃土，路堑开挖的土石方尽量利用，以减少取土数量。

㉒ 施工完成后，及时清理施工现场，恢复天然地面，进行河道清障，保护沟谷自然畅通，防止淤积或冲刷，以利行洪排涝。

㉓ 施工废水进行沉淀处理，生活污水经生化处理达标后排放，严禁将施工废水与生活污水直接排入河流和渠道，含油施工废水需采用隔油池过滤等有效措施进行处理，不超标排放，对于施工而言可能引发滑坡、泥石流等灾害的地段，应在当地政府的指导下配合业主、设计单位做好整治预防及处置工作。

㉔ 项目施工期间应加强环境监督管理及评比考核工作，即各施工单位必须接受环保行政主管部门的监督。

2）环境保护及水土保持体系

结合项目特点，本工程从组织保证、工作保证、制度保证和群众监督等几个方面对环境保护管理工作提出相关制度要求，降低或减缓工程建设对周边环境的不良影响，确保公路工程施工的环保质量，实现人与自然的和谐发展，如图10–3所示。

水土流失防治区域包括公路主体工程、取土场、弃土场以及临时工程等项目，主要是通过植被防护措施和工程措施，使公路建设引起的水土流失减小到最低限度，使经济效益、社会效益和环境效益相统一。水土流失防治措施体系分为三步：预防措施、防治措施和管护措施（图10–4）。

(2) 施工准备阶段环保工作计划主要内容

① 确认环境保护目标，制定施工期环境保护施工方案。

② 施工期临时用地尽量选择在公路征地范围（如立交区、服务区、收费站等）内，施工营地尽量租用已有房屋和场地。若无现成的房屋可以租用，应尽可能避开农、林等生产用地。

③ 修建弃土场的拦沙坝和截水沟。

④ 对施工人员进行环保意识教育，不乱砍伐树木，严禁砍伐公路用地以外的树木，注

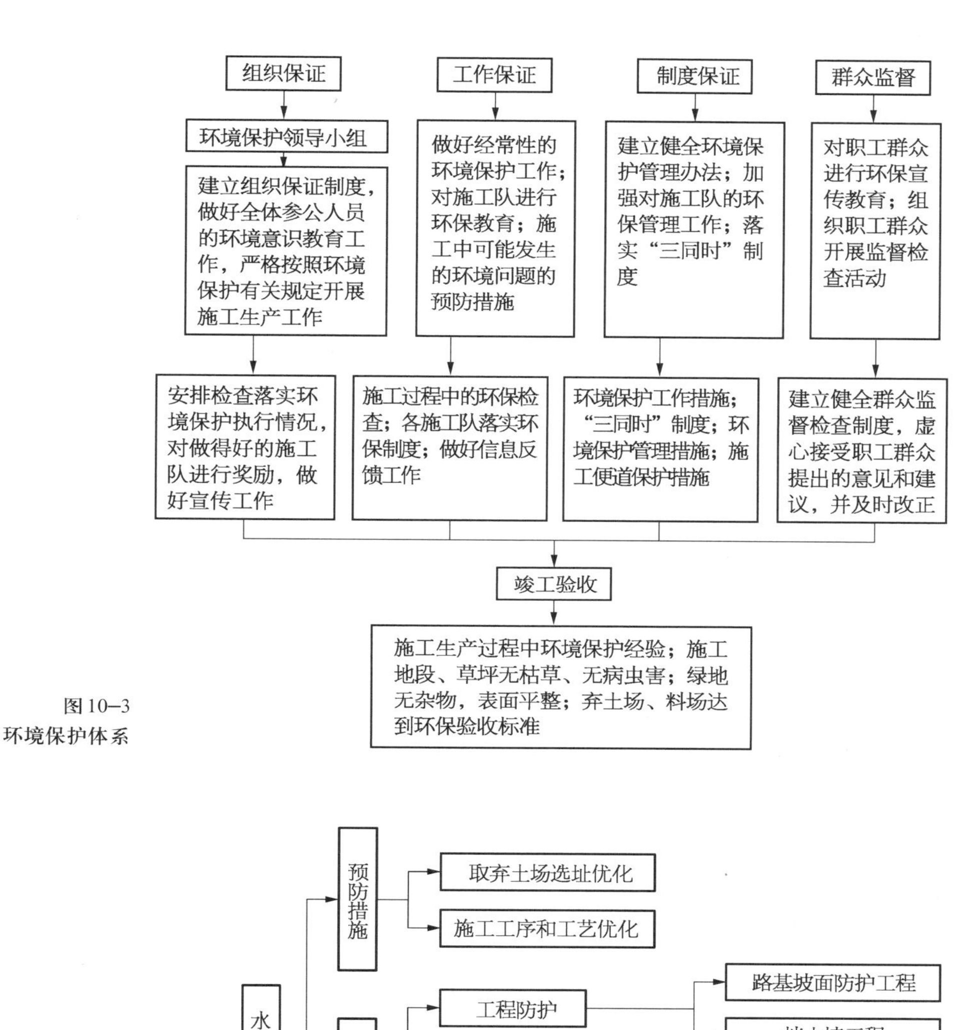

图10–3
环境保护体系

水土流失防治措施
预防措施
取弃土场选址优化
施工工序和工艺优化
治理措施
工程防护
路基坡面防护工程
挡土墙工程
植物防护
路基坡面植草
路线两侧绿化
取弃土场植物防护
临时占地区植物措施
管护措施
成立专门的管理机构
宣传教育
工程监理

图10–4
水土流失防治措施体系

意保护文物古迹。

⑤ 修建预制厂、拌和站以及隧道、桥涵施工所排废水的沉淀池。

⑥ 修建施工场地和驻地公厕及简易化粪池。

⑦ 生活垃圾和生产废料堆放点应选择200 m范围内无生活用水和渔用水体的废弃沟凹或废弃干塘。

⑧ 自检环保设备购置与使用培训。

⑨ 施工过程中与当地土地管理部门协商，将弃土场与农业开发规划设计和农田基本建设结合，工程结束后及时进行绿化造地。

⑩ 自采砂石料场确定作业区范围，开采前在砂石料场的开挖边坡顶缘5 m外设截水沟。

⑪ 沥青拌和站应设置在离开居民区、学校等环境敏感点300 m以外处，且应设在当地常年主导风向下风向，不能采用敞开式或半敞开式沥青熬化作业。

⑫ 取土场、弃土场、料场和施工营地选址及准备经环境监理工程师认可。

(3) 路基路面施工阶段环保工作计划主要内容

1) 一般规定

① 挖方路基施工时先修建截水沟再开挖。

② 高填方路基施工时先在坡脚修筑挡护体，再填土操作。

③ 沿河路段工程施工废水、废料及生活污水垃圾等应妥善处理，不可进入沿线水体。

④ 在学校路段，高噪声机械的施工时间应与学校协商，尽量减少施工噪声对教学的干扰。

⑤ 在居民区附近施工，高噪声施工机械夜间22点至早晨6点禁止施工。

⑥ 路基及时洒水，防止扬尘。

⑦ 河道路段在开挖路基施工过程中，对能够产生雨水地表径流处应设置临时土沉淀池，以拦截泥沙，防止河道淤塞，减少水土流失，规模根据汇水面积设定，待施工结束后将土沉淀池推平还耕。

⑧ 施工期路基及时压实，边坡及时砌护、绿化，防止侵蚀，路面施工尽量减少弃渣，并及时落实，防止冲刷。

⑨ 加强对文物古迹的保护，一旦发现有未发掘到的文物，应立即停止施工，并及时通知文物保护单位，待文物发掘和清理完毕后才能恢复施工。

⑩ 爆破施工时，规定好作业时间，严格控制人员出入，禁止车辆和行人通行。

⑪ 改河、改路路段提前施工，并保证质量。

⑫ 严格按季节控制路面摊铺，避免返工和产生废物。

⑬ 沥青路面摊铺作业面，所有工作人员配备必要的沥青烟防护用品。

⑭ 路面工程与中分带交叉作业时，要求中分带作业采取防护措施，避免作业时污染路面。

⑮ 沥青渣必须及时清运到指定的堆放场所。

2）施工具体规定

① 施工准备。在开工前必须建立健全质量、环保、安全管理体系和质量检测体系，并对各类施工班组、施工人员进行岗前培训和技术、安全、环保交底。

② 取土场。

a. 取土时应注意环境保护，取土后的裸露面应按设计要求采取土地整治或防护措施。风景区或有特殊要求的施工地段，应按照设计要求及时完成配套的环保工程。

b. 取土场原地面属于耕地种植土，应先挖出堆置一边备用，工程完工后用于恢复植被。

c. 当设计未规定取土场的位置或存土量不能满足要求时须另寻土源，线外设置集中取土场取土时，其土质应符合路基填筑的技术要求，同时考虑土方运输经济合理和利用沿线荒山高地取土的可能性，兼顾农田、牧场建设和环保规划进行布置，力求少占用农田。

③ 弃土场。

a. 弃土场应符合设计要求并及时完成防护工程。

b. 路基弃土应堆放规则，按设计要求进行整平碾压，不得任意倾倒，并按设计进行排水、防护和绿化施工。

c. 弃土场的位置与高度应保证路堑边坡、山体和自身的稳定，不得影响附近建筑物、农田、水利、河道、交通和环境等。必要时应加设挡护和排水措施。

d. 弃土堆不应设置在堑顶上方。

e. 石方弃土场表面应覆盖不少于80 cm厚的土层，以便恢复植被。

f. 弃土场的选择应符合下列要求：

严禁在岩溶漏斗、暗河口、泥石流沟上游及贴近桥墩、桥台处弃土、弃渣。

沿河岸或铸山路堑的弃土，不得弃入河道、挤压桥孔或涵管口、改变水流方向和加剧对河岸的冲刷，必要时应设置挡护设施。

严禁向江、河、湖泊、水库、沟渠等弃土、弃渣。

④ 碎石的开采与生产。材料开采完毕后，应按批准的方案进行复耕恢复，防止水土流失，符合环境保护部门的有关要求。

⑤ 水泥稳定碎石底基层、基层施工、级配碎石施工。

a. 拌和厂选址在实地考察的基础上尽可能选在距离居民集中居住区较远的地方，并在厂内设立自我系统的垃圾堆放和排污设施，以避免水源污染。

b. 材料或成品料运输沿途需专设水车洒水，减少扬尘。

c. 现场施工时严禁将混合料倾卸或抛洒在路基边坡上，以免污染边坡。

⑥ 透层施工。

a. 透层材料生产时，应在厂内设立自我系统的垃圾堆放和排污设施，以避免水源污染。

b. 气温低于10℃或大风、即将降雨时不得喷洒透层油。

c. 喷洒透层油前，必须对桥涵结构物进行覆盖，避免污染。

d. 透层油的喷洒量应符合要求，不得使其大量流到边坡、农田等造成污染。

e. 喷洒透层油的路段必须进行交通管制，避免与其他工序交叉干扰，以杜绝施工和运输污染。

⑦ 橡胶沥青同步碎石封层、黏层施工。

a. 材料生产时，应在厂内设立自我系统的垃圾堆放和排污设施，以避免水源污染。

b. 施工区的结构物应加以保护，避免溅上沥青受到污染。

c. 施工路段必须进行交通管制，避免与其他工序交叉干扰，以杜绝施工和运输污染。

⑧ 沥青面层施工。

a. 沥青结构层施工推行“零污染”施工。

b. 沥青路面不得在气温低于10℃及雨天、路面潮湿的情况下施工。

c. 沥青路面应加强施工过程的质量控制，实行动态质量管理。

d. 在沥青结构层施工前应确保连续10 km段落内全部路基工程（包括桥隧、防护、绿化）和交通安全设施基础等全部完工，同时全线隔离栅、中分带绿化回填土、隧道进出口转向车道全部完成，确保沥青结构层连续施工。还应针对现场实际情况，采取一切有效措施，杜绝交叉施工和运输等污染。

⑨ 桥面处理与防水。

a. 气温低于10℃或大风、即将降雨时不得喷洒防水材料。

b. 喷洒防水层前，必须对桥涵结构物进行覆盖，避免污染。

c. 热改性沥青的喷洒量应符合要求，不得使其流到农田等造成污染。

d. 喷洒防水材料的路段必须进行交通管制，避免与其他工序交叉干扰，以杜绝施工和运输污染。

⑩ 水泥混凝土路面。装运混凝土拌和物不应漏浆，并应防止离析，必要时要有遮盖措施（混凝土运输过程中应防止漏浆、漏料和污染路面，自卸车运输应减小颠簸，防止拌和物离析）。

(4) 桥涵施工阶段环保工作计划主要内容

1）一般规定

① 严格控制桥墩基坑开挖范围，保护周围地表植被。

② 严格控制桥台地表清理范围，严禁乱砍滥伐。

③ 河中桩基应采用围堰或钻孔灌注桩施工工艺，围堰施工中应做好围堰的防护措施，围堰中的污水应集中处理，运至岸上沉淀池中沉淀后将上清液排放；采用钻孔灌注桩施工时，产生的泥浆应运至指定地点存放、循环使用，并做好存放点的拦挡和排水措施，施工完毕泥浆存放点覆土后恢复植被。

④ 桥梁施工产生的污水应经沉淀池处理达到《污水综合排放标准》（GB 8978—1996）相应标准方可排放。

⑤ 加强对文物古迹的保护，一旦发现有未发掘到的文物应立即停止施工，并及时通知文物保护单位，待文物发掘和清理完毕后才能恢复施工。

2）施工具体规定

① 施工准备。

a. 做好施工前的准备工作和施工中的技术、环保管理工作，严格执行相关技术规范、技术操作规程和国家及行业现行的有关强制性标准的规定，保证工程质量。

b. 严格实行项目负责制、监理责任制、质量环保监督制。建立质量保证体系制度，落实质量责任和目标。

c. 积极推广使用成熟、环保并经批准的新技术、新工艺、新材料、新设备。

d. 多年冻土地区生态环境较脆弱，应按照国家相关规定认真做好草原、原始森林、野生动物、高寒冻土、矿产资源和水资源的保护工作。

e. 建设中应节约用地、少占农田、森林、牧场，并按照国家相关规定采取节能减排措施，降低或减少环境污染，严禁在桥位上、下游取、弃土及排污，切实做好环境保护工作。

f. 青海属多民族聚居地区，施工中应切实加强民族团结，尊重少数民族风俗习惯，创造和谐的施工环境。合法利用当地各种资源，带动地方经济发展。

g. 充分考虑施工过程中对道路、航运、通信线路、农田水利设施的影响，应积极做好保通和保护工作。

h. 建立环保生产管理制度，组建环保组织机构，配置专职环保员，针对桥梁工程各工序特点进行环保交底，坚持每天班前环保教育，对易发生的环保事故进行提醒、警告。

i. 桥梁工程交工前应及时对临时辅助设施、临时用地和弃土、建筑垃圾等进行处理，做到工完场清。

② 桥梁基础。

a. 明挖基础。施工技术人员与工人应全部到位，并进行技术交底，明确质量、安全、工期、环保等要求；钢筋、水泥、砂、碎石等材料经检验合格并通过批复后进场。

基坑开挖出的废渣应及时清理，运至指定的弃土场。深基坑施工严禁抛物，应设置禁止标志。

b. 钻孔灌注桩。禁止随地排放泥浆和钻渣，钻渣应外运到指定弃土场，水上桩基应配备专用的泥浆船或泥浆输送管泵，用来造浆循环及运送废弃泥浆；所有制浆池、储浆池和沉淀池周围应设立防护设施和安全指令标志，制浆材料的堆放地应有防水、防雨和防风措施，弃渣泥浆应及时外运，废弃后应回填处理，防止人员落入池内。

沉淀池禁止设在正线路基上，其开挖深度不得超过2 m，以便于晾晒处理。循环池位置选择应在征地线以内，且不得影响施工便道；桩基施工完毕后，施工现场的循环池和沉淀池应清淤回填，分层碾压。

c. 挖孔灌注桩。挖孔灌注桩适用于无地下水或少量地下水且较密实的土层或风化岩层。若孔内产生的空气污染物超过现行《环境空气质量标准》（GB 3095—1996）规定的三级标准浓度限值时，必须有可靠的通风保障措施，方可采用人工挖孔施工。

挖孔桩孔口四周严禁堆放料具，孔口四周设置围栏，3 m之内不许有重车通过。孔口周边0.6 m范围内应进行环形硬化，以便于渣土清理及后续钢筋笼、混凝土灌注工作的开展，在桩间系梁施工前，应将硬化区域凿除。挖出的土石方应用车集中运送，孔口不得堆积土渣、机具及杂物，严禁随意乱倒土石方。孔口四周挖排水沟，及时排除地表水，搭好孔口雨篷。

爆破开挖时必须设置警报系统，做好爆破警告、解除爆破工作。紧靠居民区爆破时，孔口应加方木或钢盖板，上堆沙袋，以防飞石伤人。

向周边居民做好环保安全宣传工作，非工作人员施工期间不得进入工地。减少施工中的噪声、粉尘和振动，做到不扰民。

出渣应使用安全不漏洒的吊桶，提取土渣的吊桶、吊钩、钢丝绳、卷扬机等机具必须经常检查，以防断裂。

挖孔时，应经常检查孔内有害气体浓度，当CO_2或其他有害气体浓度超过允许值或孔深超过10 m，腐殖质土层较厚时，应加强通风。

d. 承台。施工人员组织、便道修建、技术资料准备和交底、材料进场检验等参照明挖基础。

对于无水承台基础施工，可参照挖孔灌注桩。

③ 下部构造。

a. 施工技术人员与工人应全部到位，并进行技术交底，明确质量、安全、工期、环保等要求；钢筋、水泥、砂、碎石等材料通过检验，并符合材料准入制度要求。

b. 工地现场使用的模板、脚手架、木材等周转材料应码放整齐，以保持施工现场整洁文明。墩柱施工完成后，对于系梁、盖梁、承台四周的建筑垃圾应及时清理，运至弃土场。

④ 上部构造。

a. 支架式现浇。施工现场布置有序、整洁，避免施工废物、噪声污染周围环境。在已浇筑完的梁顶不得堆放施工垃圾。箱体内杂物、垃圾清理干净，不得有积水，设好通气孔和排水孔。

b. 悬臂式现浇。做好桥面排水工作，确保桥面不积水，排水孔下端应低于混凝土底面1 cm以上，使排水不污染梁体表面。箱室内的模板及建筑垃圾必须清理。

c. 桥面铺装、桥面防水。建立健全安全保证体系，对现场人员进行安全、环保、文明施工教育、宣传工作，强化安全、环保意识。

d. 护栏。建立健全安全保证体系，对现场人员进行安全、环保、文明施工教育、宣传工作，强化安全、环保意识。材料应分类集中堆放，做到场地整齐。施工废料应集中单独堆放，并及时处理。做好临时排水设施，避免污水污染桥面。

e. 伸缩缝。为防止施工污染桥面，从伸缩缝槽口两端沿桥纵向应铺上足够长度的彩条布。

f. 搭板和锥坡。浆砌片石施工时，严禁在坡顶抛扔片石。设置砂浆溜槽，禁止抛洒砂浆。

(5) 隧道施工阶段环保工作计划主要内容

1) 一般规定

① 隧道施工时发现漏水及时查明原因，对承压水泄漏要及时封堵。

② 隧道施工阶段，注意施工通风安全，在放炮后一段时间内禁止人员进入，以免吸入有害气体。洞内采取机械通风措施，施工人员配备防护措施。

③ 隧道施工严格控制施工物资堆放，弃土全部进入指定弃土场。

④ 隧道施工产生的污水应进行沉淀或其他处理，水质达到《污水综合排放标准》规定的一级排放标准方可排放。

⑤ 制定隧道有害气体监测方案，定期进行监测。

⑥ 隧道经过瓦斯层时，监测工作不能离开作业面。

⑦ 做好隧道内噪声控制的各项措施。

2) 施工具体规定

① 施工准备。

a. 弃渣场地的布置应符合下列要求：

场地容量足够，且出渣运输方便。

不得占用其他工程场地和影响附近各种设施的安全。

不得影响附近的农田水利设施，不占或少占农田。

不得堵塞河道、沟谷，防止抬高水位和恶化水流条件。

b. 临时工程施工应符合下列要求：

临时工程应在隧道开工前基本完成。

运输便道需引至洞口，满足使用期限运量和行车安全的要求，并经常养护，保证畅通。

风、水、电设施应靠近洞口，安装机械和管线应按有关规定布置，并及早架设。

临时房屋应结合季节和地区特点，选用定型、拼装或简易式建筑，并能适应施工人员工作和生活需要。

严禁将临时房屋布置在受洪水、泥石流、塌方、滑坡及雪崩等自然灾害威胁的地段。临时房屋的周围应设有排水系统，并避开高压电线。生活用水的排放不得影响施工，并防止产生次生灾害。

c. 为了应对施工过程中的突发事故，应编制相应的应急预案，并配备相应的资源。

应急资源的准备是应急救援工作的重要保障，应根据潜在的事故性质和后果分析、配备应急资源，包括救援机械和设备、交通工具、医疗设备和必备药品、生活保障物资等。应急物资的选择宜根据施工单位的具体情况、现场情况并和业主协商后有针对性地选用。

d. 施工前应结合工程特点和新材料、新技术、新工艺的推广应用等情况，对职工进行安全环保教育、技术交底和培训。

② 洞口与明洞工程。多年冻土边坡宜安排在寒季施工，边仰坡应“快开挖、少扰动、快防护”，减少暴露时间。

③ 环境保护。

a. 坚持保护草场维护牧民利益，实施用地总体规划，尽量不破坏原有植被。

b. 实行清洁生产，进行有计划弃渣和垃圾处理，隧道弃渣一部分用于路基引线填筑，其余部分和生活垃圾一起用于管理站场地，做到弃渣和废物处理有序，不覆盖植被，不堵塞河道。

c. 保护野生动物，施工期间严禁猎杀，惊动山上的牦牛、石羊旱獭等动物，维护生态平衡。

d. 积极恢复生态，增加腐殖土绿地面积，在隧道进出口明洞顶部及两侧的表层加覆红土，由山下有计划分条状移植草皮。

e. 防治大气污染，严禁焚烧塑料等废物，尽量利用电能，少利用煤炭取暖，以减少有毒、有害气体对大气的污染。

f. 尽量少进行或不进行洞口刷坡作业，维护原有生态平衡及山体地表稳定，保持水土。

g. 多年冻土地区应严格控制扰动面积，减少对草地的破坏，需要剥离高原草甸（或天然草皮）的，应妥善保存，及时移植利用。

(6) 绿化施工阶段环保工作计划主要内容

① 确定禁止引种的外来物种，避免引起生物入侵和其他病虫害。

② 工程进度严格符合时令。

③ 施工严格按设计要求；绿化数量和成活率应符合要求。

(7) 临时工程施工阶段环保工作计划主要内容

1）弃土场

① 弃土堆放坡度应考虑到不同材料的稳定因素。

② 弃土过程弃、压、整、筑、排同步进行。弃土结束后及时恢复植被。

③ 修筑必要的排水、拦水设施。

2）取土场

① 取土坡度应考虑景观恢复和生态恢复要求。

② 取土量与用土量相平衡。

③ 取土前剥离表土，运至指定地点集中堆放，并做好拦挡、排水和覆盖措施。

④ 上方具有汇水面积的取土场，取土前做好截水沟等排水措施。

⑤ 取土结束后及时恢复植被。

3）施工营地

① 生活垃圾集中堆放，及时清理或填埋。

② 粪便经化粪池处理后用作农肥。

③ 营区及周边保持清洁。

4）施工便道、便桥

① 施工便道、便桥在施工中应符合项目所在地环境保护要求，做到安全文明施工。

② 取弃土场施工便道只允许开设一条，若占用草地、耕地，应将草皮、腐殖土剥离，待施工结束后场地恢复时使用。

③ 在主要便道、便桥的出入口应配备专职人员指挥交通，保证施工车辆和社会车辆的安全通行。

④ 村庄、学校及水库路段及时洒水，防止起尘，学校路段运输车辆限速15 km/h。

⑤ 新建施工便道开挖作业中产生的废渣应运至指定弃渣场，严禁就地随意弃渣。

⑥ 严格控制施工便道的宽度，避免破坏红线外的植被和土地。

⑦ 利用地方道路作为施工便道，承包人应提前与有关部门签订协议，待工程完工后按照协议进行补偿或修复。

⑧ 工程完工后，承包人应将施工便道、便桥拆除。当地部门要求保留时，要与相关部门签订协议，否则应予以恢复或对河道进行清理。

5）拌和站、预制场、加工场

一般规定包括：散料覆盖；道路洒水；设备排污达标；物料冲洗水经沉淀后排放；固体垃圾及时收集、清理；经常进行机器、设备维护，降低施工场界噪声和废气排放；施工结束后及时整治，覆土后植草或复耕。

① 拌和站、预制场。

a. 根据场地条件合理设置废水沉淀池和洗车池，布设排水系统，设置明显标志。

b. 地面应定期洒水，对粉尘源进行覆盖遮挡。

c. 每次混凝土拌和作业完成后要及时清洗机具、清理现场，做到场地整洁。

d. 邻近居民区施工产生的噪声不应大于现行《建筑施工场界噪声限值》（GB 12523—1990）的规定，否则应进行监控。

e. 应根据需要设置机动车辆、设备冲洗设施、排水沟及沉淀池，施工污水处理达标后方可排入市政污水管网或河流。

f. 施工机械设备产生的废水、废油及生活污水不得直接排入河流、湖泊或其他水域中，也不得排入饮用水附近的土地中。

g. 水泥、粉煤灰等材料进料时，要注意材料罐顶的密封性能。当粉尘较大时，应暂时停止上料，待处理完后方可继续。

h. 定期、专人进行拌和站的清理和打扫，保持拌和站内卫生。

i. 拌和楼按全封闭设置，防止灰尘污染空气。

② 钢筋加工场。

a. 易产生粉尘、有害气体的加工厂、存放场应采取除尘、有害气体净化措施，且远离生活区、居民区，尽量将加工厂设于场地下风向。

b. 施工机械设备生产的废水、废油及生活污水不得直接排入河流、湖泊或其他水域中。也不得排入饮水源附近的土地中。

c. 加工剩余的短小材料或废料要合理回收，充分利用。

d. 严禁将不易腐化的合成材料、化工原料等擅自埋入地下。

e. 定期、专人进行钢筋加工场的清理和打扫，保持场内卫生。

③ 小型构件预制场。生产、生活营地的消防、安全设施应齐全到位，并做好临时雨水、污水排放以及垃圾处理，以防止污染环境。工程交工后，除非另有协议，承包人应自费恢复驻地原貌，并经监理验收合格。

6）临时材料堆放

① 结合工程用料，合理选址，尽量堆放在立交区、房建区用地范围内。

② 临时材料堆放场应采取防止物料散漏污染措施。

③ 沥青、油料、化学品等不得堆放在民用水井及河流附近，不得堆放在易发生过水的沟道内。

④ 在沥青，油料、化学品的堆放处必须采取措施防止雨水冲刷。

7）工地实验室

① 试验废弃原材料回收或存放应符合环保要求。

② 对电磁干扰、灰尘、振动、电源电压等严格控制，对发生较大噪声的检测项目采取隔离措施。

③ 实验室室内环境应保持整洁卫生，满足试验要求。

8）库房

① 库房应合理选择设置地点，宜利用永久性仓库或彩钢房，布置地点应位于平坦、宽敞、交通方便处，距各使用地点综合距离较近，还应考虑材料运入方式及遵循安全技术和防火规定。

② 库房道路应整平，具有良好的排水系统及沉淀池，现场废水不得直接排放，场地有条件应适当绿化。

③ 油库、氧气库和电石库、爆破物品库等危险品仓库应远离施工现场、居民区和既有设施，附近应有明显标志及围挡设施。易燃易爆物品的仓库应设在地势低处，并在拟建工程的下风方向。电石库设在地势较高的干燥处。

④ 应在醒目位置设置平面布置图、重大危险源公示牌、值班人员公示牌等明示标志。

⑤ 各库房门口设置分区标志牌，各种材料库房内应设置材料标志牌，易燃易爆处应设置禁止标志，使用氧气、乙炔等易燃易爆物品的场所应设置禁止、明示标志，消防器材放置场所应设置提示标志。

⑥ 库房内消防设施符合防火、防爆要求。

⑦ 各类电气设备、线路不准超负荷使用，线路接头应牢靠，防止设备、线路过热或打

火短路。发现问题应及时联系修理。

（8）现场文明施工

1）路基工程

弃方应整齐堆放在指定的弃方场所，四周要修筑必要的挡墙及排水沟。弃方边坡应按水保方案进行，防止水土流失。

2）桥梁、涵洞工程

桥梁（涵洞）基础及下部施工场地应按施工预制场地的要求，做到基础及下部施工场地平整、排水顺畅。陆上和水上施工均应设置专用沉淀池、泥浆池，不得随意排放泥浆，排污工作应规范到位。

3）隧道工程

① 工程施工前应就弃渣场向当地环保部门办理许可手续，在取得许可证后再开始弃渣。

② 隧道弃渣“先挡后弃”，按照设计要求设置弃渣场。在弃渣场坡脚设挡墙。挡墙埋入地面以下不小于1 m，确保挡墙的强度。

③ 在弃渣场顶外缘设环形截水沟，弃渣场顶的排水坡符合设计要求，保证排水畅通，防止雨水冲走弃渣、填塞河道。

④ 做好施工弃渣的处理措施，严格按照批准的弃渣规划场地合理有序地堆放和利用弃渣，严禁随意堆放，避免出现影响河道泄洪能力、其他标段施工和下游居民的生活等问题。

⑤ 弃渣符合环保规定，施工过程中保护渣场四周的植被，工程竣工后对渣场进行平整、覆盖耕土层、喷播植草，有条件的予以复耕或植树，以保护生态环境，防止水土流失。

⑥ 弃渣的位置与高度应保证山体和自身稳定，不得影响附近建筑物、农田、水利设施、河道、交通和环境等。不能满足时应加设挡护或采取其他措施，弃渣堆放处应设置明示标志。

⑦ 施工机械设备产生的废水、废油及生活污水不得直接排入河流、湖泊或其他水域中，也不得排入饮用水源附近的土地中。

4）其他工程

① 施工期间必须严格执行当地政府发布的有关施工安全规定，基地生活区要有“五小设施”，生活卫生工作将成为文明施工的重要内容来抓。

② 施工食堂要严格按照相关的卫生规定设置。必须远离垃圾等污染源。食堂工作人员必须有卫生上岗证，必须经过身体检查及卫生知识培训，食堂卫生必须符合《中华人民共和国卫生法》的有关规定。

③ 施工区不准随地大小便，保持环境卫生。

④ 生活区定期喷洒卫生防治药剂，严格控制“四害”。施工现场应预留工具和苗木材料堆放场，统一安排、堆放整齐，并设围栏，以防止各种材料的遗失。

⑤ 每位施工人员要认真执行青海省文明施工的有关规定。安全文明施工的措施要落实贯彻、执行到人，做好安全工作，争创文明工地。

(9) 环保验收、检查控制内容

1) 路基工程

① 有防止大气、噪声（振动）污染、水土保持和其他保护环境卫生的有效措施。

② 施工所产生的振动对邻近建筑物或设备会产生有害影响时应进行监测。

③ 粉状材料施工应采取环境保护措施。

④ 废水、废油及生活污水处理符合要求。

⑤ 取土场的设置和处理满足要求。

⑥ 弃土堆放处标志设置和处理措施。

2) 桥涵

① 桩基施工泥浆应进行处理，不得直接排放。

② 设置防护栏。

③ 施工现场应根据需要设置机动车辆冲洗设施、排水沟及沉淀池，施工污水经处理达标后方可排入市政污水管网或河流。

④ 废水、废油及生活污水不得直接排入河流、湖泊或其他水域中，也不得排入饮用水源附近的土地中。

⑤ 不得随意侵占或破坏与施工现场周围相邻的土地、道路、绿地以及各种公共设施场所。

⑥ 弃土堆（场）的位置与高度应保证山体和自身稳定，明示标志符合规定。

3) 隧道

① 现场污水处理设施的建设做到“三同时”。

② 零配件、边角料、水泥袋、包装纸箱袋及时收集清理，现场卫生状况良好。

③ 隧道弃渣处理符合规定。

④ 爆破施工后采取灭尘措施。

⑤ 施工机械设备产生的废水、废油及生活污水处理措施。

4) 实验室建设

① 试验废弃原材料回收或存放符合环保要求。

② 对电磁干扰、灰尘、振动、电源电压的管理措施。

5) 拌和站

① 沉淀池和洗车区布设排水系统，标志符合要求。

② 场区内专人清扫、洒水，场地整洁。

③ 废水、废油及生活污水处理。

④ 水泥、粉煤灰等材料进料管理。

6）钢筋加工场地

① 易产生煤灰粉尘、有害气体的材料加工场、存放场防护。

② 废水、废油及生活污水处理。

③ 加工剩余的短小材料或废料处理。

④ 不易腐化的合成材料、化工原料处理。

7）预制场地

① 废水沉淀池和洗车区，排水系统标志符合要求。

② 场地应及时冲洗、清扫，地面应定期洒水，对粉尘源进行覆盖遮挡。

③ 成品存放区场地平整夯实，设有良好的排水系统。

④ 混凝土拌和作业完成后及时清洗机具与现场。

⑤ 噪声满足规定。

⑥ 废水、废油及生活污水处理。

⑦ 水泥、粉煤灰等材料进料管理。

⑧ 按设计要求和规定及时恢复植被或土地复垦。

8）小型构件预制场

① 沉淀池布设排水系统，标志符合要求。

② 场地内专人清扫、洒水，场地整洁。

③ 废水、废油及生活污水处理。

9）施工便道、便桥建设

① 便道、便桥设专人养护，定时清扫，定时洒水抑尘。

② 有条件的工程要求选择混凝土路面，减少扬尘以及对周边农作物等的影响。

10.3.4 监理单位环境保护工作

10.3.4.1 环境监理的职责和权利

(1) 环保总监的职责和权利

① 对项目环境监理负有全面责任，在指挥部授权范围内对环境监理业务具有独立决定权。

② 分管总监办的环境监理工作，领导各处环境监理工程师开展环境监理业务。

③ 主持制定项目环境监理规划，审批环境监理工程师编制的监理细则。

④ 落实环境监理组织机构及人员，组织环境监理工程师制定环境监理计划、实施细则、考核标准以及相关管理制度。

⑤ 组织、检查、考核环境监理人员的工作，对不称职监理人员及时进行调整，保证监理机构有序、高效地开展工作。

⑥ 负责组织环境监理工程师编制环境监理工作月度、季度和年度报告。

⑦ 负责组织环境监理工程师编制项目环境监理工作总结。

⑧ 参与处理环保工程变更事宜，签署工程变更指令。

⑨ 参加开工预备会议及工程例会，组织和主持工地环境保护会议，主持召开环境监理工作会议，组织环境监理工程师编写、印发会议纪要，检查督促决议的执行情况。

⑩ 签发环境监理工作计划、环境监理月报及其他重要环境保护管理文件。

⑪ 负责组织环境工作人员建立健全环境保护资料、计划、统计、档案、制度和管理工作，组织交工验收环境监理文件的编制工作。

⑫ 协助指挥部做好施工招标文件、合同中环境保护措施和水土保持措施责任条款的落实工作，以及环保工程的设计审查及施工单位招标工作。

⑬ 不定期进行全线现场巡视，检查施工单位的环境保护工作和各监理单位的监理工作，对施工中发生的重大环境污染和水土流失事件应进行应急处理决策。

⑭ 检查、督促和协调统一驻地办的环境监理工作执行情况，及时解决和处理驻地监理呈报的各种环保问题。

⑮ 掌握工程动态，对施工中出现的各种不可预见的环境问题及时做出处理。

⑯ 参加各合同段的工地会议，检查督促指挥部和总监办下达的各项环境保护指令的执行。

⑰ 领导监理工程师制定环境监测方案，协助中心实验室的环境监测工作。

⑱ 负责施工中环保问题的决策与批复。

⑲ 参与工程竣工验收，签发工程移交环保证明书。

⑳ 需要向业主上报文件的审批。

(2) 环境监理工程师的职责和权利

① 熟悉合同文件、环评报告书和水土保持报告书提出的环保措施和要求以及相关法律、法规、标准和规范要求。

② 按环评、水保报告及有关法律、法规、标准和规范的要求负责监理合同段内施工过程中的环境监理工作，对承包人的各种环保措施、环保工程进行全方位监理，对于环保措施执行不力、环保工程质量出现的问题，环境监理工程师填写书面整改通知单，责令其整改。

③ 审查承包人的环境保护组织机构，以及提交的与环境监理有关的施工计划、施工技术方案、申请及报告等，将审查意见上报环保总监，检查承包人按设计图进行环保工程施工及环保措施执行情况。

④ 熟悉监理合同段内的环境敏感点和环境保护目标，对声环境敏感点进行噪声监测，实施达标监理，对环境保护目标进行不定期现场监视，实施目标监控；配合、协助中心实验室进行监测采样，负责环境监测结果的上达汇报和下发处理。

⑤ 对于敏感问题的处理过程进行旁站监理，对施工可能产生环境影响的工程、工序进行旁站监理，监督施工。

⑥ 巡视检查施工中环境保护措施落实情况，坚持定期、不定期检查，及时解决施工现场出现的各种不可预见的环保问题。

⑦ 调查处理工程中的重大环境污染问题和重大水土流失事件，督促承包人按规定及时上报有关部门。

⑧ 根据环保措施与主体工程“三同时”原则，对承包人提交的环保措施进行进度监理；对于发生费用的环保工程和措施，环境监理工程师予以计量和确认。

⑨ 主持环境监理工地会议，整理记录，编写会议纪要并发送参加工地例会的各方，同时报环保总监，由总监办备案。

⑩ 编写环境监理季度工作计划、月报、季报、年报和工作总结报告。

⑪ 负责本监理合同段弃土场、料场、预制厂、施工驻地、运输道路的现场监理工作。

⑫ 负责审查施工单位施工组织设计中的环境保护内容和施工期环境保护工作计划。

⑬ 负责汇总环境监理资料。

⑭ 负责各分项工程及隐蔽工程的环保验收。

⑮ 评估承包人的交工环保验收申请，参与组织对拟交工程环保措施的检查验收。

⑯ 主持编制工程环境监理方面的竣工文件；配合业主的竣工环保验收工作。

⑰ 履行业主和环保总监赋予的其他环境监理职责。

10.3.4.2 **环境监理阶段的划分及相应工作内容**

结合主体工程监理阶段划分，本项目的环境监理阶段分为施工准备阶段、施工阶段以及交工验收与缺陷责任期三个阶段。从监理合同签订之日起至总监签发合同工程开工令之日止为施工准备阶段。合同工期开始日至竣工交验日止为施工阶段。交工验收是指从监理工程师收到施工单位提交的合同工程交工验收申请之日起到交工验收签发合同工程交工证书止；缺陷责任期是指合同工程交工证书签发之日起到施工单位获得合同工程缺陷责任终止证书之日止。

(1) 施工准备阶段

① 与指挥部签订施工期环境保护责任书。

② 与指挥部签订环境保护合同条款。

③ 环保总监办全面负责总监办的环境保护管理及施工期工程环境保护监理工作，配备环境监理工程师。

④ 环保总监负责其办事机构内部管理运行规章制度的建立。

⑤ 环保总监负责组织编制施工招标文件中的环境保护责任条款，在招标文件中落实有关环境保护措施和水土保持措施与要求。

⑥ 确认环境敏感点及环境保护目标。

⑦ 审核承包人提交的施工环境保护方案和工作计划。

⑧ 制定环境监理工作计划，报总监办审批。

⑨ 准备环境保护监测设备。

⑩ 准备工地会议环保内容。

(2) 施工阶段

① 按各标段提交的施工环境保护方案及本监理驻地制定的环境监理工作计划，全面进行环境监理。

② 参与工程阶段性验收，出具环境保护验收意见。

③ 审核承包人提交的自检表中环保执行情况。

④ 每月底前编制环境月报报送环保总监。月报应对本月内的环境监测、“环境问题通知”的响应等有关环境保护工作的履行情况进行全面总结。每季末编制季报，年末编制年报。

⑤ 组织或参加工地例会，及时提出和解决环境问题。

(3) 交工及缺陷责任期阶段

① 参加交工验收检查，出具环境保护验收意见。

② 编制监理工作总结，由环保总监负责审查。

③ 落实缺陷责任期监理工作内容。

④ 落实竣工环保验收意见。

10.3.4.3 施工期各工序环境监理的工作内容

(1) 路基工程

1) 结构物拆除及地面清表

开挖施工中表层土保护是一个重点环境保护问题，表层土堆积除了能引起水土流失外，也能引发一系列生态平衡失调，如植被减少、景观破坏。地表清理也会对沿线野生动物栖息地造成一定影响，造成土壤肥力下降等。结构物拆除及地表清理的环境影响见表 10–5。

表 10–5 结构物拆除及地表清理的环境影响

序　号	作业内容	环　境　影　响
1	结构物拆除	产生扬尘、产生噪声、破坏景观
2	清除地表植被	减少植被、破坏动物栖息地、增加水土流失、破坏景观、产生噪声
3	清淤	减少生物量、增加水土流失
4	积水处理	水污染、传播疾病
5	废弃物处理	增加水土流失、传播疾病

路基用地范围内正在使用的旧桥梁、旧涵洞及其他排水结构物必须对其正常的排水进行妥善安排后方可拆除；承包商需将正常排水安置的方案报环境监理组，审核同意后方可

开始拆除；拆除时宜整体大部件吊装移除，并对被拆体充分洒水，减少粉尘排放；被拆除的施工垃圾应弃于指定的弃渣场，严禁污染河道，拆除过程由环境监理员进行旁站监理。

承包商在施工前应明确清理对象和范围，路基用地范围内的垃圾、有机物残渣及原地面以下至少100～300 mm内的草皮农作物的根系和表土予以清除，并且集中堆放在弃土场内，以备将来临时用地生态恢复或造田时使用。堆放地宜相对低凹、周围相对平缓，并设置排水设施。对于施工区域的古树名木、珍稀植物，环境监理工程师应事先联系当地林业部门，采取移植等异地保护的方法加以保护；对于施工沿线的古树名木、珍稀植物，环境监理工程师要求承包商设立专人负责制，并采取相应的保护措施，减轻施工对其产生的影响。

2）路基开挖、填筑

路基开挖会产生噪声、增加水土流失等。潜在的环境影响见表10–6。

表10–6 路基开挖潜在的环境影响

序 号	作业内容	环 境 影 响
1	挖掘机等作业	影响附近野生动物栖息环境、产生振动及噪声、漏油破坏土壤、产生扬尘、释放有害气体
2	土石方开挖	破坏生态环境、增加水土流失、产生施工噪声、增加扬尘、损害自然景观，影响社会环境
3	土石方运输	产生噪声、产生扬尘、释放有害气体、洒落施工垃圾，影响社会环境
4	施工机械维修保养	废油洒弃破坏土壤、零配件及包装丢弃产生固废

① 路基开挖前，环境监理要检查开挖上方的截水沟和下方挡渣墙的设置情况，并要求设置沉淀池拦截混砂，完工后将沉淀池进行绿化或还耕。

② 环境监理工程师在施工前应明确开挖范围，特别注意对图纸未标出的地下管道、光缆、文物古迹和其他结构物的保护，严禁承包商为施工方便而任意破坏沿线两侧的植被。在路基开挖过程中，严禁弃土堆于两侧，破坏植被。若开挖时发现实际与设计勘探的地质资料不符时，特别是土质较设计松散时，应该修改设计方案及挖方边坡，确保边坡稳定，并记录文件归档。运渣车辆应停在路基开挖范围内，随挖、随运至指定的弃渣场。

③ 对于施工取土，须做到边开采、边平整、边绿化，同时应计划取土，及时绿化还耕。对于公路两侧取土，在规划范围内取土，必须与路基保持一定的距离，杜绝随意取土现象发生，一旦发现违规取土，监理工程师立即制止，并采取相应的措施。

④ 路堤填筑施工过程中，应保持通行道路湿度，监理工程师依据天气情况督促施工单位及时洒水，避免过往车辆卷起扬尘。

⑤ 雨季施工过程当中，监理工程师协同施工人员随之关注天气预报材料，一般按降雨时间和特点实施雨前填铺的松土压实等防护措施，减少水土流失。

⑥ 工程环境监理工程师精心规划，对路基施工的挖方、填方进行调配，尽量减少弃渣，力争填挖平衡，降低水土流失。

⑦ 对于如软土、沼泽地、滑坡地段、崩塌与岩堆地段等特殊路基，监理工程师应高频率巡视，按规定要求采取防护措施，必要时旁站指导施工人员进行施工，确保地质环境受破坏最小，并且保证公路路基质量。

⑧ 公路施工过程中，及时监测公路施工噪声，及时监测施工营地及洗车废水的污水是否经过处理并达标排放。若未达标排放，及时采取相应措施，减少对环境的破坏。

⑨ 路基开挖过程中，对于沿线居民居住附近，随时进行巡视检查，是否影响当地居民交通。若影响，需开辟临时便道方便居民通行，并在开挖危险路段竖立警示桩，保证居民通行安全及学生上学安全，将对社会环境的影响降到最低。

⑩ 对路基施工中发现的文物，承包商要立即停工保护现场，报告监理工程师，并报告上级保护部门，经过文物保护专家现场调查后，采取相应的措施，经过监理工程师确认允许后方可施工。

3）爆破

① 尽可能以挖掘代替爆破，以多点少药代替大量炸药爆破，采用延时爆破技术等手段降低噪声和振动。禁止夜间开山爆破，敏感点及文物保护单位附近确须放炮作业的，应加以阻挡、防护，以防碎石冲击，并减小振动对建筑物的影响。

② 凡必须用爆破作业的应该查明空中缆线、地下管线的位置，确定爆破作业的危险区域，并采取有效的措施防止人、畜、建筑物和其他公共设施受到损害。在危险区域的边界要求施工人员设置明显标志，建立警戒线、现实爆破时间和警戒信号，在危险的位置或附近设置标志，派专人看守，严禁行人在爆破时间进入危险区。若无法保证爆破安全时，采用人工开凿、化学爆破等，把安全放在第一位。

③ 在山地或森林等野生动物分布较集中的区域，爆破前监理工程师同施工人员采用人工手段对爆破区内可能存在的野生动物进行驱赶，避免其因爆破产生死亡。

④ 开山施工时监理工程师应特别注意避免对特殊地貌景观的破坏以及避免引发泥石流等地质灾害。

4）弃渣

① 弃渣场的设置必须符合环境保护的要求，弃渣场下游近距离范围内不能有村庄、学校和医院等环境敏感点。

② 对新建的弃渣场，承包商必须将原有地貌的资料、临时用地的使用批文及其采取的环保措施报监理组，环境监理工程师对其进行审核。

③ 弃渣场的位置确定后，环境监理工程师要求施工人员对其使用范围进行明确标示（插旗、竖界桩），对超出范围乱弃者，监理工程师应立即要求承包商进行整改。

④ 弃渣应堆放整齐、稳定，保持排水畅通，监理工程师应巡视监理，并明确记录现场状况，避免对周围建筑物、排水及其他设施产生干扰，甚至破坏。

⑤ 承包商应及时对弃土进行推平，每弃30 cm必须进行碾压，弃渣场使用完毕后，承包商要对其进行植被恢复。

5）路基防护

① 边坡开挖后出露的块石及植物根系尽量予以保留，以减少开挖面土壤的散落，开挖面的坡度应严格按照设计图纸设置，以免造成坍塌或者加剧水土流失。

② 采取植物防护时，环境监理工程师主要负责监管化肥、农药的使用，鼓励承包商使用有机肥和生物农药。

③ 采用喷浆或喷射混凝土护坡时，环境监理工程师要监督施工过程中喷射洒落物要及时清理，严禁施工废水随地排放。

④ 采用锚杆铁丝网喷浆护坡时，环境监理工程师要防止填料对周围环境造成污染。

⑤ 雨水充沛地区，监理工程师及时督促施工人员设置排水沟及截水沟，避免产生边坡崩塌、滑坡。

⑥ 对于路基冲刷防护，环境监理工程师要审核其环保措施，以减轻对河流等生境的影响。

6）路基排水

① 环境监理工程师要检查边沟坡度是否符合要求，确保排水通畅。

② 环境监理工程师在现场巡视过程中发现边沟积土，要求承包商及时清理，防止施工期雨水造成水土流失。

③ 环境监理工程师现场巡视，确保排水沟同当地周围水利设施衔接良好，防止出现“断头边沟”，严禁雨水经边沟流入人行涵洞，造成下穿道路积水。

④ 对于地下水位比较高的区域，要抬高边沟地面标高，或者设置暗沟（渗沟），防止公路外侧地下水向公路边沟渗透，使公路边沟变为“蓄水沟”。

（2）路面工程

1）路面基层环境监理

路面基层施工时包括混合料拌和与运输、初期养护等，随之而来的会引起噪声、扬尘等污染，见表10–7。

表10–7 路面基层带来的环境影响

序　号	作业内容	环境影响
1	拌和站场地平整	植被破坏、水土流失
2	拌和站搬运、安装	产生扬尘、噪声
3	拌和站运行	产生噪声，水泥、沥青等泄漏污染土壤，清洗拌锅，皮带等所产生的废水的排放，产生有害气体
4	混合料运输	沿路洒落产生废弃物污染

（续表）

序　号	作业内容	环境影响
5	场地碎砾石、沙堆放	扬尘
6	石灰、矿粉	洒落污染空气、土壤
7	设备运行	产生噪声、振动、扬尘、有害气体、漏油污染土壤及地表水
8	夜间拌和站强光直射	光污染、影响野生动植物生存环境

① 物料开采的环境监理措施。承包人应将砂石料场开采的批文复印件和砂石料场的位置平面图和原有的地貌图片（录像）资料，及其因沙砾开采对生态、水土流失、防洪等环境影响所采取的环保措施呈报环境监理组，由环境监理工程师进行审核。

料场开采之前，环境监理工程师明确其开采范围，如插彩旗、立桩界等。并规定其开采深度和边坡比率（1 ∶ 3）；承包人应在批准的开采范围内严格按要求作业。环境监理工程师对其进行日常的巡视监理，对违反规定者进行处罚。石灰、粉煤灰等路用粉状材料运输和堆放应有遮盖，其混合料集中拌和，减轻对空气、农田的污染。

② 拌和站生产的环境监理措施。拌和站一般包括稳土拌和站和沥青拌和站。拌和站的选址应符合《公路工程国内招标文件范本》中的有关环保规定，承包人初选后，应将平面图及其场地四周300 m范围内的环境敏感点，农田主要种植作物、主导风向、原有的地貌资料报环境监理组，由环境监理工程师审核。

拌和站设备安装完毕，承包人应通过其工地实验室对其产生的污水、扬尘、噪声的处理效果进行自检，使其达到相应的标准。承包商将自检材料报送环境监理组，环境监理工程师同试验室人员进行现场复测，达到标准后方可开工。运行期间，环境监理工程师采用巡视、监测等手段对拌和站场的环境状况进行控制。

拌和站生产污水排放应执行《污水综合排放标准》中的二级标准。拌和站生产期间环境噪声标准应执行《建筑施工场界噪声限值》中的混凝土搅拌机现场限值。拌和站生产期间环境空气标准执行《港口装卸作业煤粉尘浓度控制标准》（JT 2006—1984）中的相关指标；沥青拌和站设备污染物排放应符合《沥青工业污染物排放标准》（GB 4916—1985）中的一级标准的规定；拌和设备应配备沥青烟气处理装置，沥青混凝土的采购合同中应明确对供货单位的环保要求。

③ 施工便道的环境监理措施。环境监理工程师对施工便道控制的重点是扬尘和噪声。

对穿过村庄、居民区、学校、医院等环境敏感点的施工便道，承包商必须定期洒水降尘，洒水的频率由环境监理工程师根据现场的具体情况而定。并且承包商要对施工便道经常维修，运料车辆必须加盖篷布。当承包人不能履行其职责时，环境监理工程师有权雇佣专业洒水车辆进行洒水降尘，费用由承包人合同款中扣除。

环境监理对噪声的控制标准应执行《建筑施工场界噪声限值》。当噪声敏感区域夜间的噪声值不能达到《城市区域环境噪声标准》(GB 3096—1993)中的四类标准55 dB时，承包人应采取措施或调整作业时间，以保证居民休息。

④ 初期养护环境监理。基层养护应采用土工布或棉毡进行覆盖养护，监理工程师认真对全线进行养护监理，确保路基水分蒸发最少。养护期间应该控制水量、避免溢出、浪费水资源且造成环境污染。养生结束后，覆盖物应定点存放，监理工程师对存放过程进行监督检查，防止对周边植被和土壤产生破坏，存放地点应有防御和排水设施。

2）路面环境监理

公路路面基本都为沥青混凝土路面，施工期间会产生施工噪声、有害气体释放等污染，见表10–8。

表10–8 沥青路面施工环境影响

序　号	作业内容	环境影响
1	沥青拌和站场地平整	植被破坏、水土流失
2	沥青拌和站搬运、安装、维修	产生扬尘、噪声
3	沥青拌和站运行	烘干筒热辐射、产生噪声、排出废尘及回收粉尘污染大气环境、沥青挥发或泄漏有害气体、油料燃烧产生废气
4	场地碎石、石屑、砂等施工材料的堆放	产生扬尘
5	石灰、矿粉	石灰矿粉洒落产生垃圾、造成土壤污染
6	沥青废料	土壤污染
7	施工机械	产生噪声、扬尘、有毒有害气体、漏油产生土壤污染

路面摊铺作业是泛指路面工程中垫层、基层、面层中的摊铺和碾压等工序。

① 摊铺沥青混凝土将产生沥青烟，沥青烟含有强致癌物质，环境监理工程师必须要求承包人为作业工人提供有效的劳动保护用品，以保证施工人员的健康。环境监理工程师对现场进行抽查，对现场施工人员未戴防护用品者，环境监理工程师要给予作业工人适当处罚，对承包商进行重罚。

② 沥青拌和设备、沥青、导热油、燃油储存罐及连接管道应确保密封，监理工程师须对各储存罐和连接管道进行定期检查，防止泄漏，且设备附近须配置干砂、足够的灭火器，以保证产生意外时的应急处理。设备应配置除尘器以及沥青烟气处理装置，设备污染物排放应符合《沥青工业污染物排放标准》中的一级标准规定（沥青烟尘浓度$\leqslant 150\ mg/m^3$）。

③ 混合料运输过程中，监理工程师不定期进行沿线监督审查，若有用料洒落现象，要求运输人员对运料遮盖篷布，并将洒落物料尽快回收处理，减轻环境破坏，若洒落现象较为严重，可给予相关管理人员一定的处罚。

④ 沥青洒布前，监理工程师应认真检查设备，确保设备完好，尽可能缩短时间，减轻

对周围人群及施工人员的健康影响。位于沥青洒布处置区周边上的土壤表面应铺设临时覆盖物加以保护，对于沥青可能溅到的植物应有临时覆盖物加以包裹或遮挡。承包商对沿线摊铺过程中产生的沥青废渣进行集中处理，防止产生危害。严禁承包商在施工沿线附近就地掩埋。在沥青洒布过程当中，监理工程师应该实行旁站监理，防止沥青污染。

⑤ 摊铺和碾压的机械噪声应该执行《建筑施工场界噪声限值》。当噪声敏感区域夜间的噪声值因摊铺和碾压不能达到《城市区域环境噪声标准》中的指定标准时，承包人应采取相应的措施或调整作业时间，以保证居民休息。

(3) 桥涵工程

相较于公路工程施工，桥涵施工过程会对水环境、土壤环境等产生较为严重的污染，施工过程中也会产生振动、噪声等环境破坏。具体环境影响见表10–9。

表10–9 桥涵工程施工环境影响

序号	作业内容	环境影响
1	基坑开挖	地质环境破坏、水环境破坏、产生淤泥垃圾
2	钻孔机、打桩机等机械施工	产生噪声、漏油污染地表水及土壤；钻孔时排污水污染地表水、桩基对河床的破坏、泥浆外泄对土壤和河道水质的污染
3	机械维修保养	漏油、废油对地表水或土壤产生污染，零配件丢弃产生固体废物污染
4	水泥混凝土拌和与浇筑	产生振动及噪声、水泥产生扬尘污染、机械漏油产生地表水及土壤污染、浇筑混凝土落于河道污染地表水
5	钢筋作业	装卸、搬运时产生扬尘和噪声，锈蚀产生锈水污染水体及土壤，焊接产生废气及废渣，并产生光污染，废弃钢筋产生固体废物
6	钢模板	搬运、搭拆及打磨产生噪声污染，脱模剂（油）污染，腐蚀的锈水产生土壤、水污染
7	各类运输机械	噪声、烟尘、有害气体、漏油污染
8	钢管支架作业	装卸产生噪声、扬尘、防锈漆振落等污染，钢模钢管扣件遇水腐蚀污染水体，扣件散落污染水体
9	船舶作业	船舶生活废物及油料泄漏污染水体，抛、起锚产生噪声污染，船舶运行时产生废气污染水体
10	各钻孔平台搭设	结束后的废弃物处理及回收

① 监理工程师要求施工人员明确围堰用的土袋、板桩或套箱的数量，并将其编号，编号结果交于环境监理工程师。清除围堰材料时监理工程师旁站监理，用记录编号对照围堰量，防止将围堰材料遗留于水体中，阻碍行洪且产生水体污染。

② 基坑开挖时监理工程师现场旁站，防止施工人员将开挖的工程弃方丢弃河边或者弃于河内，应将弃方暂时堆放于距水体较远的地带。对于有机质较高的底泥和泥炭等，监理

工程师指导施工人员整齐堆放，经自然吹干后运至需要的单位进行土壤育肥。

③ 对于已经加工完好的泥浆池，监理工程师应认真检查是否泥浆池周围有良好的排水系统，经监理工程师确认允许后泥浆池方可投入使用，确保大雨季节泥浆不会外溢而污染环境。

④ 施工过程当中，施工单位定期对施工机械进行维修保养，并做好维修记录，监理工程师不定期对施工机械进行抽查，若发现不符合要求的施工机械，责令其立即停工进行维修，必要时给项目负责人以适当处罚。

⑤ 对于不能通过感官直接确定的水环境质量SS、石油类等指标，可进行现场检测予以确认，并采取相应的措施保护水环境。

⑥ 旱桥施工时，只许砍伐墩、台永久施工部分的植被，监理工程师可巡视监督管理，无须长时间旁站。

(4) 隧道工程

修建隧道工程植被破坏较小，相对于大填大挖公路工程来说，生态环境影响较小。但是隧道工程会引起地质破坏、地下水枯竭等环境资源问题，进而影响隧道顶部植被正常生长，甚至引起地表塌陷，远期环境隐患较多。另外隧道施工时噪声、污水量较大。隧道主要的环境影响见表10–10。

表10–10 隧道工程环境影响

序　号	作业内容	环　境　影　响
1	隧道开挖	爆破噪声、扬尘、废渣、废水
2	隧道支护、衬护	噪声、废气
3	弃渣外运	噪声、扬尘、排放有毒有害气体
4	隧道运营	地下水枯竭、竖井排放废气、洞口生态环境影响

① 监理工程师严格控制隧道口开挖和隧道施工的影响范围，防止超范围施工破坏环境。

② 炸药爆破时，施工单位严格控制炸药量，做好相关记录报监理工程师批准，降低生态破坏及声环境污染。

③ 对修建洞口时所采取的保护设施如截水沟、保护边坡、仰坡等措施等进行检查，减少生态破坏，并与周围景观环境相协调。

④ 对隧道施工相关的临时装备进行认真检查，如瓦斯监测报警装置、通风装置、临时蓄水池等。质量不合格的要求施工单位限期整改。

⑤ 依照环境影响评价报告书，对施工过程中产生的废水、废气、废渣、噪声等污染进行严格监理，要求施工单位采取对应的环保措施，并做详细记录。

⑥ 隧道施工过程若遇到潜水层或其他放射性元素如氢、镭等，须予以重视，监理工程

师依据实际情况要求施工方采取相应措施，并予以备案。潜水层施工过程当中监理工程师应巡视监理，必要时旁站监理，防止地下水源污染甚至产生灾难性的生态破坏。对于各种放射性元素，应经过严格测定后依据含量或者浓度采取相应措施，措施须经业主和环境监理工程师签字认可。

⑦ 对于施工过程中的废渣，优质石渣可以加以利用，如路基填料等。优质废渣的区分须经过监理工程师认可同意方可区分对待，防止有用材料浪费。

⑧ 施工过程若发现珍稀保护动物，监理工程师应全过程参与物种保护，做好全过程的监督工作。

⑨ 施工过程中监理工程师若发现不符合环境保护要求的活动，有权要求施工方无条件限期整改。

⑩ 监理工程师根据工程进度状况，确定本阶段环境监理的巡视、旁站计划，对施工单位的环保措施执行效果进行复核。

第11章

共玉公路环境保护分析

11.1 工程概况

共玉公路是青海省规划的高速公路网中共和至多普玛（省界）高速公路中的重要一段，也是青海省南部地区的重要干线公路，对发展青海经济通道、构筑青海公路主骨架、提高青海公路网交通整体水平有积极的带动作用，从而充分发挥干线路网的主骨架功能。该项目起点位于青海省共和县，终点位于玉树藏族自治州玉树市结古镇。路线全长639.256 km。

共玉公路位于青海省东南部的海南藏族自治州共和县、兴海县，果洛藏族自治州玛多县，玉树藏族自治州称多县和玉树市，跨越三州五市（县）；项目区所在是青藏高原的重要组成部分，为青藏高原三江源东部地区所在；北面是兴海盆地及河卡山，东靠阿尼玛卿雪山，西连布青山、布尔汗布达山、巴颜喀拉山及扎陵湖、鄂陵湖，南临通天河；翻越大小山脉六座，有河卡山、鄂拉山、姜路岭、长石头山、巴颜喀拉山、雁口山。山脉走向呈北西向和东南向，总体地势是西北高、东南低、中间高、两头低。其中部的巴颜喀拉山垭口为路线的最高点，垭口高程为4 823.7 m，是黄河流域和长江流域的分水岭，境内地貌分为高原中高山、中高山河谷、山间盆地、山前冲洪积扇平原、黄河源平原谷地、低山丘陵谷地等地貌。其中部和北部的五条山脉之间，地形起伏不大，切割不深，多为宽阔的河流谷地和山间盆地，地势平坦开阔。在经历了第四纪冰期作用和现代冰川的影响之后，一些地区还发育或残留着冰川地貌。雁口山以南为高山峡谷地带，切割强烈，相对高差在600～800 m，山势陡峭，地形复杂。共和至结古公路横跨青海省东南部，该路线带自北向南穿越青藏高原三江源区黄河、长江流域的广大地区，其地形地貌复杂多变。区域跨越冰川冰缘构造侵蚀中高山（分布于巴颜喀拉山脉中西部）、冰缘水流构造侵蚀中山（位于鄂拉山）、冰缘水流构造侵蚀低山丘陵、冰碛台地、山前冰水—冲洪积扇平原、河谷带状冲积平原、侵蚀堆积河谷地貌区、湖沼堆积平原以及共和盆地九个地貌单元。

区内水系以巴颜喀拉山脉为界，以北均为黄河流域水系，其支流水系呈树枝状发育；以南为长江流域水系，其支流水系由西向东、由北向南，汇入通天河。沿线所经黄河源区不仅大小河流纵横，湖泊也是星罗棋布，发育大小湖泊几百个，多位于黄河以南地区，较大湖泊有扎陵湖、鄂陵湖、星星海等，黑河至野牛沟段多发育为小型湖溏。沿线长江流域水系位于巴颜喀拉山脉以南，主要为长江一级支流雅砻江上游源头段查龙穷河、清水河，在清水河镇汇合后为扎曲河，入四川后为雅砻江。

项目区深处内陆高原腹地，海拔高，受海洋季风影响较微弱，属典型的高原大陆性半干旱气候类型。其特点是：冬季气候寒冷漫长，多风雪，易成雪灾；夏季气候凉爽短促，雨水较充足。中高山脉终年霜雪不断，降水分布地区差异明显，随地势升高降水量增加，且降雨主要集中在5—9月。气温和蒸发量随海拔高度的增加而相对下降和减少，线路区寒长暑短，四季不分明，昼夜温差大，空气稀薄，气压低含氧量少，大气含氧量比平原低40%，缺氧严重，日照充足，年平均日照率达50%～60%，无绝对无霜期，全年冰冻期长达7个月，境内分布有较大面积的冻土带。

区内植被类型有针叶林、阔叶林、针阔混交林、灌丛、草甸、草原、沼泽及水生植被、垫状植被和稀疏植被9个植被型，可分为14个群系纲、50个群系。森林植被以寒温性的针叶林为主，主要树种有川西云杉、紫果云杉、红杉、祁连圆柏、大果圆柏、塔枝圆柏、密枝圆柏、白桦、红桦、糙皮桦。灌丛植被主要种类有杜鹃、山柳、沙棘、金露梅、锦鸡儿、锈线菊、水荀子等。草原、草甸等植被类型主要植物种类为蒿草、针茅草、苔草、凤毛菊、鹅观草、早熟禾、披碱草、芨芨草以及藻类、苔藓等。高山草甸和高寒草原是三江源地区主要植被类型和天然草场，高山冰缘植被也有较大面积分布。区内有兽类8目20科85种，鸟类16目41科237种（含亚种为263种），两栖爬行类7目13科48种。国家重点保护动物有69种，其中国家一级重点保护动物有藏羚、野牦牛、雪豹等16种，国家二级重点保护动物有岩羊、藏原羚等53种。另外还有省级保护动物艾虎、沙狐、斑头雁、赤麻鸭等32种。

11.2 水环境施工效果

（1）草皮排水沟施工效果

铺草皮排水沟作为采用植物防护措施的生态排水沟，通过其表面植物的拦、蓄、滤、滞等作用将污染物从径流中分离出来，从而改善径流水质，达到保护受纳水体的目的，进而有效保护青藏高原地区的水环境。施工工艺顺序为放样、移植草皮→水沟挖基→草皮回铺→浇水和追肥养护→养护封育。草皮位于K548＋150～K548＋650处，铺设长度5 km，排水沟规格为底宽1.0 m，高0.4 m，坡度1：1。该段落植物群系以小蒿草草甸为主，海拔4 200 m，降水较多，草皮排水沟可以有效拦截路面径流，同时又为自身存储一定的水分利于植被恢复，形成公路排水与利用的良性循环。草皮排水沟施工后及恢复一年后的效果如图11–1和图11–2所示。

（2）桥面径流收集处理施工技术

多年冻土区水资源丰富，水质良好，水体功能类别较高。针对跨河桥梁段设置桥面径流集中收集系统，如图11–3和图11–4所示。示范路段位于查拉坪大桥K574＋616～K575＋716，收集范围1 km，径流收集选用增强PE管，该种管材具有很好的抗冻抗压性能，适用于高寒高海拔多年冻土区的自然环境，处理池设置位置结合地形条件和桥梁纵坡等布设在K574＋630和K575＋020处，增强PE管选用DN200规格。该段气候条件恶劣，

图11-1 草皮排水沟施工后

图11-2 草皮排水沟恢复一年后的效果

图11-3 桥面径流收集

图11-4 桥面径流处理池

海拔均在4 500 m以上，年平均气温在－5℃，年降水量500 mm，桥面径流收集管材和处理池均要做好防冻措施，运营期间兼应急池。

11.3 植被恢复施工效果

(1) 铺草皮边坡防护效果

草皮移植是指将天然草皮或者人工草皮块铺设到已经平整好的土地上，是一种快速的植被恢复方法。示范路段选取K616＋310～K621＋310，年平均气温－2℃，海拔4 600 m，年降水量400 mm，铺设5 km，厚度30 cm，草皮大小不等，主要为原路基草皮，施工期间用黑色防晒网覆盖并定期浇水养护，待边坡成形后进行挂线铺设。施工工艺顺序为草皮选择→每年5—8月期间揭取草皮→草皮养护→草皮铺筑→草皮养护→成坪。成坪后的草皮越冬后植被覆盖率在0.8以上。因此可以看出将原有路基草皮回填至边坡，在立地条件没有较大变化的情况下，原有草皮可以较快地适应边坡地形，无论是越冬后的草皮还是恢复第二年的草皮，都能有效覆盖边坡，减少水土流失。相关照片如图 11–5 ～图 11–7 所示。

(a) 裁切草皮 (b) 草皮码砌堆放 (c) 黑色防晒网草皮养生

(d) 草皮挂线铺筑 (e) 草皮洒水养生 (f) 良好的生态效果（草皮边沟）

(g) 良好的生态效果（挖方沟边铺） (h) 与自然融合协调 (i) 植草防护生态效果

图 11–5 铺草皮施工工艺

图 11–6 越冬后的草皮

图 11–7 恢复第二年的草皮防护

（2）植物纤维毯防护效果

植物纤维毯主要以各种植物纤维材料（如稻秸、麦秸、玉米秆、棉秆、椰壳纤维、大麻、黄麻、亚麻、天然杂草）为原料，并辅以营养土层，配置灌、草植物种子，以及保水剂、营养基质，形成一张整体的植物纤维毯。示范路段选取K480＋100～K481＋100范围，种植长度1 km，年平均气温1.2℃，降水量350 mm，海拔4 200 mm。该路段降雨量小，原生植被主要以垫状植被群系为主，植被分布稀疏，盖度在0.5以下。植物纤维毯施工工艺顺序为清理并整平场地→播撒草种→挖坡顶和坡脚锚固沟→铺设草毯→锚固及回填原土。从恢复效果可以看出，植物纤维毯具有很好的固土、抗雨水侵蚀能力，吸水性能好，利于营造种子快速发芽环境，植物完全可以穿过植物纤维之间的空隙良好生长。照片如图11–8和图11–9所示。

图11–8 铺设前边坡

图11–9 铺设后恢复一年的边坡

（3）三维网植草效果

三维网植草技术是将三维网铺在坡面上，播撒种子后用覆土覆盖进行植被恢复的边坡防护技术。示范路段选取K383＋600～K388＋600，植草5 km，年平均气温1.1℃，降水量350 mm，海拔4 000 mm，植被以小蒿草草原化草甸为主。三维网植草施工工艺顺序为坡面平整、施底肥→覆网、固定→覆土、播种、上覆盖土→浇水养护。三维网植草在共玉公路边坡植被恢复应用最为广泛，虽然成坪率低于铺草皮和植物纤维毯，但是在应用范围和适应性上远高于前者，因此在地域环境不好的段落，原生植被本就稀疏，三维网可以有效锁住水分，促进初期的植被恢复。相关照片如图11–10和图11–11所示。

图 11–10 三维网植草施工工艺

图 11–11 三维网植草恢复效果

11.4 水土保持恢复效果

弃渣场弃渣时先堆弃石方，如图弃渣场位于跨越通天河路段，综合地形条件和自然条件，在堆弃土方时应设置挡墙，防止渣面滑塌。堆渣结束后对坡面和平台平整。跨越通天河路段桥梁较多，该路段气候条件适宜，水源充足，桥梁施工结束后，根据桥下土壤条件，适地适树，恢复施工对原地面的扰动。相关照片如图11–12和图11–13所示。

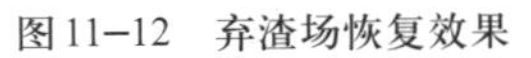

图11–12 弃渣场恢复效果

图11–13 桥下恢复植被

11.5 动物通道设置效果

通道主要设置在野生动物活动频繁路段，综合考虑动物类型、数量与迁移能力，并结合当地经济状况、人类活动、公路沿线地形特征等，确定通道位置与间距。此处通道位于K241 + 364和K241 + 600，通道规格4.0 m × 4.0 m，适宜野生动物穿越。共玉高速通道设置位置在原有214国道设置通道的基础上，观测动物穿越的频繁路段进行设置，减少高速公路对野生动物的生境隔离。青海共玉公路走廊沿线主要活动的动物有野驴、牦牛、藏羚羊、藏原羚、盘羊、岩羊等。动物通道如图11–14所示。

图11–14 动物通道

11.6 环境污染防治效果

声屏障可以有效阻隔交通噪声对居民区的影响，保护环境（图 11–15）。

图 11–15 声屏障效果

公路的施工和运营都会对大气环境造成不同程度的污染，因此在施工中和营运期加强管理，设置警示标志，提醒过往车辆运输材料物资等进行覆盖，防止粉尘颗粒污染大气环境（图 11–16）。

图 11–16 大气污染防治

参考文献

[1] 中交第一公路勘察设计研究院有限公司.青海省共和至玉树（结古）公路建设关键技术研究[R].西安：中交第一公路勘察设计研究院有限公司，2015.

[2] 中交第一公路勘察设计研究院有限公司.高海拔高寒地区高速公路建设技术[R].西安：中交第一公路勘察设计研究院有限公司，2017.

[3] 青海省交通科学研究院，中交第一公路勘察设计研究院有限公司.玉树地震灾区公路建设生态环境评估和恢复技术示范工程[R].西宁：青海省交通科学研究院，2015.

[4] 徐安花.国道214线沿线多年冻土的特征及分布[J].青海交通科技，2013（1）：16–18.

[5] 武憋民，汪双杰，章金钊.多年冻土地区公路工程[M].北京：人民交通出版社，2005.

[6] 宁向向.常吉高速公路建设自然环境影响评价及保护研究[D].长沙：长沙理工大学，2008.

[7] 周礼，刘凯，赵飞.发达国家公路环保措施政策及应用[J].交通标准化，2009（1）：152–156.

[8] 陈爱侠.荒漠化区域公路建设生态环境保护技术研究[D].西安：长安大学，2010.

[9] 刘景辉.长白山区域公路建设环保生态修复研究[D].长春：吉林大学，2013.

[10] CHEN J D, HE Z W, et al. Study on technique for slope protection along Qinghai-Tibet Highway [J]. Journal of Glaciology and Geocryology, 2004, 26(S1): 291–295.

[11] 马世震，陈桂琛，彭敏，等.青藏公路取土场高寒草原植被的恢复进程[J].中国环境科学，2004，24（2）：61–64.

[12] 杜蕾.青藏铁路冻土环境效应及工程防护措施初探[D].成都：西南交通大学，2005.

[13] 程昊.青藏铁路格（尔木）唐（古拉山）段建设生态保护及植被恢复技术研究[D].合肥：合肥工业大学，2009.

[14] 何财松.青藏铁路格拉段运营初期植被恢复效果评价研究[D].北京：中国铁道科学研究院，2013.

[15] 易作明.青藏铁路（格拉段）沿线植被恢复研究[D].北京：北京林业大学，2007.

[16] 王绍令.青藏高原冻土退化的研究[J].地球科学进展，1997，12（2）：55–58.

[17] Osterkamp T E, Romanovsky V E. Evidence for warming and thawing of discontinuous permafrost in Alaska [J]. Permafrost and Periglacial Processes, 2015, 10(1): 17–27.

[18] Jin H J, Yu Q H, Lu L Z, et al. Degradation of permafrost in the Xing’anling Moutains，Northeastern China [J]. Permafrost and Periglacial Processes, 2007, 18(3): 311–327.

[19] Marchenko S S, Gorbunov A P, Romanovsky V E. Permafrost warming in the Tienshan Mountains，Central Asia [J]. Global and Planetary Change, 2007(56): 311–327.

[20] Wu Q B, Zhang T J. Recent permafrost warming on the Qinhai-Tibetan Plateau [J]. J Geophys Res, 2008, 113(D13): 108.

[21] 王绍令，赵林，李述训.青藏高原沙漠化与冻土相互作用的研究[J].中国沙漠，2002，22（1）：33–39.

[22] Jarvis S C, Stockdale E A, Shepherd M A, et al. Nitrogen mineralization in temperate agricultural soils：

processes and measurement [J]. Advances in Agronomy, 1996, 57(8): 187–235.
[23] 王绍令，赵秀锋.青藏公路南段岛状冻土区内冻土环境变化[J].冰川冻土，1997，19（3）：41–49.
[24] 董瑞琨，许兆义，杨成永.青藏高原冻融侵蚀动力特征研究[J].水土保持学报，2000，14（4）：12–16，42.
[25] 金会军，李述训，王绍令，等.气候变化对中国多年冻土和寒区环境的影响[J].地理学报，2000，55（2）：161–173.
[26] 刘建明，侯铁军.三江源区公路建设中的水土保持问题探讨[J].青海大学学报（自然科学版），2010，28（3）：77–80.
[27] 周利民.运用液压喷播技术进行植草护坡的研究[J].水土保持通报，2003，23（3）：45–47.
[28] 刘行.客土喷播技术在高速公路边坡防护中的应用[J].黑龙江农业科学，2013（10）：90–92.
[29] 宁佐春，黄洁.高原铁路草皮移植施工技术[J].西藏科技，2006（8）：53–55.
[30] 游明化，程鑫.三维网植被边坡防护技术研究[J].四川建筑，2008，28（2）：107–108.
[31] 梁爱学，李统益，王清茹，等.植生带边坡防护技术研究[J].公路交通科技（应用技术版），2007（4）：163–166.
[32] 王勇.植生袋防护在北方公路土质边坡的应用[J].黑龙江科技信息，2014（9）：164.
[33] 鲁明星，冯捷.植生袋技术在边坡复垦中的应用及效果分析[J].人民长江，2013，44（1）：94–96.
[34] 章金钊，武敬民，李祝龙.高原多年冻土地区公路修筑技术研究的回顾与展望[J].冰川冻土，1999，21（2）：187–191.
[35] 赵济，陈传康.中国地理[M].北京：高等教育出版社，1999：363.
[36] 郑启浦.多年冻土地区铁路工程建设与环境保护的关系[J].铁道工程学报，2002，19（1）：78–81.
[37] 周虎利.多年冻土地区铁路工程地质选线[J].铁道工程学报，2001，18（4）：112–115.
[38] 周幼吾，郭东信.我国冻土的主要特征[J].冰川冻土，1982，4（1）：1–19.
[39] 郭正刚，程国栋，王根绪.青藏高原北部高海拔地区嵩草草甸植物多样性分析[J].冰川冻土，2004，26（1）：95–99.
[40] 程国栋，何平.多年冻土地区线性工程建设[J].冰川冻土，2001，23（3）：213–217.
[41] 程国栋，赵林.青藏高原开发中的冻土问题[J].第四纪研究，2000，20（6）：521–531.
[42] 周德培，张俊云.植被护坡工程技术[M].北京：人民交通出版社，2003.
[43] 辛娟.高速公路边坡生态防护技术研究[D].西安：长安大学，2006.
[44] 王晓东，刘晔，王晓春.边坡绿化喷播技术应用[J].公路，2000（4）：46–49.
[45] 鲁明星，冯捷.植生袋技术在边坡复垦中的应用及效果分析[J].人民长江，2013，4（1）：94–96.
[46] 颜春水.植物纤维毯生态防护技术的工程应用[J].公路交通科技（应用技术版），2013（2）：217–219.
[47] 曹立科，苏东凯，崔国胜，等.高速公路边坡植被生态恢复技术及植物选择的探讨[J].现代园林，2006（7）：54–55.
[48] 刘春霞，韩烈保.高速公路边坡植被恢复研究进展[J].生态学报，2007，27（5）：2090–2098.
[49] 侯铁军，虞卫国，李令喜，等.三江源区公路建设中的植被恢复问题初探[J].青海交通科技，2010（3）：8–9.
[50] 肖永青，张宇，曹立颜.高速公路边坡植被恢复存在问题及对策建议[J].林业科技情报，2009，41（4）：82–84.
[51] 李海芬，卢欣石，江玉林.高速公路边坡生态恢复技术进展[J].四川草原，2006（2）：34–38.
[52] 穆林林.生态公路边坡生态恢复设计与研究[D].南京：南京林业大学，2010.
[53] 云南公路规划设计院.思小公路设计报告[R].昆明，2001.
[54] 董小林.公路建设项目社会环境评价[M].北京：人民交通出版社，2000.
[55] 赵剑强.公路交通与环境保护[M].北京：人民交通出版社，2002.
[56] 张玉芬.道路交通环境工程[M].北京：人民交通出版社，2000.
[57] 董小林，郑雅莎.公路建设项目沿线区域社会环境调查与分析[J].西安公路交通大学学报，1999，19（7）：12–14.

[58] 万善永，张玉环.道路建设项目环境影响评价中的生态问题[J].中国环境科学，1992，12（4）：300–303.
[59] 张红兵.试论公路建设与生态孤岛效应[J].福建环境，2002，19（3）：41–42.
[60] 刘朝晖.高速公路路域景观恢复工程设计初探[J].交通环保，2000，21（6）：27–29.
[61] 陈济丁，王新军，李祝龙，等.高海拔高寒地区高速公路建设环境问题及其保护[J].公路与自然，2014，21（2）：95–99.
[62] 单永体，唐承耀，王天伟，等.多年冻土地区高速公路建设边坡防护及水环境保护技术研究[J].公路与自然，2014，21（2）：100–105.
[63] 王云，关磊，陈济丁，等.青藏高原线性工程野生动物保护研究进展[J].公路与自然，2014，21（2）：106–109.
[64] 王云，朴正吉，关磊，等.公路路域动物生态学研究方法综述[J].四川动物，2014，33（5）：778–784.
[65] 李祝龙，郭文，单永体.G214线青海段路域土壤和植被特征分析[J].中外公路，2015，35（4）：5–10.
[66] 胡林，单永体，孙冬旭，等.基于工程实践的公路水环境问题与对策[J].交通建设与管理，2014，339（11）：124–127.
[67] 王天伟，单永体.青藏公路边坡侵蚀现状调研分析及调查报告[J].交通建设与管理，2014，339（11）：38–42.
[68] 陈瑞华，单永体，张博.公路大气污染模型模拟分析研究[J].交通建设与管理，2014，339（11）：111–114.
[69] 郭文，单永体，张博.G214国道生态环境保护技术应用研究[J].交通建设与管理，2014，339（11）：26–28.
[70] 徐安花.G214线沿线多年冻土的特征及分布[J].青海交通科技，2013（1）：16–18.
[71] 毛文碧，等.生物工程技术在西南山区高等级公路建设中的应用[C]//30届国际水土保持会议论文集，1999.
[72] 王铁成.交通地理信息系统[J].交通规划与地理信息系统，1997（A11）：1–7.
[73] 公路环境保护设计规范：JTJ/T 006—1998[S].北京：人民交通出版社，1998.
[74] 朱亦仁.环境污染治理技术[M].3版.北京：中国环境科学出版社，2008.
[75] 杨柏英.浅谈公路建设与环境的协调发展[J].今日科苑，2008（6）：30.
[76] 夏连学.公路建设对环境的影响与预防措施[J].河南科技，2005（2）：30–31.
[77] 冯晶.公路建设对环境的影响及保护措施[J].甘肃科技，2004，20（10）：32–33.
[78] 中华人民共和国国家环保总局.环境影响评价技术导则：HJ/T 2.1 ～ 2.3—1993[S]，1994.
[79] 吴国雄，何兆益.德国公路管理模式及环境保护[J].中外公路，2002，22（3）：4–6.
[80] 王颖.高速公路建设生态环境影响评价——以西攀高速公路黄水至德昌段为例[D].成都：四川农业大学，2006.
[81] 李胜瑛，胡长振.浅谈公路工程环保验收[J].交通环保，2001，22（2）：44–45.
[82] 汤春霞.国外高速公路现状和发展趋势[J].国外公路，1999，19（4）：6–7.
[83] 董小林，赵建强，陈莹，等.西部开发省级公路通道银川—武汉线陕西境陕甘界凤翔路口至永寿段环境影响报告书[R].西安：长安大学，2005.
[84] 王帆.城市高速公路环境保护评价[D].西安：西安建筑科技大学，2008.
[85] 赵剑强.公路建设与环境保护[M].北京：人民交通出版社，2002：1，11–12.
[86] 田平，钟建民，钱晓鸥.公路环境保护工程[M].2版.北京：人民交通出版社，2008：4–10.
[87] 吴晓民，王伟，等.青藏铁路建设之野生动物保护[M].北京：科学出版社，2006：14–15.
[88] 邱启明.公路建设与生态环境保护[J].山西交通科技，2007（5）：20–24.
[89] 徐碧华，郑志华，刘令峰，等.高速公路建设对野生动物生境破碎化分析与生态廊道构建[J].交通建设与管理，2007（8）：50–53.
[90] 刘应竹，朱世兵，张士芳.公路建设与野生动物保护[J].国土与自然资源研究，2007（4）：61–62.
[91] 王成玉，陈飞.山区高速公路对野生动物的影响及保护措施探讨[J].公路，2007（12）：97–102.

[92] 李松真，吴小萍，蒋成海，等.西部地区公路建设环境保护问题研究[J].水土保持研究，2007，14（6）：145–147，150.
[93] 梁霞，晏晓林，戴泉玉，等.高速公路设置野生动物通道初探[J].公路交通科技（应用技术版），2009（2）：166–168.
[94] 张晏，费世江.公路建设中野生动物通道的设置研究[J].辽宁科技大学学报，2009，32（1）：93–98.
[95] 高美真，顾明臣，李麒麟.专家探讨——公路建设中动物资源保护技术及对策[J].交通建设与管理，2009（9）：44–49.
[96] 顾明臣，高美真，李麒麟.公路建设对动物资源的影响分析[J].交通建设与管理，2009（9）：125–129.
[97] 张洪峰，封托，姬明周，等.青藏铁路小桥被藏羚羊等高原野生动物利用的监测研究[J].生物学通报，2009，44（10）：8–10.
[98] 陈爱侠.公路建设对野生动物的影响与保护措施[J].西北林学院学报，2003，18（4）：107–109.
[99] 刘建奇，于水.浅谈高速公路建设中的环保管理工作[J].交通环保，2003，24（S1）：191–193.
[100] 侯祥.公路建设中野生动物保护措施的研究[D].西安：西北大学，2011.
[101] 袁玉卿，董小林.公路建设项目施工期全程环境管理[J].长安大学学报（社会科学版），2006，8（1）：5–9.
[102] 董小林.公路建设项目全程环境管理体系研究[J].中国公路学报，2008，21（1）：100–105.
[103] 卢美君，谷云秋.公路建设与环境保护浅析[J].华东公路，2008（1）：76–78.
[104] 李耀增，周铁军，姜海波.青藏铁路格拉段野生动物通道利用效果[J].中国铁道科学，2008，29（4）：127–131.
[105] 靳铁治，吴晓民，苏丽娜，等.青藏铁路野生动物通道周边主要野生动物分布调查[J].野生动物，2008，29（5）：251–253.
[106] 李玉强，邢韶华，刘生强，等.陆生野生动物通道设计方法[J].北京林业大学学报，2013，35（6）：137–143.
[107] 关磊，王云，孔亚平，等.公路建设前期野生动物生境调查技术研究——以鹤大高速公路为例[J].交通建设与管理，2014（22）：1–6.
[108] 张统洋，魏中华，赵霞，等.公路建设对野生动物生活的影响综述[J].交通标准化，2014（23）：31–34.
[109] 孙强，徐亮，任雪松，等.高速公路建设全方位环境管理研究[J].环境科学与管理，2015（6）：1–5.
[110] 付鹏，张宇，吴晓民，等.青藏铁路野生动物通道有效性分析[J].环境科学与管理，2011，36（2）：98–101.
[111] 侯祥，张洪峰，王静，等.公路建设中野生动物保护措施的研究进展[J].交通建设与管理，2011（4）：102–103.
[112] 李斌，栾晓峰，马武昌.高速公路对野生动物的影响及其保护措施研究[J].安徽农业科学，2011，39（18）：11131–11134.
[113] 陈志展，蔡荣坤.公路对野生动物影响和保护措施研究[J].广东交通职业技术学院学报，2011，10（2）：21–25.
[114] 孔亚平，王云，张峰.道路建设对野生动物的影响域研究进展[J].四川动物，2011，30（6）：986–991.
[115] 王云，张峰，孔亚平.我国交通建设对野生动物的影响及保护对策[J].交通建设与管理，2010（5）：162–164.
[116] 孙金柱，孔亚平，毕俊怀，等.公路规划中野生动物保护对策的探讨[J].世界林业研究，2012，25（1）：30–34.
[117] 夏先芳.青藏铁路建设对沿线野生动物的影响与保护[J].甘肃科技，2004，20（9）：27–28.
[118] 孔飞.藏羚羊对青藏铁路野生动物通道的适应性及穿越通道时的行为学研究[D].西安：西北大学，2009.
[119] 丁玲.公路工程施工阶段的环保管理与措施[J].工程建设与设计，2016（3）：93–95.

[120] 姚全留，殷广月.论公路建设与环境保护[J].沿海企业与科技，2005（7）：90–111.
[121] 杨奇森，夏霖，吴晓民.青藏铁路线上的野生动物通道与藏羚羊保护[J].生物学通报，2005，40（5）：15–17.
[122] 封托，张洪峰，吴晓民.青藏铁路运营期野生动物通道利用状况初探[J].陕西林业科技，2013（6）：42–45.
[123] 夏霖，杨奇森.野生动物通道[J].大自然探索，2004（4）：26–28.
[124] 李耀增，周铁军，姜海波.青藏铁路格拉段野生动物通道利用效果[G]// 中国铁道学会.中国铁道学会2008年度优秀学术论文评选一等奖论文.中国铁道学，2009.
[125] 杨奇森，夏霖，武永华，等.野生动物对青藏铁路野生动物通道的适应[C]// 中国动物学会兽类学分会，中国生态学会动物生态专业委员会，中国野生动物保护协会.野生动物生态与资源保护第三届全国学术研讨会论文摘要集.中国动物学会兽类学分会，中国生态学会动物生态专业委员会，中国野生动物保护协会，2006.
[126] 陈恒星.青藏铁路的野生动物通道[J].中学地理教学参考，2005（10）：16.
[127] 答治华.青藏铁路建设中的野生动物保护[J].铁道知识，2006（1）：6–7.
[128] 夏霖，杨奇森.青藏铁路上的野生动物通道[N].西藏日报，2004–04–19（3）.
[129] 李娇娜.公路建设项目全程环境管理公众参与机制与方法研究[D].西安：长安大学，2006.
[130] 朱江.公路建设项目环境管理体系研究[D].西安：长安大学，2006.
[131] 曹广华.公路建设项目全程环境管理技术方法体系研究[D].西安：长安大学，2006.
[132] 陈静.公路建设项目环境监理中环保效果评价体系研究[D].武汉：武汉理工大学，2013.
[133] 陈华.公路工程施工中的环保管理与有效对策探讨[J].建材与装饰，2016（9）：234–235.
[134] 王刘洪.公路工程施工阶段的环保管理与对策浅析[J].四川水泥，2016（4）：101.
[135] 王丽君.公路工程施工中的环保管理有效性[J].甘肃科技纵横，2016，45（5）：9–11.
[136] 孟宪国.试论公路建设、运营管理及环保工作[J].魅力中国，2009（21）：61–62.
[137] 田鹏伟.公路建设项目全过程环境管理优化研究[D].兰州：兰州大学，2015.
[138] 董小林.公路建设项目全程环境管理[M].北京：人民交通出版社，2008：86–149.

致 谢

本书的编著成果主要来源于中交第一公路勘察设计研究院有限公司承担的交通运输部西部课题和国家科技部科技支撑计划课题的研究成果，专著编写人员均为一线参与项目研究和勘察设计的主要骨干成员。专著参编人员殚精竭虑、通力合作、刻苦攻关，克服高原艰苦的气候环境，高强度参与工作，为本专著的顺利完成付出了极大的艰辛和努力；研究试验工程依托单位、施工单位、相关协作单位以及其他技术服务单位和科研机构等的相关领导、专家、学者和人员为本专著的编制亦提供了无私的帮助。谨在此一并致以崇高的敬意与诚挚的谢意！

本书在完成过程中以青藏高原多年冻土区共玉公路、青藏公路、青藏高速工程科研设计成果为基础，吸收已建工程相关的技术经验，同时参考了国内外近年冻土工程研究成果，调研了大量的施工工程素材和前辈的研究成果，主要包括“多年冻土地区公路修筑成套技术研究”“多年冻土地区公路生态环境保护与评价技术研究”“玉树地震灾区公路建设生态环境评估和恢复技术示范工程”“青海省共和至玉树（结古）公路建设关键技术研究”“高海拔高寒地区高速公路建设技术”等，在此一并致以诚挚的谢意！

青藏高原环境保护责任重大、任重道远，我们时刻不忘“缺氧不缺精神，艰苦不怕吃苦”的高原特质鞭策自己，坚持中交第一公路勘察设计研究院有限公司的“特别能吃苦、特别能战斗、特别能奉献、特别能创新”的精神，为保护青藏高原、守卫多年冻土区生态环境献出一份力量！

作 者